Manfred Reuter

Regelungstechnik
für
Ingenieure

Viewegs
Fachbücher
der
Technik

Manfred Reuter

# Regelungstechnik für Ingenieure

Mit 253 Bildern

Springer Fachmedien Wiesbaden GmbH

Verlagsredaktion: *Alfred Schubert*

ISBN 978-3-528-04004-8      ISBN 978-3-322-88821-1 (eBook)
DOI 10.1007/978-3-322-88821-1

1972



Satz: Friedr. Vieweg + Sohn, Braunschweig

# Vorwort

Das vorliegende Buch stellt eine Einführung in die Grundlagen der Regelungstechnik unter besonderer Berücksichtigung der Laplace-Transformation dar und ist für Studenten an Fachhochschulen gedacht. Die zum Teil sehr ausführliche Darstellung soll, wenn nötig, auch ein selbständiges Einarbeiten in das Stoffgebiet ermöglichen. Zur Untersuchung der einzelnen Regelkreisglieder werden die klassischen Methoden wie: Differentialgleichung, Sprungantwort, Frequenzgang, Ortskurve und Bode-Diagramm angewandt. Diese sind die Voraussetzung für die in der modernen Regelungstheorie benutzten Verfahren der z-Transformation und der Betrachtung im Zustandsraum.

Nach der Einführung der Grundbegriffe der Steuerung und Regelung in Kapitel 1, wird in Kapitel 2 die mathematische Behandlung einzelner Regelkreisglieder erörtert. Ausgehend vom Zeitverhalten der Grundtypen von Regelkreisgliedern in Kapitel 3, werden in Kapitel 4 die Regelstrecken ausführlich behandelt. Für jede Streckenart werden sowohl elektrische als auch für den Maschinenbauer geeignete Beispiele durchgerechnet. Zur Ermittlung des charakteristischen Verlaufs der einzelnen Sprungantworten wird abwechselnd je ein Beispiel nach der klassischen und eines mittels Laplace-Transformation gelöst. Bei der Behandlung der Regeleinrichtungen (Kapitel 5) wird gleichzeitig deren typisches Verhalten an einfachen Regelstrecken untersucht. Über den Störfrequenzgang und die entsprechende Differentialgleichung werden deren Vor- und Nachteile, z.B. der Einfluß der einzelnen Reglerparameter auf die bleibende Regelabweichung und die Dämpfung aufgezeigt. Die für den Regelungstechniker wichtige Darstellung im Bode-Diagramm ist in Kapitel 6 zusammengefaßt. Zur Stabilitätsbetrachtung von Regelkreisen (Kapitel 7) werden die Kriterien von Hurwitz, Nyquist, die Behandlung im Bode-Diagramm und das Zweiortskurvenverfahren abgeleitet und an Beispielen ausführlich erläutert. Das Zweiortskurvenverfahren dient ferner der Behandlung von Nichtlinearitäten mittels der Methode der harmonischen Balance in Kapitel 9. Für verschiedene Nichtlinearitäten werden die Beschreibungsfunktionen abgeleitet. Anschließend werden in Kapitel 10 Zwei- und Dreipunktregler ohne und mit Rückführung erläutert. Das abschließende Kapitel 11 behandelt kurz die Wirkungsweise des Analogrechners. Ferner wird auf die Programmierung der wichtigsten Regler und Regelstrecken eingegangen. Den Anhang (Kapitel 12) bilden eine kurzgefaßte Ableitung der Laplace-Transformation sowie zusammenfassende Tabellen.

Zum Schluß möchte ich mich bei meinen Kollegen, den Herren Dipl.-Ing. E. Böhmer, Dipl.-Ing. W. Mengel und Dr.-Ing. W. Zimmermann bedanken, die mir durch Ratschläge und Anregungen geholfen haben. Ferner danke ich dem Verlag Friedr. Vieweg + Sohn und seinen Mitarbeitern, insbesondere Herrn A. Schubert für die stets gute Zusammenarbeit.

Siegen, Herbst 1971 *Manfred Reuter*

# Inhaltsverzeichnis

# Formelzeichen

| | |
|---|---|
| $A$ | Fläche |
| $A_1$ | Lineare Regelfläche |
| $A_q$ | Quadratische Regelfläche |
| $A_{,,}$ | Betrag der lineare Regelfläche |
| $A_{Rd}$ | Amplitudenrand |
| $a_0, a_1, \ldots$ | Koeffizienten der Fourier-Zerlegung, Beiwerte der Eingangsgröße und deren Ableitungen |
| $B$ | Magnetische Induktion |
| $b$ | Dämpfungskonstante |
| $b_0, b_1, \ldots$ | Koeffizienten der Fourier-Zerlegung, Beiwerte der Ausgangsgröße und deren Ableitungen |
| $C$ | Kapazität, Konstante |
| $c$ | Federkonstante |
| $D$ | Dämpfungsgrad, Determinante |
| $F$ | Kraft |
| $F(p)$ | Frequenzgang |
| $F(t)$ | Ober- oder Originalfunktion |
| $F_0$ | Frequenzgang des aufgeschnittenen Regelkreises |
| $F_R$ | Frequenzgang der Regeleinrichtung |
| $F_S$ | Frequenzgang der Regelstrecke |
| $F_{\overline{\overline{S}}}$ | Frequenzgang der negativ inversen Ortskurve der Strecke |
| $F_r$ | Frequenzgang der Rückführung |
| $F_w$ | Führungsfrequenzgang |
| $F_z$ | Störfrequenzgang |
| $f$ | Frequenz |
| $f(p)$ | Unterfunktion |
| $G$ | Gewicht |
| $g$ | Erdbeschleunigung |
| $H$ | Magnetische Feldstärke |
| $h$ | Höhe |
| $I$ | Stromstärke |
| $i$ | Zeitlich veränderlicher Strom |
| $i_a$ | Ankerstrom |

| | |
|---|---|
| $i_e$ | Erregerstrom |
| $i_g$ | Gitterstrom |
| $J$ | Massenträgheitsmoment |
| $j = \sqrt{-1}$ | imaginäre Einheit |
| $K$ | Übertragungsbeiwert, Konstante |
| $K_D$ | Differenzierbeiwert |
| $K_I$ | Integrierbeiwert |
| $K_P$ | Proportionalbeiwert |
| $K_{Pkr}$ | kritischer Proportionalbeiwert |
| $K_S$ | Übertragungsbeiwert der Strecke |
| $k$ | Wärmedurchgangszahl, Konstante |
| $L$ | Induktivität |
| $L[\ldots]$ | Laplace-Transformierte von $[\ldots]$ |
| $l$ | Länge |
| $M$ | Drehmoment |
| $m$ | Masse |
| $N$ | Beschreibungsfunktion |
| $N$ | Windungszahl |
| $n$ | Drehzahl, Ordnungszahl |
| $P$ | Druck, Leistung |
| $p = j\omega = \dfrac{d}{dt}$ | Differentialoperator |
| $Q$ | Wärmemenge, Durchflußmenge |
| $R$ | Elektrischer Widerstand, Gaskonstante, Regelfaktor |
| $r$ | Radius |
| $s_0, s_1, \ldots$ | Beiwerte der Ausgangsgröße der Strecke und deren Ableitungen |
| $T$ | Periodendauer, Zeitkonstante |
| $T_{an}$ | Anregelzeit |
| $T_{aus}$ | Ausregelzeit |
| $T_D$ | Differenzierzeit |
| $T_I$ | Integrierzeit |
| $T_n$ | Nachstellzeit |
| $T_0$ | Schwingdauer |
| $T_t$ | Totzeit |
| $T_u$ | Verzugszeit |
| $T_v$ | Vorhaltzeit |
| $t$ | Zeit |

| | |
|---|---|
| $t_a$ | Ausschaltzeit |
| $t_e$ | Einschaltzeit |
| $U$ | Spannung |
| $u$ | zeitlich veränderliche Spannung |
| $V$ | Verstärkungsgrad, Volumen |
| $v$ | Geschwindigkeit |
| $w$ | Führungsgröße |
| $X$ | Absolutwert der Regelgröße |
| $X_h$ | Regelbereich |
| $X_P$ | P-Bereich |
| $x$ | Regelgröße |
| $x_a$ | Ausgangsgröße (allgemein) |
| $\hat{x}_a$ | Amplitude der Ausgangsgröße |
| $x_B$ | Sättigungszone |
| $x_E$ | Endwert |
| $x_e$ | Eingangsgröße (allgemein) |
| $x_{eo}$ | Eingangssprung |
| $\hat{x}_e$ | Amplitude der Eingangsgröße |
| $x_d$ | Regeldifferenz |
| $2x_L$ | Hysteresebreite |
| $x_{MA}$ | Mittelwertabweichung |
| $x_m$ | Überschwingweite |
| $x_r$ | Rückführgröße |
| $x_s$ | Sollwert |
| $x_t$ | Tote Zone |
| $x_w$ | Regelabweichung |
| $x_w(\infty)$ | Bleibende Regelabweichung |
| $y$ | Stellgröße |
| $Y_h$ | Stellbereich |
| $y_R$ | Stellgröße am Ausgang der Regeleinrichtung |
| $y_s$ | Stellgröße am Eingang der Regelstrecke |
| $Z$ | Impedanz |
| $z$ | Störgröße |
| | |
| $\alpha$ | Skalierungsfaktor, Konstante der Korrespondenztabelle |
| $\beta$ | Zeitskalierungsfaktor |

| | |
|---|---|
| $\beta = \dfrac{1}{T_2}$ | Kennkreisfrequenz |
| $\gamma$ | Spezifisches Gewicht |
| $\Delta$ | Kennzeichnung von Größenänderungen |
| $\eta$ | Zähigkeit von Gasen |
| $\vartheta$ | Temperatur |
| $\lambda$ | Wurzel der charakteristischen Gleichung |
| $\mu$ | Leerlaufverstärkung einer Elektronenröhre |
| $\nu$ | Ordnungszahl |
| $\rho$ | Dichte |
| $\tau$ | Maschinenzeit |
| $\phi$ | Erregerfluß |
| $\varphi$ | Phasenverschiebungswinkel, Auslenkwinkel |
| $\varphi_0$ | Phasenverschiebung des aufgeschnittenen Regelkreises |
| $\varphi_{Rd}$ | Phasenrand |
| $\omega$ | Kreisfrequenz |
| $\omega_E$ | Eck(kreis)frequenz |

# 1. Einführung

Die Regelungstechnik ist ein relativ junger Zweig der Ingenieurwissenschaften, der sich mit der selbsttätigen Regelung einzelner Arbeitsvorgänge sowie geschlossener Produktionsabläufe befaßt und Voraussetzung ist für die fortschreitende Automatisierung.

Das Wesentliche einer Regelung besteht in einem *Rückkopplungszweig,* der dazu dient die zu regelnde Größe von Sröreinflüssen unabhängig zu machen, so daß sie stets einen vorgegebenen Wert beibehält. In technischen Anlagen sind die zu regelnden Größen physikalischer Natur, so. z.B. Druck, Temperatur, Drehzahl, Durchfluß, Flüssigkeitsstand, Strom, Spannung usw.

Der Beginn der Regelungstechnik läßt sich nicht genau datieren. Bereits 1765 hat *Polsunow* einen Regler zur Wasserstandsregelung in einem Kessel über Schwimmer und Absperrklappe erfunden. Eine größere Bedeutung erlangte der 1788 von *James Watt* erfundene *Zentrifugalregulator,* der zur Drehzahlregelung von Dampfmaschinen benutzt wurde.

Wie Bild 1.1 zeigt, besteht der Zentrifugalregulator aus zwei Massen 1, die durch die Arme 2 pendelnd gelagert sind. Bei Rotation der Welle 3 werden die beiden Massen infolge der Zentrifugalkraft nach außen bewegt. Diese Kraft wirkt über das Gestänge 4 auf die Muffe 5. Als Gegenkraft ist die Feder 6 wirksam, die der durch die Zentrifugalkraft auf die Muffe ausgeübten Kraft das Gleichgewicht hält. Einer bestimmten Federspannung entspricht eine ganz bestimmte Drehzahl. Nimmt aus irgendeinem Grund die Dampfzufuhr zu und damit die Drehzahl, so wird infolge der größeren Zentrifugalkraft die Feder stärker gespannt, die Muffe angehoben und das Ventil etwas geschlossen. Dadurch wird die Dampfzufuhr gedrosselt bis die ur-

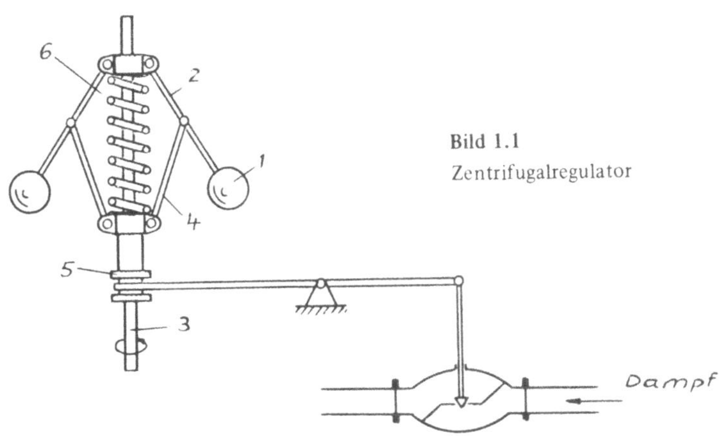


Bild 1.1
Zentrifugalregulator

sprüngliche Drehzahl wieder erreicht ist, sinkt nun infolge einer höheren Belastung die Drehzahl ab, so würde bedingt durch die Rückkopplung das Ventil so weit geöffnet, bis der durch die Feder eingestellte Sollwert wieder erreicht wird.

Der Mensch ist immer bestrebt empirisch Gefundenes theoretisch zu konsolidieren. Die erste vollständige Theorie des Regelkreises gelang (1868) *Clerk Maxwell* und (1877) *Wyschnegradski*. Ein weiteres Problem besteht darin, daß in einem Regelsystem, bedingt durch den Rückkopplungszweig, beim Auftreten einer äußeren Störung, eine unerwünschte Erscheinung auftreten kann, die gegebenenfalls zur Zerstörung der Anlage führt und als *Instabilität* bezeichnet wird. Diese Erscheinung trat erstmals bei der Regelung von Wasserturbinen auf und wurde zuerst von *Routh* (1877) und *Hurwitz* (1895) theoretisch gelöst. Heute sind eine weitere Zahl von Stabilitätskriterien bekannt mit deren Hilfe es möglich ist, die Bedingungen festzustellen, die zur Instabilität führen und welche Maßnahmen zu treffen sind um diese zu beseitigen.

Erst im 20. Jahrhundert entdeckte man, angeregt durch die Erfolge der Regelungstechnik, daß die Prinzipien der Regelung nicht allein auf technische Vorgänge beschränkt sind, sondern ebenso im biologischen und sozialen Bereich auftreten. Betrachten wir z.B. den menschlichen Körper, so werden Blutdruck, Blutzuckergehalt, Körpertemperatur usw. ständig durch messende und regulierende Organe in engen Grenzen konstant gehalten. So wird die Körpertemperatur unabhängig von äußeren Einflüssen (Sommer bzw. Winter) auf ca. 37 °C geregelt. Eine Schwankung der Körpertemperatur um ein halbes Grad ist im allgemeinen ein Krankheitszeichen, und eine dauernde Veränderung um 5 Grad bedeutet bereits den Tod. Als Beispiel einer biologischen Regelung sei die Blutdruckregelung in stark vereinfachter Form gebracht.

Steigt der Druck in der Aorta an, so werden die in der Wand des Blutgefäßes befindlichen Nervenfühler (Meßgeräte) durch die Erhöhung der Gefäßwandspannung stärker erregt. Es erfolgt eine Informationsübertragung über Nervenbahnen (Lei-

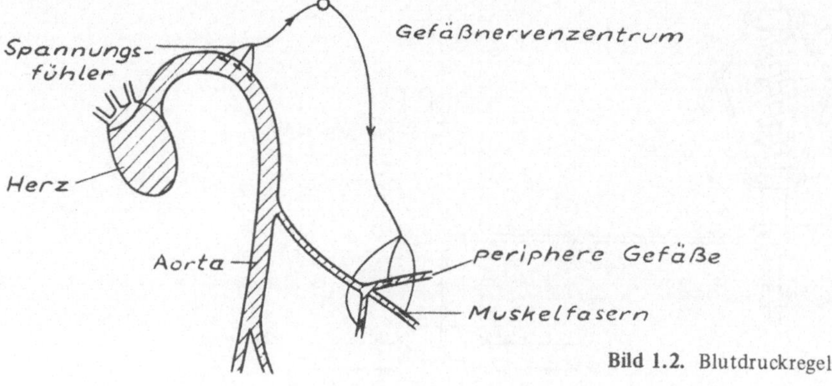


Bild 1.2. Blutdruckregelung

tungen) zum Gefäßnervenzentrum (Regler). Dieses veranlaßt über die Rückkopplungs-
einrichtung eine Erweiterung der peripheren Gefäße durch Muskelfasern in der Blut-
gefäßwand (Stellorgan), das eine Verminderung des Strömungswiderstandes und
somit eine Erniedrigung des Blutdruckes zur Folge hat.

Auch im Zusammenleben verschiedener Lebewesen finden wir regelnde Gesetzmäßigkeiten. So fressen z.B. die Haie die Schollen. Gibt es aus irgendeinem Grund zu
viel Schollen, so sind die Lebensbedingungen der Haie besonders günstig. Sie ver-
mehren sich also. Eine größere Anzahl von Haie bedeutet eine Verminderung der
Anzahl der Schollen und damit eine Verschlechterung der Lebensbedingungen der
Haie, die sich dann ebenfalls wieder reduzieren. Nach einigen Pendelungen stellt
sich ein stabiles Gleichgewicht ein bis eine neue Störung auftritt. Nur wenn der
Mensch in dieses Gleichgewicht eingreift, indem er Fische fängt, haben wir die noch
ungeklärte Erscheinung, daß sich die Art nicht etwa vermindert, sondern vermehrt.
All diese, in den verschiedensten Wissenszweigen auftretenden analogen Probleme
und Gesetzmäßigkeiten führten zu einer übergeordneten Wissenschaft, für die
*Norbert Wiener* den Begriff **Kybernetik** prägte. Heute ist der Anwendungsbereich
der Kybernetik weitverzweigt, so vor allem in der Technik, Biologie, Medizin, Psycho-
logie, Linguistik, Soziologie und Wirtschaftswissenschaft um nur einige zu nennen.

Während die Kybernetik in der Technik produktiven Charakter hat, dient sie in der
Biologie der Beschreibung. Das heißt, die Biologie versucht mit Hilfe der Kybernetik die im Organismus stattfindenden Vorgänge durch Modelle zu simulieren und
zu erklären. Andererseits ist die Kybernetik bestrebt Maschinen zu bauen, deren
Funktionen dem Menschen immer ähnlicher werden. So gleichen die modernen
Rechenautomaten dem menschlichen Gehirn. Wenn diese Rechenautomaten auch
partiell leistungsfähiger sind, so ist diese Analogie doch nur unvollkommen. Die
Regelungsvorgänge in der Biologie unterscheiden sich von denen der Technik dadurch, daß die Verhältnisse in der Biologie weit komplizierter sind, weil an der
Regelung einer einzigen Größe sehr viele Faktoren beteiligt sind und eine gegen-
seitige Abhängigkeit vieler Regelkreise besteht. Der menschliche Organismus und
ebenso der der Tiere enthält Thermostate, Regler und Stellorgane in einer Anzahl,
die einem großen chemischen Werk angemessen wäre.


## 1.1. Das Prinzip der Regelung

Die Wirkungsweise und die Begriffe der Regelung sollen an einem einfachen, oft
zitierten Beispiel behandelt werden.


### Raumtemperaturregelung

Es soll die Temperatur $\vartheta_i$ in einem Raum auf einem vorgegebenen Wert $\vartheta_s$ (dem
Sollwert) gehalten werden. Die Wärmezufuhr erfolgt durch Dampf oder Heißwasser
über einen Radiator.

Ohne Regler müßte man zunächst ein Thermometer in den Raum bringen um festzustellen, ob die gewünschte Temperatur $\vartheta_s$ vorhanden ist. Liegt der Istwert $\vartheta_i$
unterhalb des Sollwertes $\vartheta_s$, dann wird man das Heizkörperventil mehr aufdrehen.
Im umgekehrten Fall entsprechend zudrehen bis die gewünschte Temperatur vorhanden ist ($\vartheta_i = \vartheta_s$). Die Differenz zwischen Soll- und Istwert nennt man *Regeldifferenz* $\vartheta_d$ ($\vartheta_s - \vartheta_i = \vartheta_d$). Diese Art der Regelung, bei der der Mensch tätig ist,
bezeichnet man als *Handregelung.*

Es ist nun zu untersuchen, weshalb nach einem einmal richtig eingestellten Heizkörperventil überhaupt noch nachträglich Verstellungen zur Aufrechterhaltung der
gewünschten Temperatur notwendig sind. Man erkennt leicht, daß sich z.B. die
Außentemperatur ändern kann. Nehmen wir an, die Außentemperatur $\vartheta_a$ sinkt,
so wird das Wärmegefälle ($\vartheta_i - \vartheta_a$) größer und damit die Wärmeabgabe durch die
Wände und Fenster; die Temperatur $\vartheta_i$ fällt. Ferner kann es vorkommen, daß der
Energiegehalt des Wassers oder des Dampfes schwankt und somit einer bestimmten
Ventilstellung keine konstante Energiemenge pro Zeiteinheit zugeordnet werden
kann. Weitere störende Einflüsse können entstehen durch das Öffnen von Fenstern
oder durch Veränderung der Anzahl der im Raum befindlichen Personen, wenn man
annimmt, daß pro Person eine zusätzliche Heizleistung von ca. 200 W entsteht.

All diese Einflüsse, die eine Abweichung von der geforderten Temperatur $\vartheta_s$ ver-
ursachen, nennt man *Störgrößen.* Da diese Störgrößen nicht konstant sind, ist eine
Regelung erforderlich, die sofort eingreift und die Wirkung der Störung beseitigt.

Um die Raumtemperatur von Hand auf den Sollwert $\vartheta_s$ zu regeln, hatten wir folgende
Funktionen auszuführen:

    1. Messen der zu regelnden Größe,
    2. Vergleichen der Regelgröße mit dem Sollwert,
    3. Erzeugen eines geeigneten Stellbefehls,
    4. Verstellen des Stellorgans.

Soll die Raumtemperatur selbsttätig geregelt werden, so müssen wir die erwähnten
vier Funktionen einer *Regeleinrichtung* übertragen, wie das in Bild 1.3 schematisch
gezeigt ist. Hierbei ist jedoch der Begriff des Messens allgemeiner zu fassen. Es

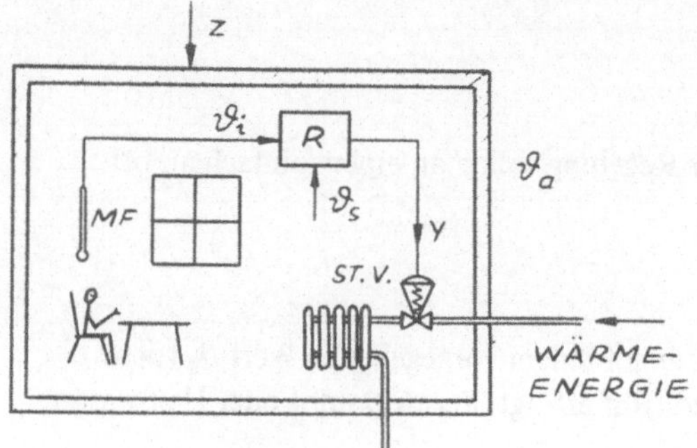


**Bild 1.3.** Raumtemperaturregelung

| | | |
|---|---|---|
| MF | = | Meßfühler |
| R | = | Regler |
| St.V. | = | Stellventil |
| y | = | Stellgröße |
| z | = | Störgröße |
| $\vartheta_i$ | = | Temperatur-Istwert |
| $\vartheta_s$ | = | Temperatur-Sollwert |
| $\vartheta_a$ | = | Außentemperatur |

kommt weniger darauf an, daß eine Zeigerstellung auf einer Skala abgelesen werden
kann, sondern die Meßgröße muß geeignet sein als Eingangssignal der Regeleinrichtung zu dienen. Ist dies nicht der Fall, so muß die Meßgröße erst in einem Meßumformer entsprechend umgeformt werden. Um z.B. die Feuchtigkeit des Papiers
bei der Papierherstellung konstant zu halten, wird die von der Feuchtigkeit der
Papierbahnen abhängige elektrische Leitfähigkeit gemessen und in Form einer elektrischen Spannung oder eines Stromes der Regeleinrichtung zugeführt. Zur Durch-
flußmessung von Gasen oder Flüssigkeiten verwendet man den Differenzdruck an
einer Blende; oder zur Messung der Drehzahl die Spannung, die in einem Tachogenerator erzeugt wird. Der eigentliche Regler besteht meistens aus einem *Verstärker*
und einer *Einrichtung zur Erzeugung des gewünschten Zeitverhaltens.* Je genauer
geregelt werden soll, desto empfindlicher muß der Regler auf eine Regeldifferenz
reagieren. D.h. er muß die am Eingang des Reglers zur Verfügung stehende Energie
der Regeldifferenz so verstärken, daß am Ausgang genügend Energie zum Betätigen
des Stellventils zur Verfügung steht. Unter dem Zeitverhalten eines Reglers versteht man die Reaktion des Reglers beim plötzlichen Auftreten einer Regeldifferenz, d.h. ob die Stellgröße sofort erzeugt wird oder erst nach einer gewissen Ver-
zögerungszeit usw.

Verfolgt man nun die einzelnen Stufen des Regelvorganges, so stellt man fest, daß
es sich um einen geschlossenen Kreis handelt, dem sogenannten *Regelkreis,* denn
das Stellen wirkt immer wieder auf das Messen zurück. Der Rückkopplungszweig,
der durch die Regeleinrichtung gebildet wird und den Meßort mit dem Stellort
verbindet, ist das wesentliche Merkmal einer Regelung.

## 1.2. Darstellung im Blockschaltbild

Zweckmäßigerweise werden die einzelnen Glieder des Regelkreises durch recht-
eckige Kästchen, *Block* genannt, symbolisiert. Die Ein- und Ausgangssignale werden
durch Wirkungslinien dargestellt, deren Pfeilspitzen die *Wirkungsrichtung* angeben.

Zur genauen Kennzeichnung kann in einem Block die Gleichung angegeben werden,
die den Zusammenhang zwischen Ein- und Ausgangsgröße wiedergibt oder eine

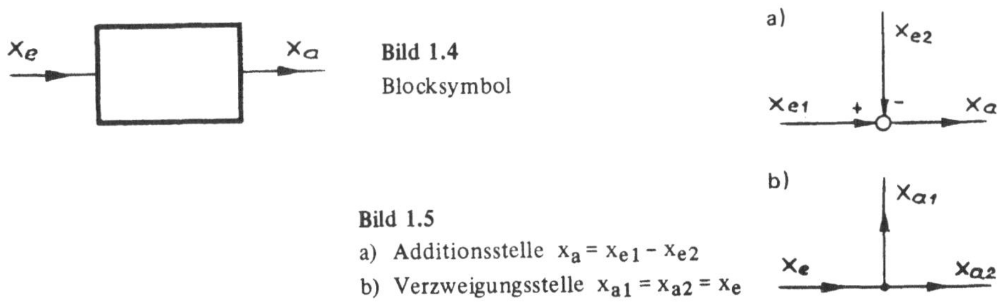

Bild 1.4
Blocksymbol

Bild 1.5
a) Additionsstelle $x_a = x_{e1} - x_{e2}$
b) Verzweigungsstelle $x_{a1} = x_{a2} = x_e$

qualitative, graphische Darstellung des zeitlichen Verlaufs der Ausgangsgröße bei plötzlicher Änderung der Eingangsgröße. Außerdem werden die Stellen, an denen mehrere Signale zusammentreffen durch eine Additionsstelle, Bild 1.5a, und Punkte an denen eine Verzweigung eines Signals stattfindet durch eine Verzweigungsstelle, Bild 1.5b, dargestellt.

Der gesamte Regelkreis läßt sich, wie in Bild 1.6 gezeigt, als Aneinanderreihung von Blöcken wiedergeben. Diese Darstellung, welche die wirkungsmäßigen Zusammenhänge zwischen den Signalen wiedergibt ohne gerätetechnische Einzelheiten zu berücksichtigen, wird als *Blockschaltbild* bezeichnet.

Generell kann man nun den Regelkreis in zwei Bereiche unterteilen. Der 1. Bereich ist durch die Anlage gegeben in dem eine physikalische Größe geregelt werden soll, die sogenannte *Regelstrecke*. Der 2. Bereich ist der Teil, der dazu dient die Regelstrecke über das Stellglied so zu beeinflussen, daß die Regelgröße den gewünschten Wert innehält, die sogenannte *Regeleinrichtung*. Zur Regeleinrichtung zählen also der *Meßfühler*, der *Meßumformer* bei Bedarf, der *Vergleicher*, der *Regler* und das *Stellglied*. Das Stellglied läßt sich sowohl der Regelstrecke als auch der Regeleinrichtung je nach Zweckmäßigkeit zuordnen. Wir gelangen so zu dem vereinfachten Blockschaltbild (Bild 1.7).

Die Störgrößen $z_1 \ldots z_n$ können nun an verschiedenen Stellen des Regelkreises auftreten. In Bild 1.7 ist nur eine Störgröße gezeichnet, die zusammen mit der Stellgröße der Regeleinrichtung $y_R$ am Eingang der Strecke angreift. Dies ist aus folgendem Grund erlaubt: Nehmen wir an, die Außentemperatur $\vartheta_a$ sinkt und demzufolge die Regelgröße x (Innentemperatur $\vartheta_i$). Der Meßfühler registriert eine Temperaturabnahme, kann aber nicht entscheiden, ob die Außentemperatur ge-

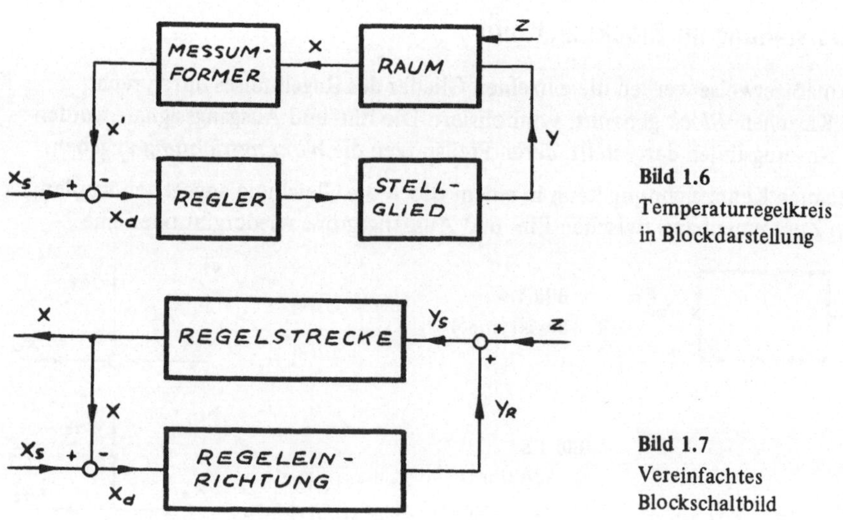



**Bild 1.6**
Temperaturregelkreis
in Blockdarstellung

**Bild 1.7**
Vereinfachtes
Blockschaltbild

sunken ist oder ob das Stellventil mehr zugedreht wurde. Ebenso registriert der
Temperaturfühler eine Temperaturabnahme, wenn die zugeführte Wärmemenge
pro Zeiteinheit abnimmt. Auch in diesem Fall kann der Meßfühler nicht feststellen,
ob der zugeführte Energieinhalt pro Zeiteinheit sich geändert hat oder das Stellventil verstellt wurde. Es ist also möglich, alle Störgrößen an den Stellort zu transformieren und als eine einzige Störgröße z zusammen mit der Stellgröße $y_R$ am
Eingang der Strecke angreifen zu lassen.

**Einheitsbezeichungen**

Die in der Regelungstechnik zu regelnden Größen können sehr unterschiedlicher
physikalischer Natur sein, ebenso der Sollwert und die Stellgröße. Zur Vereinheitlichung werden die Regelgröße mit x, der Sollwert mit $x_s$, die Differenz zwischen
$x_s$ und x als Regeldifferenz $x_d$ und die Stellgröße mit y bezeichnet, gleichgültig
ob es sich bei der zu regelnden Größe um die Temperatur in einem Glühofen, die
Geschwindigkeit eines Walzgutes oder den pH-Wert einer Säure handelt. Ferner
wird anstelle des Sollwertes $x_s$ die Bezeichnung *Führungsgröße* w angewandt, wenn
die zu regelnde Größe nicht konstant, sondern zeitlich veränderlich ist. So ist z.B.
bei einem Kompensationsschreiber die Bewegung des Schreibers der Eingangsspannung eindeutig zugeordnet. Als Führungsgröße dient die Eingangsspannung,
die mit einer Brückenspannung verglichen wird. Die Differenzspannung liegt am
Eingang eines Verstärkers, dessen Ausgang einen Motor treibt und gleichzeitig den
Brückenabgriff so verstellt, daß die Differenzspannung (Regeldifferenz $x_d$) zu Null
wird.
Wie wir noch sehen werden, interessieren bei einer Regelung weniger die Absolutwerte, sondern die Änderungen der Größen. Diese Änderungen werden im Gegensatz zu den Absolutwerten durch kleine Buchstaben gekennzeichnet.

# 1.3. Gerätetechnische Ausführung einer Raumtemperatur-Regelung

Es gibt viele Möglichkeiten zur praktischen Verwirklichung. Davon soll eine mittels
pneumatischer Regeleinrichtung behandelt werden (Bild 1.8). Die Raumtemperatur
x wird durch ein Flüssigkeitsausdehnungsthermometer gemessen. Bei Temperatur-
zunahme vergrößert sich das Flüssigkeitsvolumen und expandiert in den Federbalg.
Dieser dehnt sich aus und drückt den Hebelarm entgegen der Federkraft, an welcher
der Sollwert eingestellt werden kann, nach unten (Vergleichsstelle). Das rechte
Ende steuert die Düsenöffnung zu und der Druck $P_{St}$ in der Steuerleitung steigt an.
Infolge des Druckanstiegs steigt auch die Kraft auf dem Membranteller $P_{St} \cdot A$, die
die Ventilspindel um einen Weg s nach unten bewegt bis die Federkraft gleich der
Membrankraft ist. Der Verstärker arbeitet nach dem Düse-Prallplatte-System. Bei
geschlossener Düse wird der Steuerdruck $P_{St}$ gleich dem Vordruck $P_V$. Wird der Ab-

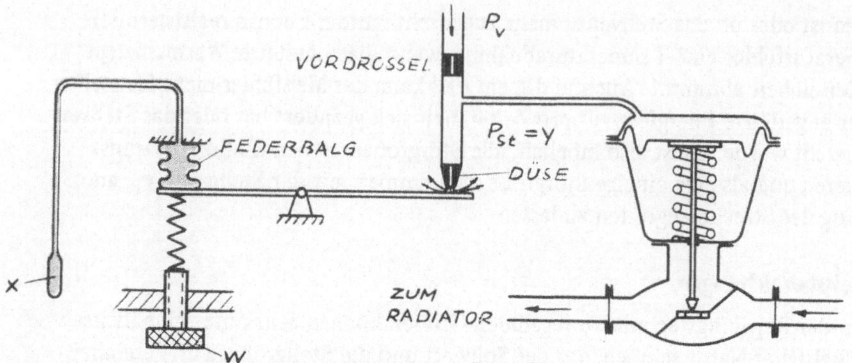


**Bild 1.8.** Gerätetechnische Ausführung einer Raumtemperatur-Regelung

stand Düse – Prallplatte vergrößert so vermindert sich der Austrittswiderstand,
während der Widerstand der Vordrossel konstant bleibt. Zwischen dem konstanten
Vordruck $P_V$ und dem äußeren Atmosphärendruck besteht ein Druckgefälle, das
entsprechend den Drosselwiderständen aufgeteilt wird.

## 1.4. Prinzip der Steuerung

Unter bestimmten Voraussetzungen läßt sich eine Größe auch durch Steuern auf
einem vorgegebenen Wert, der konstant oder zeitlich veränderlich sein kann, halten.
Betrachten wir hierzu als Beispiel die Konstanthaltung einer Raumtemperatur
durch Steuern unter der vereinfachenden Annahme, daß als einzig maßgebende
Störgröße z die Schwankung der Außentemperatur auf die Strecke (den Raum)
wirkt (Bild 1.9).

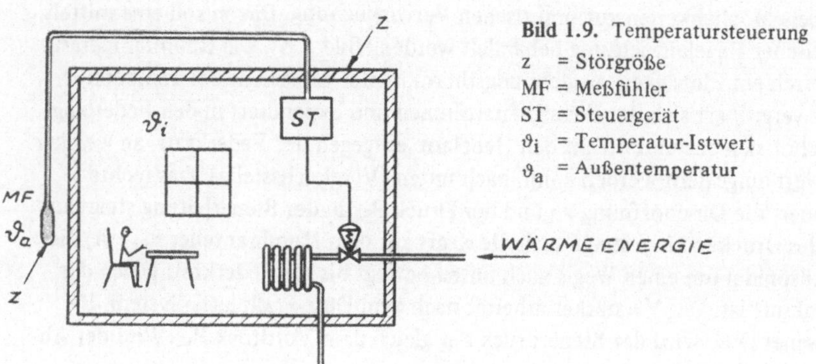


**Bild 1.9.** Temperatursteuerung
z   = Störgröße
MF = Meßfühler
ST = Steuergerät
$\vartheta_i$ = Temperatur-Istwert
$\vartheta_a$ = Außentemperatur

Zunächst sei das Steuergerät so eingestellt, daß die Zimmertemperatur gleich dem vorgegebenen Sollwert ist und die zugeführte Wärmeenergie pro Zeiteinheit gleich der abgeführten sei. Tritt nun eine Abnahme der Außentemperatur $\vartheta_a$ auf, so würde:

a) ohne Steuergerät das Temperaturgefälle $\vartheta_i - \vartheta_a$ größer, d.h. die nach außen abgeführte Wärme pro Zeiteinheit ist größer als die zugeführte. Demzufolge fällt die Innentemperatur $\vartheta_i$ bis wieder ein Gleichgewicht besteht zwischen zu- und abgeführter Wärme.

b) mit Steuergerät die Abnahme der Außentemperatur durch den Meßfühler dem Steuergerät sofort gemeldet und von diesem das Stellventil weiter geöffnet. Die vorhandene erhöhte Wärmeabgabe wird durch eine entsprechend größere Wärmezufuhr ausgeglichen und die Raumtemperatur konstant gehalten.

Eine Störung in der Wärmezufuhr würde sich jedoch ungehindert auf die Raumtemperatur auswirken.

Stellt man diesen Zusammenhang wieder im Blockschaltbild dar (Bild 1.10), so sieht man, daß es sich im Gegensatz zur Regelung um eine offene Wirkungskette handelt.

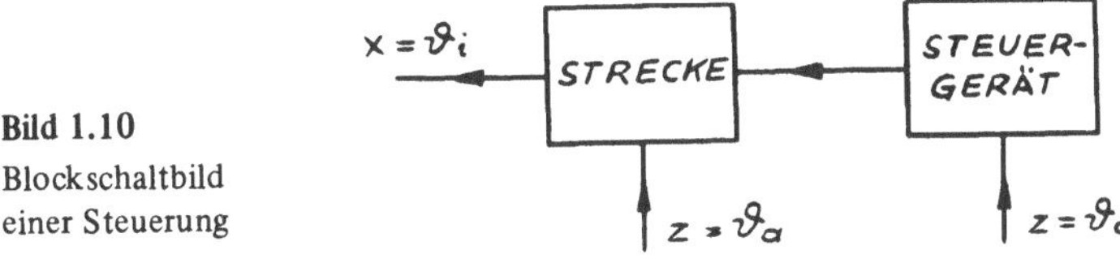


**Bild 1.10**
Blockschaltbild
einer Steuerung

Der Nachteil der Steuerung gegenüber der Regelung besteht darin, daß nicht alle Störgrößeneinflüsse eliminiert werden, sondern nur der, dessen Größe vom Steuergerät gemessen wird. Ferner ist Voraussetzung, daß das Verhalten der Strecke und des Steuergerätes zahlenmäßig genau bekannt ist. Als Vorteil gegenüber der Regelung ist hervorzuheben, daß infolge des fehlenden Rückkopplungszweiges keine Instabilität auftreten kann. Außerdem wird im Idealfall der Sollwert genau eingehalten, während bei einer Regelung, beim Auftreten einer Störgrößenänderung, zumindestens eine vorübergehende Abweichung der Regelgröße vom Sollwert auftritt.

## 1.5. Beispiele für einfache Regelkreise

### 1. Druckregelung in einer Rohrleitung

In einer Rohrleitung soll der Luftdruck unabhängig von Belastungsschwankungen auf einem konstanten Wert gehalten werden. Die Freistrahldüse ist in Punkt 1 drehbar gelagert (Bild 1.11). Der Sollwert $x_s$ wird durch die Schraube und Feder

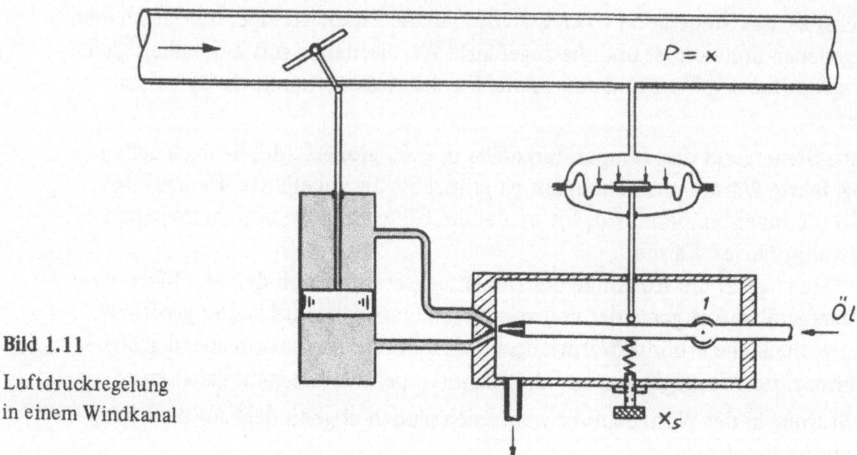


**Bild 1.11**

Luftdruckregelung
in einem Windkanal

eingestellt. Ist die Regelgröße x gleich dem Sollwert $x_s$, dann befindet sich das
Strahlrohr in einer symmetrischen Lage zu den beiden gegenüberliegenden Kanälen.
Der Druck auf der Unterseite des Steuerkolbens ist gleich dem auf der Oberseite,
der Kolben bleibt in Ruhe und ebenso die Drosselklappe. Bei geringerem Verbrauch steigt der Druck P und die Membrankraft bewegt die Düse entgegen der
Federkraft nach unten. Dadurch wird der untere Kanal mehr beaufschlagt als der
obere und der Kolben bewegt sich nach oben. Die Verstellung der Klappe bewirkt
eine Druckabnahme in der Rohrleitung und das Strahlrohr bewegt sich nach oben
bis sie den beiden Kanälen symmetrisch gegenüber steht und der Druck P gleich
dem Sollwert $x_s$ ist. Ist umgekehrt der Verbrauch zu groß, dann sinkt der Druck,
die Düse bewegt sich nach oben, der Kolben nach unten und die Drosselklappe
wird mehr geöffnet.


## 2. Drehzahlregelung mittels Leonardsatz

Der Gleichstrommotor, dessen Drehzahl geregelt werden soll, hat eine konstante
Fremderregung, während die Klemmenspannung U von dem Generator G geliefert
wird (Bild 1.12). Angetrieben wird der Generator von einem Drehstrommotor,
dessen Drehzahl nahezu konstant ist. Die an den Generatorklemmen erzeugte
Spannung ist proportional dem Erregerfluß Φ, (da die Drehzahl konstant ist). Die
zu regelnde Drehzahl wird durch den Tachogenerator gemessen, der eine der
Drehzahl proportionale Spannung x erzeugt. Diese wird mit der am Potentiometer
einstellbaren Spannung $x_s$ verglichen. Die Differenzspannung (Regeldifferenz $x_d$)
liegt am Eingang des Verstärkers, der durch eine Transistorstufe dargestellt ist.
Im Ausgang des Verstärkers liegt die Erregerwicklung des Generators.

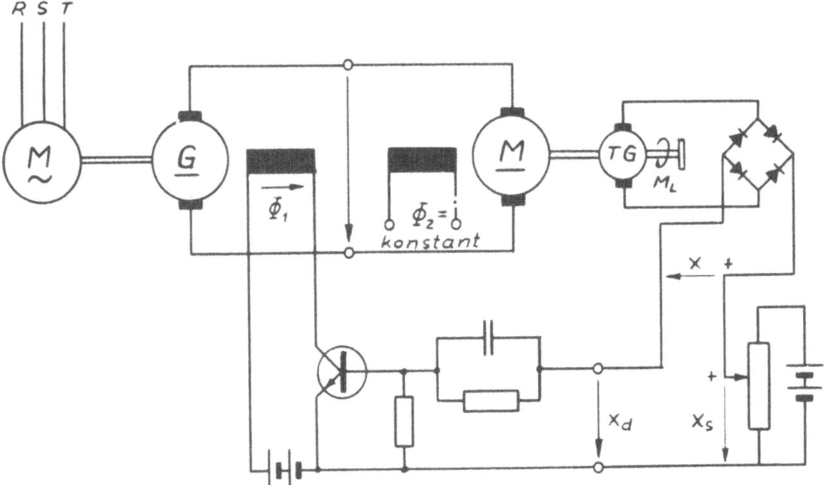

**Bild 1.12.** Drehzahlregelung eines Gleichstrommotors

Bei Übereinstimmung von Istdrehzahl und Solldrehzahl erzeugt die Differenzspannung $x_d = x_s - x$ eine Erregung $\Phi_1$ und damit eine Spannung U an den Generatorklemmen bzw. Motorklemmen, die gerade so groß ist, daß die Motordrehzahl
gleich dem Sollwert ist.

Wird das Lastmoment größer, so fällt zunächst die Drehzahl n und damit die
Spannung x. Die Regeldifferenz $x_d$ wird größer, was zu einer größeren Aussteuerung des Verstärkers und einem größeren Erregerfluß $\Phi_1$ führt. Die Folge davon
ist, daß die Klemmenspannung U und damit n ansteigt. Wird der Motor entlastet,
so wird x größer, die Regeldifferenz kleiner, was schließlich zu einer Drehzahl-
verringerung führt.

## 1.6. Beispiele für vermaschte Regelkreise

Die bisher behandelten Regelkreise waren einläufige Regelkreise. Derartige einfache Regelkreise sind am häufigsten. Bei schwieriger zu regelnden Strecken geht
man vom einläufigen zum vermaschten Regelkreis über.

### 1. Festwert-Verhältnisregelung

Es soll die Temperatur in einem gasbeheizten Glühofen geregelt werden (Bild 1.13).
Außerdem ist das Verhältnis von Gas und Luft konstant zu halten, damit eine
optimale Verbrennung stattfindet.

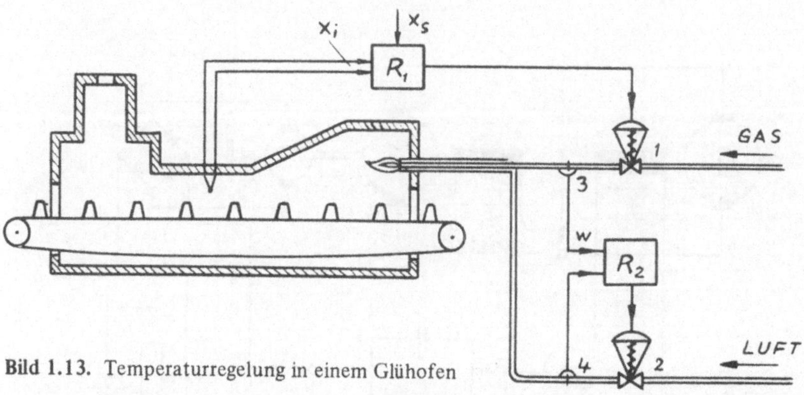


**Bild 1.13.** Temperaturregelung in einem Glühofen

Die Temperatur $x_i$ im Ofen wird von einem Thermoelement gemessen und in der
Regeleinrichtung $R_1$ mit dem Sollwert $x_s$ verglichen. Ist die Temperatur $x_i$ kleiner
als $x_s$, so wird das Ventil 1 mehr geöffnet. Der dadurch erhöhte Gasdurchsatz
verursacht an der Meßblende 3 einen größeren Differenzdruck, der als Führungsgröße w des zweiten Reglers $R_2$ dient. An der Meßblende 4 wird der Luftdurch-
satz gemessen, in $R_2$ mit w verglichen und das Stellventil so verstellt bis das gewünschte Verhältnis des Gas-Luft-Gemisches erreicht ist. Hierbei dient zur Regelung der Ofentemperatur eine Festwertregelung und gleichzeitig wird die Gas-Luft-
Zusammensetzung durch eine Verhältnisregelung vorgenommen.

## 2. Kaskadenregelung

In einem chemischen Reaktionskessel soll die Temperatur geregelt werden.

Die Wärmezufuhr des Reaktionskessels erfolgt durch Warmwasser, das in einem
Wärmeaustauscher erzeugt wird. Der Wärmeaustauscher selbst wird mit Dampf
beheizt. Eine Verstellung am Dampfventil wirkt verzögert auf die Wassertemperatur
und diese nochmals verzögert auf die Temperatur des Reaktionskessels. Durch
die Hintereinanderschaltung vieler Verzögerungsstrecken würde ein einziger Regler,
der die Dampfzufuhr in Abhängigkeit von der Temperatur des Reaktionskessels
regelt, diese nur sehr ungenau einhalten. Man verwendet statt dessen zusätzlich
einen Hilfsregler, der die Schwankungen der Warmwassertemperatur erfaßt und
über das Dampfventil wesentlich schneller ausregelt. Als Führungsgröße w dient
die Ausgangsgröße des Reglers R. Durch den Hilfsregler HR wird die dem Reaktionskessel zugeführte Wärmemenge konstant gehalten und nur bei Temperaturschwan-
kungen im Reaktionskessel verändert.

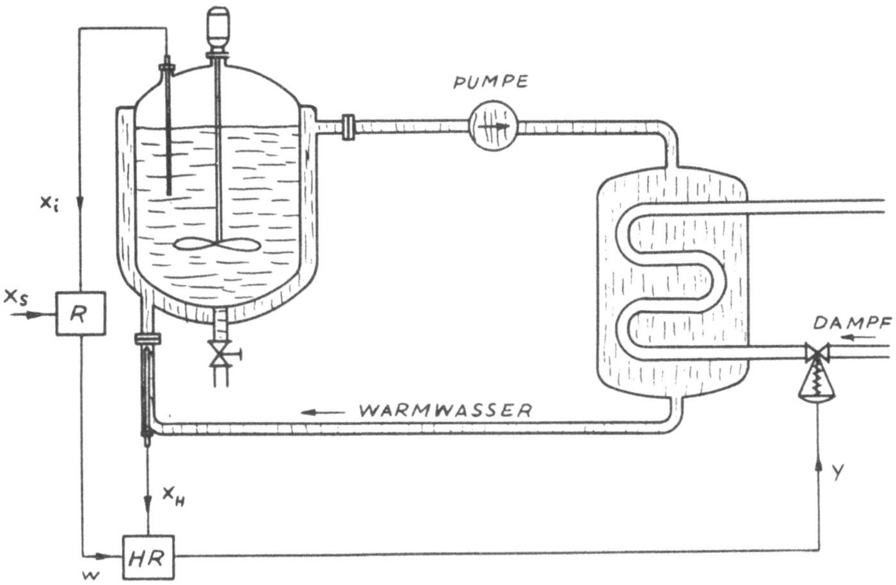


**Bild 1.14.** Temperaturregelung in einem Reaktionskessel

## 2. Mathematische Behandlung einzelner Regelkreisglieder

Von den Praktikern wird die Regelungstheorie gern etwas geringschätzig bewertet, mit dem Argument, daß diese Methoden zu kompliziert sind und an der Realität vorbeigehen. Natürlich ist die genaue Berechnung einer Strecke, z.B. eines chemischen Prozeßes nicht möglich. Es lassen sich jedoch die Kennwerte einer Strecke experimentell ermitteln und mit Hilfe der Theorie sinnvoll einordnen. Dazu ist erforderlich zu wissen, wie die einzelnen Kenngrößen zustande kommen und welchen Einfluß sie im Zusammenspiel mit der Regeleinrichtung haben. Anliegen der Regelungstheorie ist es, die oft komplizierten Zusammenhänge im Regelkreis zu erfassen und gegebenenfalls gezielt einzugreifen. D.h., daß man im voraus die Wirkung einer Änderung eines Reglerparameters kennt, ohne auf bloßes Probieren angewiesen zu sein.

Wir haben in den vorangegangenen Betrachtungen gesehen, daß wir den *Regelkreis* im Blockschaltbild darstellen können und haben diesen in zwei Hauptblöcke unterteilt:

  a) Die *Regelstrecke,*
  b) die *Regeleinrichtung.*

Jeder dieser Blöcke läßt sich nun wieder in einzelne rückwirkungsfreie Glieder zerlegen. Jedes dieser gerichteten Glieder hat einen Ein- und einen Ausgang. Rückwirkungsfrei bedeutet, daß das Signal das Glied nur vom Eingang zum Ausgang durchlaufen kann, nicht in umgekehrter Richtung (Bild 2.1).

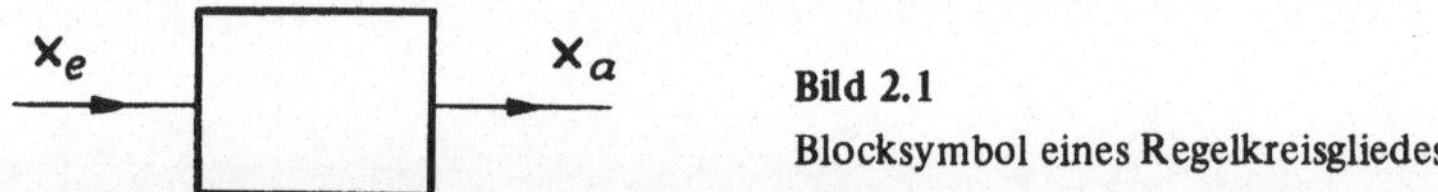


Bild 2.1
Blocksymbol eines Regelkreisgliedes

In einem Regelkreis spielt neben dem *statischen Verhalten* das *dynamische Verhalten* eine wesentliche Rolle, somit auch das dynamische Verhalten der einzelnen Glieder. Maßgebend sind hierbei nicht nur die Augenblickswerte $x_e(t)$ und $x_a(t)$, sondern auch deren zeitliche Ableitungen $\dot{x}_e(t); \ddot{x}_e(t) \ldots$ und $\dot{x}_a(t); \ddot{x}_a(t) \ldots$ . Gleichungen, die den statischen und dynamischen Zusammenhang zwischen Ein- und Ausgangsgröße beschreiben, sind gewöhnliche, lineare Differentialgleichungen von der allgemeinen Form:

$$\ldots + a_3 \cdot \dddot{x}_e(t) + a_2 \cdot \ddot{x}_e(t) + a_1 \cdot \dot{x}_e(t) + a_0 \cdot x_e(t)$$

$$= b_0 \cdot x_a(t) + b_1 \cdot \dot{x}_a(t) + b_2 \cdot \ddot{x}_a(t) + b_3 \cdot \dddot{x}_a(t) + \ldots \tag{2.1}$$

Die Dimensionen der Ein- und Ausgangsgrößen können hierbei verschieden sein. Die konstanten Beiwerte $a_0, a_1, \ldots a_n$ und $b_0, b_1, \ldots b_m$ sind im allgemeinen ebenfalls dimensionsbehaftet.

## 2.1. Das Aufstellen der Differentialgleichung

Bei der Aufstellung der Differentialgleichung eines Systems muß man die physikalichen Gesetze anwenden, denen das System unterliegt, so z.B. die mechanischen, hydraulischen, pneumatischen, elektrischen Gesetze usw. Zur Erläuterung zwei Beispiele:

**Beispiel 2.1:** (Elektropneumatischer Wandler, Bild 2.2)

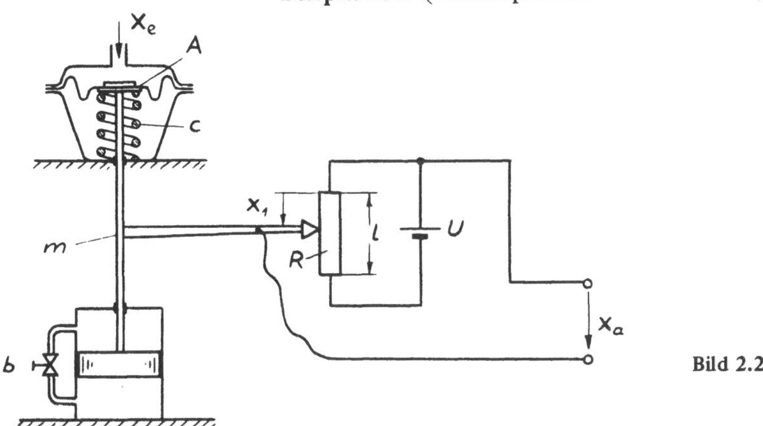


**Bild 2.2**

Die Eingangsgröße $x_e$ ist der Luftdruck über dem Membranteller mit der Fläche A. Dieser erzeugt eine Kraft $F = x_e \cdot A$. Infolge dieser Kraft wird die Kolbenstange um $x_1$ nach unten bewegt. Dadurch wird die Feder um $x_1$ zusammengedrückt und erzeugt die Gegenkraft $F_c = c \cdot x_1$. Außerdem ist eine Dämpfungseinrichtung vorgesehen. Bewegt sich der Kolben nach unten, so muß er die unter dem Kolben befindliche Ölmenge über die Umweg-Leitung mit dem Drosselventil nach oben fördern. Die Kraft, die dazu notwendig ist, ist proportional der Geschwindigkeit, mit der sich der Kolben nach unten bewegt, $F_k = b \cdot \dot{x}_1$. Ferner sind die bewegten Teile mit einer Masse m behaftet, so daß eine weitere Gegenkraft $F_m = m \cdot \ddot{x}_1$ entsteht. Nun muß in jedem Augenblick die Summe aller Kräfte gleich Null sein. Daraus folgt:

$$x_e \cdot A = c \cdot x_1 + b \cdot \dot{x}_1 + m \cdot \ddot{x}_1 \qquad (2.2)$$

Zwischen $x_1$ und $x_a$ besteht die Proportionalität

$$\frac{U}{l} = \frac{x_a}{x_1}, \qquad (2.3)$$

daraus folgt

$$x_1 = \frac{l}{U} x_a \ .$$

Setzen wir Gl. (2.3) in Gl. (2.2) ein, so erhalten wir

$$x_e \cdot A = \frac{c \cdot l}{U} \cdot x_a + \frac{b \cdot l}{U} \cdot \dot{x}_a + \frac{m \cdot l}{U} \cdot \ddot{x}_a .$$

(2.4)

Durch Vergleich mit der allgemeinen Form der Differentialgleichung (2.1) finden wir die Beiwerte:

$$a_0 = A \text{ in cm}^2 ,$$

$$b_0 = \frac{c \cdot l}{U} \text{ in } \frac{kp}{V} ,$$

$$b_1 = \frac{b \cdot l}{U} \text{ in } \frac{kp \cdot s}{V} ,$$

$$b_2 = \frac{m \cdot l}{U} \text{ in } \frac{kp \cdot s^2}{V} .$$

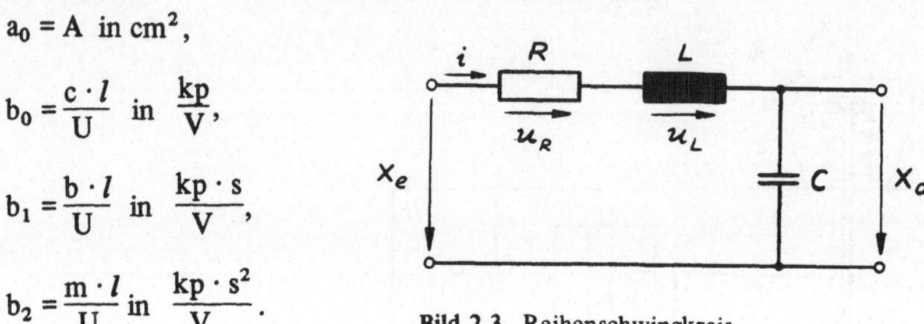


**Bild 2.3.** Reihenschwingkreis

**Beispiel 2.2** (Bild 2.3)

Eingangsgröße ist die Spannung $x_e$ und Ausgangsgröße ist die Spannung über dem Kondensator $x_a$.

Nach dem 2. Kirchhoffschen Satz ist die Summe aller Spannungen in einer Masche gleich Null.

$$x_e = u_R + u_L + x_a .$$

(2.5)

Der Spannungsabfall am Widerstand ergibt sich zu $u_R = i \cdot R$.

Nach dem Induktionsgesetz ist $u_L = L \cdot \dfrac{di}{dt}$.

Ferner ist der Ladestrom i proportional der Spannungsänderung am Kondensator

$$i = C \cdot \frac{dx_a}{dt} .$$

Diese Beziehungen in die Gl. (2.5) eingesetzt ergibt:

$$x_e = C \cdot R \cdot \frac{dx_a}{dt} + C \cdot L \cdot \frac{d^2 x_a}{dt^2} + x_a \qquad \text{oder}$$

$$x_e = x_a + C \cdot R \cdot \dot{x}_a + C \cdot L \cdot \ddot{x}_a .$$

(2.6)

Man erkennt leicht, daß der Aufbau der beiden Differentialgleichungen (2.4) und (2.6), abgesehen von den Beiwerten, übereinstimmt. In Kapitel 4 wird gezeigt, daß auch im dynamischen Verhalten beider Systeme eine vollkommene Analogie besteht.

## 2.2. Lösung der Differentialgleichung bei sprunghafter Verstellung der Eingangsgröße

Mit der gefundenen Differentialgleichung kann man noch nicht allzu viel anfangen. Es interessiert der zeitliche Verlauf der Ausgangsgröße $x_a$ (t), wenn die Eingangsgröße $x_e$ (t) einen bestimmten zeitlichen Verlauf annimmt. Um die Differentialgleichung mit der Störfunktion $x_e$ (t) lösen zu können, muß diese genau bekannt sein.

Die am häufigsten in der Regelungstechnik angewandte Eingangsfunktion ist die sogenannte *Sprungfunktion.* Der Verlauf einer solchen Sprungfunktion ist in Bild 2.4 wiedergegeben.

Für t < 0 ist $x_e$ (t) = 0,

für t > 0 ist $x_e$ (t) = $x_{eo}$ = konstant.

In Kapitel 2.3 und 2.4 werden noch weitere, gebräuchliche Eingangsfunktionen behandelt.

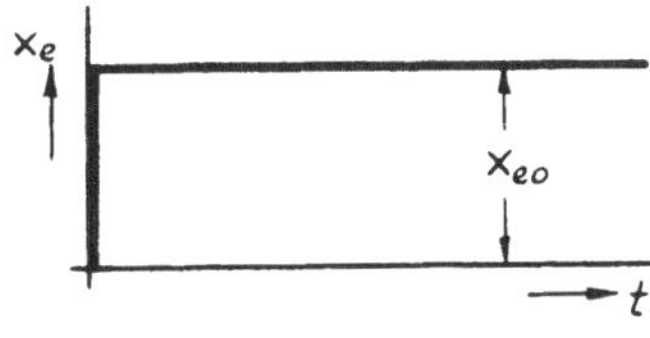

**Bild 2.4**
Sprungfunktion

Setzt man die Sprungfunktion als Störfunktion in die Differentialgleichung ein und löst die Differentialgleichung nach $x_a$ (t) auf, so erhält man mit $x_a$ (t) die sogenannte *Sprungantwort.*

In Beispiel 2.1 hatten wir folgende Differentialgleichung 2. Ordnung gefunden:

$$x_e \cdot A = \frac{c \cdot l}{U} \cdot x_a + \frac{b \cdot l}{U} \cdot \dot{x}_a + \frac{m \cdot l}{U} \cdot \ddot{x}_a \, .$$

Vereinfachend wird angenommen, daß die bewegliche Masse m sehr klein sei und

damit das Glied $\frac{m \cdot l}{U} \cdot \ddot{x}_a$ vernachlässigbar.

Die so erhaltene Differentialgleichung 1. Ordnung

$$x_{eo} \cdot A = \frac{c \cdot l}{U} \cdot x_a + \frac{b \cdot l}{U} \cdot \frac{dx_a}{dt} \qquad \text{oder}$$

$$x_{eo} \cdot \frac{A \cdot U}{l \cdot c} = x_a + \frac{b}{c} \cdot \frac{dx_a}{dt} \qquad \text{bzw.}$$

$$x_{eo} \cdot K = x_a + T \cdot \frac{dx_a}{dt} \qquad\qquad (2.7)$$

mit $K = \frac{A \cdot U}{l \cdot c}$ und $T = \frac{b}{c}$, wollen wir nun auf zwei Arten lösen.

2 **Reuter**

*a) Lösung der Differentialgleichung durch Trennen der Veränderlichen*

Aus Gl. (2.7) findet man durch Umstellen nach $\dfrac{dx_a}{dt}$

$$\frac{dx_a}{dt} = \frac{1}{T}\left[x_{eo} \cdot K - x_a\right],$$

$$\frac{dx_a}{x_{eo} \cdot K - x_a} = \frac{dt}{T}.$$

Durch Integration beider Seiten folgt:

$$\int \frac{dt}{T} = \int \frac{dx_a}{x_{eo} \cdot K - x_a} \quad \text{bzw.}$$

$$\frac{t}{T} = -\ln\left[x_{eo} \cdot K - x_a\right] + C.$$  (2.8)

Die Integrationskonstante C ergibt sich aus der Anfangsbedingung für t = 0. Zum Zeitpunkt t = 0 springt $x_e$ auf den Wert $x_{eo}$, während $x_a(0) = 0$ sein muß[1]). Setzt man die Anfangsbedingung $x_a(0) = 0$ in Gleichung (2.8) ein, so folgt:

$$C = \ln x_{eo} \cdot K.$$

Dies wiederum in Gleichung (2.8) eingesetzt ergibt

$$\frac{t}{T} = -\ln\left(x_{eo} \cdot K - x_a\right) + \ln x_{eo} \cdot K,$$

$$-\frac{t}{T} = \ln\left(1 - \frac{x_a}{x_{eo} \cdot K}\right)$$

und nach $x_a$ aufgelöst:

$$e^{-\frac{t}{T}} = 1 - \frac{x_a}{x_{eo} \cdot K},$$

$$x_a(t) = x_{eo} \cdot K \cdot \left(1 - e^{-\frac{t}{T}}\right)$$  (2.9)

---

[1]) Für $t < 0$ ist $x_e(t) = 0$ und $x_a(t) = 0$.

Für $t > 0$ ist $x_e(t) = x_{eo} =$ konstant, d.h. auf der linken Seite der Differentialgleichung (2.7) steht ein endlicher, konstanter Wert. Somit muß auch die rechte Seite endlich und konstant sein. Nimmt man an, für t = 0 wäre $x_a(0) \neq 0$, so müßte $x_a$ von Null auf diesen Wert gesprungen sein. Damit würde aber $\dfrac{dx_a(0)}{dt} = \infty$ und folglich die rechte Seite der Differentialgleichung ungleich der linken, was nicht sein kann. Die sich daraus ergebende Folgerung ist, daß $x_a(0) = 0$ und $\dfrac{dx_a(0)}{dt} = x_{eo} \cdot \dfrac{K}{T}$ sein muß.

Der Eingangssprung und die Sprungantwort haben dann den in Bild 2.5 dargestellten zeitlichen Verlauf.

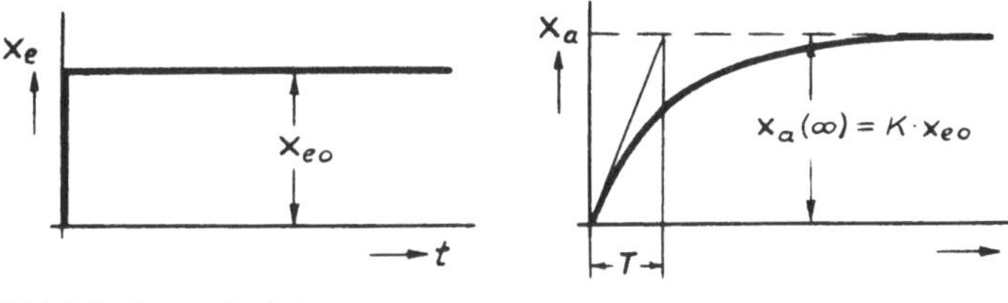


**Bild 2.5.** Sprungfunktion        Sprungantwort

Die Kurve $x_a(t)$ hat für $t = 0$ die größte Steigung. Legt man an $x_a(t)$ zum Zeitpunkt $t = 0$ die Tangente, so schneidet diese den Beharrungswert $x_a(\infty)$ für $t = T$.

Der Verlauf der Sprungantwort ist durch die Zeitkonstante T und den Übertragungsbeiwert K eindeutig bestimmt.

*b) Lösung der Differentialgleichung durch geeigneten Ansatz*

Die vorangegangene Lösungsmethode bestand darin, daß die Veränderlichen getrennt und anschließend integriert wurden. Dieser Weg ist nur bei Differentialgleichungen 1. und 2. Ordnung möglich. Bereits bei einer Differentialgleichung 2.
Ordnung ist der Aufwand ziemlich umfangreich, weil zunächst die Ordnung reduziert werden muß.

Bei der Lösung der Differentialgleichung

$$x_{eo} \cdot K = x_a + T \cdot \frac{dx_a}{dt} \qquad\qquad (2.7)$$

nach der jetzt zu besprechenden Methode, wird zunächst die homogene Differentialgleichung gelöst, d.h. das Störglied $x_{eo} \cdot K$ wird Null gesetzt.

$$0 = x_a + T \cdot \frac{dx_a}{dt}. \qquad\qquad (2.10)$$

Man macht nun generell den Ansatz:

$$x_a = e^{\lambda t},$$

unabhängig von der Ordnung der Differentialgleichung. Es wird deshalb eine
e-Funktion gewählt, weil die Ableitung einer e-Funktion ebenfalls wieder eine
e-Funktion ergibt.

Wir setzen nun

$$x_a = e^{\lambda t} \qquad \text{und} \qquad \dot{x}_a = \lambda e^{\lambda t}$$

in die Gl. (2.10) ein und bestimmen den $\lambda$-Wert so, daß die Gleichung erfüllt ist.

$$0 = e^{\lambda t} + T \cdot \lambda \cdot e^{\lambda t},$$

$$0 = e^{\lambda t}(1 + T \cdot \lambda).$$

Dies ist der Fall für $(1 + T \cdot \lambda) = 0$, bzw.

$$\lambda = -\frac{1}{T}.$$

Daraus folgt, daß der gewählte Ansatz mit $\lambda = -\frac{1}{T}$ eine Lösung der homogenen Differentialgleichung ist.

Wie man sich leicht durch Einsetzen überzeugen kann, erfüllt auch der Ansatz

$$x_a = C_1 \cdot e^{\lambda t} \tag{2.11}$$

die homogene Differentialgleichung.

Nun ist aber die zu lösende Differentialgleichung (2.7) nicht homogen, sondern mit einem Störglied behaftet. Diese inhomogene Differentialgleichung soll für den Fall gelöst werden, daß das Störglied wiederum eine Sprungfunktion ist. Für $t < 0$ ist $x_e(t) = 0$ und für $t \geq 0$ ist $x_e(t) = x_{eo} = $ konstant. Es steht also auf der linken Seite der Differentialgleichung der konstante Wert $x_{eo} \cdot K$. Man ändert nun den Ansatz (2.11) so ab, daß nach Einsetzen in Gl. (2.7) die inhomogene Differentialgleichung erfüllt wird.

Abgeänderter Ansatz:

$$x_a = C_1 \cdot e^{\lambda t} + C_2,$$

$$x_a = C_1 \cdot e^{-\frac{t}{T}} + C_2, \tag{2.12}$$

$$\dot{x}_a = -C_1 \cdot \frac{1}{T} \cdot e^{-\frac{t}{T}}. \tag{2.13}$$

Gl. (2.12) und (2.13) in Gl. (2.7) eingesetzt führt zu:

$$x_{eo} \cdot K = C_1 \cdot e^{-\frac{t}{T}} + C_2 - T \cdot C_1 \cdot \frac{1}{T} \cdot e^{-\frac{t}{T}},$$

$$x_{eo} \cdot K = C_2.$$

Die Konstante $C_1$ ergibt sich aus der Anfangsbedingung.

Für $t = 0$ ist $x(t) = x(0) = 0.$     (Begründung s. S. 18)

Setzt man die Anfangsbedingung in Gl. (2.12) ein, so erhält man:

$$0 = C_1 \cdot e^0 + x_{eo} \cdot K \quad \text{bzw.}$$

$$C_1 = - x_{eo} \cdot K.$$

Damit sind $C_1$ und $C_2$ bekannt und wir erhalten das gleiche Ergebnis wie in Gl. (2.9)

$$x_a(t) = - x_{eo} \cdot K\, e^{-\frac{t}{T}} + x_{eo} \cdot K,$$

$$x_a(t) = x_{eo} \cdot K \cdot \left(1 - e^{-\frac{t}{T}}\right).$$

In Kapitel 4 werden wir noch eine dritte Methode kennenlernen, die es uns gestattet mit Hilfe des Frequenzganges bzw. der Laplace-Transformation die Zeitfunktion $f(t)$ zu ermitteln.

## 2.3. Spezielle Eingangsfunktionen zur Ermittlung des Übergangsverhaltens von Regelkreisgliedern

Ein Regelkreis besteht oft aus einer großen Anzahl einzelner Regelkreisglieder. Von ausschlaggebender Bedeutung ist dabei das dynamische Verhalten der einzelnen Glieder. In der Praxis werden zur experimentellen Untersuchung spezielle Eingangsfunktionen angewandt, die leicht realisierbar und vergleichbar sind. Die Kenntnis des zeitlichen Verlaufs des Ausgangssignals (Antwort) auf jedes der im folgenden erörterten Eingangssignale (Erregung) genügt, um das Übergangs- bzw. das Zeitverhalten[1] eines Regelkreisgliedes vollständig zu beschreiben; das gilt ebenso für den ganzen Regelkreis. Ist das Übergangsverhalten eines Regelkreisgliedes für eine spezielle Eingangsfunktion bekannt, so läßt sich daraus das Zeitverhalten bei jeder beliebigen Eingangsfunktion ermitteln.

*a) Die Sprungfunktion*

Eine ideale Sprungfunktion, d.h. eine physikalische Größe, die sich zum Zeitpunkt $t = 0$ in unendlich kurzer Zeit um einen endlichen Betrag ändert, ist technisch nicht realisierbar. Mit den schnellsten elektronischen Bauelementen kommt man zu Anstiegszeiten, die kleiner als eine Nanosekunde sind. Bei anderen physikalischen Größen (Druck, Temperatur usw.) liegen die Zeitkonstanten z.T. wesentlich höher. In Bild 2.6 ist der wahre Verlauf gestrichelt eingezeichnet.

---

[1] Das Übergangsverhalten beschreibt den zeitlichen Verlauf des Ausgangssignals bei Aufschaltung charakteristischer zeitlicher Verläufe des Eingangssignals.

Das Zeitverhalten eines Gliedes gibt an, in welcher Weise das Ausgangssignal einem veränderlichen Eingangssignal zeitlich folgt.

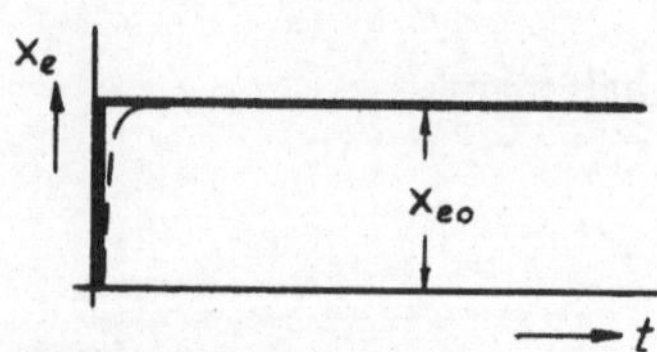

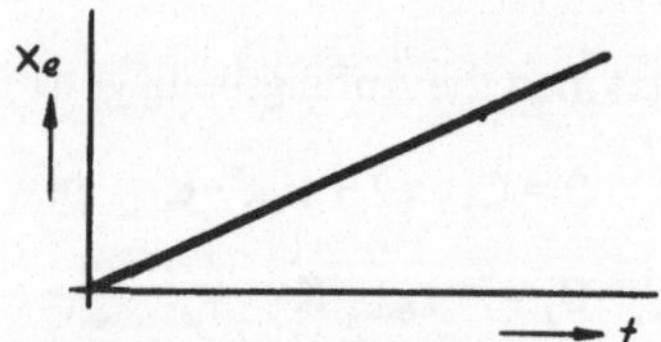

**Bild 2.6.**  Sprungfunktion

$t < 0 \quad x_e(t) = 0$

$t \geq 0 \quad x_e(t) = x_{eo} = \text{konstant}$

**Bild 2.7.**  Anstiegsfunktion

$t < 0 \quad x_e(t) = 0$

$t \geq 0 \quad x_e(t) = K_I \cdot t$

Das Ausgangssignal als Ergebnis einer Sprungfunktion am Eingang bezeichnet man als *Sprungantwort*.

*b) Die Anstiegsfunktion*

Wie Bild 2.7 zeigt steigt $x_e$, bei Null beginnend, linear mit der Zeit an.

$$x_e(t) = K_I \cdot t.$$

wobei $K_I = \dfrac{dx_e}{dt}$ die konstante Änderungsgeschwindigkeit des Eingangssignals ist.

Der zeitliche Verlauf der Ausgangsgröße bei einer Anstiegsfunktion am Eingang wird mit *Anstiegsantwort* bezeichnet.

*c) Die Impulsfunktion (Nadelfunktion)*

Die ideale Impulsfunktion zeigt zum Zeitpunkt $t = 0$ einen Sprung ins Unendliche und ist für $t \geq 0$ gleich Null. Sie entsteht aus einem rechteckförmigen Impuls der Höhe K und der Breite $\dfrac{1}{K}$ für $K \to \infty$, mit der Zeitfläche 1 s. Bei manchen Regelstrecken stellt die Anwendung einer Sprungfunktion über einen längeren Zeitraum einen massiven, unzulässigen Eingriff dar. Ein kurzzeitiger Impuls hat den Vortail, daß die durch ihn verursachte Beeinträchtigung verhältnismäßig gering ist.

Der zeitliche Verlauf des Ausgangssignals bei einem Nadelimpuls am Eingang ist die *Impulsantwort*.

*d) Sinusförmige Eingangsgröße*

Neben der Sprungfunktion zur Untersuchung von Regelkreisgliedern gewinnt die Methode durch sinusförmige Eingangserregung eine immer größere Bedeutung die Sinusschwingung hat den zeitlichen Verlauf

$$x_e(t) = \hat{x}_e \cdot \sin \omega t,$$

wobei $\hat{x}_e$ die Schwingungsamplitude und $\omega = 2\pi f$ die Kreisfrequenz ist, mit f als Frequenz.

Diese Erregungsart soll im folgenden Abschnitt näher behandelt werden.

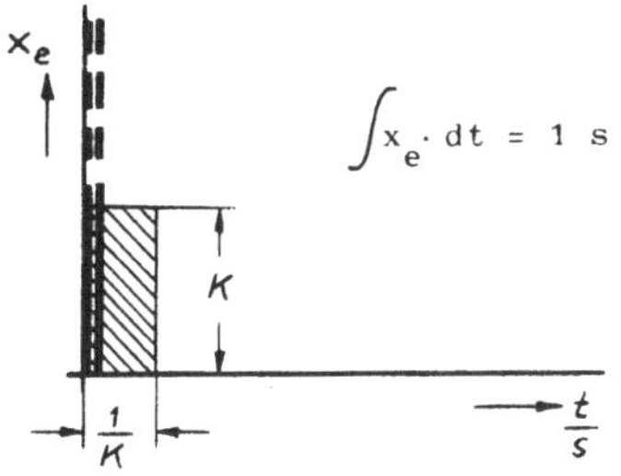

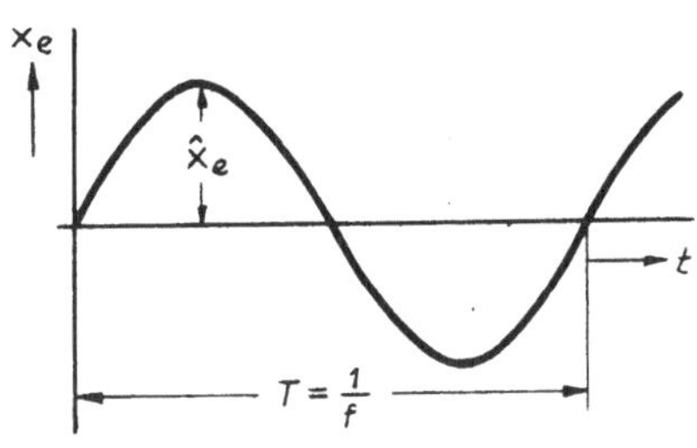





**Bild 2.8.** Impulsfunktion                      **Bild 2.9.** Sinusfunktion

$t < 0 \quad x_e(t) = 0$

$t = 0 \quad x_e(t) = \infty$

$t > 0 \quad x_e(t) = 0$

## 2.4. Lösung der Differentialgleichung für sinusförmig sich ändernde Eingangsgröße

Wie ist der Verlauf der Ausgangsgröße, wenn die Eingangsgröße eine Sinusschwingung ist? Diese Frage soll für das lineare System (Beispiel 2.1, Seite 15) beantwortet werden, das zu der Differentialgleichung

$$x_e(t) \cdot K = x_a + T \cdot \frac{dx_a}{dt} \qquad (2.7)$$

führte.

Die Störfunktion ist nun

$$x_e(t) \cdot K, \quad \text{mit}$$

$$x_e(t) = \hat{x}_e \cdot \sin \omega t.$$

Die zu lösende Differentialgleichung lautet somit:

$$K \cdot \hat{x}_e \cdot \sin \omega t = x_a + T \cdot \frac{dx_a}{dt}, \qquad (2.14)$$

Eine Trennung der Veränderlichen ist hier nicht mehr möglich.

Zunächst müssen wir wieder die homogene Differentialgleichung lösen, was in Abschnitt 2.2 bereits ausgeführt wurde. Als Lösung der homogenen Differentialgleichung ergab sich:

$$x_{aH} = C_1 \cdot e^{-\frac{t}{T}}. \qquad (2.11)$$

Zur Ermittlung der partikulären Lösung der Differentialgleichung (2.14) wird die von *Lagrange* angegebene Methode der Variation der Konstanten angewandt. Sie besteht im folgenden:

In die Lösung der homogenen Differentialgleichung (2.11) setzt man statt der Konstanten $C_1$ eine Funktion $C(t)$ ein und bestimmt diese durch Einsetzen in die Differentialgleichung (2.14) so, daß aus Gl. (2.11) eine Lösung von Gl. (2.14) wird.

Man hat also zur Lösung den Ansatz:

$$x_a = C(t) \cdot e^{-\frac{t}{T}} \tag{2.15}$$

und bestimmt daraus

$$\frac{dx_a}{dt} = \frac{dC(t)}{dt} \cdot e^{-\frac{t}{T}} + C(t) \cdot \left(-\frac{1}{T}\right) \cdot e^{-\frac{t}{T}}.$$

$x_a$ und $\dfrac{dx_a}{dt}$ werden nun in die Gl. (2.14) eingesetzt und man erhält:

$$K \cdot \hat{x}_e \cdot \sin\omega t = C(t) \cdot e^{-\frac{t}{T}} + T \cdot \frac{dC(t)}{dt} \cdot e^{-\frac{t}{T}} - C(t) \cdot e^{-\frac{t}{T}}.$$

Daraus folgt:

$$dC(t) = \frac{K \cdot \hat{x}_e}{T} \cdot \sin\omega t \cdot e^{\frac{t}{T}} \cdot dt,$$

$$C(t) = \frac{K \cdot \hat{x}_e}{T} \int e^{\frac{t}{T}} \cdot \sin\omega t \cdot dt.$$

In Dubbel I, S. 87, Gl. 22 findet man für das Integral die Lösung:

$$\int e^{\frac{t}{T}} \cdot \sin\omega t \cdot dt = \frac{e^{\frac{t}{T}} \cdot \left(\frac{1}{T}\sin\omega t - \omega \cdot \cos\omega t\right)}{\left(\frac{1}{T}\right)^2 + \omega^2} + C_2$$

und somit ergibt sich

$$C(t) = \frac{K \cdot \hat{x}_e}{T} \cdot e^{\frac{t}{T}} \frac{\frac{1}{T} \cdot \sin\omega t - \omega \cdot \cos\omega t}{\left(\frac{1}{T}\right)^2 + \omega^2} + C_2,$$

$$C(t) = \frac{K \cdot \hat{x}_e}{1 + (\omega T)^2} \cdot (\sin\omega t - \omega \cdot T \cdot \cos\omega t) \cdot e^{\frac{t}{T}} + C_2.$$

Setzt man C(t) in den Ansatz (2.15) ein, so erhält man:

$$x_a(t) = \frac{K \cdot \hat{x}_e}{1 + (\omega T)^2} \, (\sin\omega t - \omega T \cdot \cos\omega t) + C_2 \cdot e^{-\frac{t}{T}}.$$

Da die Summe bzw. die Differenz einer Sinus- und einer Cosinusfunktion, bei gleicher Frequenz, stets wieder eine Sinusschwingung ergibt, kann man für den Klammerausdruck schreiben:

$$\sin\omega t - \omega T \cdot \cos\omega t = a \cdot \sin(\omega t + \varphi).$$

Hierin ist a die Schwingungsamplitude und $\varphi$ der Phasenverschiebungswinkel der resultierenden Schwingung. Mit Hilfe der Additionstheoreme findet man:

$$\sin(\omega t + \varphi) = \sin\omega t \cdot \cos\varphi + \sin\varphi \cdot \cos\omega t$$

und somit

$$\sin\omega t - \omega T \cos\omega t = a \cdot (\sin\omega t \cdot \cos\varphi + \sin\varphi \cdot \cos\omega t)$$

Setzt man die Glieder mit $\sin\omega t$ bzw. $\cos\omega t$ beider Seiten gleich, so ergibt sich:

$$a \cos\varphi = 1$$
$$a \sin\varphi = -\omega T.$$

Durch Division beider Gleichungen erhält man:

$$\tan\varphi = -\omega T \tag{2.16}$$

und durch Quadrieren und Addieren beider Gleichungen:

$$a^2 \cdot (\cos^2\varphi + \sin^2\varphi) = 1 + (\omega T)^2.$$

Da $\quad \cos^2\varphi + \sin^2\varphi = 1,$

folgt $\ a = \sqrt{1 + (\omega T)^2}.$

Somit ergibt sich schließlich:

$$x_a(t) = \frac{K \cdot \hat{x}_e}{\sqrt{1 + (\omega T)^2}} \cdot \sin(\omega t + \varphi) + C_2 \cdot e^{-\frac{t}{T}}$$

Mit der Anfangsbedingung $x_a(t) = 0$ für $t = 0$ wird

$$C_2 = -\frac{K \cdot \hat{x}_e}{\sqrt{1 + (\omega T)^2}} \cdot \sin\varphi$$

Nach einer Zeit $t \approx 5 \cdot T$ ist das Glied $C_2 \cdot e^{-\frac{t}{T}}$ nahezu Null und vernachlässigbar.
D.h. der Einschwingvorgang ist abgeschlossen und die Ausgangsgröße ist dann eine
ungedämpfte Sinusschwingung mit dem zeitlichen Verlauf:

$$x_a(t) = \frac{K \cdot \hat{x}_e}{\sqrt{1 + (\omega T)^2}} \cdot \sin(\omega t + \varphi) \tag{2.17}$$

Wie aus Gl. (2.17) ersichtlich, hat im stationären Zustand die Ausgangsgröße $x_a$ die
gleiche Kreisfrequenz wie die Eingangsgröße, mit der Schwingungsamplitude

$$\hat{x}_a = \frac{K \cdot \hat{x}_e}{\sqrt{1 + (\omega T)^2}} \;.$$

Die Amplitude $\hat{x}_a$ ist eine Funktion von $\omega$ und nimmt mit zunehmendem $\omega$ ab.
Der Phasenverschiebungswinkel $\varphi$ (Gl. (2.16)), ist stets negativ und ebenfalls eine
Funktion von $\omega$. Mit zunehmender Kreisfrequenz wird der negative Phasenverschie-
bungswinkel $\varphi$ größer. Das kann man auch aus dem Systemaufbau leicht erkennen.
Mit zunehmender Frequenz kann das System infolge seiner Dämpfung (die Masse
wurde vernachlässigt) nicht mehr folgen.

Das behandelte Beispiel, das zu einer Differentialgleichung 1. Ordnung führte hat
gezeigt, daß bei einer sinusförmigen Eingangserregung am Ausgang ebenfalls eine

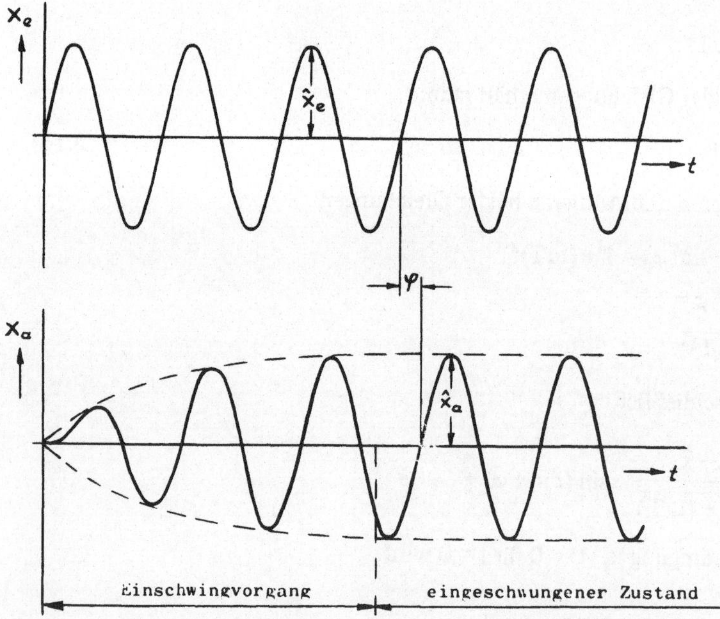


Bild 2.10. Ein- und Ausgangsgröße bei sinusförmigem Eingangssignal

sinusförmige Schwingung gleicher Frequenz entsteht. Allgemein gilt bei einem
linearen System, das zu einer Differentialgleichung beliebiger Ordnung führt, daß
eine harmonische Schwingung am Eingang am Ausgang ebenfalls eine harmonische
Schwingung erzeugt[1]).

Abschließend kann gesagt werden, daß die Anwendung von Sinusschwingungen als
Eingangssignal zur Untersuchung von Regelkreisgliedern heute bevorzugt angewandt
wird, nicht nur für elektrische, sondern auch für pneumatische und andere Systeme.
Diese Methode hat besonders bei schnellen Systemen wesentliche Vorteile gegenüber
der Sprungfunktion.

## 2.5. Einführung des p-Operators

Die Rechnung bei sinusförmiger Eingangsgröße wird besonders einfach, wenn man
die Sinusschwingung $x_e = \hat{x}_e \cdot \sin\omega t$ aus einem, um den Ursprung der Gaußschen
Zahlenebene, rotierenden Zeiger entstanden denkt, der auf die imaginäre Achse pro-
jiziert ist (Bild 2.11).

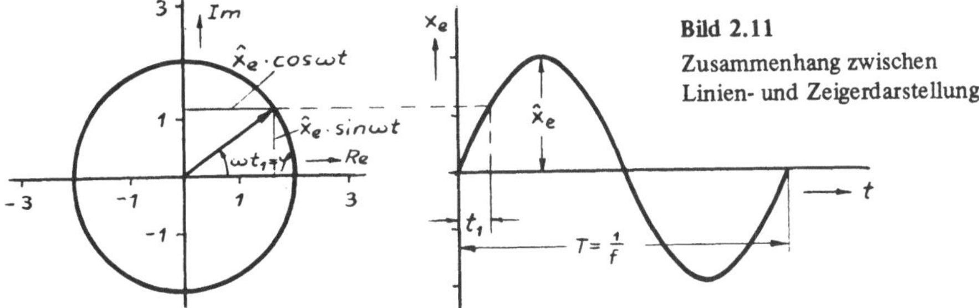


**Bild 2.11**
Zusammenhang zwischen
Linien- und Zeigerdarstellung

Der Zeiger ist durch die beiden Komponenten

$$\hat{x}_e \cdot \cos\omega t \quad \text{und}$$

$$j \cdot \hat{x}_e \cdot \sin\omega t$$

eindeutig festgelegt:

$$x_e = \hat{x}_e \cdot (\cos\omega t + j \cdot \sin\omega t) .$$

Nach der Eulerschen Gleichung ist:

$$\cos\omega t + j \cdot \sin\omega t = e^{j\omega t} .$$

Damit wird:

$$x_e = \hat{x}_e \cdot e^{j\omega t} .$$

---

[1]) Eine exakte, allgemeingültige Ableitung findet man in Solodownikow Bd. 1, Seite 104.

Das heißt, wir betrachten nicht nur die imaginäre Komponente des rotierenden Zeigers, sondern wir nehmen noch die reelle Komponente hinzu. Anstelle von

$$x_e(t) = \hat{x}_e \cdot \sin \omega t$$

schreibt man nun

$$x_e = \hat{x}_e \, e^{j\omega t} . \tag{2.18}$$

Wird ein lineares System am Eingang mit einer Sinusschwingung $x_e$ erregt, dann wird, wie im vorherigen Kapitel an einem einfachen Beispiel abgeleitet, auch die Ausgangsgröße $x_a$ im eingeschwungenen Zustand einen sinusförmigen Verlauf haben.

Bei gleicher Frequenz haben Amplitude und Phasenlage von Eingangs- und Ausgangsgröße im allgemeinen verschiedene Werte. Die Ausgangsgröße $x_a$ ist gegenüber der Eingangsgröße $x_e$ um den Phasenwinkel $\varphi$ verschoben, wie Bild 2.10 zeigt.

Der zeitliche Verlauf der Ausgangsgröße ist somit:

$$x_a(t) = \hat{x}_a \cdot \sin(\omega t + \varphi).$$

Betrachten wir die Ausgangsgröße entsprechend der Eingangsgröße als rotierenden Zeiger, so können wir schreiben:

$$x_a = \hat{x}_a \cdot e^{j(\omega t + \varphi)} . \tag{2.19}$$

Die allgemeine Differentialgleichung eines Regelkreises lautet nach Gl. (1.1)

$$\ldots a_3 \cdot \dddot{x}_e(t) + a_2 \cdot \ddot{x}_e(t) + a_1 \cdot \dot{x}_e(t) + a_0 \cdot x_e(t)$$

$$= b_0 \cdot x_a(t) + b_1 \cdot \dot{x}_a(t) + b_2 \cdot \ddot{x}_a(t) + b_3 \cdot \dddot{x}_a(t) + \ldots \tag{1.1}$$

Die Ableitungen der Gln. (2.18) und (2.19) ergeben sich zu:

$$x_e(j\omega) = \hat{x}_e \cdot e^{j\omega t},$$

$$\dot{x}_e(j\omega) = j\omega \cdot \hat{x}_e \cdot e^{j\omega t} = j\omega \cdot x_e(j\omega),$$

$$\ddot{x}_e(j\omega) = (j\omega)^2 \cdot \hat{x}_e \cdot e^{j\omega t} = (j\omega)^2 \cdot x_e(j\omega),$$

$$\dddot{x}_e(j\omega) = (j\omega)^3 \cdot \hat{x}_e \cdot e^{j\omega t} = (j\omega)^3 \cdot x_e(j\omega) \qquad \text{usw.}$$

$$x_a(j\omega) = \hat{x}_a \cdot e^{j(\omega t + \varphi)},$$

$$\dot{x}_a(j\omega) = j\omega \hat{x}_a \cdot e^{j(\omega t + \varphi)} = j\omega \cdot x_a(j\omega),$$

$$\ddot{x}_a(j\omega) = (j\omega)^2 \cdot \hat{x}_a \cdot e^{j(\omega t + \varphi)} = (j\omega)^2 \cdot x_a(j\omega),$$

$$\dddot{x}_a(j\omega) = (j\omega)^3 \cdot \hat{x}_a \cdot e^{j(\omega t + \varphi)} = (j\omega)^3 \cdot x_a(j\omega) \qquad \text{usw.}$$

Es ist also

$$\frac{d}{dt} e^{j\omega t} = j\omega \, e^{j\omega t} \, .$$

Für eine Integration ergibt sich entsprechend

$$\int e^{j\omega t} \cdot dt = \frac{1}{j\omega} \cdot e^{j\omega t} \, .$$

Zur Abkürzung schreibt man für den Ausdruck $j\omega$ den Buchstaben p. Dieser ist gleich dem Differentialoperator $\frac{d}{dt}$, wie in Kapitel 12 (Laplace-Transformation) gezeigt.

$$\frac{d}{dt} = j\omega = p \, .$$

Setzen wir $x_e$ und $x_a$ und deren Ableitungen in die allgemeine Differentialgleichung (1.1) ein, so wird:

$$\ldots a_3 \cdot p^3 \cdot x_e(p) + a_2 \cdot p^2 \cdot x_e(p) + a_1 \cdot p \cdot x_e(p) + a_0 \cdot x_e(p)$$

$$= b_0 \cdot x_a(p) + b_1 \cdot p \cdot x_a(p) + b_2 \cdot p^2 \cdot x_a(p) + b_3 \cdot p^3 \cdot x_a(p) + \ldots$$

Das Verhältnis von Ausgangsgröße $x_a(p)$ zu Eingangsgröße $x_e(p)$ bezeichnet man als den Frequenzgang $F(p)$

$$F(p) = \frac{x_a(p)}{x_e(p)} = \frac{a_0 + a_1 \cdot p + a_2 \cdot p^2 + a_3 \cdot p^3 + \ldots}{b_0 + b_1 \cdot p + b_2 \cdot p^2 + b_3 \cdot p^3 + \ldots} \, .$$

**Beispiel 2.3**

Gegeben ist die Differentialgleichung

$$x_e \cdot \frac{A \cdot U}{c \cdot l} = x_a + \frac{b}{c} \cdot \dot{x}_a + \frac{m}{c} \cdot \ddot{x}_a$$

(siehe Beispiel 2.1, Gl. (2.4)).

Zu ermitteln ist der Frequenzgang $F(p)$.

$$x_e(p) \cdot \frac{A \cdot U}{c \cdot l} = x_a(p) + \frac{b}{c} \cdot p \cdot x_a(p) + \frac{m}{c} \cdot p^2 \cdot x_a(p) \, .$$

Daraus folgt:

$$F(p) = \frac{x_a(p)}{x_e(p)} = \frac{A \cdot U / l \cdot c}{1 + \frac{b}{c} \cdot p + \frac{m}{c} \cdot p^2} \, .$$

**Beispiel 2.4**

Aus der gegebenen Differentialgleichung

$$x_e = x_a + C \cdot R \cdot \dot{x}_a + C \cdot L \cdot \ddot{x}_a$$

(siehe Beispiel 2.2, Gl. (2.6))
ist der Frequenzgang zu bestimmen.

$$x_e(p) = x_a(p) + C \cdot R \cdot p \cdot x_a(p) + C \cdot L \cdot p^2 \cdot x_a(p) \, .$$

Daraus folgt:

$$F(p) = \frac{x_a(p)}{x_e(p)} = \frac{1}{1 + C \cdot R \cdot p + C \cdot L \cdot p^2} \, .$$

## 2.6. Die Ortskurve

In Abschnitt 2.4 wurde gezeigt, daß eine Sinusfunktion als Eingangsgröße eine
Sinusschwingung gleicher Frequenz am Ausgang zur Folge hat. Die Amplitude und
die Phasenlage der Ausgangsschwingung sind abhängig von der Frequenz. Um das
Verhalten eines Regelkreisgliedes durch sinusförmige Erregung beurteilen zu können,
genügt es nicht, die Schwingung der Ausgangsgröße bei nur einer Frequenz zu ermitteln, sondern es müssen die Amplitude und die Phasenlage bezogen auf die Eingangsgröße für alle Frequenzen von $\omega = 0$ bis $\omega = \infty$ bekannt sein. Die Eingangsgröße $x_e$ hat immer die gleiche Amplitude $\hat{x}_e$.

In Bild 2.12 b und d sind die Sinusschwingungen für Ein- und Ausgangsgröße für
zwei verschiedene Frequenzen $\omega_1$ und $\omega_2$ dargestellt, wobei $\omega_1 < \omega_2$ ist. Verwendet
man anstelle der Linienbilder die Zeigerbilder, so gelangt man zu der in Bild 2.12 a
und c gezeigten Darstellung.

Im Zeigerbild bleibt die Länge und die Lage des Zeigers $\hat{x}_e$ für alle Frequenzen gleich.
Lediglich die Länge und Lage des Zeigers $\hat{x}_a$ ändert sich in Abhängigkeit von der
Frequenz. Normiert man die Eingangsgröße auf den Wert $\hat{x}_{eo} = 1$, dann wird die

Ausgangsgröße $\dfrac{\hat{x}_a}{\hat{x}_e}$ . Für verschiedene Frequenzen $\omega$ ergeben sich dann verschiedene

$\dfrac{\hat{x}_a}{\hat{x}_e}$ — Werte mit jeweils verschiedenen Phasenwinkeln $\varphi$ zu $\hat{x}_{eo} = 1$. Zeichnet man die

bei den verschiedenen Frequenzen erhaltenen Ausgangszeiger $\dfrac{\hat{x}_a}{\hat{x}_e}$ in ein Schaubild

und verbindet die Endpunkte der Zeiger durch einen geschlossenen Kurvenzug, so
stellt dieser die *Ortskurve des Frequenzganges* dar. Zur Beschreibung eines Regelkreisgliedes genügt die Ortskurve mit dem Frequenzmaßstab. Ist sie bekannt, so
kann daraus der Frequenzgang, die Differentialgleichung und die Sprungantwort

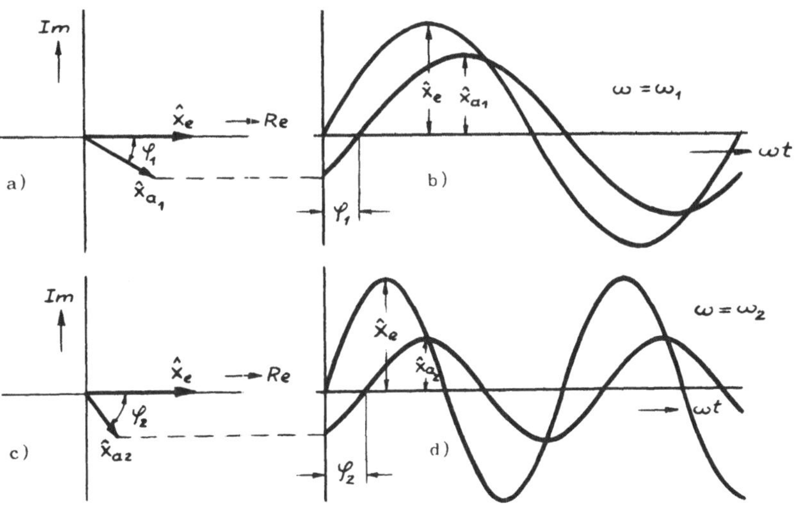


**Bild 2.12.** Ein- und Ausgangsgröße bei verschiedenen Frequenzen im Zeiger- und Linienbild

ermittelt werden. Will man die Ortskurve
aus dem Frequenzgang ermitteln, so wird
der komplexe Ausdruck in Real- und
Imagniärteil zerlegt und für verschiedene
Frequenzen in die Gaußsche Zahlenebene
eingetragen.

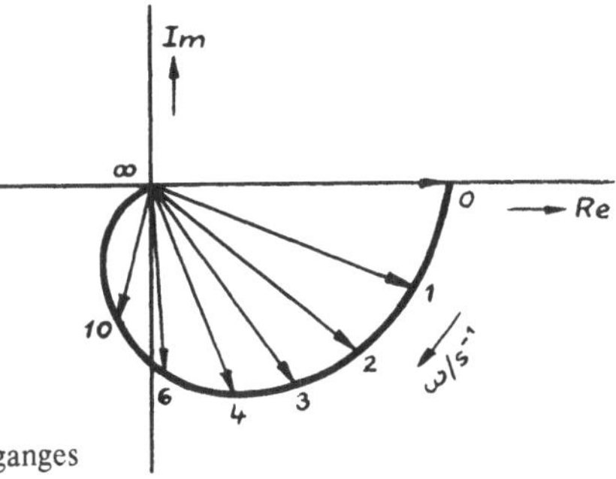


**Bild 2.13**
Ortskurve des Frequenzganges

Die Ermittlung der Ortskurve aus dem Frequenzgang soll nun an einem Beispiel
gezeigt werden.

**Beispiel 2.5**

$$F = \frac{x_a}{x_e} = \frac{K}{1 + T\,p} \qquad \text{mit } K = 10 \quad \text{und } T = 0{,}1\,s.$$

Der Frequenzgang F ist eine komplexe Größe, die sich in der Gaußschen Zahlenebene darstellen läßt. Zur Trennung von F in Real- und Imaginärteil wird F mit dem
konjugiert komplexen Ausdruck des Nenners erweitert.

$$F = \frac{K}{1 + j\,\omega\,T} \cdot \frac{1 - j\,\omega\,T}{1 - j\,\omega\,T} = \frac{K - j\,K\,\omega\,T}{1 + (\omega\,T)^2}\,.$$

Daraus ergibt sich:

$$\text{Re}(F) = \frac{K}{1 + (\omega T)^2}$$

$$\text{Im}(F) = \frac{-K \omega T}{1 + (\omega T)^2}.$$

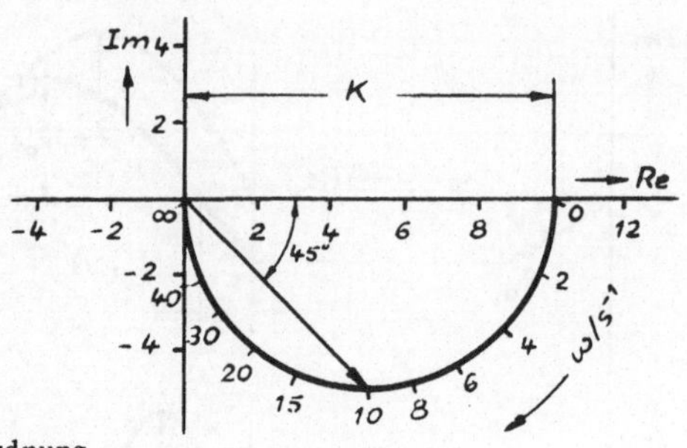


**Bild 2.14**

Ortskurve eines Gliedes 1. Ordnung

Variiert man nun $\omega$ von 0 bis $\infty$, so ergibt sich für jeden diskreten $\omega$-Wert je eine reelle und eine imaginäre Komponente, die zusammen einen Punkt in der Gaußschen Zahlenebene ergeben. In der folgenden Tabelle ist das für verschiedene $\omega$-Werte durchgeführt und als Ortskurve in Bild 2.14 wiedergegeben.

| $\dfrac{\omega}{s^{-1}}$ | $\omega T$ | $(\omega T)^2$ | $1 + (\omega T)^2$ | $\text{Re}(F)$ | $\text{Im}(F)$ |
|---|---|---|---|---|---|
| 0 | 0 | 0 | 1 | 10 | 0 |
| 2 | 0,2 | 0,04 | 1,04 | 9,6 | $-1,92$ |
| 4 | 0,4 | 0,16 | 1,16 | 8,6 | $-3,44$ |
| 6 | 0,6 | 0,36 | 1,36 | 7,35 | $-4,41$ |
| 8 | 0,8 | 0,64 | 1,64 | 6,1 | $-4,88$ |
| 10 | 1,0 | 1 | 2 | 5 | $-5$ |
| 15 | 1,5 | 2,25 | 3,25 | 3,07 | $-4,6$ |
| 20 | 2,0 | 4 | 5 | 2 | $-4$ |
| 30 | 3,0 | 9 | 10 | 1 | $-3$ |
| 40 | 4,0 | 16 | 17 | 0,59 | $-2,36$ |
| $\infty$ | $\infty$ | $\infty$ | $\infty$ | 0 | 0 |

Die Ortskurve ist ein Halbkreis im vierten Quadranten.

Bemerkenswert ist, daß für $\omega_E = \dfrac{1}{T}$ der Realteil von F gleich dem Imaginärteil von F ist. Oder anders ausgedrückt, der Betrag von F ist für $\omega_E = \dfrac{1}{T}$ nur noch $\dfrac{K}{\sqrt{2}}$ gegenüber K für $\omega = 0$. Die Phasenverschiebung beträgt bei dieser Frequenz gerade 45°.

## 2.7. Beziehung zwischen Ortskurve und Sprungantwort

Betrachtet man eine Differentialgleichung 1. Ordnung des Typs

$$x_e \cdot K = x_a + T \cdot \frac{dx_a}{dt},$$

dann ergibt sich daraus der Frequenzgang:

$$F = \frac{x_a}{x_e} = \frac{K}{1 + T \cdot p} \, .$$

Die Lösung der Differentialgleichung ergibt für einen Sprung am Eingang ($x_e = x_{eo} =$ konstant) eine Sprungantwort, die nach einer e-Funktion verläuft:

$$x_a(t) = K \cdot x_{eo} \cdot \left(1 - e^{-\frac{t}{T}}\right) \, ,$$

wie in Abschnitt 2.2 und 2.3 gezeigt.

Der Verlauf der Ortskurve des Frequenzganges ist ein Halbkreis im vierten Quadranten (Abschnitt 2.6).

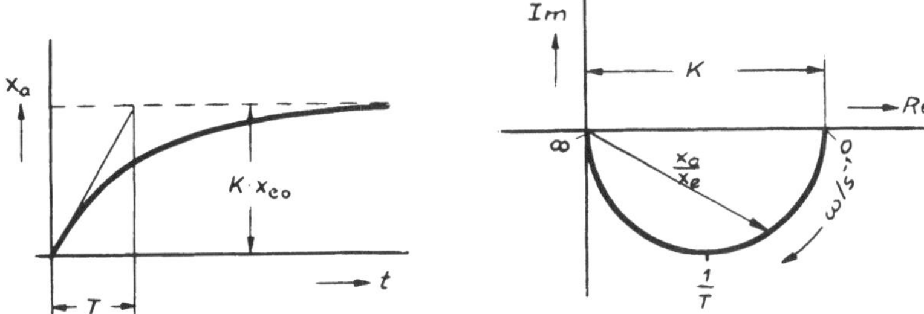

**Bild 2.15.** Sprungantwort und Ortskurve eines Verzögerungsgliedes 1. Ordnung

Vergleicht man nun die Sprungantwort mit der Ortskurve (Bild 2.15), so kann man bestimmte Wechselbeziehungen erkennen. Die Sprungantwort hat für t = 0 den Wert $x_a(0) = 0$. Diesen Wert finden wir aus der Ortskurve für $\omega = \infty$ mit $\frac{x_a}{x_e} = 0$.

Daraus folgt $x_a(\omega) = x_a(\infty) = 0$. Betrachten wir nun den Zeitpunkt $t = \infty$ der Sprungantwort und $\omega = 0$ der Ortskurve. Für $t \to \infty$ nimmt $x_a(t)$ den Wert $x_a(\infty) = K \cdot x_{eo}$ an. Die Ortskurve hat für $\omega = 0$ den Wert $\frac{x_a}{x_e} = K$, bzw. $x_a = K \cdot x_e$. Das heißt, Sprungantwort und Ortskurve nehmen die gleichen Werte an für t = 0 und $\omega = \infty$, sowie für $t = \infty$ und $\omega = 0$. Ein weiterer charakteristischer Wert ist die Zeitkonstante T bzw. die Eckfrequenz $\omega_E = \frac{1}{T}$ .

3  Reuter

## 2.8. Das Bode-Diagramm

Bei der Ortskurvendarstellung in Abschnitt 2.6 wird der Frequenzgang $F = \dfrac{x_a}{x_e}$ in Real- und Imaginärteil zerlegt und in einem einzigen Diagramm in der Gaußschen Zahlenebene dargestellt. Die Darstellung im Bode-Diagramm erfolgt in zwei getrennten Diagrammen, indem der Frequenzgang F in Betrag und Phasenwinkel $\varphi$ zerlegt und als Funktion der Kreisfrequenz $\omega$ dargestellt wird.

$$|F| = f(\omega),$$

$$\varphi = f(\omega).$$

Charakteristisch ist, daß $|F|$ und $\omega$ im selben logarithmischen Maßstab, $\varphi$ im linearen Maßstab aufgetragen wird, wie in Bild 2.16 gezeigt. In Kapitel 6 wird das Bode-Diagramm ausführlich behandelt und die Vorteile dieser Darstellungsart besprochen.

**Beispiel 2.6**

Der in Beispiel 2.5 als Ortskurve dargestellte Frequenzgang

$$F = \frac{x_a}{x_e} = \frac{K}{1 + T \cdot p}$$

mit $K = 10$ und $T = 0{,}1$ s soll nun im Bode-Diagramm dargestellt werden.

$$F = \frac{K}{1 + j\,\omega\,T} = |F| \cdot e^{j\varphi},$$

$$|F| = \frac{K}{\sqrt{1 + (\omega T)^2}}$$

Wie in Beispiel 2.5 ermittelt ist:

$$Re(F) = \frac{K}{1 + (\omega T)^2},$$

$$Im(F) = \frac{-K\,\omega\,T}{1 + (\omega T)^2}.$$

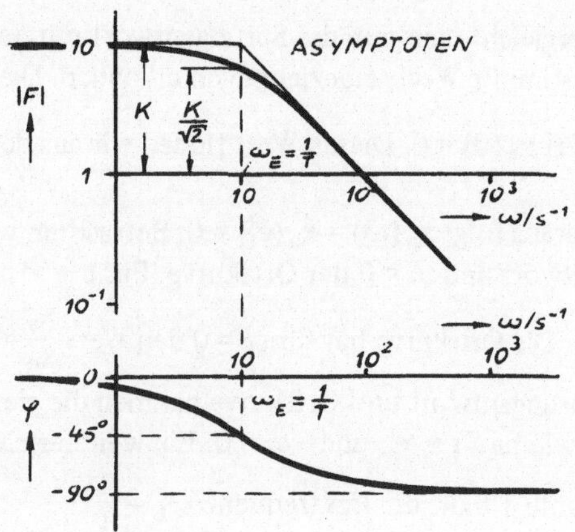


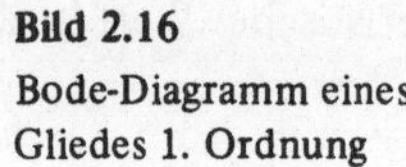

**Bild 2.16**
Bode-Diagramm eines
Gliedes 1. Ordnung

Daraus findet man:

$$\tan \varphi = \frac{\text{Im}(F)}{\text{Re}(F)} = -\omega T$$

und $\quad \varphi = - \text{arc tan } \omega T$ .

Variiert man $\omega$ von 0 bis $\infty$, so erhält man für jeden diskreten $\omega$-Wert je einen Wert des $|F|$ und des Phasenwinkels $\varphi$. In nachstehender Tabelle ist das für verschiedene $\omega$-Werte durchgeführt und in Bild 2.16 als Bode-Diagramm dargestellt.

| $\dfrac{\omega}{s}$ | $\omega T$ | $(\omega T)^2$ | $1 + (\omega T)^2$ | $\|F\|$ | $\varphi/0$ |
|---|---|---|---|---|---|
| 0 | 0 | 0 | 1,0 | 10 | 0 |
| 2 | 0,2 | 0,04 | 1,04 | 9,8 | $-11,3$ |
| 4 | 0,4 | 0,16 | 1,16 | 9,28 | $-21,8$ |
| 6 | 0,6 | 0,36 | 1,36 | 8,57 | $-31$ |
| 8 | 0,8 | 0,64 | 1,64 | 7,81 | $-38,7$ |
| 10 | 1,0 | 1,0 | 2 | 7,07 | $-45$ |
| 15 | 1,5 | 2,25 | 3,25 | 5,55 | $-56,3$ |
| 20 | 2,0 | 4 | 5 | 4,47 | $-63,4$ |
| 30 | 3,0 | 9 | 10 | 3,16 | $-71,6$ |
| 40 | 4,0 | 16 | 17 | 2,43 | $-76$ |
| $\infty$ | $\infty$ | $\infty$ | $\infty$ | 0 | $-90$ |

## 3. Regelkreisglieder

In Kapitel 1. wurde gezeigt, daß man den Regelkreis im Blockschaltbild darstellen kann. Diesen haben wir in zwei Hauptblöcke unterteilt, in die Regelstrecke und die Regeleinrichtung. Es wäre zu kompliziert, wollte man den Regelkreis als Gesamtheit mathematisch untersuchen. Statt dessen zerlegt man jeden der beiden Hauptblöcke in einzelne, rückwirkungsfreie Glieder, die sich nun besser theoretisch erfassen lassen. Ist die Abhängigkeit zwischen Ausgangsgröße $x_a$ und Eingangsgröße $x_e$ sämtlicher zur Regelstrecke bzw. zur Regeleinrichtung gehörenden Glieder bekannt, so läßt sich eine Aussage über die Abhängigkeit zwischen Eingang und Ausgang der Regelstrecke, der Regeleinrichtung und schließlich über das Verhalten des geschlossenen Regelkreises machen. Im folgenden werden nur die idealisierten Grundformen der Regelkreisglieder behandelt. Komplizierte Regelkreisglieder lassen sich in diese Grundtypen zerlegen.

## 3.1. Verbindungsmöglichkeiten von Regelkreisgliedern

In Kapitel 2.5 haben wir den Frequenzgang $F = \dfrac{x_a}{x_e}$ als eine Form zur mathematischen Beschreibung eines Regelkreisgliedes gefunden. Der Frequenzgang gibt das Verhältnis von Ausgangsgröße $x_a$ zu Eingangsgröße $x_e$ an. Ist er bekannt, so kann $x_a$ bei gegebenem $x_e$ ermittelt werden.

$$x_a = F \cdot x_e$$

Zwei Regelkreisglieder mit den Frequenzgängen $F_1$ und $F_2$ lassen sich nun auf verschiedene Arten verbinden.

*a) Reihenschaltung*

Der Ausgang des ersten Gliedes ist mit dem Eingang des zweiten Gliedes verbunden (Bild 3.1).

Betrachtet man die einzelnen Glieder, so ergibt sich:

$$x_{a1} = x_{e1} \cdot F_1,$$

$$x_{a2} = x_{e2} \cdot F_2.$$

$$x_{e2} = x_{a1}.$$

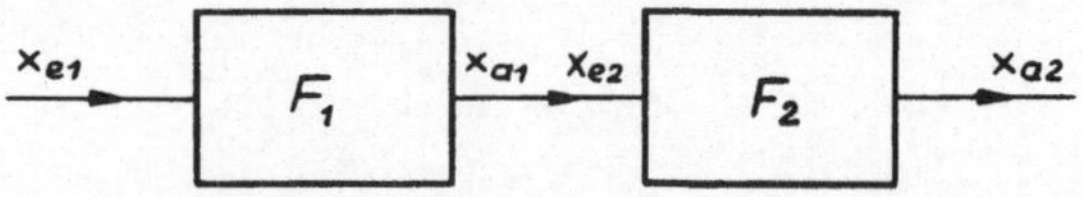

Daraus folgt:

$$x_{a2} = x_{a1} \cdot F_2,$$

$$x_{a2} = x_{e1} \cdot F_1 \cdot F_2.$$

**Bild 3.1**

Reihenschaltung von Regelkreisgliedern

Der Gesamtfrequenzgang ergibt sich zu:

$$F = \frac{x_{a2}}{x_{e1}} = F_1 \cdot F_2 \ .$$

Bei der Reihenschaltung der Frequenzgänge $F_1, F_2, F_3, \ldots, F_n$ ist der Gesamtfrequenzgang gleich dem Produkt der Einzelfrequenzgänge

$$F = F_1 \cdot F_2 \cdot F_3 \cdot \ldots F_n .$$

*b) Parallelschaltung*

Das Eingangssignal $x_e$ verzweigt sich und wirkt gleichzeitig auf die beiden Eingänge der Glieder mit den Frequenzgängen $F_1$ und $F_2$. Die beiden Ausgangssignale $x_{a1}$ und $x_{a2}$ werden in einer Additionsstelle addiert (Bild 3.2).

Für das erste Glied gilt: $\quad x_{a1} = x_e \cdot F_1$

und für das zweite: $\quad x_{a2} = x_e \cdot F_2$ .

Ferner ist: $\quad x_a = x_{a1} + x_{a2}$ .

Daraus folgt: $\quad x_a = x_e \cdot (F_1 + F_2)$,

$$F = \frac{x_a}{x_e} = F_1 + F_2 \ .$$

Der Gesamtfrequenzgang bei Parallelschaltung von $F_1, F_2, F_3, \ldots, F_n$ ist gleich der Summe der Einzelfrequenzgänge.

$$F = F_1 + F_2 + F_3 + \ldots F_n \ .$$

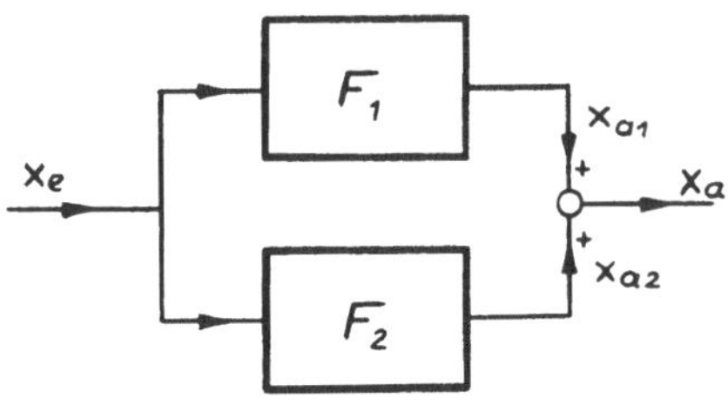


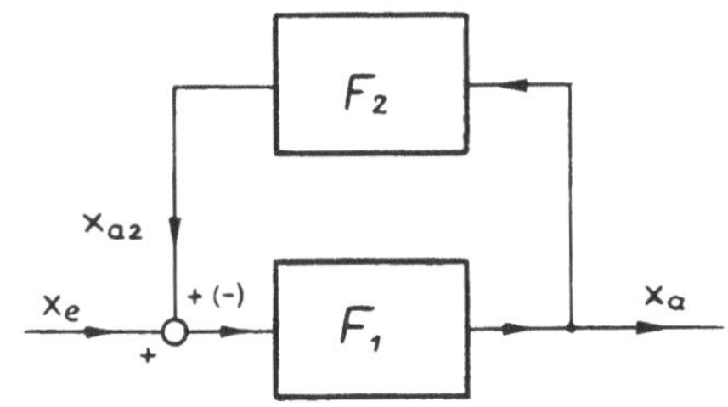


**Bild 3.2**

Parallelschaltung von Regelkreisgliedern

**Bild 3.3**

Rückkopplungsschaltung

*c) Rückführungsschaltung*

Die Ausgangsgröße $x_a$ des ersten Gliedes $F_1$ wird über ein zweites Glied $F_2$ auf den Eingang von $F_1$ zurückgeführt und zu der Eingangsgröße $x_e$ addiert (Mittkopplung) oder von der Eingangsgröße subtrahiert (Gegenkopplung) (Bild 3.3).

Für $F_1$ gilt:

$$x_a = (x_e \pm x_{a2}) \cdot F_1$$

und für $F_2$:

$$x_{a2} = x_a \cdot F_2 .$$

Setzt man $x_{a2}$ in die obere Gleichung ein, so erhält man:

$$x_a = (x_e \pm x_a \cdot F_2) \cdot F_1 = x_e \cdot F_1 \pm x_a \cdot F_1 \cdot F_2 ,$$
$$x_a (1 \mp F_1 \cdot F_2) = x_e \cdot F_1 .$$

Daraus folgt der Gesamtfrequenzgang

$$F = \frac{x_a}{x_e} = \frac{F_1}{1 \mp F_1 \cdot F_2}$$

Mittkopplung $\hat{=}$ negatives Vorzeichen

Gegenkopplung $\hat{=}$ positives Vorzeichen

## 3.2. Grundtypen von Regelkreisgliedern

### 3.2.1. Proportionales oder P-Verhalten

Ein Glied zeigt proportionales Verhalten, wenn sein Ausgangssignal ohne Verzögerung direkt proportional dem Eingangssignal ist.

$$x_a = K_p \cdot x_e .$$

Hierin ist $K_p$ der Proportionalbeiwert.

**Beispiel 3.1** (Bild 3.4)
Die Eingangsgröße $x_e$ ist ein Druck, der auf die Kolbenfläche A wirkt. Die Kraft $x_e \cdot A$ bewegt den Kolben nach unten und drückt die Feder zusammen. Ein neuer Gleichgewichtszustand wird erreicht, wenn die Kolben- gleich der Federkraft ist. Vernachlässigt man die Massen und Reibungskräfte so ergibt sich:

*a) Differentialgleichung*

$$x_e \cdot A = x_a \cdot c ,$$

$$x_a = \frac{A}{c} \cdot x_e ,$$

$$x_a = K_p \cdot x_e , \quad \text{mit} \quad K_p = \frac{A}{c} .$$

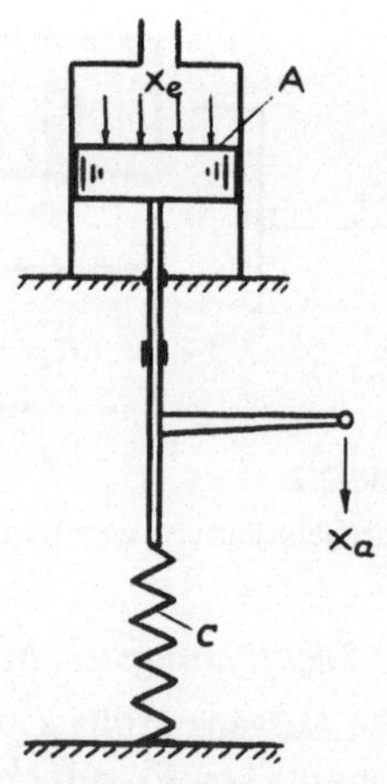


**Bild 3.4.** P-Glied

In der Differentialgleichung kommen keine Ableitungen der Ein- und Ausgangsgröße vor. Man spricht dann von einer Differentialgleichung nullter Ordnung.

## b) Sprungantwort

Ändern wir die Eingangsgröße sprunghaft zum Zeitpunkt t = 0, so muß sich die Ausgangsgröße im Idealfall ebenso sprunghaft ändern (Bild 3.5).

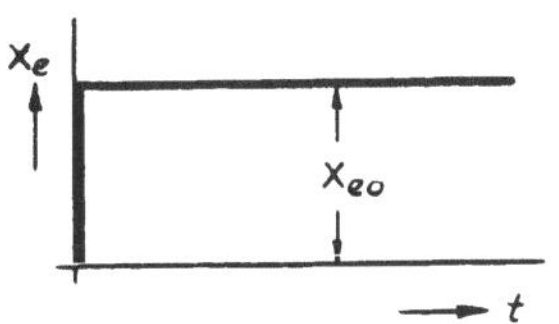
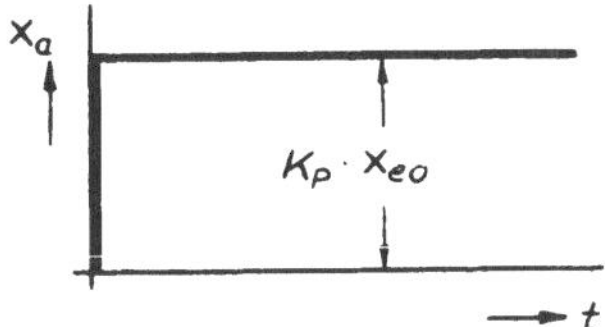

**Bild 3.5.** Eingangssprung          Sprungantwort eines P-Gliedes

## c) Frequenzgang

Ändern wir die Eingangsgröße sinusförmig, so wird sich die Ausgangsgröße ebenfalls proportional verhalten, d.h. Ein- und Ausgangsschwingung haben gleiche Frequenz und gleiche Phasenlage. Die Amplitude der Ausgangsschwingung ergibt sich zu:

$$\hat{x}_a = \hat{x}_e \cdot K_p,$$

$$x_e = \hat{x}_e \cdot \sin \omega t,$$

$$x_a = \hat{x}_e \cdot K_p \cdot \sin \omega t.$$

Der Frequenzgang ist das Verhältnis von Aus- zu Eingangsgröße. Also in diesem Fall:

$$F = \frac{x_a}{x_e} = K_p.$$

## d) Ortskurve

Die Ortskurve gibt das Verhältnis der Beträge von Ausgangs- zu Eingangsgröße und deren Phasenwinkel zueinander für verschiedene Kreisfrequenzen $\omega$ an. In unserem Beispiel hat eine Änderung von $\omega$ keinen Einfluß auf das Verhältnis $\frac{x_a}{x_e} = K_p$. Ebenso bleibt der Phasenverschiebungswinkel $\varphi$ für alle Frequenzen Null. D.h. der Zeiger $\frac{|x_a|}{|x_e|}$ hat stets die gleiche Länge $K_p$ und den Phasenverschiebungswinkel $\varphi = 0$. Die sich ergebende Ortskurve ist einfach ein Punkt auf der reellen Achse der Gaußschen Zahlenebene (Bild 3.6).

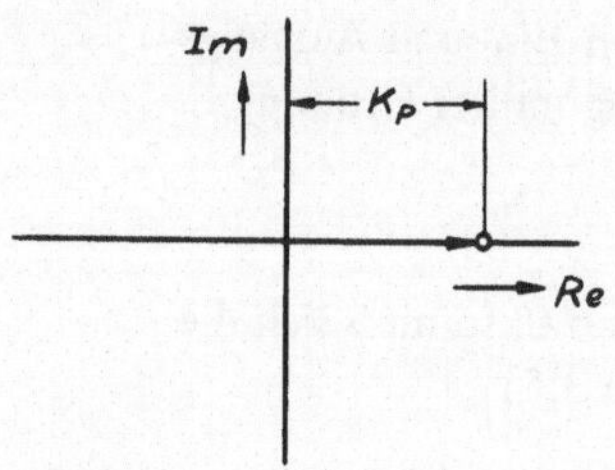

**Bild 3.6**

Ortskurve eines P-Gliedes

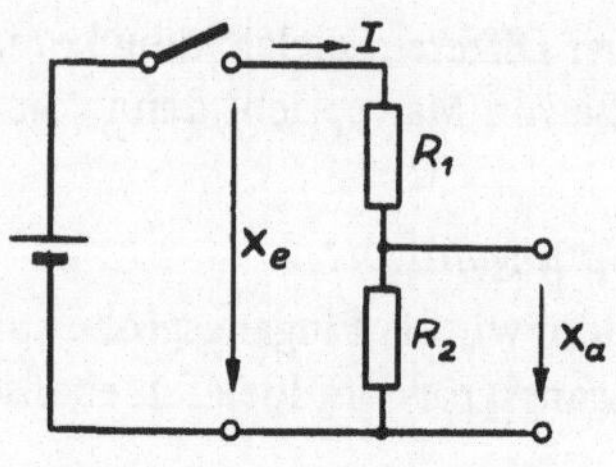

**Bild 3.7**

Ohmscher Spannungsteiler

**Beispiel 3.2** (Bild 3.7)

Ein Ohmscher Spannungsteiler zeigt ebenfalls P-Verhalten.

Nach Schließen des Schalters liegt die Spannung $x_e$ an den Widerständen $R_1 + R_2$ und verursacht den Strom

$$I = \frac{x_e}{R_1 + R_2} \, .$$

Die Ausgangsspannung $x_a$ ist dann gleich:

$$x_a = I \cdot R_2 \, ,$$

$$x_a = x_e \cdot \frac{R_2}{R_1 + R_2} \, ,$$

$$x_a = K_p \cdot x_e, \qquad \text{mit } K_p = \frac{R_2}{R_1 + R_2} \, .$$

Sprungantwort, Frequenzgang und Ortskurve ergeben sich wie in Beispiel 3.1 gezeigt.

### 3.2.2. Integrales oder I-Verhalten

Die Bezeichnung beruht auf der Tatsache, daß die Ausgangsgröße $x_a$ proportional dem zeitlichen Integral der Eingangsgröße ist.

$$x_a = K_I \cdot \int x_e \cdot dt$$

Mit dem Integrierbeiwert $K_I$ = konstant.

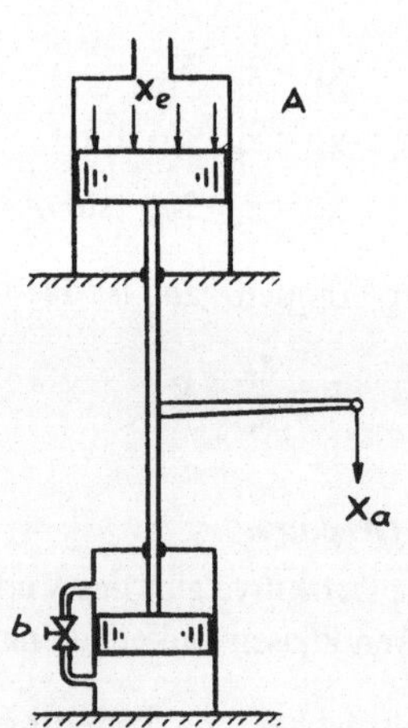

**Bild 3.8**

I-Glied

$A = 20 \text{ cm}^2$

$b = 10 \dfrac{\text{kp}}{\text{cm/s}}$

**Beispiel 3.3** (Bild 3.8)

An die Stelle der Feder in Beispiel 3.1 ist eine Dämpfungseinrichtung getreten, wie wir sie bereits in Beispiel 1.1 kennengelernt haben. Um den Kolben der Dämpfungseinrichtung im Zylinder zu verschieben, ist eine Kraft $b \cdot \dfrac{dx_a}{dt}$ notwendig. Die Eingangsgröße ist wiederum der Druck $x_e$, der auf die Kolbenfläche A wirkt. Vernachlässigen wir wieder die Massenkräfte, so ist die Eingangskraft in jedem Augenblick gleich der durch die Dämpfungseinrichtung erzeugten Gegenkraft.

*a) Differentialgleichung*

$$x_e \cdot A = b \cdot \frac{dx_a}{dt} \qquad \text{oder}$$

$$dx_a = \frac{A}{b} \cdot x_e \cdot dt,$$

$$x_a = \frac{A}{b} \int x_e \cdot dt + C$$

Die Integrationskonstante C wird Null, wenn wir voraussetzen, daß $x_a$ vor dem Auftreten von $x_e$ gleich Null war. Allgemein läßt sich somit schreiben:

$$x_a = K_I \cdot \int x_e \cdot dt \qquad\qquad (3.1)$$

$$\text{Mit} \quad K_I = \frac{A}{b} = 2 \, \frac{cm^3}{kps}$$

*b) Sprungantwort*

Zum Zeitpunkt $t = 0$ springt $x_e$ auf den Wert $x_{eo} = $ konstant. Setzen wir dies in die Gleichung 3.1 ein, so können wir das konstante $x_{eo}$ vor das Integral ziehen und erhalten:

$$x_a = K_I \cdot x_{eo} \cdot t .$$

Also einen mit der Zeit linear ansteigender Verlauf von $x_a$ (Bild 3.9).

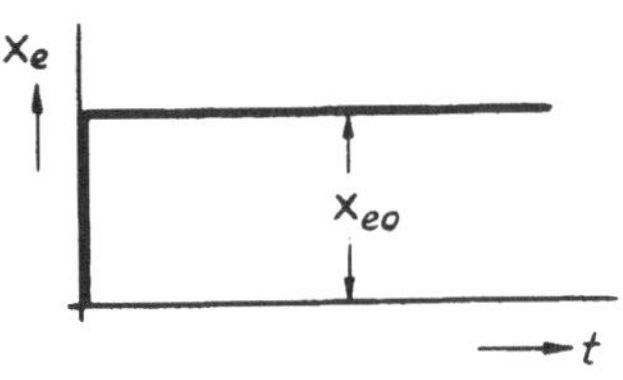


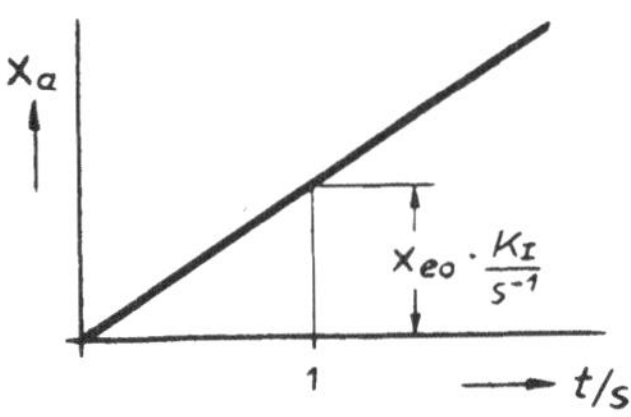


**Bild 3.9.** Eingangssprung      Sprungantwort eines I-Gliedes

## c) Frequenzgang

In Kapitel 2.5 wurde gezeigt, daß man den Frequenzgang erhält, wenn man in die Differentialgleichung für $\frac{d}{dt}$ den Operator p einführt bzw. für $\int 1 \cdot dt$ den Kehrwert $\frac{1}{p}$. Wenden wir diese Beziehung auf Gleichung 3.1 an, so erhalten wir:

$$x_a = K_I \cdot \frac{1}{p} \cdot x_e \qquad \text{und damit}$$

$$F = \frac{x_a}{x_e} = \frac{K_I}{p}.$$

## d) Ortskurve

In der Regelungstechnik hat sich bei der Berechnung von Regelkreisgliedern im allgemeinen die Benutzung von Größengleichungen als zweckmäßig erwiesen. Bei der Ermittlung der Ortskurve sowie des Bode-Diagramms aus dem Frequenzgang arbeitet man häufig mit zugeschnittenen Größengleichungen. Bezieht man die Eingangsgröße $x_e$ auf 1 kp/cm$^2$ und die Ausgangsgröße $x_a$ auf 1 cm, so wird F dimensionslos. Anstelle des dimensionsbehafteten Faktors $K_I$ tritt:

$$K_I \cdot \frac{1\ \text{kp/cm}^2}{1\ \text{cm}} = \frac{1}{T_I}$$

$T_I$ = Integrierzeit.

Damit wird

$$F = \frac{x_a}{x_e} = \frac{1}{T_I \cdot p} .$$

Die Ortskurve des Frequenzganges ergibt sich, indem man $p = j \cdot \omega$ setzt und $\omega$ von 0 bis $\infty$ variiert.

$$F = \frac{x_a}{x_e} = \frac{1}{j\, T_I \cdot \omega} = - j \frac{1}{T_I \cdot \omega} ,$$

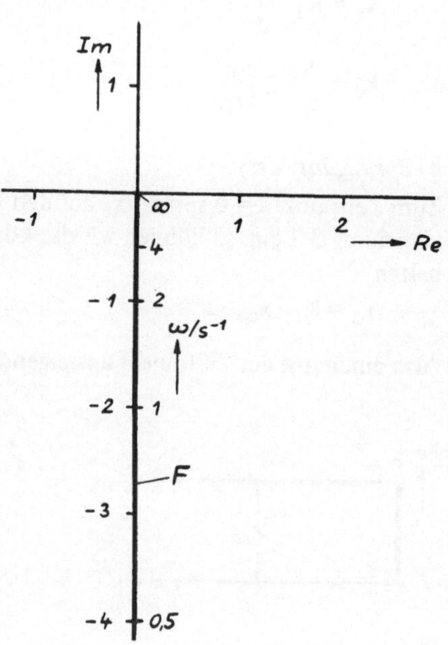


**Bild 3.10**
Ortskurve des Frequenzganges
eines D-Gliedes

wobei $\omega \cdot T_I$ ebenfalls dimensionslos ist. Aus dieser Gleichung ist ersichtlich, daß F keinen reellen Anteil besitzt und für alle $\omega$-Werte negativ imaginär ist, d.h. die Ortskurve ist identisch mit der negativ imaginären Achse (Bild 3.10).


### 3.2.3. Differentielles oder D-Verhalten

Analog dem proportionalen und integralen Verhalten bedeutet differentielles Verhalten, daß die Ausgangsgröße $x_a$ proportional dem zeitlichen Differential der Eingangsgröße $x_e$ ist.


*a) Differentialgleichung*

$$x_a = K_D \cdot \frac{dx_e}{dt}. \tag{3.2}$$

$K_D$ ist der sogenannte Differenzierbeiwert.

Ein Glied mit D-Verhalten läßt sich technisch nicht realisieren. Wir betrachten diesen Fall daher zunächst nur theoretisch. In Abschnitt 3.2.4. werden wir dann ein der Wirklichkeit entsprechendes Glied behandeln.


*b) Sprungantwort*

Gibt man auf den Eingang eines D-Gliedes eine Sprungfunktion nach Bild 3.11, so muß gemäß Gleichung (3.2) am Ausgang das zeitliche Differential der Eingangsgröße multipliziert mit einem Faktor $K_D$ erscheinen, d.h. ein der Steigung der Kurve $x_e(t)$ proportionales Signal. Zum Zeitpunkt $t = 0$ ist $\frac{dx_e}{dt} = \infty$. Daraus folgt $x_a(0) = \infty$.

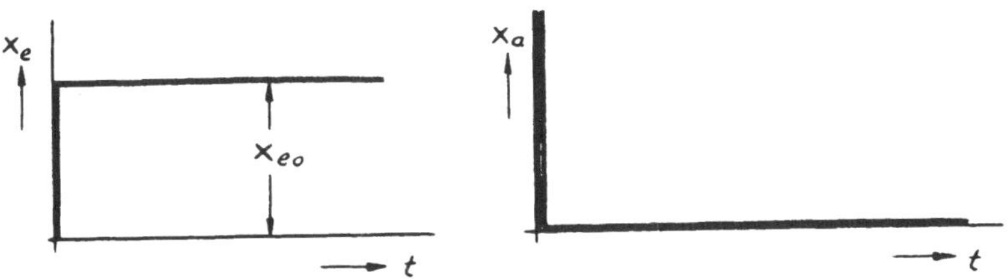


**Bild 3.11.** Eingangssprung und Sprungantwort eines D-Gliedes


Für $t > 0$ ist $\frac{dx_e}{dt} = 0$ und somit ist auch $x_a\,(> 0) = 0$.

Die Ausgangsgröße springt also zum Zeitpunkt $t = 0$ ins Unendliche und auf Null zurück um dann für $t > 0$ Null zu bleiben.

*c) Frequenzgang*

Setzt man in Gleichung (3.2)

für $\dfrac{d}{dt}$ den Operator p, so ergibt sich:

$$x_a = K_D \cdot p \cdot x_e$$

und daraus der Frequenzgang

$$F = \frac{x_a}{x_e} = K_D \cdot p \, .$$

*d) Ortskurve*

$$F = \frac{x_a}{x_e} = K_D \cdot j \cdot \omega \, .$$

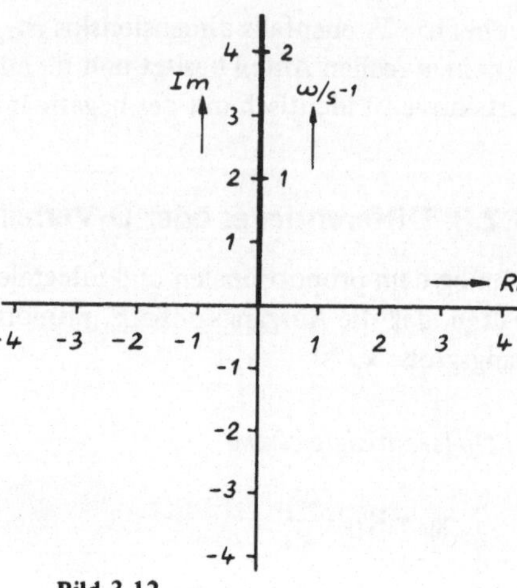


**Bild 3.12**

Ortskurve eines D-Gliedes für $T_D = 2$ s

Haben Ein- und Ausgangsgröße die gleiche
Dimension, so ist F dimensionslos und man
schreibt für $K_D$ mit der Dimension s die
Differenzierzeit $T_D$. Sind die Dimensionen
von $x_a$ und $x_e$ unterschiedlich, so hat $K_D$ außer der Zeitdimension die Dimension
von Ausgangsgröße zu Eingangsgröße. Durch geeignete Normierung erhält man dann
$T_D$, das nur mit der Zeitdimension behaftet ist (siehe Abschnitt 3.2.2). Der Frequenzgang hat keinen Realteil und der Imaginärteil ist für sämtliche $\omega$-Werte positiv.
D.h. die Ortskurve ist identisch mit der positiv imaginären Achse.

Für     $\omega = 0$     ist     $F = 0$     und

für     $\omega = \infty$     ist     $F = +j \, \infty$ .

Die Frequenzteilung ist linear (Bild 3.12).

## 3.2.4. D-Verhalten mit Verzögerung 1. Ordnung

Bei der Betrachtung der Sprungantwort des reinen D-Gliedes (Abschnitt 3.23) wird
deutlich, daß es keine physikalische Größe gibt, die in unendlich kurzer Zeit einen
unendlich großen Wert annehmen kann. Im folgenden Beispiel wird ein Regelkreisglied behandelt, dessen Ausgangsgröße nicht nur von der zeitlichen Ableitung der
Eingangsgröße $x_e$ sondern außerdem von der Ableitung der Ausgangsgröße $x_a$ selbst
abhängig ist.

**Beispiel 3.4**

Das mechanische System besteht aus einer Dämpfungseinrichtung und einer Feder
mit der Federkonstanten c (Bild 3.13).

Um den Kolben relativ zum Zylinder der Dämpfungseinrichtung zu verschieben ist eine Kraft $b \cdot \dfrac{dx_r}{dt}$ notwendig. $\dfrac{dx_r}{dt}$ ist die Relativgeschwindigkeit zwischen Kolben und Zylinder. Wird die Stange am Zylinder um einen Weg $x_e$ nach unten bewegt, dann wird infolge des Strömungswiderstandes der Umwegleitung der Kolben mit einem gewissen Schlupf mitgenommen. Der vom Kolben zurückgelegte Weg ist $x_a$, um den auch die Feder gespannt wird. Die Federkraft $c \cdot x_a$ ist im Gleichgewicht mit der von der Dämpfungseinrichtung erzeugten Kraft $b \cdot \dfrac{dx_r}{dt}$. Die Relativgeschwindigkeit $\dfrac{dx_r}{dt}$ ist die Differenz zwischen der Zylinder-geschwindigkeit $\dfrac{dx_e}{dt}$ und der Kolbenge-schwindigkeit $\dfrac{dx_a}{dt}$. Es ergibt sich somit die Gleichung

$$c \cdot x_a = b \left( \frac{dx_e}{dt} - \frac{dx_a}{dt} \right) \quad \text{und daraus}$$

*a) Differentialgleichung*

$$b \cdot \frac{dx_e}{dt} = c \cdot x_a + b \cdot \frac{dx_a}{dt}.$$

Dividieren wir diese Gleichung durch c und setzen für $\dfrac{b}{c}$ die Zeitkonstante T, so er-halten wir:

$$T \cdot \frac{dx_e}{dt} = x_a + T \cdot \frac{dx_a}{dt} \qquad (3.3)$$

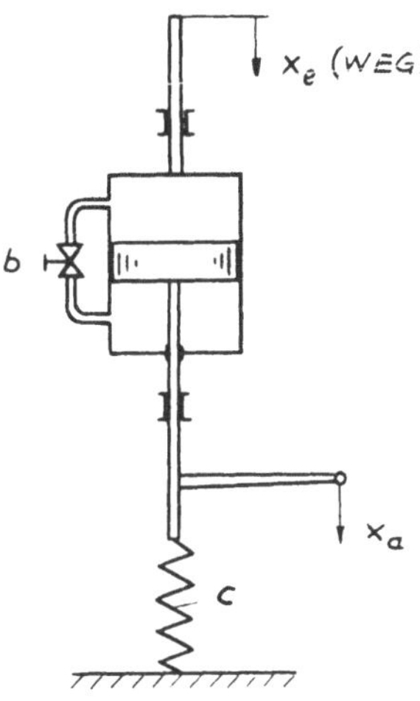


**Bild 3.13**
D-Glied mit Verzögerung
1. Ordnung

Diese Differentialgleichung unterscheidet sich von der Differentialgleichung (3.2) durch den zusätzlichen Term $T \cdot \dfrac{dx_a}{dt}$. Man bezeichnet deshalb ein solches Regel-kreisglied als D-Verhalten mit einer Verzögerung 1. Ordnung (die homogene Diffe-rentialgleichung enthält die erste Ableitung).

*b) Sprungantwort*

Um den genauen Verlauf der Sprungantwort angeben zu können, müssen wir Gl. (3.3) für eine sprunghafte Störfunktion lösen. Es wird zunächst, wie in Abschnitt 2.2b, die homogene Differentialgleichung gelöst.

Homogene Differentialgleichung:

$$0 = x_a + T \cdot \frac{dx_a}{dt}.$$

Ansatz:

$$x_a = e^{\lambda t},$$

$$\frac{dx_a}{dt} = \lambda \cdot e^{\lambda t}.$$

Gehen wir mit diesem Ansatz in die homogene Differentialgleichung, so folgt:

$$0 = e^{\lambda t} + \lambda \cdot T \cdot e^{\lambda t} = e^{\lambda t} (1 + \lambda T).$$

Hieraus ergibt sich:

$$\lambda = -\frac{1}{T}.$$

Der Ansatz $x_a = C_1 \cdot e^{-\frac{t}{T}}$ erfüllt ebenfalls die homogene Differentialgleichung, wie man durch Einsetzen leicht sehen kann.

Das Störglied berücksichtigen wir, indem wir zu dem Ansatz eine weitere Konstante $C_2$ hinzufügen, die bei der Differentiation herausfällt.

$$x_a = C_1 \cdot e^{-\frac{t}{T}} + C_2. \tag{3.4}$$

Die Konstanten $C_1$ und $C_2$ werden aus der Anfangs- und Endbedingung ermittelt. Hierzu betrachten wir gleichzeitig Gleichung (3.3) und (3.4).

Für $t = \infty$ sind sämtliche Ableitungen Null. Damit folgt:

aus (3.3)

$$x_a (\infty) = 0$$

aus (3.4)

$$x_a (\infty) = C_2.$$

Hieraus ergibt sich $C_2 = 0$.

Zur Bestimmung von $C_1$ integrieren wir beide Seiten der Gl. (3.3).

$$T \cdot x_e = \int x_a \cdot dt + T \cdot x_a. \tag{3.5}$$

Die Integrationskonstante wird Null, bei der Annahme, daß $x_a$ für $t < 0$ Null war.
Betrachtet man nun Gleichung (3.5) zum Zeitpunkt $t = 0$, so springt $x_e$ auf den
Wert $x_{e0}$ = konstant.

Das Integral $\int x_a \cdot dt$ liefert noch keinen Beitrag. Somit ist:

$$x_e(0) = x_{e0} = x_a(0).$$

Aus Gleichung (3.4) folgt für $t = 0$ mit $C_2 = 0$

$$x_a(0) = C_1.$$

Die Ergebnisse der beiden Gleichungen für $t = 0$ führen zu $C_1 = x_{e0}$

Nachdem so $C_1$ und $C_2$ bekannt sind, ergibt sich die Gleichung der Sprungantwort
zu:

$$x_a(t) = x_{e0} \cdot e^{-\frac{t}{T}},$$

deren zeitlicher Verlauf in Bild 3.14 dargestellt ist.

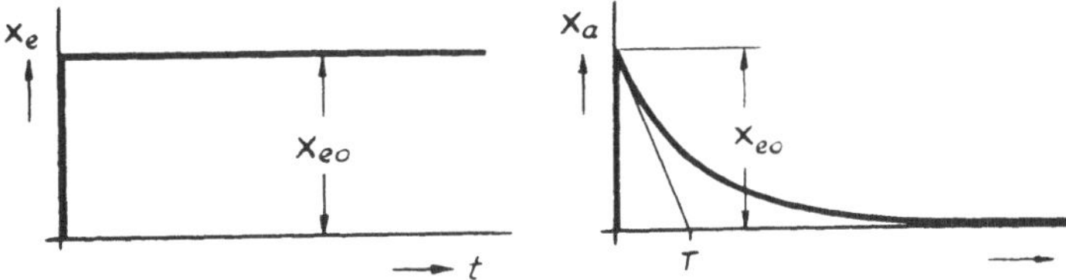


**Bild 3.14.** Eingangssprung und Sprungantwort eines D-Gliedes

$$\text{Für} \quad t = 0 \text{ ist } x_a(0) = x_{e0} \quad \text{und}$$
$$\text{für} \quad t = \infty \text{ ist } x_a(\infty) = 0.$$

Dieses Ergebnis soll nun noch physikalisch gedeutet werden.

Zum Zeitpunkt $t = 0$ wird die Eingangsgröße $x_e$ (der Weg der Stange und des Zylinders) um $x_{e0}$ plötzlich verstellt. In dieser unendlich kurzen Zeit hat die Bremsflüssigkeit (Öl) über dem Kolben nicht die Möglichkeit, über die Umwegleitung in den
unteren Teil des Zylinders zu strömen, der Kolben blockiert. D.h. der Kolben wird
im ersten Augenblick um den vollen Weg $x_{e0}$ ohne Schlupf, nach unten mitgenommen
($x_a(0) = x_{e0}$). Die nun gespannte Feder drückt den Kolben nach oben und dieser
die Bremsflüssigkeit von dem oberen Teil des Zylinders über die Umwegleitung in
den unteren Teil. Die Geschwindigkeit, mit der das geschieht, ist abhängig von der
Federkonstanten und den Strömungsverhältnissen in der Umwegleitung. Im Endzustand ist die Feder ganz entspannt und der Hebel in der Ausgangsstellung $x_a = 0$.

*c) Frequenzgang*

Aus Gleichung (3.3) folgt durch Einsetzen des p-Operators für $\dfrac{d}{dt}$ :

$$T \cdot p \cdot x_e = x_a + T \cdot p \cdot x_a,$$

$$F = \frac{x_a}{x_e} = \frac{T \cdot p}{1 + T \cdot p}.$$

*d) Ortskurve*

Der Frequenzgang F wird in Real- und Imaginärteil zerlegt, indem man konjugiert komplex erweitert:

$$F = \frac{j\,\omega \cdot T}{1 + j\,\omega \cdot T} \cdot \frac{1 - j\,\omega \cdot T}{1 - j\,\omega \cdot T} = \frac{(\omega\,T)^2 + j\,\omega \cdot T}{1 + (\omega\,T)^2}.$$

Wir erhalten:

$$\mathrm{Re}(F) = \frac{(\omega\,T)^2}{1 + (\omega\,T)^2},$$

$$\mathrm{Im}(F) = \frac{\omega \cdot T}{1 + (\omega\,T)^2}.$$

| $\dfrac{\omega}{s^{-1}}$ | Re(F) | Im(F) |
|---|---|---|
| 0 | 0 | 0 |
| $\infty$ | 1 | 0 |
| $\dfrac{1}{T}$ | 0,5 | 0,5 |

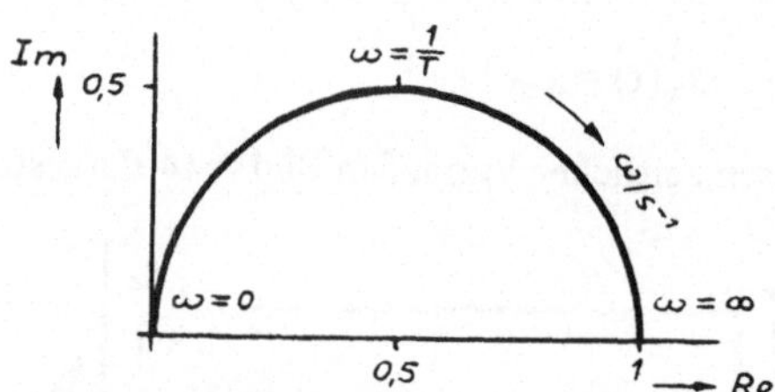


**Bild 3.15**
Ortskurve eines D-Gliedes
mit Verzögerung 1. Ordnung

Die Ortskurve ergibt einen Halbkreis im ersten Quadranten (Bild 3.15) mit den in der Tabelle angegebenen ausgesuchten Punkten.

Den Verlauf der Ortskurve erhält man auch durch Umformen des Frequenzganges ohne eine punktweise Ermittlung.

$$F = \frac{j\,\omega \cdot T}{1 + j\,\omega \cdot T} = \frac{j\,\omega \cdot T + 1 - 1}{1 + j\,\omega \cdot T} = 1 - \frac{1}{1 + j\,\omega \cdot T}$$

Den Ortskurvenverlauf des Frequenzganges $\dfrac{1}{1 + j\,\omega \cdot T}$ haben wir bereits in Abschnitt 2.6 ermittelt und ergab einen Halbkreis im vierten Quadranten mit dem Durchmesser 1 . Das negative Vorzeichen besagt, daß sowohl der Realteil als auch der Imaginärteil negativ zu nehmen ist. Die Ortskurve verläuft somit im zweiten Quadranten. Durch die Addition von + 1 wird der Halbkreis dann in den ersten Quadranten verschoben (Bild 3.16).

Hierzu noch ein einfaches elektrisches Beispiel.

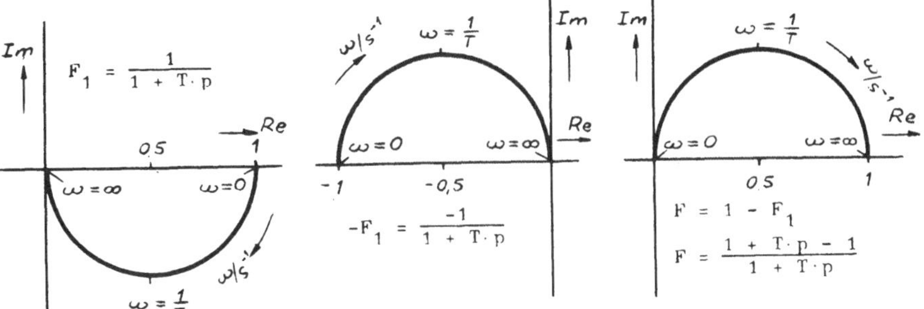

**Bild 3.16.** Konstruktion der Ortskurve eines D-Gliedes mit Verzögerung 1. Ordnung

## Beispiel 3.5

Gegeben ist ein CR-Glied (Bild 3.17).

*a) Differentialgleichung*

$$x_e = u_c + x_a \, , \qquad (3.6)$$

$$x_a = i_c \cdot R,$$

$$i_c = C \cdot \frac{du_c}{dt} \, . \qquad (3.7)$$

Daraus folgt:

$$x_e = u_c + C \cdot R \cdot \frac{du_c}{dt} \, . \qquad (3.8)$$

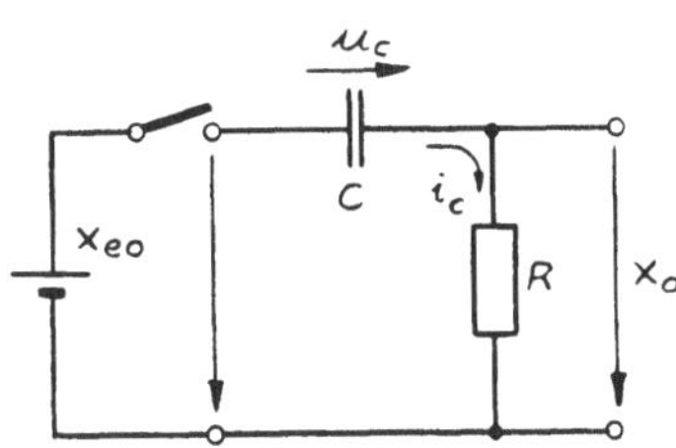

**Bild 3.17**
Elektrisches D-Glied mit
Verzögerung 1. Ordnung

Ferner folgt aus Gl. (3.6):

$$u_c = x_e - x_a$$

Durch Differentiation erhält man:

$$\frac{du_c}{dt} = \frac{dx_e}{dt} - \frac{dx_a}{dt} \, .$$

$u_c$ und $\dfrac{du_c}{dt}$ in Gl. (3.8) eingesetzt ergibt:

$$x_e = x_e - x_a + C \cdot R \cdot \left[ \frac{dx_e}{dt} - \frac{dx_a}{dt} \right],$$

$$C \cdot R \cdot \frac{dx_e}{dt} = x_a + C \cdot R \cdot \frac{dx_a}{dt} \quad \text{bzw.}$$

$$T \cdot \frac{dx_e}{dt} = x_a + T \cdot \frac{dx_a}{dt}, \qquad \text{mit } T = C \cdot R \, .$$

Diese Differentialgleichung ist vollkommen analog der Gl. (3.3).

*b) Sprungantwort*

Die Sprungantwort muß natürlich denselben Verlauf haben wie in Bild 3.14. Wir beschränken uns daher auf die physikalische Deutung. Legt man an die Eingangsklemmen des Netzwerks über einen Schalter die Gleichspannung $x_{eo}$, so wird der Eingangssprung durch Schließen des Schalters erzeugt. Nach dem Schließen des Schalters wirkt der ungeladene Kondensator zunächst wie ein Kurzschluß. D.h. für t = 0 liegt die Spannung $x_{eo}$ am Ausgang und der Ladestrom ergibt sich zu:

$$i_c(0) = \frac{x_a(0)}{R} = \frac{x_{eo}}{R}.$$

Gemäß dem Gesetz:

$$u_c = \frac{1}{C} \cdot \int i_c \cdot dt,$$

verursacht der Ladestrom $i_c$ ein Anwachsen von $u_c$ bzw. eine Abnahme von $x_a$ und damit von $i_c$. Während die Spannung am Kondensator nach einer e-Funktion auf

$x_{eo}$ ansteigt, fällt der Ladestrom von seinem Maximalwert $\frac{x_{eo}}{R}$ für t = 0 nach einer e-Funktion auf Null ab. Ebenso die Ausgangsspannung $x_a$.

## 3.2.5. P-Verhalten mit Verzögerung 1. Ordnung

Die in Regelkreisen am häufigsten vorkommenden Glieder sind solche, die bei einer sprunghaften Verstellung der Eingangsgröße zum Zeitpunkt t = 0 nur verzögert den Endwert (Beharrungszustand) erreichen. Die zeitliche Änderung der Ausgangsgröße hat für t = 0 einen Maximalwert um dann auf Null abzunehmen.

**Beispiel 3.6**

Das in Bild 3.18 gezeigte System unterscheidet sich von dem in Bild 3.13 dadurch, daß die Anordnung der Feder und der Dämpfungseinrichtung vertauscht sind. Eingangsgröße ist wieder der Weg $x_e$ um den die obere Stange nach unten bewegt wird. Zur Bewegung des Kolbens im Zylinder ist eine Kraft notwendig, die proportional der Geschwindigkeit ist, mit der der Kolben im Zylinder bewegt wird:

$$F_K = b \cdot \frac{dx_a}{dt}.$$

Wird nun die Stange nach unten bewegt, so wird einmal die Feder gespannt und gleichzeitig wird infolge der Federkraft der Kolben nach unten bewegt. D.h. das untere Ende der Feder bewegt sich ebenfalls nach unten und zwar um $x_a$. Der die Federspannung verursachende Weg ist $(x_e - x_a)$. Betrachtet man das Gleichgewicht zwischen Feder- und Dämpfungskraft, so ergibt sich:

*a) Differentialgleichung*

$$(x_e - x_a) \cdot c = b \cdot \frac{dx_a}{dt} \qquad \text{bzw.}$$

$$x_e = x_a + \frac{b}{c} \cdot \frac{dx_a}{dt} \ .$$

Mit $\quad T = \dfrac{b}{c} = \dfrac{10\,\dfrac{kp}{cm/s}}{5\,kp/cm} = 2\,s \quad$ wird

$$x_e = x_a + T\frac{dx_a}{dt} \qquad (3.9)$$

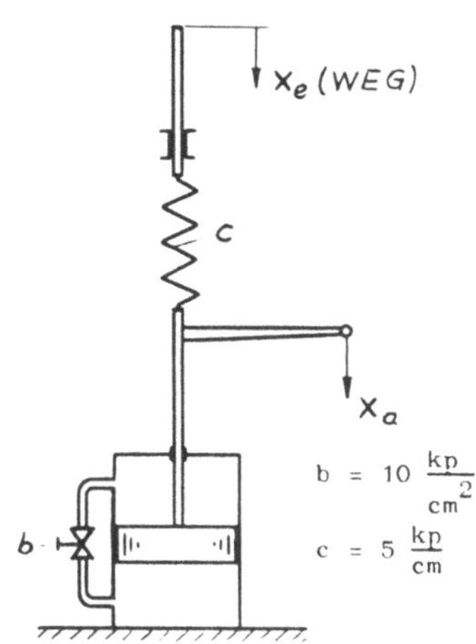


**Bild 3.18**
P-Glied mit Verzögerung
1. Ordnung

Gl. (3.9) enthält neben $x_a$ die 1. Ableitung $\dot{x}_a$.
Man bezeichnet eine solche Differentialgleichung
als Differentialgleichung 1. Ordnung und ein
Regelkreisglied, dessen Beziehung zwischen Ein-
und Ausgangsgröße zu einer solchen Differentialgleichung führt, als ein Verzögerungsglied 1. Ordnung. Es handelt sich hier ebenfalls um ein proportionales Verhalten, denn bei einer Verdopplung der Eingangsgröße wird im Beharrungszustand
(für $t \to \infty$) die Ausgangsgröße ebenfalls den doppelten Wert annehmen.

*b) Sprungantwort*

Die Sprungantwort $x_a$ (t) ergibt sich, indem man in Gleichung (3.9) für die Störfunktion $x_e$ den Wert $x_{eo}$ = konstant einsetzt und die Differentialgleichung löst.

Es wird der bereits oft benutzte Lösungsweg angewandt.

Lösung der homogenen Differentialgleichung:

$$0 = x_a + T\frac{dx_a}{dt}. \qquad (3.10)$$

Ansatz:

$$x_a = C_1 \cdot e^{\lambda t} \ . \qquad (3.11)$$

Daraus ergibt sich:

$$\frac{dx_a}{dt} = C_1 \cdot \lambda \cdot e^{\lambda t} \ .$$

Setzt man den Ansatz in Gl. (3.10) ein, so folgt:

$$0 = C_1 \cdot e^{\lambda t} + T \cdot C_1 \cdot \lambda \cdot e^{\lambda t} = C_1 \cdot e^{\lambda t} (1 + T \cdot \lambda) \ .$$

Diese Bedingung wird erfüllt für:

$$\lambda = -\frac{1}{T} \; .$$

Zur Lösung der inhomogenen Differentialgleichung (3.9) wird der Ansatz (3.11) um eine weitere Konstante $C_2$ erweitert, die bei der Differentiation herausfällt.

Ansatz zur Lösung der inhomogenen Differentialgleichung

$$x_a = C_1 \cdot e^{-\frac{t}{T}} + C_2 \; . \tag{3.12}$$

Durch Differentiation von (3.12) findet man

$$\frac{dx_a}{dt} = -\frac{C_1}{T} \cdot e^{-\frac{t}{T}} \; .$$

$x_a$ und $\dfrac{dx_a}{dt}$ in (3.9) eingesetzt ergibt mit der Störfunktion

$$x_e = x_{e0} = \text{konstant} \quad \text{für } t > 0 :$$

$$x_{e0} = C_1 \cdot e^{-\frac{t}{T}} + C_2 - T \cdot \frac{C_1}{T} \cdot e^{-\frac{t}{T}} \quad \text{bzw.}$$

$$C_2 = x_{e0} \; .$$

Die Anfangsbedingung lautet:

$$\text{Für } t = 0 \text{ ist} \quad x_a(t) = x_a(0) = 0 .$$

Setzt man diese Anfangsbedingung in (3.12) ein, so findet man:

$$0 = C_1 \cdot e^0 + C_2$$
$$C_1 = -C_2 = -x_{e0} \; .$$

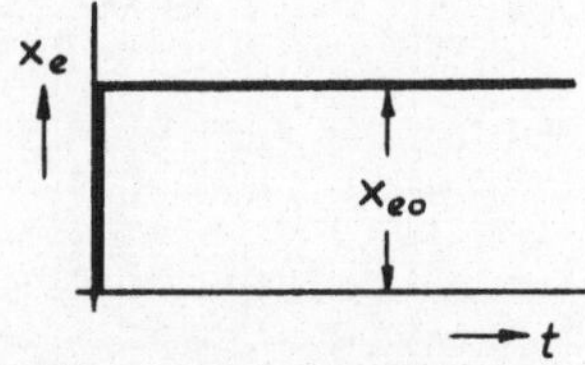


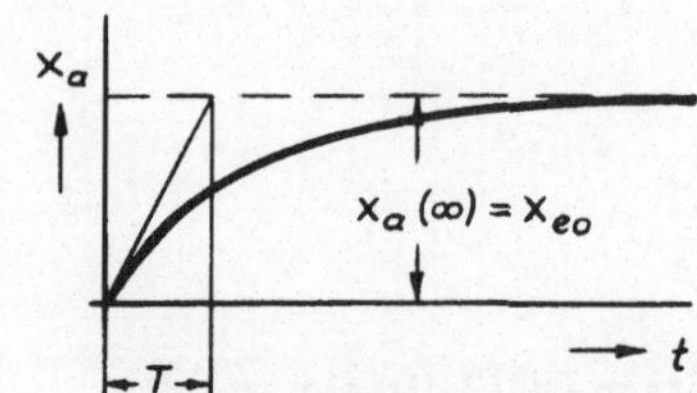


**Bild 3.19.**  Eingangssprung               Sprungantwort eines P-Gliedes mit Verzögerung 1. Ordnung

Durch Einsetzen von $C_1$ und $C_2$ in den Ansatz (3.12) erhält man schließlich die Gleichung im Zeitbereich

$$x_a(t) = x_{e0} \cdot \left(1 - e^{-\frac{t}{T}}\right).$$

Bild 3.19 zeigt den Eingangssprung und den Verlauf der Sprungantwort.

*c) Frequenzgang*

Der Frequenzgang ergibt sich durch Einsetzen des p-Operators für $\frac{d}{dt}$ in Gleichung (3.9).

$$x_e = x_a + T \cdot p \cdot x_a$$

$$F = \frac{x_a}{x_e} = \frac{1}{1 + T \cdot p}$$

*d) Ortskurve*

$$F = \frac{1}{1 + j\,\omega\,T} \; .$$

Indem man F mit dem konjugiert komplexen des Nenners erweitert, erhält man:

$$F = \frac{1}{1 + j\,\omega\,T} \cdot \frac{1 - j\,\omega\,T}{1 - j\,\omega\,T} = \frac{1 - j\,\omega\,T}{1 + (\omega\,T)^2} \; .$$

Daraus ergibt sich der Real- und Imaginärteil von F zu:

$$\mathrm{Re}(F) = \frac{1}{1 + (\omega\,T)^2} \, , \qquad\qquad (3.15)$$

$$\mathrm{Im}(F) = \frac{-\,\omega\,T}{1 + (\omega\,T)^2} \; . \qquad\qquad (3.16)$$

Für $0 \leqslant \omega \leqslant \infty$ ist der $\mathrm{Re}(F)$ stets positiv und der $\mathrm{Im}(F)$ stets negativ.

D.h. die Ortskurve verläuft im 4. Quadranten der Gaußschen Zahlebene und ergibt den in Bild 3.20 gezeigten Halbkreis.

| $\frac{\omega}{s^{-1}}$ | Re(F) | Im(F) |
|---|---|---|
| 0 | 1 | 0 |
| $\frac{1}{T}$ s | 0,5 | $-0,5$ |
| $\infty$ | 0 | 0 |

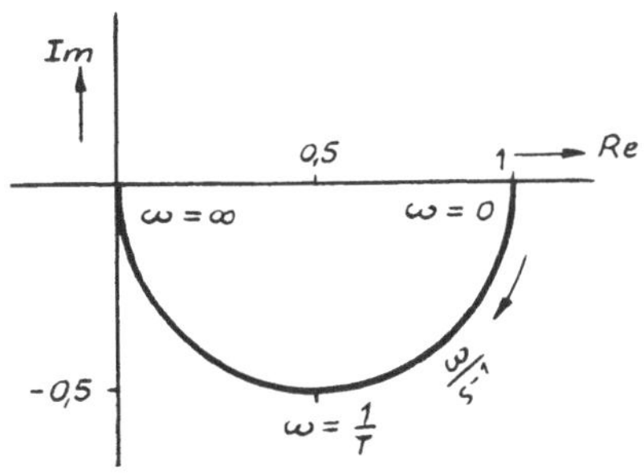


**Bild 3.20**
Ortskurve eines P-Gliedes
mit Verzögerung 1. Ordnung

In der Tabelle sowie in der Ortskurve sind nur drei markante Punkte eingetragen. Weitere Zwischenwerte ergeben sich leicht durch Einsetzen von $\omega$-Werten in die Gln. (3.15) und (3.16)

Als weiteres Beispiel sei ein einfaches elektrisches Netzwerk behandelt.

**Beispiel 3.7**

Die Maschengleichung ergibt:

$$x_e = i_C \cdot R + x_a \qquad (3.17)$$

Ferner ist

$$i_C = C \cdot \frac{dx_a}{dt} \qquad (3.18)$$

Gl. (3.18) in Gl. (3.17) eingesetzt ergibt:

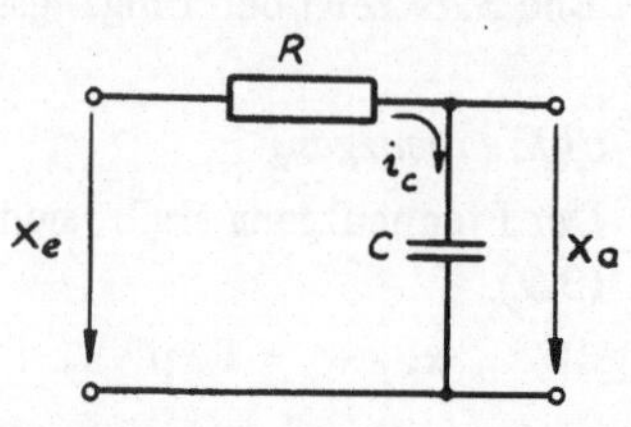

**Bild 3.21**
Elektrisches P-Glied mit
Verzögerung 1. Ordnung

*Differentialgleichung*

$$x_e = C \cdot R \cdot \frac{dx_a}{dt} + x_a$$

und mit $C \cdot R = T$

$$x_e = x_a + T \cdot \frac{dx_a}{dt}. \qquad (3.19)$$

Die Differentialgleichung (3.19) des elektrischen Systems ist vollkommen analog der Differentialgleichung (3.9) des mechanischen Systems.

*Sprungantwort, Frequenzgang* und *Ortskurve* führen zu den gleichen Ergebnissen, wie bereits in Beispiel 3.6 behandelt. Bei elektrischen Systemen ist es oft zweckmäßig den Übertragungsfaktor $\frac{x_a}{x_e}$ bei sinusförmiger Erregung zu bestimmen. Der Frequenzgang ergibt sich dann in einfacher Weise durch Einsetzen des p-Operators anstelle von j $\omega$. Die Differentialgleichung wiederum läßt sich einfach aus dem Frequenzgang ermitteln, indem man umgekehrt für p $\frac{d}{dt}$ setzt.

In unserem Beispiel ergebe sich die Ausgangsspannung zu:

$$x_a = x_e \cdot \frac{\dfrac{1}{j\,\omega \cdot C}}{R + \dfrac{1}{j\,\omega \cdot C}} = x_e \cdot \frac{1}{1 + j\,\omega \cdot C \cdot R}.$$

Mit $j\,\omega = p$ und $C \cdot R = T$ wird

$$F = \frac{x_a}{x_e} = \frac{1}{1 + p \cdot T} \; .$$

Schließlich ergibt sich die Differentialgleichung aus dem Frequenzgang mit

$$x_e = x_a + T\,p\,x_a ,$$

$$x_e = x_a + T\,\frac{dx_a}{dt} \qquad\qquad \text{q.e.d.}$$

# 4. Die Regelstrecke

Die Regelstrecke ist derjenige Teil einer Anlage, in dem die zu regelnde physikalische Größe (Regelgröße x) durch die Regeleinrichtung beeinflußt wird. In den meisten Fällen ist sie fest vorgegeben und in ihren Kennwerten nur wenig veränderbar. Während die Kennwerte der Regeleinrichtung vom Hersteller rechnerisch oder experimentell ermittelt und bekannt gegeben werden, sind die Kennwerte der Strecken vor der Projektierung der Regelung fast immer unbekannt. Bei der Projektierung einer zu regelnden Anlage sind zunächst die Kennwerte der Regelstrecke experimentell zu ermitteln, die dann eine Einordnung ermöglichen. Mit den so gefundenen charakteristischen Daten läßt sich dann der Regelkreis weiter mathematisch untersuchen, so z.B. auf seine Stabilität oder auf sein optimales Regelverhalten. Bei schwierigen Strecken wird diese mit dem Regler auf dem Analogrechner simuliert. Nur in den seltensten Fällen ist die Berechnung von Regelstrecken durch Aufstellen und Lösen von Differentialgleichungen möglich. Die in diesem Kapitel theoretisch behandelten einfachen Grundtypen von Regelstrecken, sollen nur dazu dienen, das Zustandekommen der charakteristischen Kenngrößen zu erklären und soll kein Anreiz zur Berechnung von Regelstrecken sein.

Das Blockschaltbild des Regelkreises wurde in Bild 1.7 dargestellt. Ihm entnehmen wir das in Bild 4.1 gezeigte Blockschaltbild der Regelstrecke. Eingangsgröße der Regelstrecke ist $y_s$, die Summe aus der Stellgröße $y_R$ der Regeleinrichtung und der Störgröße z. Ausgangsgröße ist die Regelgröße x. $F_s$ ist der Frequenzgang der Strecke.

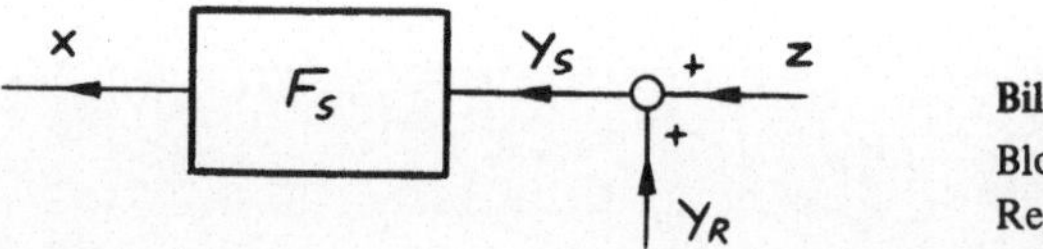


**Bild 4.1**
Blockschaltbild der
Regelstrecke

Die Einteilung der Regelstrecken erfolgt nicht nach den zu regelnden physikalischen Größen, sondern nach ihrem zeitlichen Verhalten. Dabei ist es unwichtig, ob es sich um die Drehzahl einer Turbine, die Temperatur in einem Glühofen oder den Druck in einem Behälter handelt. Auch das Zeitverhalten der Regelstrecken kann durch gewöhnliche, lineare Differentialgleichungen von der allgemeinen Form beschrieben werden:

$$\ldots + s_3 \cdot \dddot{x} + s_2 \cdot \ddot{x} + s_1 \cdot \dot{x} + s_0 \cdot x = y_s \tag{4.1}$$

bzw.

$$\ldots + T_3^3 \cdot \dddot{x} + T_2^2 \cdot \ddot{x} + T_1 \cdot \dot{x} + x = K_s \cdot y_s. \tag{4.2}$$

Die höchste Ordnung dieser Differentialgleichung kennzeichnet die Ordnung der Strecke. Eine Strecke mit den Beiwerten $s_0$ und $s_1$ bezeichnet man als eine Strecke 1. Ordnung, eine solche mit den Beiwerten $s_0$, $s_1$, $s_2$ und $s_3$ als eine Strecke 3. Ordnung.

Ferner unterteilt man die Regelstrecken in:

a) *Strecken mit Ausgleich* und
b) *Strecken ohne Ausgleich.*

Man spricht von einer Strecke mit Ausgleich, wenn nach einer sprunghaften Verstellung der Eingangsgröße $y_s$ die Ausgangsgröße (Regelgröße x) für $t \to \infty$ wieder einen neuen Beharrungszustand $x(\infty)$ annimmt, wie Bild 4.2 zeigt.

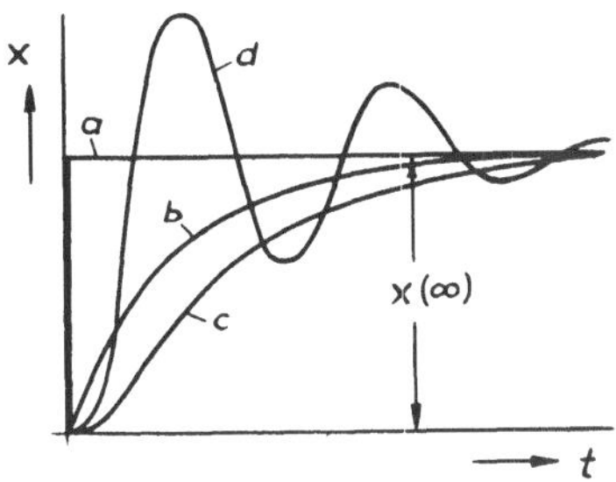

**Bild 4.2**
Sprungantwort einer Strecke mit Ausgleich
a)  0. Ordnung
b)  1. Ordnung
c)  2. Ordnung
d)  2. Ordnung (gedämpft schwingend)

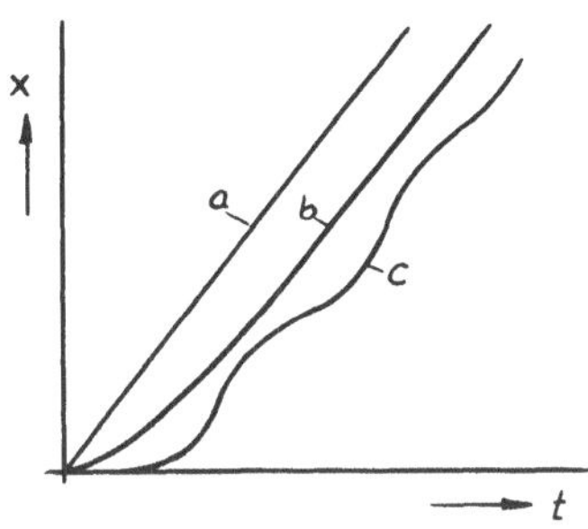

**Bild 4.3**
Sprungantwort einer Regelstrecke ohne Ausgleich
a)  0. Ordnung
b)  1. Ordnung
c)  2. Ordnung (gedämpft schwingend)

Für $t \to \infty$ wird der Beharrungszustand erreicht, x ist dann konstant, d.h. es findet keine zeitliche Änderung von x mehr statt, folglich sind alle Ableitungen $\dot{x}$, $\ddot{x}$, $\dddot{x}$ usw. Null. Im Beharrungszustand wird also aus Gleichung (4.1)

$$s_0 \, x(\infty) = y_{s0},$$

$$x(\infty) = \frac{1}{s_0} \cdot y_{s0},$$

$$x(\infty) = K_s \cdot y_{s0}. \tag{4.3}$$

Hierin ist $y_{s0}$ = konstant der Eingangssprung. Strecken mit Ausgleich bezeichnet man auch als *proportionale* oder kurz *P-Strecken,* weil im Beharrungszustand die Ausgangsgröße proportional der Eingangsgröße ist, gemäß Gl. (4.3).

Bei Strecken ohne Ausgleich wird bei einer Sprungfunktion am Eingang die Regelgröße x keinen neuen Beharrungswert annehmen, sondern monoton anwachsen, wie in Bild 4.3 gezeigt.

In der Differentialgleichung (4.1) drückt sich das so aus, daß der Beiwert $s_0 = 0$ ist.

$$\ldots + s_3 \cdot \dddot{x} + s_2 \cdot \ddot{x} + s_1 \cdot \dot{x} = y_s \qquad \text{bzw.}$$

$$\ldots + s_3 \cdot \dddot{x} + s_2 \cdot \ddot{x} + s_1 \cdot \dot{x} = \int y_s \cdot dt. \tag{4.4}$$

Strecken ohne Ausgleich werden wegen der in Gleichung (4.4) gefundenen Beziehung auch *integrale* oder kurz *I-Strecken* genannt.

## 4.1. P-Strecken ohne Verzögerung

Eine Regelstrecke, die zur folgenden Gleichung führt:

$$s_0 \cdot x = y_s \qquad \text{bzw.}$$

$$x = K_s \cdot y_s, \qquad \text{mit } K_s = \frac{1}{s_0},$$

in der also die Glieder mit der 1. bis n-ten Ableitung fehlen, bezeichnet man als eine Strecke 0. Ordnung. Gibt man auf den Eingang einer solchen Strecke eine Sprungfunktion, so wird die Ausgangsgröße sich ebenfalls sprunghaft ändern, die Ausgangsgröße folgt ohne zeitliche Verzögerung proportional der Eingangsgröße (Bild 4.4).

Solche Strecken sind höchst selten, man findet sie näherungsweise in rein ohmschen Netzen oder in hydraulischen Systemen, in denen keine nennenswerte Kompressibilität auftritt.

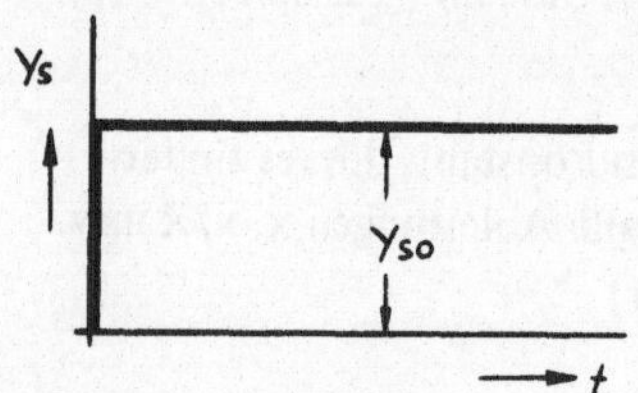


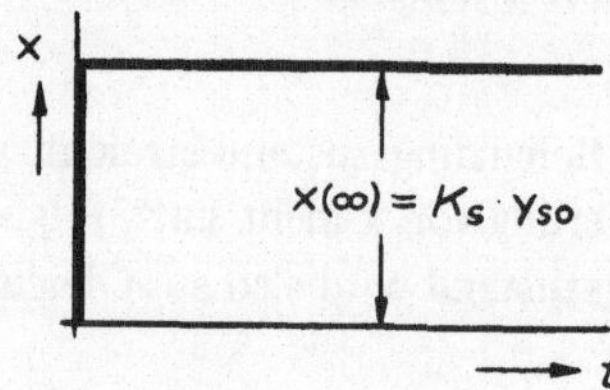


**Bild 4.4.** Eingangssprung                    Sprungantwort einer Strecke 0. Ordnung

## 4.2. P-Strecken mit Verzögerung 1. Ordnung

Diese Strecken bzw. die Hintereinanderschaltung solcher Strecken ist die am häufigsten in technischen Anlagen vorkommende.

**Beispiel 4.1** Warmwasserbehälter (Bild 4.5)

$G_w$ = 800 kp, Gewicht des Wassers

$c_w$ = 1 $\dfrac{kcal}{kp \cdot grd}$, Spezifische Wärme des Wassers

$G_b$ = 120 kp, Gewicht des Behälters

$c_b$ = 0,115 $\dfrac{kcal}{kp \cdot grd}$, Spezifische Wärme des Behälters

$A$ = 7,8 m², Oberfläche des Behälters

$k$ = 3,6 · 10⁻³ $\dfrac{kcal}{m^2 \cdot grd \cdot s}$, Wärmedurchgangszahl

$\vartheta_a$ = 0 °C, Außentemperatur

$P_e$ = 9 kW, Heizleistung

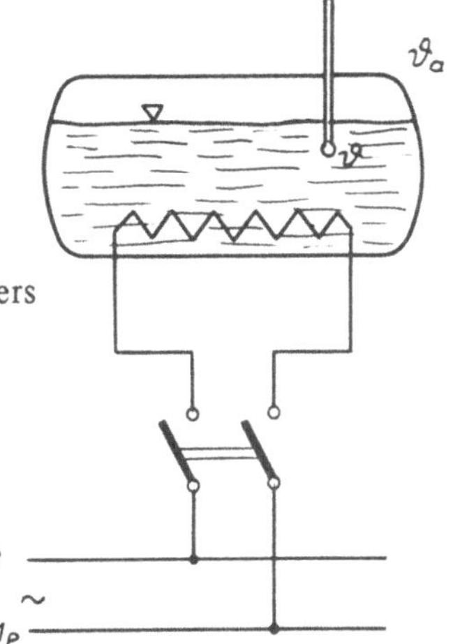


Bild 4.5
Elektrisch beheizter Warmwasserbehälter

Der Behälter ist mit Wasser gefüllt, das erwärmt werden soll. Regelgröße x ist die Wassertemperatur $\vartheta$; Eingangsgröße ist die elektrische Heizleistung $P_e$. Die über die Heizspirale zugeführte elektrische Energie $\int P_e \cdot dt$ erwärmt einmal das Wasser und den Behälter, ferner wird infolge der nichtidealen Isolation eine von dem Temperaturgefälle $(\vartheta - \vartheta_a)$ abhängige Wärmemenge nach außen abgeführt. Der gesuchte Zusammenhang zwischen Ein- und Ausgangsgröße ergibt sich durch Gleichsetzen der pro Zeiteinheit dt zugeführten und aufgenommenen Wärmeenergie. Die pro Zeiteinheit zugeführte Wärmeenergie ist

$$\frac{d\,Q_{zu}}{dt} = P_e. \tag{4.5}$$

Die vom Wasser aufgenommene Wärmeenergie ist

$$Q_w = G_w \cdot c_w \cdot (\vartheta - \vartheta_a).$$

Daraus findet man:

$$\frac{d\,Q_w}{dt} = G_w \cdot c_w \cdot \frac{d\vartheta}{dt}. \tag{4.6}$$

Entsprechend ergibt sich für die vom Behälter aufgenommene Wärmeenergie (bei der vereinfachenden Annahme, daß der Behälter die gleiche Temperatur annimmt wie das Wasser)

$$Q_b = G_b \cdot c_b \cdot (\vartheta - \vartheta_a) \qquad \text{bzw.}$$

$$\frac{dQ_b}{dt} = G_b \cdot c_b \cdot \frac{d\vartheta}{dt} . \qquad (4.7)$$

Die pro Zeiteinheit nach außen abgegebene Wärmemenge ist proportional der Temperaturdifferenz $(\vartheta - \vartheta_a)$ und proportional der Behälteroberfläche A. Somit ist

$$\frac{dQ_v}{dt} = k \cdot A \cdot (\vartheta - \vartheta_a). \qquad (4.8)$$

Setzt man in

$$Q_{zu} = Q_w + Q_b + Q_v \qquad \text{oder}$$

$$\frac{dQ_{zu}}{dt} = \frac{dQ_w}{dt} + \frac{dQ_b}{dt} + \frac{dQ_v}{dt}$$

die Beziehungen (4.5), (4.6), (4.7), (4.8) ein, so erhält man:

$$P_e = G_w \cdot c_w \cdot \frac{d\vartheta}{dt} + G_b \cdot c_b \cdot \frac{d\vartheta}{dt} + k \cdot A (\vartheta - \vartheta_a),$$

$$\frac{P_e}{kA} + \vartheta_a = \vartheta + \frac{G_w \cdot c_w + G_b \cdot c_b}{k \cdot A} \cdot \frac{d\vartheta}{dt} .$$

Mit

$$T = \frac{G_w \cdot c_w + G_b \cdot c_b}{A \cdot k} = \frac{800\,\text{kp} \cdot 1 \frac{\text{kcal}}{\text{kp} \cdot \text{grd}} + 120\,\text{kp} \cdot 0{,}115 \frac{\text{kcal}}{\text{kp} \cdot \text{grd}}}{7{,}8\,\text{m}^2 \cdot 3{,}6 \cdot 10^{-3} \frac{\text{kcal}}{\text{m}^2 \cdot \text{grd} \cdot \text{s}}} ,$$

$$T = \frac{800 + 13{,}8}{28{,}1 \cdot 10^{-3}}\,\text{s} = 29000\,\text{s},$$

$$T = 8{,}05\,\text{h} \qquad \text{und}$$

$$K_s = \frac{1}{k \cdot A} = 35{,}6 \frac{\text{grd} \cdot \text{s}}{\text{kcal}} = 8{,}52 \frac{\text{grd}}{\text{kW}}$$

wird

$$P_e \cdot K_s + \vartheta_a = \vartheta + T \cdot \frac{d\vartheta}{dt} . \qquad (4.9)$$

Die gefundene Differentialgleichung 1. Ordnung besagt, daß die vorliegende Strecke eine P-Strecke mit Verzögerung 1. Ordnung ist. Der zeitliche Verlauf der Sprungantwort $\vartheta(t)$ ergibt sich, wenn zum Zeitpunkt $t = 0$ der Schalter geschlossen wird und die elektrische Leistung $P_e$ konstant ist. Der in Abschnitt 2.2c gezeigte Lösungsweg mit dem Ansatz

$$\vartheta(t) = C_1 \cdot e^{-\frac{t}{T}} + C_2 \qquad (4.10)$$

und daraus

$$\frac{d\vartheta}{dt} = -\frac{C_1}{T} \cdot e^{-\frac{t}{T}},$$

führt in Gl. (4.9) eingesetzt zu

$$P_e \cdot K_s + \vartheta_a = C_1 \cdot e^{-\frac{t}{T}} + C_2 - T \frac{C_1}{T} \cdot e^{-\frac{t}{T}}.$$

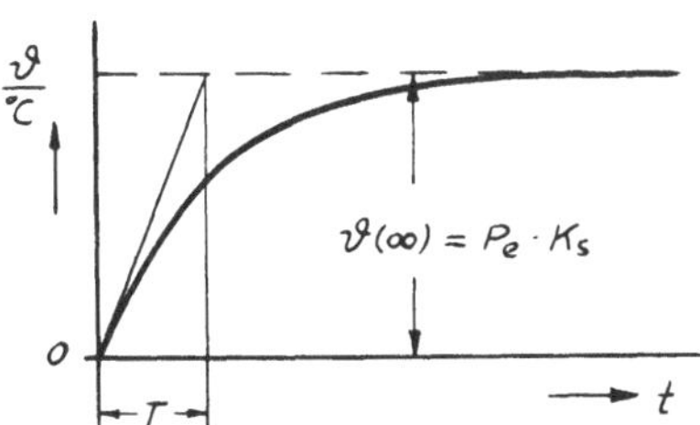


**Bild 4.6**

Sprungantwort einer Strecke 1. Ordnung

Daraus folgt

$$C_2 = P_e \cdot K_s + \vartheta_a$$

Vor dem Einschalten soll die Wassertemperatur gleich der Außentemperatur sein. Somit lautet die Anfangsbedingung:

$$\text{Für } t = 0 \quad \text{ist} \quad \vartheta(t) = \vartheta(0) = \vartheta_a = 0\,°C.$$

Setzt man diese Anfangsbedingung in Gl. (4.10) ein, so ergibt sich:

$$\vartheta_a = C_1 + P_e \cdot K_s + \vartheta_a$$
$$C_1 = -P_e \cdot K_s.$$

$C_1$ und $C_2$ in Gl. (4.10) eingesetzt ergibt schließlich

$$\vartheta(t) = P_e \cdot K_s \cdot \left(1 - e^{-\frac{t}{T}}\right) + \vartheta_a. \qquad (4.11)$$

Der zeitliche Verlauf der Sprungantwort ist in Bild 4.6 dargestellt.

Für $\vartheta_a > 0\,°C$ wird die Exponentialfunktion lediglich um $\vartheta_a$ nach oben verschoben.

Die Kenngrößen, durch die die Strecke eindeutig bestimmt wird, sind die Zeitkonstante $T$ und der Übertragungsbeiwert $K_s$.

Der Frequenzgang und die Ortskurve der Strecke ergeben sich wie in Beispiel 3.6 gezeigt. Allerdings ist bei der Aufstellung des Frequenzganges $F_s$ zu beachten, daß das konstante Glied $\vartheta_a$ in Gl. (4.9) entfällt, da bei sinusförmiger Eingangsgröße auch die Ausgangsgröße $\vartheta(t)$ sich sinusförmig ändert und nur die Änderungen und nicht die Absolutwerte ins Verhältnis gesetzt werden. Somit wird

$$F_s = \frac{\vartheta}{P_e} = \frac{K_s}{1 + T \cdot p} \; .$$

**Beispiel 4.2** (Bild 4.7)

Eingangsgröße ist die Erregerspannung $y_s$ und Ausgangsgröße ist die Verbraucherklemmenspannung x. Die Antriebsdrehzahl des Generators n ist konstant. Die Induktivität des Läufers sei vernachlässigbar.

Für den Erregerkreis gilt:

$$y_s = i \cdot R + L \cdot \frac{di}{dt} \; . \tag{4.12}$$

Der Strom i erzeugt in der Erregerwicklung den Fluß

$$\Phi = \frac{N}{R_m} \cdot i. \tag{4.13}$$

N   = Windungszahl der Erregerwicklung

$R_m$ = Magnetischer Widerstand

Die erzeugte Leerlaufspannung ist

$$u_o = c \cdot \Phi \cdot n. \tag{4.14}$$

Im Verbraucherkreis ist

$$u_o = i_2 \cdot (R_a + R_b)$$

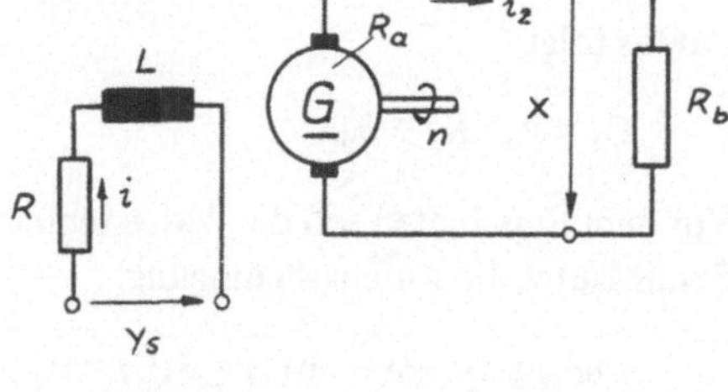


**Bild 4.7**
Fremderregter Gleichstromgenerator

und die Verbraucherspannung

$$x = u_o \cdot \frac{R_b}{R_a + R_b} \; . \tag{4.15}$$

Gln. (4.13) und (4.14) in Gl. (4.15) eingesetzt ergeben

$$x = c \cdot n \cdot \frac{N}{R_m} \cdot i \cdot \frac{R_b}{R_a + R_b}$$

und nach i aufgelöst

$$i = \frac{R_m}{c \cdot n \cdot N} \cdot \frac{R_a + R_b}{R_b} \cdot x.$$

Faßt man die konstanten Größen zu einer Konstanten zusammen

$$k = \frac{R_m}{c \cdot n \cdot N} \cdot \frac{R_a + R_b}{R_b} ,$$

so folgt

$$i = k \cdot x$$

und daraus

$$\frac{di}{dt} = k \cdot \frac{dx}{dt} \, .$$

$i$ und $\frac{di}{dt}$ in Gl. (4.12) eingesetzt führt zu

$$y_s = k \cdot R \cdot x + k \cdot L \cdot \frac{dx}{dt} \qquad \text{bzw.}$$

$$\frac{1}{k \cdot R} \cdot y_s = x + \frac{L}{R} \cdot \frac{dx}{dt} \, .$$

Mit der Zeitkonstanten $T = \frac{L}{R}$ und dem Übertragungsbeiwert $K_s = \frac{1}{k \cdot R}$ folgt die Differentialgleichung

$$y_s \cdot K_s = x + T \cdot \frac{dx}{dt} \, . \tag{4.16}$$

Gl. (4.16) ist der in Beispiel 4.1 gefundenen Gl. (4.10) analog. Entsprechend findet man den zeitlichen Verlauf der Sprungantwort für $y_s = y_{so}$.

$$x(t) = y_{so} \cdot K_s \left( 1 - e^{-\frac{t}{T}} \right) \, .$$

## 4.2.1. P-Strecken mit Verzögerung 2. Ordnung, gebildet aus zwei in Reihe geschalteten Strecken 1. Ordnung

Regelstrecken, die durch die Hintereinanderschaltung von zwei P-Strecken 1. Ordnung entstehen, werden durch eine Differentialgleichung 2. Ordnung beschrieben. Im Gegensatz zu in sich gekoppelten Zweispeichersystemen, die in Abschnitt 4.4 behandelt werden, können sie nur aperiodische Schwingungen ausführen.

Hierzu soll nun als Beispiel die Hintereinanderschaltung eines Druckspeichers und eines Membranantriebs behandelt werden. Derartige Anordnungen kommen in der Verfahrenstechnik häufig vor. Ein vor dem Druckspeicher sitzendes Ventil ist durch eine ideale Drossel ersetzt.

**Beispiel 4.3** (Bild 4.8)
Das Volumen über dem Membranteller sei gegenüber dem Behältervolumen V vernachlässigbar.

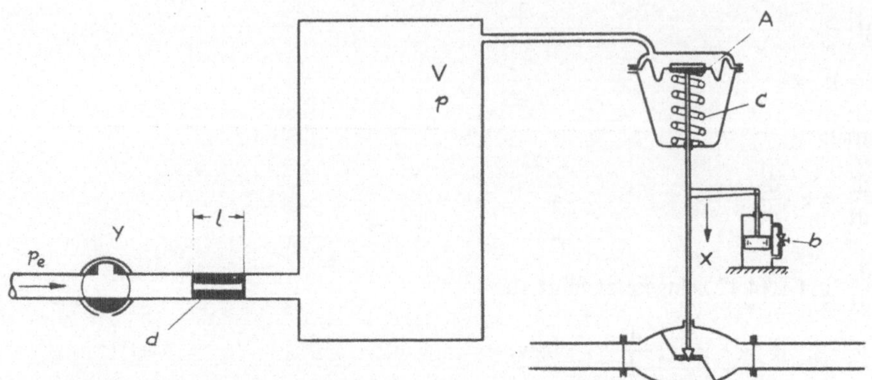

**Bild 4.8.** Reihenschaltung eines Druckspeichers und eines Membranventils

Es liegen zwei in Reihe geschaltete Speicher vor:

a) der Behälter, in dem das Gas gespeichert wird und

b) die Feder des Membranantriebs, die eine gewisse Energie speichert.

Beide Systeme sind rückwirkungsfrei miteinander verbunden, d.h., durch eine Verstellung der Ausgangsgröße x wird rückwirkend der Druck p im Behälter nicht verändert.

Eingangsgröße ist der konstante Vordruck $p_e$, Ausgangsgröße ist die Ventilstellung x. Zunächst sei der Dreiwegehahn so gestellt, daß der Druck $p_e$ abgesperrt und der Behälter mit der Außenluft in Verbindung steht (p = 0 atü). Die Sprungfunktion wird durch plötzliches Drehen des Dreiwegehahnes in die gezeichnete Stellung realisiert. Der pro Zeiteinheit durch die Drossel strömende Massenstrom $\dfrac{d_m}{dt}$ ist proportional dem Drosselquerschnitt $\dfrac{d^2 \cdot \pi}{4}$ und der mittleren Geschwindigkeit $\bar{v}$.

$$\frac{d_m}{dt} = \frac{d^2 \cdot \pi}{4} \cdot \rho \cdot \bar{v}\,. \tag{4.17}$$

$\rho$ = Dichte des Gases.

Die Drosselbohrung ist so bemessen, daß eine laminare Strömung vorliegt. Es gilt dann das POISEUILLEsche Gesetz

$$\bar{v} = k(p_e - p), \tag{4.18}$$

mit dem Proportionalitätsfaktor

$$k = \frac{d^2}{32 \cdot 1 \cdot \eta}$$

für Rohre mit rundem Querschnitt (s. Dubbel I, S. 310)

$l$ = Länge der Drossel

$\eta$ = Zähigkeit des Gases in $kp \cdot s/m^2$.

Gl. (4.18) in Gl. (4.17) eingesetzt ergibt

$$\frac{d_m}{dt} = \frac{d^2 \cdot \pi}{4} \cdot \rho \cdot k \, (p_e - p) \, . \tag{4.19}$$

Nach den Gasgesetzen ist

$$p \cdot V = m \cdot R \cdot \vartheta \tag{4.20}$$

$R$ = Gaskonstante in $\dfrac{kp \cdot m}{kg \cdot grd}$

$\vartheta$ = absolute Temperatur in $^\circ K$ = konstant

$m$ = die im Behälter mit dem Volumen V gespeicherte Gasmenge in kg.

Durch Differentiation von Gl. (4.20) folgt

$$V \cdot \frac{dp}{dt} = R \cdot \vartheta \cdot \frac{dm}{dt}$$

und damit die pro Zeiteinheit im Behälter gespeicherte Menge

$$\frac{dm}{dt} = \frac{V}{R \cdot \vartheta} \cdot \frac{dp}{dt} \, . \tag{4.21}$$

Durch Gleichsetzen von Gl. (4.19) und Gl. (4.21) erhält man

$$\frac{d^2 \pi}{4} \cdot \rho \cdot k \, (p_e - p) = \frac{V}{R \cdot \vartheta} \cdot \frac{dp}{dt},$$

$$p_e = p + \frac{V}{\dfrac{d^2 \cdot \pi}{4} \rho \cdot k \cdot R \cdot \vartheta} \cdot \frac{dp}{dt}$$

und mit

$$T_a = \frac{V}{\dfrac{d^2 \pi}{4} \rho \cdot k \cdot R \cdot \vartheta} \, ,$$

$$p_e = p + T_a \cdot \frac{dp}{dt} \, . \tag{4.22}$$

Die Lösung dieser Differentialgleichung ergibt mit $p_e = p_{e0}$ = konstant als Sprung-
fun ktion folgende Sprungantwort

$$p(t) = p_{e0} \left( 1 - e^{-\frac{t}{T_a}} \right) \; .$$

Dieser zeitlich nach einer e-Funktion verlaufende Druck $p(t)$ wirkt nun auf die
Membran mit der Fläche A als Eingangsgröße des zweiten Gliedes. Die Kraft auf die
Membran $p \cdot A$ ist im Gleichgewicht mit der Federkraft $c \cdot x$ und der Dämpfungs-
kraft $b \cdot \frac{dx}{dt}$.

$$p \cdot A = c \cdot x + b \cdot \frac{dx}{dt} \; ,$$

$$\frac{A}{c} \cdot p = x + \frac{b}{c} \cdot \frac{dx}{dt} \; .$$

Mit   $K = \frac{A}{c}$   und   $T_b = \frac{b}{c}$   wird

$$p = \frac{1}{K} \left( x + T_b \cdot \frac{dx}{dt} \right). \tag{4.23}$$

Daraus folgt durch Differenzieren

$$\frac{dp}{dt} = \frac{1}{K} \left( \frac{dx}{dt} + T_b \cdot \frac{d^2 x}{dt^2} \right). \tag{4.24}$$

Gln. (4.23) und (4.24) in Gl. (4.22) eingesetzt, führen zu

$$p_e = \frac{1}{K} \left( x + T_b \frac{dx}{dt} \right) + T_a \cdot \frac{1}{K} \cdot \left( \frac{dx}{dt} + T_b \cdot \frac{d^2 x}{dt^2} \right) ,$$

$$K \cdot p_e = x + (T_a + T_b) \cdot \frac{dx}{dt} + T_a \cdot T_b \cdot \frac{d^2 x}{dt^2} \; . \tag{4.25}$$

Zur Vereinheitlichung werden nun noch folgende Abkürzungen eingeführt

$$T_1 = T_a + T_b$$

$$T_2^2 = T_a \cdot T_b .$$

In Gl. (4.25) eingesetzt ergibt

$$K \cdot p_e = x + T_1 \cdot \frac{dx}{dt} + T_2^2 \cdot \frac{d^2 x}{dt^2} \; . \tag{4.26}$$

Die Differentialgleichung (4.26) soll nun gelöst werden mit der Sprungfunktion

$$p_e(t) = 0, \qquad \text{für } t < 0,$$
$$p_e(t) = p_{e0} = \text{konstant}, \qquad \text{für } t \geqslant 0$$

als Störfunktion.

*Lösung der homogenen Differentialgleichung*

$$0 = x + T_1 \cdot \frac{dx}{dt} + T_2^2 \cdot \frac{d^2 x}{dt^2}. \tag{4.27}$$

Ansatz:

$$x = e^{\lambda t},$$

$$\frac{dx}{dt} = \lambda \cdot e^{\lambda t},$$

$$\frac{d^2 x}{dt^2} = \lambda^2 \cdot e^{\lambda t}.$$

$x$, $\dot{x}$ und $\ddot{x}$ in Gl. (4.27) eingesetzt ergibt

$$0 = e^{\lambda t} + T_1 \cdot \lambda \cdot e^{\lambda t} + T_2^2 \cdot \lambda^2 \cdot e^{\lambda t},$$

$$0 = e^{\lambda t} \cdot (1 + T_1 \cdot \lambda + T_2^2 \cdot \lambda^2).$$

Diese Gleichung wird erfüllt, wenn der Klammerausdruck Null wird.

$$1 + T_1 \cdot \lambda + T_2^2 \cdot \lambda^2 = 0 \qquad \text{bzw.}$$

$$\frac{1}{T_2^2} + \frac{T_1}{T_2^2} \cdot \lambda + \lambda^2 = 0.$$

Diese quatratische Gleichung ergibt zwei $\lambda$-Werte

$$\lambda_{1,2} = -\frac{T_1}{2T_2^2} \pm \sqrt{\left(\frac{T_1}{2T_2^2}\right)^2 - \frac{1}{T_2^2}}$$

$$\lambda_{1,2} = -\frac{T_1}{2T_2^2} \pm \frac{1}{T_2} \cdot \sqrt{\left(\frac{T_1}{2T_2}\right)^2 - 1}.$$

Führt man den in der Schwingungslehre gebräuchlichen Dämpfungsgrad

$$D = \frac{T_1}{2T_2}$$

ein, so erhält man

$$\lambda_{1,2} = -\frac{D}{T_2} \pm \frac{1}{T_2} \cdot \sqrt{D^2 - 1}.$$

(4.28)

Die Größe von D entscheidet ob der Ausdruck unter der Wurzel

a) Null, für D = 1 (aperiodischer Grenzfall),
b) positiv, für D > 1 (aperiodische Schwingung),
c) negativ, für D < 1 (gedämpfte Schwingung),

wird.

Auf die einzelnen Fälle soll in Abschnitt 4.4 näher eingegangen werden. Im vorliegenden Beispiel erhält man für den Dämpfungsgrad unter Verwendung von $T_a$ und $T_b$

$$D = \frac{T_1}{2T_2} = \frac{T_a + T_b}{2 \cdot \sqrt{T_a \cdot T_b}} = \frac{1}{2} \left[ \sqrt{\frac{T_a}{T_b}} + \sqrt{\frac{T_b}{T_a}} \right].$$

Dieser Ausdruck wird für $\frac{T_a}{T_b} = 1$ ein Minimum (D = 1). Daraus folgt $D \geqslant 1$ für

jedes beliebige Verhältnis $\frac{T_a}{T_b}$.

Damit wird der Ausdruck unter der Wurzel der Gl. (4.28) stets positiv. Die beiden $\lambda$-Werte werden reell und die Sprungantwort eines solchen Systems immer aperiodisch sein.

Aus Gl. (4.28) ergeben sich folgende $\lambda$-Werte

$$\lambda_{1,2} = -\frac{T_a + T_b}{2 \cdot T_a \cdot T_b} \pm \frac{1}{2 \cdot T_a \cdot T_b} \cdot \sqrt{(T_a + T_b)^2 - 4 \cdot T_a \cdot T_b},$$

$$\lambda_{1,2} = -\frac{1}{2T_b} - \frac{1}{2T_a} \pm \frac{T_a - T_b}{2 \cdot T_a \cdot T_b},$$

$$\lambda_{1,2} = -\frac{1}{2T_b} - \frac{1}{2T_a} \pm \left( \frac{1}{2T_b} - \frac{1}{2T_a} \right),$$

$$\lambda_1 = -\frac{1}{T_a},$$

$$\lambda_2 = -\frac{1}{T_b}.$$

Die Lösung der homogenen Differentialgleichung lautet somit

$$x = C_1 \cdot e^{-\frac{t}{T_a}} + C_2 \cdot e^{-\frac{t}{T_b}}.$$

(4.29)

Zur Lösung der inhomogenen Differentialgleichung wird (4.29) um eine weitere Konstante $C_3$ erweitert.

*Ansatz zur Lösung der inhomogenen Differentialgleichung:*

$$x = C_1 \cdot e^{-\frac{t}{T_a}} + C_2 \cdot e^{-\frac{t}{T_b}} + C_3. \qquad (4.30)$$

Zur Bestimmung der Konstanten $C_1$, $C_2$, $C_3$ werden die Gln. (4.25) und (4.30) für die Anfangs- und Endbedingung betrachtet.

*Endbedingung:*

Für $t \to \infty$ sind alle Ableitungen von x Null.

Somit ergibt sich aus Gl. (4.25)

$$K \cdot p_{eo} = x\,(\infty).$$

Aus Gl. (4.30) folgt

$$x\,(\infty) = C_3, \text{ bzw.}$$

$$C_3 = K \cdot p_{eo}.$$

*Anfangsbedingung:*

Für $t = 0$ ist    a) $x\,(0) = 0$

$$\text{b)}\; \frac{dx\,(0)}{dt} = 0.$$

Bedingung a) in Gl. (4.30) eingesetzt ergibt

$$0 = C_1 + C_2 + C_3. \qquad (4.31)$$

Gl. (4.30) differenziert und Bedingung b) eingesetzt ergibt

$$\frac{dx}{dt} = -\frac{C_1}{T_a} \cdot e^{-\frac{t}{T_a}} - \frac{C_2}{T_b} \cdot e^{-\frac{t}{T_b}},$$

$$\frac{dx\,(0)}{dt} = -\frac{C_1}{T_a} - \frac{C_2}{T_b} = 0. \qquad (4.32)$$

Daraus findet man

$$C_2 = -C_1 \cdot \frac{T_b}{T_a},$$

in Gl. (4.31) eingesetzt ergibt

$$0 = C_1 - C_1 \cdot \frac{T_b}{T_a} + C_3 \, ,$$

$$C_1 = C_3 \cdot \frac{T_a}{T_b - T_a} \, ,$$

$$C_2 = - C_3 \, \frac{T_b}{T_b - T_a} \, .$$

$C_1$, $C_2$ und $C_3$ in Gl. (4.30) eingesetzt führt zur Gleichung im Zeitbereich

$$x(t) = K \cdot p_{eo} \cdot \left[ 1 + \frac{T_a}{T_b - T_a} \cdot e^{-\frac{t}{T_a}} - \frac{T_b}{T_b - T_a} \cdot e^{-\frac{t}{T_b}} \right] . \tag{4.33}$$

Für $T_a = 2T_b = 2s$ sei die Sprungantwort konstuiert. Sie setzt sich aus drei Anteilen zusammen, die leicht einzeln aufgetragen und addiert werden können.

Für Strecken 2. Ordnung, die durch die Reihenschaltung von Systemen 1. Ordnung entstehen, ist der in Bild 4.9 konstruierte s-förmige Verlauf mit der Anfangssteigung Null charakteristisch. Zur Kennzeichnung einer solchen Strecke wird, wie in Bild

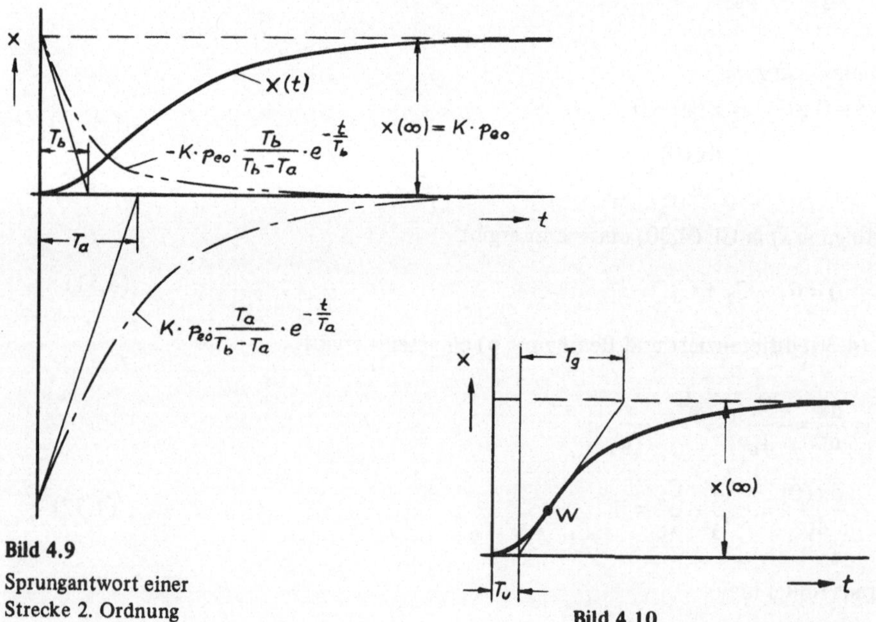

**Bild 4.9**
Sprungantwort einer
Strecke 2. Ordnung

**Bild 4.10**
Sprungantwort und Kenngrößen
einer Strecke 2. Ordnung

4.10 gezeigt, durch den Wendepunkt W die Wendetangente gelegt. Diese schneidet die Zeitachse im Punkt $t = T_u$ und den Beharrungszustand für $t = T_u + T_g$.

Eine Strecke 2. Ordnung wird durch folgende Kenngrößen eindeutig festgelegt:

$T_u$ = Verzugszeit,

$T_g$ = Ausgleichszeit,

$x(\infty)$ = Beharrungszustand.

*Frequenzgang und Ortskurve*

Aus der Differentialgleichung (4.26) folgt der Frequenzgang

$$K \cdot p_e = x + T_1 \cdot p\, x + T_2^2 \cdot p^2\, x,$$

$$F = \frac{x}{p_e} = \frac{K}{1 + T_1 \cdot p + T_2^2 \cdot p^2} \tag{4.34}$$

und mit $p = j\omega$

$$F(j\omega) = \frac{x(j\omega)}{p_e(j\omega)} = \frac{K}{1 - (\omega T_2)^2 + j\omega T_1}.$$

Durch Erweiterung mit dem konjugiert Komplexen des Nenners erhält man

$$F(j\omega) = K\, \frac{1 - (\omega T_2)^2 - j\omega T_1}{\left[1 - (\omega T_2)^2\right]^2 + (\omega T_1)^2}. \tag{4.35}$$

Zerlegt man Gl. (4.35) in Real- und Imaginärteil, so folgt

$$Re(F) = K\, \frac{1 - (\omega T_2)^2}{\left[1 - (\omega T_2)^2\right]^2 + (\omega T_1)^2},$$

$$Im(F) = -K\, \frac{\omega T_1}{\left[1 - (\omega T_2)^2\right]^2 + (\omega T_1)^2}.$$

Variiert man $\omega$ von 0 bis $\infty$, so wird der $Re(F)$ für:

a) $\omega = \dfrac{1}{T_2}$ den Wert Null annehmen,

b) $\omega < \dfrac{1}{T_2}$ bzw. $\omega T_2 < 1$ positiv,

c) $\omega > \dfrac{1}{T_2}$ bzw. $\omega T_2 > 1$ negativ.

Betrachtet man den $Im(F)$ im gleichen Frequenzbereich, so ist dieser für alle $\omega$-Werte stets negativ. D.h. die Ortskurve verläuft in der Gaußschen Zahlenebene im 4. und 3. Quadranten, wie in Bild 4.11 gezeigt. Tabelle zu Bild 4.11.

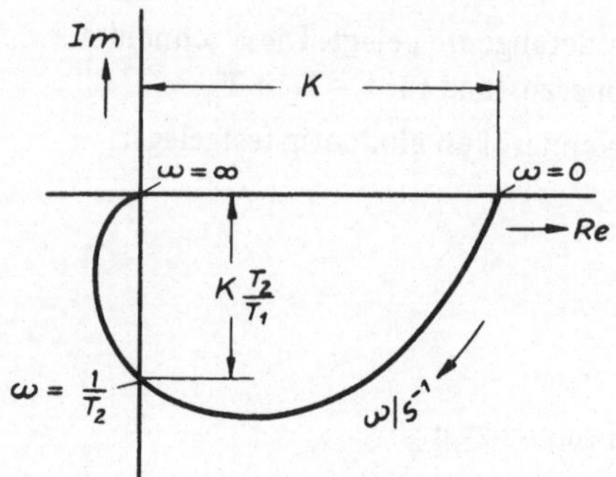

| $\dfrac{\omega}{s^{-1}}$ | Re($F$) | Im($F$) |
|:---:|:---:|:---:|
| 0 | K | 0 |
| $\dfrac{1}{T_2}$ s | 0 | $-\,K\,\dfrac{T_2}{T_1}$ |
| $\infty$ | 0 | 0 |

**Bild 4.11.** Ortskurve eines proportionalen Gliedes 2. Ordnung

## Beispiel 4.4

Bild 4.12 zeigt das Schaltbild einer Verstärkermaschine. Das Erregerfeld des zweiten Generators wird von dem ersten Generator erzeugt. Die Rotorwellen beider Generatoren sind gekoppelt und werden mit der Drehzahl n angetrieben. Eingangsgröße ist die Spannung y am ersten Erregerkreis, Ausgangsgröße ist die Verbraucherspannung x.

Für den 1. Erregerkreis gilt:

$$y = i_1 \cdot R_1 + L_1 \cdot \frac{di_1}{dt}. \tag{4.36}$$

Der Erregerfluß $\Phi_1$ ist proportional dem Erregerstrom $i_1$

$$\Phi_1 = \frac{N_1}{Rm_1} \cdot i_1. \tag{4.37}$$

$N_1$    = Windungszahl der 1. Erregerwicklung
$Rm_1$ = magnetischer Widerstand des 1. Erregerkreises.

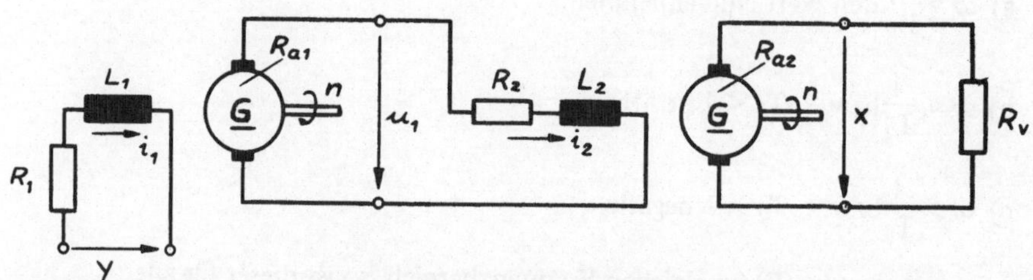

**Bild 4.12.** Regelstrecke 2. Ordnung, gebildet aus zwei in Reihe geschalteten Gleichstromgeneratoren

Die vom Generator 1 erzeugte Leerlaufspannung ist

$$u_{01} = c_1 \cdot \Phi_1 \cdot n. \tag{4.38}$$

(4.38) in (4.37) eingesetzt und nach $i_1$ aufgelöst ergibt:

$$i_1 = \frac{Rm_1}{N_1 \cdot c_1 \cdot n} \cdot u_{01},$$

$$\frac{di_1}{dt} = \frac{Rm_1}{N_1 \cdot c_1 \cdot n} \cdot \frac{du_{01}}{dt}.$$

$i_1$ und $\dfrac{di_1}{dt}$ in (4.36) eingesetzt, führt zu

$$y = \frac{Rm_1}{N_1 \cdot c_1 \cdot n} \cdot \left[ R_1 \cdot u_{01} + L_1 \cdot \frac{du_{01}}{dt} \right],$$

$$\frac{N_1 \cdot c_1 \cdot n}{Rm_1 \cdot R_1} \cdot y = u_{01} + \frac{L_1}{R_1} \frac{du_{01}}{dt}.$$

Mit $\quad K_1 = \dfrac{N_1 \cdot c_1 \cdot n}{Rm_1 \cdot R_1}$ und $T_a = \dfrac{L_1}{R_1}$ wird

$$K_1 \cdot y = u_{01} + T_a \cdot \frac{du_{01}}{dt} \tag{4.39}$$

Für den 2. Erregerkreis ist

$$u_{01} = i_2 \cdot (R_{a1} + R_2) + L_2 \cdot \frac{di_2}{dt}$$

und mit $R_{a1} + R_2 = R_3$

$$u_{01} = i_2 \cdot R_3 + L_2 \cdot \frac{di_2}{dt}. \tag{4.40}$$

Analog Gl. (4.37) ergibt sich der Fluß im 2. Erregerkreis

$$\Phi_2 = \frac{N_2}{Rm_2} \cdot i_2. \tag{4.41}$$

$N_2 \quad$ = Windungszahl der 2. Erregerwicklung
$Rm_2$ = magnetischer Widerstand des 2. Erregerkreises.

Die vom 2. Generator erzeugte Leerlaufspannung ist analog Gl. (4.38)

$$u_{02} = c_2 \cdot \Phi_2 \cdot n. \tag{4.42}$$

Setzt man Gl. (4.42) in Gl. (4.41) ein und löst nach $i_2$ auf, so folgt

$$i_2 = \frac{Rm_2}{N_2 \cdot c_2 \cdot n} \cdot u_{02}$$

$$\frac{di_2}{dt} = \frac{Rm_2}{N_2 \cdot c_2 \cdot n} \cdot \frac{du_{02}}{dt} \; .$$

$i_2$ und $\dfrac{di_2}{dt}$ in Gl. (4.40) eingesetzt ergibt:

$$u_{01} = \frac{Rm_2}{N_2 \cdot c_2 \cdot n} \left[ R_3 \cdot u_{02} + L_2 \cdot \frac{du_{02}}{dt} \right] ,$$

$$\frac{N_2 \cdot c_2 \cdot n}{Rm_2 \cdot R_3} \cdot u_{01} = u_{02} + \frac{L_2}{R_3} \cdot \frac{du_{02}}{dt} \; .$$

Mit  $K_2 = \dfrac{N_2 \cdot c_2 \cdot n}{Rm_2 \cdot R_3}$  und  $T_b = \dfrac{L_2}{R_3}$  wird

$$K_2 \cdot u_{01} = u_{02} + T_b \cdot \frac{du_{02}}{dt} \text{ bzw.}$$

$$u_{01} = \frac{1}{K_2} \left[ u_{02} + T_b \cdot \frac{du_{02}}{dt} \right] ,$$

$$\frac{du_{01}}{dt} = \frac{1}{K_2} \left[ \frac{du_{02}}{dt} + T_b \cdot \frac{d^2 u_{02}}{dt^2} \right]$$

Durch Einsetzen von $u_{01}$ und $\dfrac{du_{01}}{dt}$ in Gl. (4.39) erhält man:

$$K_1 \cdot y = \frac{1}{K_2} \left[ u_{02} + T_b \cdot \frac{du_{02}}{dt} \right] + \frac{T_a}{K_2} \left[ \frac{du_{02}}{dt} + T_b \frac{d^2 u_{02}}{dt^2} \right] ,$$

$$K_1 \cdot K_2 \cdot y = u_{02} + (T_a + T_b) \cdot \frac{du_{02}}{dt} + T_a \cdot T_b \cdot \frac{d^2 u_{02}}{dt^2} \tag{4.43}$$

Für die Verbraucherspannung gilt

$$x = u_{02} \cdot \frac{R_v}{R_{a2} + R_v} ,$$

$$u_{02} = \frac{R_{a2} + R_v}{R_v} \cdot x.$$

Somit wird Gl. (4.43)

$$\frac{K_1 \cdot K_2 \cdot R_v}{R_{a2} + R_v} \cdot y = x + (T_a + T_b) \cdot \frac{dx}{dt} + T_a \cdot T_b \cdot \frac{d^2x}{dt^2} \, .$$

Führt man zur Vereinheitlichung folgende Abkürzungen ein:

$$K = \frac{K_1 \cdot K_2 \cdot R_v}{R_{a2} + R_v} \, ; \quad T_1 = T_a + T_b \, ; \, T_2^2 = T_a \cdot T_b \, ,$$

so erhält man analog Gl. (4.26)

$$K \cdot y = x + T_1 \cdot \frac{dx}{dt} + T_2^2 \cdot \frac{d^2x}{dt^2} \, . \tag{4.44}$$

Wie im vorigen Beispiel 4.3 gezeigt wurde, ist die Lösung der Differentialgleichung nach der klassischen Methode sehr umfangreich. Mit Hilfe der im Anhang kurz behandelten Laplace-Transformation läßt sich die Differentialgleichung mit geringerem Aufwand lösen. Das Problem besteht darin, die Differentialgleichung in den p-Bereich zu transformieren und nach geeigneter Umformung wieder in den Zeitbereich.

Gemäß den Rechenregeln der Laplace-Transformation erhält man für die einzelnen Glieder der Differentialgleichung (4.44) folgende Laplace-Transformierte:

$$L\,[K \cdot y(t)] = K \cdot L\,[y(t)],$$

$$L\,[x(t)] = L\,[x(t)],$$

$$L\left[T_1 \cdot \frac{dx}{dt}\right] = T_1 \cdot p \cdot L\,[x(t)],$$

$$L\left[T_2^2 \cdot \frac{d^2x}{dt^2}\right] = T_2^2 \cdot p^2 \cdot L\,[x(t)].$$

Für den Eingangssprung $y(t) = y_0 = $ konstant ist ferner

$$L\,[y_0] = \frac{1}{p}\, y_0 \, .$$

An die Stelle der Glieder im Zeitbereich in Gl. (4.44) treten nun die Laplace-Transformierten. Die Laplace-Transformierte von Gl. (4.44) lautet somit:

$$K \cdot \frac{1}{p} \cdot y_0 = L\,[x(t)] \cdot \left(1 + T_1 \cdot p + T_2^2 \cdot p^2\right) \, , \text{ bzw.}$$

$$L\,[x(t)] = \frac{K \cdot y_0}{p\left(1 + T_1 \cdot p + T_2^2 \cdot p^2\right)} \, .$$

Dividiert man Zähler und Nenner durch $T_2^2$, so ist dies die Beziehung 11 der Korrespondenztabelle (s. Anhang).

$$L\,[x(t)] = \frac{K \cdot y_0}{T_2^2} \cdot \frac{1}{p\left(\dfrac{1}{T_2^2} + \dfrac{T_1}{T_2^2} \cdot p + p^2\right)} \,, \tag{4.45}$$

mit $\quad 2\alpha = \dfrac{T_1}{T_2^2} = \dfrac{T_a + T_b}{T_a \cdot T_b} \quad$ und $\quad \beta^2 = \dfrac{1}{T_2^2} = \dfrac{1}{T_a \cdot T_b}\,$.

Daraus ergibt sich

$$w \quad = \sqrt{\alpha^2 - \beta^2} = \sqrt{\frac{(T_a + T_b)^2}{(T_a \cdot T_b \cdot 2)^2} - \frac{1}{T_a \cdot T_b}}\,,$$

$$w \quad = \frac{1}{2 \cdot T_a \cdot T_b} \sqrt{T_a^2 + 2\,T_a \cdot T_b + T_b^2 - 4\,T_a \cdot T_b}\,,$$

$$w \quad = \frac{T_a - T_b}{2 \cdot T_a \cdot T_b}\,,$$

$$p_{1,2} \quad = -\alpha \pm w = -\frac{T_a + T_b}{2 \cdot T_a \cdot T_b} \pm \frac{T_a - T_b}{2 \cdot T_a \cdot T_b}\,,$$

$$p_1 \quad = -\frac{1}{T_a}\,,$$

$$p_2 \quad = -\frac{1}{T_b}\,.$$

Durch Rücktransformation von Gl. (4.45) in den Zeitbereich erhält man entsprechend der Beziehung 11 der Korrespondenztabelle

$$x(t) = \frac{K \cdot y_0}{T_2^2} \cdot \frac{1}{\beta^2} \left[1 + \frac{p_2}{2W} \cdot e^{p_1 t} - \frac{p_1}{2W} \cdot e^{p_2 t}\right],$$

$$x(t) = K\,y_0 \left[1 - \frac{T_a}{T_a - T_b} \cdot e^{-\frac{t}{T_a}} + \frac{T_b}{T_a - T_b} \cdot e^{-\frac{t}{T_b}}\right].$$

Diese mit Hilfe der Laplace-Transformation gefundene Lösung der Differentialgleichung ist identisch mit der nach der klassischen Methode gefundenen Lösung (4.33) von Beispiel 4.3.

## 4.3. Strecken höherer Ordnung

Die im vorherigen Abschnitt behandelten Strecken 2. Ordnung wurden durch die Hintereinanderschaltung von zwei P-Strecken 1. Ordnung gebildet (Bild 4.13).

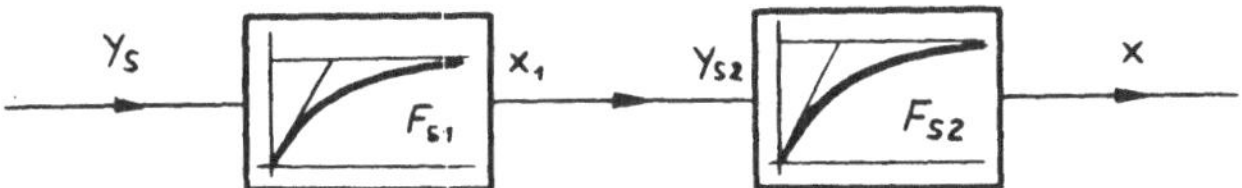


**Bild 4.13.** Blockschaltbild zweier hintereinandergeschalteter Strecken 1. Ordnung

Der Frequenzgang der ersten Strecke ergab

$$F_{s1} = \frac{x_1}{y_s} = \frac{K_{s1}}{1 + T_a \cdot p}$$

und der Frequenzgang der zweiten Strecke entsprechend

$$F_{s2} = \frac{x}{y_{s2}} = \frac{K_{s2}}{1 + T_b \cdot p} \ .$$

Bei der rückwirkungsfreien Reihenschaltung von zwei Gliedern mit den Frequenzgängen $F_{s1}$ und $F_{s2}$ ergibt sich der Gesamtfrequenzgang aus dem Produkt der beiden Frequenzgänge

$$F = F_{s1} \cdot F_{s2} = \frac{x_1 \cdot x}{y_s \cdot y_{s2}} \ .$$

Hierbei ist die Ausgangsgröße $x_1$ des ersten Gliedes gleich der Eingangsgröße $y_{s2}$ des zweiten Gliedes ($x_1 = y_{s2}$).
Folglich wird

$$F = \frac{x}{y_s} = \frac{K_{s1} \cdot K_{s2}}{(1 + T_a \cdot p) \cdot (1 + T_b \cdot p)} \ .$$

Mit $K_s = K_{s1} \cdot K_{s2}$ wird

$$F = \frac{x}{y_s} = \frac{K_s}{1 + (T_a + T_b) \cdot p + T_a \cdot T_b \cdot p^2} \ .$$

Daraus findet man die Differentialgleichung

$$K_s \cdot y_s = x + (T_a + T_b) \cdot \frac{dx}{dt} + T_a \cdot T_b \cdot \frac{d^2 x}{dt^2} \ .$$

Bei der rückwirkungsfreien Hintereinanderschaltung von drei P-Strecken 1. Ordnung wird

$$F = F_{s1} \cdot F_{s2} \cdot F_{s3} = \frac{K_{s1} \cdot K_{s2} \cdot K_{s3}}{(1 + T_a \cdot p)(1 + T_b \cdot p)(1 + T_c \cdot p)} \ .$$

Mit $K_s = K_{s1} \cdot K_{s2} \cdot K_{s3}$

wird dann

$$F = \frac{x}{y_s} = \frac{K_s}{1 + \underbrace{(T_a + T_b + T_c)}_{T_1} p + \underbrace{(T_a \cdot T_b + T_a \cdot T_c + T_b \cdot T_c)}_{T_2^2} p^2 + \underbrace{T_a \cdot T_b \cdot T_c}_{T_3^3} \cdot p^\cdot}$$

bzw.

$$F = \frac{x}{y_s} = \frac{K_s}{1 + T_1 \cdot p + T_2^2 \cdot p^2 + T_3^3 \cdot p^3} \ .$$

Daraus ergibt sich die Differentialgleichung zu

$$K_s \cdot y_s = x + T_1 \frac{dx}{dt} + T_2^2 \frac{d^2 x}{dt^2} + T_3^3 \frac{d^3 x}{dt^3} \ .$$

Schaltet man n Glieder 1. Ordnung rückwirkungsfrei hintereinander, so nimmt die Differentialgleichung folgende Form an:

$$K_s y_s = x + T_1 \cdot \frac{dx}{dt} + T_2^2 \cdot \frac{d^2 x}{dt^2} + T_3^3 \cdot \frac{d^3 x}{dt^3} + \ldots + T_n^n \cdot \frac{d^n x}{dt^n} \tag{4.46}$$

Nimmt man die Sprungantwort einer unbekannten Strecke experimentell auf, deren Verzögerung größer als 1. Ordnung ist, so kann die genaue Ordnung dieser Strecke nicht ohne weiteres aus dem Kurvenverlauf ermittelt werden, zumal wenn die einzelnen Glieder unterschiedliche Zeitkonstanten aufweisen.

Bild 4.14 zeigt den Verlauf der Sprungantwort einer Strecke 1. bis n-ter Ordnung. Hierbei ist vereinfachend angenommen, daß die Kennwerte der einzelnen Glieder (der Übertragungsbeiwert $K_s = 1$ und die Zeitkonstante T) gleich sind.

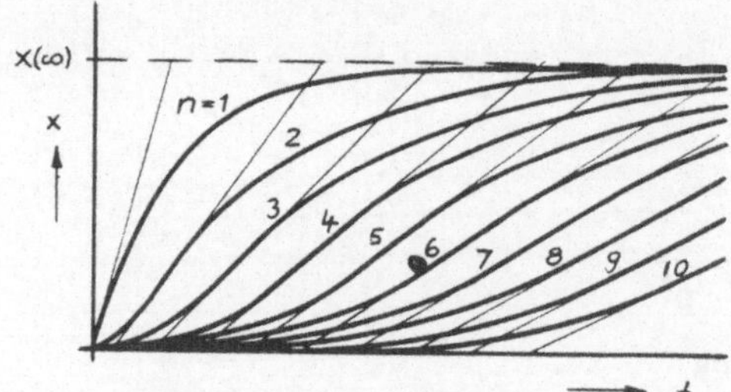


**Bild 4.14**

Sprungantworten von P-Strecken
1. bis 10. Ordnung

Mit zunehmender Ordnung wird das Verhältnis $\frac{T_u}{T_g}$ immer größer.

Will man die einzelnen Zeitkonstanten aus dem Kurvenverlauf der Sprungantwort ermitteln, so ist dies bereits bei der Hintereinanderschaltung zweier Glieder 1. Ordnung mit unterschiedlichen Zeitkonstanten $T_a$ und $T_b$ schwierig. Für Verzögerungsglieder 2. Ordnung gestattet die Tabelle 1 bei bekanntem $\dfrac{T_u}{T_g}$ das Verhältnis von $\dfrac{T_a}{T_b}$ zu bestimmen.

**Tabelle 1:** Kennwerte eines Verzögerungsgliedes 2. Ordnung

| $T_u / T_g$ | $T_b / T_a$ | $T_u / T_g$ | $T_b / T_a$ |
|---|---|---|---|
| 0,000 | 0,00 | 0,092 | 0,40 |
| 0,016 | 0,02 | 0,097 | 0,50 |
| 0,030 | 0,05 | 0,100 | 0,60 |
| 0,050 | 0,10 | 0,102 | 0,70 |
| 0,062 | 0,15 | 0,103 | 0,80 |
| 0,072 | 0,20 | 0,103 | 0,90 |
| 0,084 | 0,30 | 0,104 | 1,00 |

Bei Strecken höher als 2. Ordnung lassen sich die einzelnen Zeitkonstanten aus dem Verlauf der Sprungantwort nicht mehr ermitteln. Man gewinnt eine Näherung durch die Annahme von n gleichen Verzögerungsgliedern 1. Ordnung, deren Sprungantwort das gleiche Verhältnis $\dfrac{T_u}{T_g}$ liefert, wie das der untersuchten Strecke.

Bei gegebenem $T_u/T_g$ kann T und die Anzahl n der Glieder aus der Tabelle 2 ermittelt werden.

| n | $T_g / T$ | $T_u / T$ | $T_u / T_g$ |
|---|---|---|---|
| 1 | 1,000 | 0,000 | 0,000 |
| 2 | 2,718 | 0,282 | 0,104 |
| 3 | 3,695 | 0,805 | 0,218 |
| 4 | 4,463 | 1,425 | 0,319 |
| 5 | 5,119 | 2,100 | 0,410 |
| 6 | 5,699 | 2,811 | 0,493 |
| 7 | 6,226 | 3,549 | 0,570 |
| 8 | 6,711 | 4,307 | 0,642 |
| 9 | 7,164 | 5,081 | 0,709 |
| 10 | 7,590 | 5,869 | 0,773 |

**Tabelle 2:** Kennwerte der Sprungantworten für Verzögerungsglieder n-ter Ordnung mit gleichen Zeitkonstanten

Ein exakteres Verfahren, auf das hier nicht näher eingegangen werden soll, berücksichtigt zusätzlich die Lage des Wendepunktes.

**Ortskurven der Strecken höherer Ordnung**

Für eine Strecke n-ter Ordnung ergibt sich aus Gl. (4.46) folgender Frequenzgang

$$F = \frac{x}{y_s} = \frac{K_s}{1 + T_1 \cdot p + T_2^2 \cdot p^2 + T_3^3 \cdot p^3 + \ldots + T_n^n \cdot p^n} \; .$$

In Bild 4.11 ist die Ortskurve einer P-Strecke 2. Ordnung gezeigt, die auf der reellen Achse beginnend den 4. und 3. Quadranten der Gaußschen Zahlenebene durchläuft.

Bei einer Strecke 3. Ordnung sind die Zeitkonstanten $T_1$, $T_2$ und $T_3$ vorhanden. Der Frequenzgang lautet somit

$$F = \frac{x}{y_s} = \frac{K_s}{1 + T_1 \cdot p + T_2^2 \cdot p^2 + T_3^3 \cdot p^3} \; .$$

Setzt man $p = j\omega$, so wird

$$F = \frac{x}{y_s} = \frac{K_s}{[1 - (\omega T_2)^2] + j\,[\omega T_1 - (\omega T_3)^3]} \; .$$

Den $\mathrm{Re}(F)$ und $\mathrm{Im}(F)$ gewinnt man durch Erweiterung von F mit dem konjugiert Komplexen des Nenners.

$$F = K_s \cdot \frac{[1 - (\omega T_2)^2] - j\,[\omega T_1 - (\omega T_3)^3]}{[1 - (\omega T_2)^2]^2 + [\omega T_1 - (\omega T_3)^3]^2}$$

Daraus folgt

$$\mathrm{Re}(F) = K_s \cdot \frac{1 - (\omega T_2)^2}{[1 - (\omega T_2)^2]^2 + [\omega T_1 - (\omega T_3)^3]^2} \; .$$

$$\mathrm{Im}(F) = - K_s \cdot \frac{\omega T_1 - (\omega T_3)^3}{[1 - (\omega T_2)^2]^2 + [\omega T_1 - (\omega T_3)^3]^2} \; .$$

Variiert man $\omega$ von 0 bis $\infty$, so wird $\mathrm{Re}(F)$ für:

a) $\omega T_2 < 1$    bzw.    $\omega < \dfrac{1}{T_2}$    positiv

b) $\omega T_2 = 1$    bzw.    $\omega = \dfrac{1}{T_2}$    Null

c) $\omega T_2 > 1$    bzw.    $\omega > \dfrac{1}{T_2}$    negativ.

Entsprechend wird der $\mathrm{Im}(F)$ für:

a) $(\omega T_3)^3 < \omega T_1$    bzw.    $\omega < \sqrt{\dfrac{T_1}{T_3^3}}$    negativ

b) $(\omega T_3)^3 = \omega T_1$    bzw.    $\omega = \sqrt{\dfrac{T_1}{T_3^3}}$    Null

c) $(\omega T_3)^3 > \omega T_1$    bzw.    $\omega > \sqrt{\dfrac{T_1}{T_3^3}}$    positiv.

D.h. die Ortskurve einer P-Strecke 3. Ordnung
verläuft durch den 4., 3. und 2. Quadranten,
wie in Bild 4.15 gezeigt.

Es läßt sich zeigen, daß bei einer Strecke n-ter
Ordnung n Quadranten durchlaufen werden.
Für $\omega = 0$ ist der Re(F) stets gleich $K_s$ und der
Im(F) stets Null. Die Ortskurven laufen für
$\omega \to \infty$ stets tangential zu den Achsen in den
Ursprung; für eine Strecke 1. Ordnung wird
$\varphi(\omega) = \varphi(\infty) = -90°$; für eine Strecke 2. Ordnung wird $\varphi(\infty) = -180°$. Allgemein gilt für
eine Strecke n-ter Ordnung wird $\varphi(\infty) = -n \cdot 90°$.

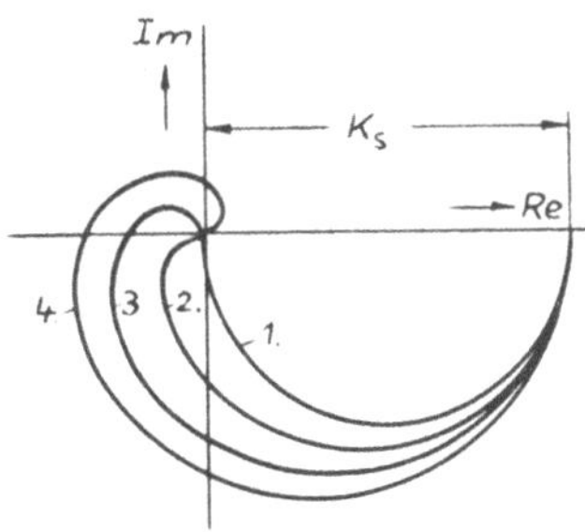

**Bild 4.15**
Ortskurvenverlauf von
P-Strecken 1. bis 4. Ordnung

## 4.4. P-Strecken 2. Ordnung, die gedämpfte Schwingungen ausführen können.

Sind in einem System zwei unterschiedliche Speichermöglichkeiten vorhanden, so
kann das System gedämpfte Schwingungen ausführen. So z.B. in einem Feder-
Masse-Dämpfung-System die Speicherung von potentieller und kinetischer Energie
oder in einem elektrischen Schwingkreis die Energiespeicherung im elektrischen
und magnetischen Feld.

**Beispiel 4.5** (Bild 4.16)
$c_r$ = 5,73 kp · cm (Federkonstante bezogen auf den Drehwinkel im Bogenmaß)
$b_r$ = 600 p · cm · s (Dämpfungsbeiwert bezogen auf den Drehwinkel im Bogenmaß)
$J$ = 64 p · cm · s$^2$ (Trägheitsmoment)

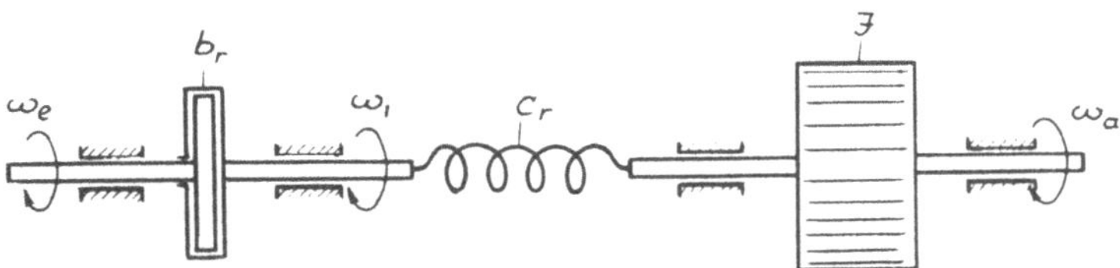

**Bild 4.16.** Mechanisch-rotatorisches System

Das System besteht aus einem Dämpfungsglied (ähnlich einer Föttinger-Kupplung),
einer Torsionsfeder und einer trägen Masse mit dem Trägheitsmoment J. Erregt
wird das System durch die Winkelgeschwindigkeit $\omega_e$. Das durch das Dämpfungsglied übertragene Moment ist proportional der Differenz der Winkelgeschwindig-
keiten $\omega_e$ und $\omega_1$.

$$M_e = b_r \left(\omega_e - \omega_1\right).$$

6 Reuter

Verwendet man anstelle der Winkelgeschwindigkeit $\omega$ die Ableitung des Drehwinkels $\varphi$, so kann man schreiben

$$M_e = b_r \cdot \left( \frac{d\varphi_e}{dt} - \frac{d\varphi_1}{dt} \right) .$$

Dieses Moment wirkt auf die Feder und tordiert diese um den Winkel $(\varphi_1 - \varphi_a)$.

$$M_f = c_r \cdot (\varphi_1 - \varphi_a) .$$

Da $M_e = M_f$ folgt

$$b_r \cdot \left( \frac{d\varphi_e}{dt} - \frac{d\varphi_1}{dt} \right) = c_r \cdot (\varphi_1 - \varphi_a) . \tag{4.47}$$

Am rechten Ende der Feder ist das Massenträgheitsmoment wirksam

$$M_m = J \cdot \frac{d^2 \varphi_a}{dt^2} .$$

Dieses ist gleich dem Federmoment

$$M_m = M_f \quad \text{bzw.}$$

$$J \cdot \frac{d^2 \varphi_a}{dt^2} = c_r \cdot (\varphi_1 - \varphi_a). \tag{4.48}$$

Aus Gl. (4.48) folgt

$$\varphi_1 = \varphi_a + \frac{J}{c_r} \cdot \frac{d^2 \varphi_a}{dt^2}$$

und durch Differenzieren

$$\frac{d\varphi_1}{dt} = \frac{d\varphi_a}{dt} + \frac{J}{c_r} \cdot \frac{d^3 \varphi_a}{dt^3} .$$

Setzt man $\varphi_1$ und $\dfrac{d\varphi_1}{dt}$ in Gl. (4.47) ein, so ist $\varphi_1$ eliminiert und man erhält

$$b_r \left[ \frac{d\varphi_e}{dt} - \frac{d\varphi_a}{dt} - \frac{J}{c_r} \cdot \frac{d^3 \varphi_a}{dt^3} \right] = c_r \cdot \varphi_a + J \cdot \frac{d^2 \varphi_a}{dt^2} - c_r \cdot \varphi_a,$$

$$\frac{d\varphi_e}{dt} = \frac{d\varphi_a}{dt} + \frac{J}{b_r} \cdot \frac{d^2 \varphi_a}{dt^2} + \frac{J}{c_r} \cdot \frac{d^3 \varphi_a}{dt^3} .$$

Da $\omega_e = \dfrac{d\varphi_e}{dt}$ und $\omega_a = \dfrac{d\varphi_a}{dt}$, wird

$$\omega_e = \omega_a + \frac{J}{b_r} \cdot \frac{d\omega_a}{dt} + \frac{J}{c_r} \cdot \frac{d^2\omega_a}{dt^2} \, .$$

Führt man zur Vereinheitlichung noch

$$T_1 = \frac{J}{b_r} \quad \text{und} \quad T_2^2 = \frac{J}{c_r}$$

ein, so nimmt die Differentialgleichung folgende Form an

$$\omega_e = \omega_a + T_1 \cdot \frac{d\omega_a}{dt} + T_2^2 \cdot \frac{d^2\omega_a}{dt^2} \, . \qquad (4.49)$$

Ebenso wie in den Beispielen 4.3 und 4.4 wird der Zusammenhang zwischen Ein- und Ausgangsgröße durch eine Differentialgleichung 2. Ordnung beschrieben, deren Aufbau analog dem von Gl. (4.26) und Gl. (4.43) ist. Die Lösung erfolgt in gleicher Weise und wird daher nicht in so ausführlicher Form gebracht wie in Beispiel 4.3.

Lösung der homogenen Differentialgleichung

$$0 = \omega_a + T_1 \cdot \frac{d\omega_a}{dt} + T_2^2 \cdot \frac{d^2\omega_a}{dt^2} \, , \qquad (4.50)$$

mit dem Ansatz

$$\omega_a = e^{\lambda t} \, ,$$

$$\frac{d\omega_a}{dt} = \lambda \cdot e^{\lambda t},$$

$$\frac{d^2\omega_a}{dt^2} = \lambda^2 \cdot e^{\lambda t},$$

führt in Gl. (4.50) eingesetzt zu

$$0 = e^{\lambda t} \left( 1 + T_1 \cdot \lambda + T_2^2 \cdot \lambda^2 \right) \, .$$

Diese Bedingung wird erfüllt, wenn der Klammerausdruck Null wird.

Wir erhalten somit eine quadratische Gleichung für

$$\lambda_{1,2} = - \frac{T_1}{2T_2^2} \pm \sqrt{\left( \frac{T_1}{2T_2^2} \right)^2 - \frac{1}{T_2^2}} \, .$$

Dies führt mit $D = \dfrac{T_1}{2T_2}$ entsprechend Gl. (4.28) zu

$$\lambda_{1,2} = -\frac{D}{T_2} \pm \frac{1}{T_2}\sqrt{D^2-1}$$

Der Dämpfungsgrad folgt aus

$$D = \frac{T_1}{2T_2} = \frac{\sqrt{J \cdot c_r}}{2b_r} = \frac{\sqrt{64\,p\cdot cm\cdot s^2}\ \ 5730 \cdot p \cdot cm}{2 \cdot 600\,p \cdot cm \cdot s}\ ,$$

$$D = 0{,}505\ .$$

$J$, $b_r$ und $c_r$ sind so gewählt, daß $D < 1$ wird. Hierin besteht der grundätzliche Unterschied gegenüber den in den Beispielen 4.3 und 4.4 behandelten Strecken 2. Ordnung, deren Dämpfungsgrad nie kleiner eins werden konnte. Mit

$$T_2 = \sqrt{\frac{J}{c_r}} = \sqrt{\frac{64\,p \cdot cm \cdot s^2}{5730\,p \cdot cm}} = \sqrt{0{,}0112\,s^2}\ ,$$

$$T_2 = 0{,}106\,s$$

ergeben sich zwei konjugiert komplexe $\lambda$-Werte

$$\lambda_{1,2} = -4{,}77\,s^{-1} \pm 9{,}45\,s^{-1} \cdot j\,0{,}864\ ,$$
$$\lambda_1 = -4{,}77\,s^{-1} + j\,8{,}16\,s^{-1}\ ,$$
$$\lambda_2 = -4{,}77\,s^{-1} - j\,8{,}16\,s^{-1}\ .$$

Somit wird

$$\omega_a = C_1 \cdot e^{\lambda_1 t} + C_2 \cdot e^{\lambda_2 t}. \qquad (4.51)$$

Zur Lösung der inhomogenen Differentialgleichung wird Gl. (4.51) um eine weitere Konstante $C_3$ erweitert. Der Ansatz zur Lösung der inhomogenen Differentialgleichung lautet dann

$$\omega_a = C_1 \cdot e^{\lambda_1 t} + C_2 \cdot e^{\lambda_2 t} + C_3\ . \qquad (4.52)$$

Für einen Eingangssprung $\omega_e(t) = \omega_{eo}$ wird

$$C_3 = \omega_{eo}\ ,$$

da für $t \to \infty$ sämtliche Ableitungen Null sind.

Ferner gilt die Anfangsbedingung für $t = 0$ ist

$$\text{a)}\ \ \omega_a(0) = 0\ ,$$

$$\text{b)}\ \ \frac{d\,\omega_a(0)}{dt} = 0\ .$$

Bedingung a) in Gl. (4.52) eingesetzt ergibt

$$0 = C_1 + C_2 + C_3.$$ (4.53)

Gleichung (4.52) differenziert und Bedingung b) eingesetzt führt zu

$$\frac{d\omega_a}{dt} = \lambda_1 \cdot C_1 \cdot e^{\lambda_1 t} + \lambda_2 \cdot C_2 \cdot e^{\lambda_2 t},$$

$$0 = \lambda_1 \cdot C_1 + \lambda_2 \cdot C_2.$$

Nach $C_2$ aufgelöst

$$C_2 = - C_1 \cdot \frac{\lambda_1}{\lambda_2}$$

und in Gl. (4.53) eingesetzt ergibt

$$0 = C_1 - C_1 \frac{\lambda_1}{\lambda_2} + C_3,$$

$$C_1 = C_3 \cdot \frac{\lambda_2}{\lambda_1 - \lambda_2} = C_3 \cdot \frac{-4,77\ s^{-1} - j\,8,16\ s^{-1}}{j\ 16,32\ s^{-1}},$$

$$C_2 = - C_3 \frac{\lambda_1}{\lambda_1 - \lambda_2} = - C_3 \cdot \frac{-4,77\ s^{-1} + j\,8,16\ s^{-1}}{j\ 16,32\ s^{-1}},$$

$$C_1 = C_3\,(0,292j - 0,5) = C_3 \cdot 0,579\ e^{j\ 150^\circ},$$

$$C_2 = C_3\,(-0,292j - 0,5) = C_3 \cdot 0,579\ e^{-j\ 150^\circ}.$$

$C_1$, $C_2$ und $C_3$ in Gl. (4.52) eingesetzt führt zu

$$\omega_a(t) = \omega_{eo} \cdot \left[ 1 + 0,579 \left( e^{j\ 150^\circ} \cdot e^{(-4,77s^{-1} + j8,16s^{-1})t} + \right. \right.$$
$$\left. \left. + e^{-j150^\circ} \cdot e^{(-4,77s^{-1} - j8,16s^{-1})\,t} \right) \right]$$

$$\omega_a(t) = \omega_{eo} \cdot \left[ 1 + 0,579 \cdot e^{-\frac{t}{0,21s}} \cdot \left( e^{j(8,16s^{-1} \cdot t + 150^\circ)} + \right. \right.$$
$$\left. \left. + e^{-j(8,16s^{-1} \cdot t + 150^\circ)} \right) \right]$$ (4.54)

Nach *Euler* ist

$$e^{j(\omega t + \varphi)} + e^{-j(\omega t + \varphi)} = \cos(\omega t + \varphi) + j \sin(\omega t + \varphi)$$
$$+ \cos(\omega t + \varphi) - j \sin(\omega t + \varphi),$$
$$= 2 \cos(\omega t + \varphi).$$

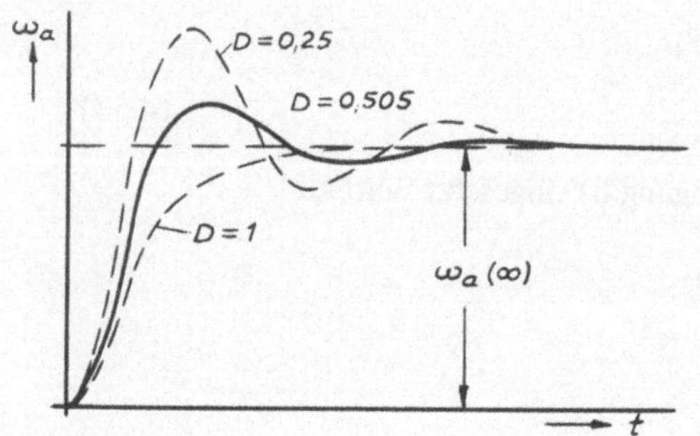

**Bild 4.17**

Sprungantwort einer P-Strecke
2. Ordnung gedämpft schwingend
D = 0.505

Diese Vereinfachung in Gl. (4.54) eingesetzt, ergibt (Bild 4.17):

$$\omega_a(t) = \omega_{eo} \cdot \left[ 1 + 1{,}158 \cdot e^{-\frac{t}{0{,}21\,\text{s}}} \cdot \cos\left(8{,}16\,\text{s}^{-1} \cdot t + 150°\right) \right]$$

mit $\quad T = 0{,}21\,\text{s} \quad$ und $\quad \omega = 8{,}16\,\text{s}^{-1}$.

**Beispiel 4.6**

$$
\begin{aligned}
c_1 \cdot \Phi_0 &= 14{,}7\,\text{Vs} & R &= 0{,}3\,\Omega \\
c_2 \cdot \Phi_0 &= 0{,}238\,\text{m} \cdot \text{kp/A} & L &= 60\,\text{mH} \\
J &= 0{,}0296\,\text{kp} \cdot \text{m} \cdot \text{s}^2 & M_L &= 17{,}2\,\text{m} \cdot \text{kp}
\end{aligned}
$$

Die in Bild 4.18 dargestellte Drehzahlregelstrecke besteht aus einem Gleichstrommotor mit konstanter Fremderregung $\Phi_0$, dessen Abtriebswelle ein Schwungrad mit dem Trägheitsmoment J antreibt sowie mit einem konstanten Moment $M_L$ belastet ist. Eingangsgröße ist die Ankerspannung $y_s$, durch die die Drehzahl n (Ausgangsgröße x) beeinflußt werden kann. R und L sind der Ankerwiderstand und die Ankerinduktivität.

Die im Anker induzierte Spannung ist

$$u_i = c_1 \cdot \Phi_0 \cdot n.$$

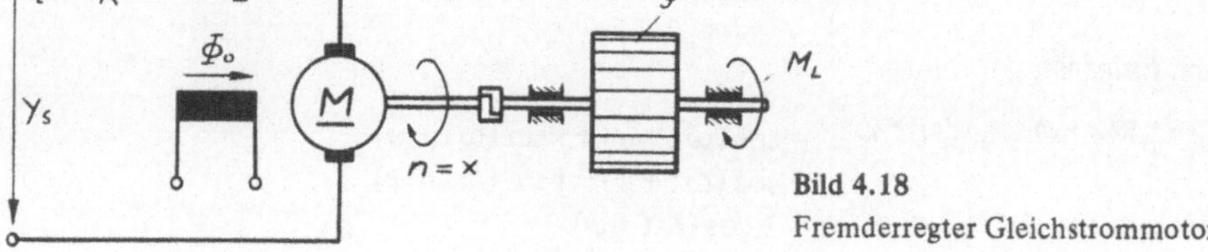


**Bild 4.18**
Fremderregter Gleichstrommotor

Somit gilt für den Ankerkreis

$$y_s = i \cdot R + L \cdot \frac{di}{dt} + c_1 \cdot \Phi_0 \cdot n \, , \qquad\qquad (4.55)$$

Der Ankerstrom $i$ und der Fluß $\Phi_0$ erzeugen das elektrische Moment $M_e$

$$M_e = c_2 \cdot \Phi_0 \cdot i \, .$$

Dieses ist im Gleichgewicht mit dem Lastmoment $M_L$ und dem durch die Massenträgheit verursachten Moment $M_m$

$$M_e = M_L + M_m \, .$$

$$c_2 \cdot \Phi_0 \cdot i = M_L + J \cdot \frac{d\omega}{dt} \, .$$

Oder mit $\omega = 2\pi \cdot n$

$$c_2 \cdot \Phi_0 \cdot i = M_L + 2\pi \cdot J \cdot \frac{dn}{dt} \, .$$

Löst man nach $i$ auf und differenziert, so erhält man

$$i = \frac{M_L}{c_2 \cdot \Phi_0} + \frac{2 \cdot \pi \cdot J}{c_2 \cdot \Phi_0} \cdot \frac{dn}{dt} \, ,$$

$$\frac{di}{dt} = \frac{2\pi \cdot J}{c_2 \cdot \Phi_0} \cdot \frac{d^2 n}{dt^2} \, .$$

$i$ und $\frac{di}{dt}$ in Gl. (4.55) eingesetzt ergibt

$$y_s = \frac{M_L \cdot R}{c_2 \cdot \Phi_0} + \frac{2 \cdot \pi \cdot J \cdot R}{c_2 \cdot \Phi_0} \cdot \frac{dn}{dt} + \frac{2 \cdot \pi \cdot J \cdot L}{c_2 \cdot \Phi_0} \cdot \frac{d^2 n}{dt^2} + c_1 \cdot \Phi_0 \, n,$$

$$\frac{y_s}{c_1 \cdot \Phi_0} - \frac{M_L \cdot R}{c_1 \cdot c_2 \cdot \Phi_0^2} = n + \frac{2 \cdot \pi \cdot J \cdot R}{c_1 \cdot c_2 \cdot \Phi_0^2} \cdot \frac{dn}{dt} + \frac{2 \cdot \pi \cdot J \cdot L}{c_1 \cdot c_2 \cdot \Phi_0^2} \cdot \frac{d^2 n}{dt^2} \qquad (4.56)$$

Mit den Abkürzungen:

$$T_1 = \frac{2 \cdot \pi \cdot J \cdot R}{c_1 \cdot c_2 \cdot \Phi_0^2} = \frac{2 \cdot \pi \cdot 0,0296 \, \text{kp} \cdot \text{m} \cdot \text{s}^2 \cdot 0,3 \, \Omega}{14,7 \, \text{Vs} \cdot 0,238 \, \text{m} \cdot \text{kp/A}} \, ,$$

$$T_1 = 0,016 \, \text{s},$$

$$T_2^2 = \frac{2 \cdot \pi \cdot J \cdot L}{c_1 \cdot c_2 \cdot \Phi_0^2} = 0,016 \, \text{s} \cdot \frac{0,06 \, \Omega \text{s}}{0,3 \, \Omega} \, ,$$

$$T_2^2 = 0,0032 \, \text{s}^2,$$

$$T_2 = 0,0566 \, \text{s},$$

$$\Delta_n = n_0 - n_L = \frac{M_L \cdot R}{c_1 \cdot c_2 \cdot \Phi_0^2} = \frac{17,2\,m \cdot kp \cdot 0,3\,\Omega}{14,7\,V \cdot s \cdot 0,238\,m \cdot kp/A}\;,$$

$$\Delta_n = 1,475\,s^{-1}\,,$$

$n_0$ = Leerlaufdrehzahl,

$n_L$ = Drehzahl bei Belastung mit $M_L$,

$$\dot{K}_s = \frac{1}{c_1 \cdot \Phi_0} = \frac{1}{14,7\,Vs} = 0,068\,\frac{1}{Vs}\,,$$

wird aus Gl. (4.56)

$$y_s \cdot K_s - \Delta n = n + T_1 \cdot \frac{dn}{dt} + T_2^2 \cdot \frac{d^2 n}{dt^2} \qquad (4.57)$$

Diese Differentialgleichung hat abgesehen von dem konstanten Wert $- \Delta n$ auf der linken Seite den gleichen Aufbau wie Gl. (4.49). Für eine Sprungfunktion $y_s(t) = y_{s0}$ am Eingang bedeutet das für n, daß für $t \to \infty$ nicht die Leerlaufdrehzahl $n_0 = y_{s0} \cdot K_s$ erreicht wird, sondern infolge des Lastmoments nur die Lastdrehzahl $n_L = n_0 - \Delta n$. Im Gegensatz zu Beispiel 4.5 soll die Differentialgleichung (4.57) mit Hilfe der Laplace-Transformation gelöst werden.

$$L\,[y_{s0} \cdot K_s - \Delta n] = \frac{1}{p}\,[y_{s0} \cdot K_s - \Delta n],$$

$$L\,[n] = L\,[n],$$

$$L\left[T_1 \cdot \frac{dn}{dt}\right] = T_1 \cdot p \cdot L\,[n],$$

$$L\left[T_2^2 \cdot \frac{d^2 n}{dt^2}\right] = T_2^2 \cdot p^2 \cdot L\,[n].$$

Damit folgt aus (4.57)

$$\frac{1}{p}\,[y_{s0} \cdot K_s - \Delta n] = L\,[n] \cdot (1 + T_1 \cdot p + T_2^2 \cdot p^2)$$

$$L\,[n] = \frac{y_{s0} \cdot K_s - \Delta n}{p\,(1 + T_1 \cdot p + T_2^2 \cdot p^2)}\,.$$

Indem man Zähler und Nenner durch $T_2^2$ dividiert erhält man

$$L\,[n] = \frac{y_{s0} \cdot K_s - \Delta n}{T_2^2}\;\frac{1}{p\left[\dfrac{1}{T_2^2} + \dfrac{T_1}{T_2^2} \cdot p + p^2\right]}$$

Unter Verwendung der Beziehung 11 der Korrespondenztabelle findet man

$$f(p) = \frac{1}{p\,(p^2 + 2\alpha p + \beta^2)}\,,$$

$$\alpha = \frac{T_1}{2T_2^2} = \frac{0,016\,s}{2 \cdot 0,0032\,s^2} = 2,5\,s^{-1}\,,$$

$$\beta^2 = \frac{1}{T_2^2} = 312\,s^{-1}\,.$$

Da $\beta^2 > \alpha^2$ ergibt sich eine gedämpfte Schwingung mit der Eigenkreisfrequenz

$$\omega_e = \sqrt{\beta^2 - \alpha^2} = \sqrt{312\,s^{-2} - 6,25\,s^{-2}}\,,$$

$$\omega_e = 17,5\,s^{-1}\,.$$

$\alpha$, $\beta$ und $\omega_e$ in die Rücktransformationsgleichung eingesetzt ergibt

$$n(t) = (y_{s0} \cdot K_s - \Delta n)\left[1 - (\cos\omega_e t + 0,143 \cdot \sin\omega_e t)\,e^{-\alpha t}\right] \qquad (4.58)$$

Damit ist die Gleichung im Zeitbereich gefunden. Es soll nun noch Gl. (4.58), zum Vergleich mit der in Beispiel 4.5 gefundenen Lösung, entsprechend umgeformt werden.

Da die Addition einer Sinus- und einer Cosinusschwingung gleicher Frequenz eine sinus- bzw. eine cosinusförmige Schwingung ergibt, kann man schreiben:

$$\cos\omega t + 0,143 \cdot \sin\omega t = A\cos(\omega t + \varphi)\,. \qquad (4.59)$$

Nach den Additionstheoremen ist

$$A\cos(\omega t + \varphi) = A\,(\cos\omega t \cdot \cos\varphi - \sin\omega t \cdot \sin\varphi)\,. \qquad (4.60)$$

Durch Vergleich der Gln. (4.59) und (4.60) folgt:

a) $A\cos\varphi = 1$,

b) $-A\sin\varphi = 0,143$.

Daraus folgt

$$\tan\quad\varphi = -0,143\,,$$

$$\varphi = -8°$$

und durch Quadrieren und Addieren von a) und b)

$$A^2 \underbrace{(\cos^2 \varphi + \sin^2 \varphi)}_{= 1} = 1 + 0,02,$$

$$A = \sqrt{1,02} = 1,01 .$$

Somit wird Gl. (4.58)

$$n(t) = (y_{s0} \cdot K_s - \Delta n) \cdot \left[1 - 1,01 \cos (\omega t + \varphi) \cdot e^{-\alpha t}\right]$$

Setzt man die Zahlenwerte ein und für $y_{s0} = 440$ V, so gelangt man schließlich zu

$$n(t) = 28,5 \, s^{-1} \left[1 - 1,01 \cos (17,5 \, s^{-1} \cdot t - 8°) \cdot e^{-2,5\frac{t}{s}}\right]$$

## 4.5. I-Strecken ohne Verzögerung

Das Grundsätzliche über die Strecken ohne Ausgleich wurde bereits im einführenden Abschnitt dieses Kapitels gesagt. Es sollen hier nur noch einige Beispiele zur Erläuterung gebracht werden.

**Beispiel 4.7** (Bild 4.19)
Die pro Zeiteinheit zufließende
Menge $Q_e$ sei proportional der
Ventilstellung $y_s$.

$$Q_e = k \cdot y_s .$$

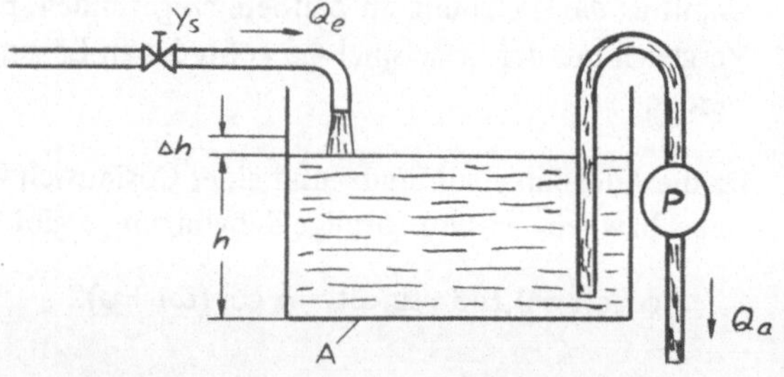


**Bild 4.19**
Füllstand-Regelstrecke  A = Behälterfläche

Aus dem Behälter wird mittels der Pumpe P eine pro Zeiteinheit konstante Menge $Q_a$ abgepumpt. Sind $Q_e$ und $Q_a$ gleich, so wird der Flüssigkeitsstand unverändert bleiben. Ist $Q_e \neq Q_a$, so folgt für den Flüssigkeitsstand

$$\frac{dh}{dt} \cdot A = Q_e - Q_a$$

und durch Integration

$$h = \frac{1}{A} \cdot \int (Q_e - Q_a) \cdot dt + C . \tag{4.61}$$

*Anfangsbedingung*

Das Eingangsventil sei mit $y_s = y_{s1}$ zunächst so eingestellt, daß

$$Q_a = Q_e = k \cdot y_{s1}$$

und

$$h = h_0 \, .$$

Damit ergibt sich die Integrationskonstante zu

$$C = h_0 \, .$$

Diese Anfangsbedingung in Gl. (4.61) eingesetzt ergibt

$$h = \frac{k}{A} \int (y_s - y_{s1}) \cdot dt + h_0 \, .$$

Führt man den Integrierbeiwert $K_I = \dfrac{k}{A}$

ein und betrachtet, wie in der Regelungstechnik üblich, nur die Änderungen von
Ein- und Ausgangsgröße, so kann man mit

$$h - h_0 = \Delta h$$

und

$$y_s - y_{s1} = \Delta y_s$$

schreiben:

$$\Delta h = K_I \cdot \int \Delta y_s \cdot dt \, .$$

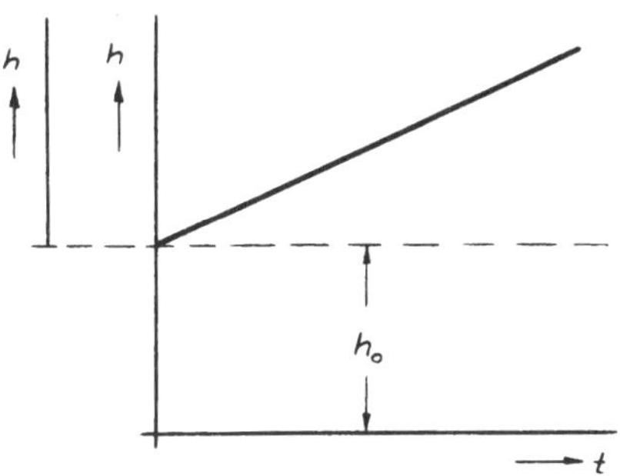


**Bild 4.20**
Sprungantwort einer I-Regelstrecke
ohne Verzögerung

Für einen Eingangssprung $\Delta y_{s0}$ wird

$$\Delta h(t) = K_I \cdot \Delta y_{s0} \cdot t \quad \text{bzw.}$$
$$h(t) = K_I \cdot \Delta y_{s0} \cdot t + h_0 \, .$$

Die Sprungantwort hat dann den in Bild 4.20 gezeigten Verlauf.


## Beispiel 4.8

Der in Bild 4.21 gezeigte gegengekoppelte Verstärker wird z.B. in etwas modifizierter
Form als Integrator in Analogrechnern verwandt. $C_g$, $C_a$ und $C_{ga}$ sind die Röhren-
kapazitäten. Die Gitter-Anoden-Kapazität $C_{ga}$ in der Größenordnung von $p_F$ ist
gegenüber $C = 10\ \mu F$ vernachlässigbar. Auch $C_a$ und $C_g$ sind nur bei hohen Frequenzen
zu berücksichtigen. Zur Berechnung des Zusammenhangs zwischen $u_a$ und $u_e$ wird
das Ersatzschaltbild des Röhrenverstärkers benutzt (Bild 4.22).

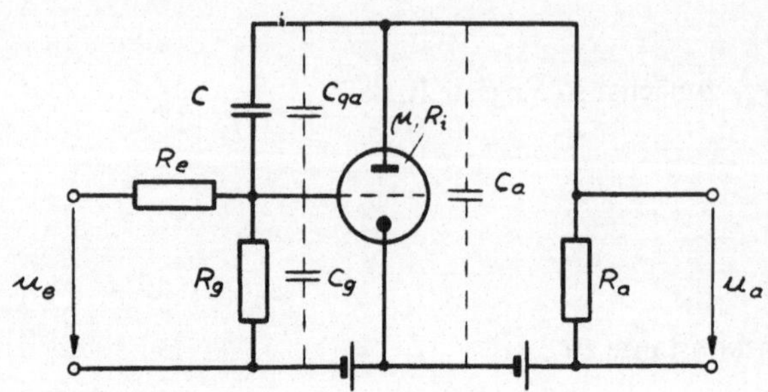

**Bild 4.21**
Röhrenverstärker mit Kondensator C als Rückführnetzwerk zur Erzeugung eines I-Verhaltens
$R_i$ = Röhreninnenwiderstand
$\mu$ = Leerlaufverstärkung
$R_e$ = 10 k$\Omega$
C  = 10 $\mu$F

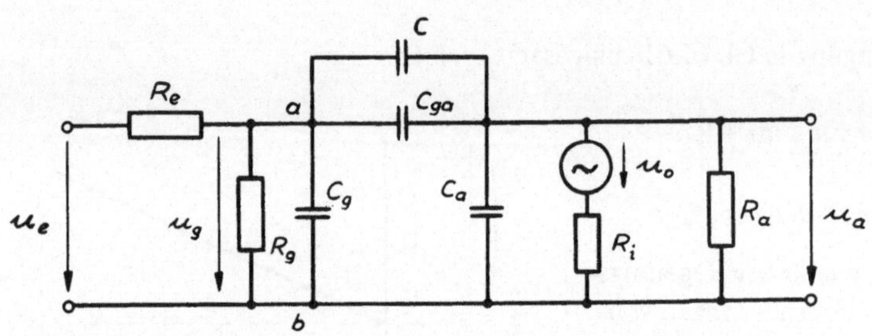

**Bild 4.22.** Ersatzschaltbild des Röhrenverstärkers

Für den Ausgangskreis gilt

$$u_a = u_0 \cdot \frac{R_a}{R_i + R_a} \tag{4.62}$$

mit

$$u_0 = - \mu \cdot u_g . \tag{4.63}$$

Daraus ergibt sich die Spannungsverstärkung

$$V_0 = \left| \frac{u_a}{u_g} \right| = \mu \cdot \frac{R_a}{R_i + R_a} . \tag{4.64}$$

An dem Kondensator C liegt die Spannungsdifferenz $(u_g - u_a)$ und erzeugt einen Strom

$$i_c = (u_g - u_a) \cdot j\omega C . \tag{4.65}$$

Gln. (4.62) und (4.63) in Gl. (4.65) eingesetzt ergibt

$$i_c = u_g \cdot \left( 1 + \mu \cdot \frac{R_a}{R_i + R_a} \right) \cdot j\omega C$$

und mit Gl. (4.64)

$$i_c = u_g \cdot (1 + V_0) \cdot j\omega C \,.$$

Ein Strom von gleicher Größe ergibt sich, wenn man zu $u_g$ einen Kondensator $C' = C(1 + V_0)$ legt.

Man kann somit zwischen den Punkten a und b eine Ersatzkapazität

$$C_e = C' + C_g = C(1 + V_0) + C_g$$

annehmen.

Es ist wiederum $C_g \ll C(1 + V_0)$ und deshalb

$$C_e \approx C(1 + V_0) \,.$$

Die am Gitter liegende Spannung $u_g$ ergibt sich aus $u_e$ durch die Spannungsteilung an $R_e$ und $\dfrac{1}{j\omega C_e}$ .

$$u_g = u_e \cdot \frac{\dfrac{1}{j\omega C_e}}{R_e + \dfrac{1}{j\omega C_e}} = u_e \cdot \frac{1}{1 + j\omega R_e\, C_e} \,,$$

$$\frac{u_g}{u_e} = \frac{1}{1 + j\omega R_e \cdot C(1 + V_0)} \,.$$

Mit

$$\frac{u_a}{u_g} = -V_0$$

wird

$$\frac{u_a}{u_e} = \frac{-V_0}{1 + j\omega R_e \cdot C(1 + V_0)} \,.$$

Setzt man

$$T = R_e \cdot C(1 + V_0)$$

so folgt daraus der Frequenzgang

$$F = \frac{u_a}{u_e} = \frac{-V_0}{1 + T \cdot p} \,.$$

Dies ist der Frequenzgang eines Verzögerungsgliedes 1. Ordnung.

Für einen mehrstufigen Verstärker ist $V_0 = 10^5 \ldots 10^9$ und die sich ergebende
Zeitkonstante

$$T = R_e \cdot C (1 + V_0) = 10^4 \, \Omega \cdot 10^{-5} \frac{s}{\Omega} \, (10^5 \ldots 10^9) \, ,$$

$$T = 10^4 \ldots 10^8 \, s.$$

Die Zeitkonstante ist so groß, daß der Anstieg der Sprungantwort (e-Funktion) für
$t < T$ praktisch linear ist und im Nenner von F $1 \ll Tp$.

$$F = \frac{u_a}{u_g} \approx - V_0 \cdot \frac{1}{T \cdot p} \, .$$

Daraus findet man folgende Differentialgleichung

$$u_a \approx - \frac{V_0}{T} \cdot \int u_g \cdot dt$$

bzw. mit

$$K_I = \frac{V_0}{T}$$

$$u_a \approx - K_I \cdot \int u_g \cdot dt \, .$$

Das negative Vorzeichen besagt, daß bei einer positiven Sprungfunktion $+ u_{g0}$ die
Anodenspannung linear abfällt.


## 4.6. I-Strecken mit Verzögerung 1. Ordnung

Bei I-Strecken mit Verzögerung 1. Ordnung beginnt die Sprungantwort, im Gegensatz zu denen ohne Verzögerung, mit der Anfangssteigung Null. In der Differentialgleichung kommt das durch ein weiteres Glied mit der 1. Ableitung der Ausgangsgröße zum Ausdruck.


**Beispiel 4.9** [1])
Gegeben ist eine Flüssigkeitsstandregelstrecke (Bild 4.23) mit folgenden Angaben:

a) Die pro Zeiteinheit zufließende Menge $Q_E$ ist proportional dem Ventilhub $y_s$.
   Für $y_s = y_1 = 1 \, cm$ ist $Q_E = Q_0 = 10 \, l/min$.

$$Q_E = Q_0 \cdot \frac{y_s}{y_1} \, .$$

---

[1]) (Kindler, Buchta, Wilfert, „Aufgabensammlung zur Regelungstechnik")

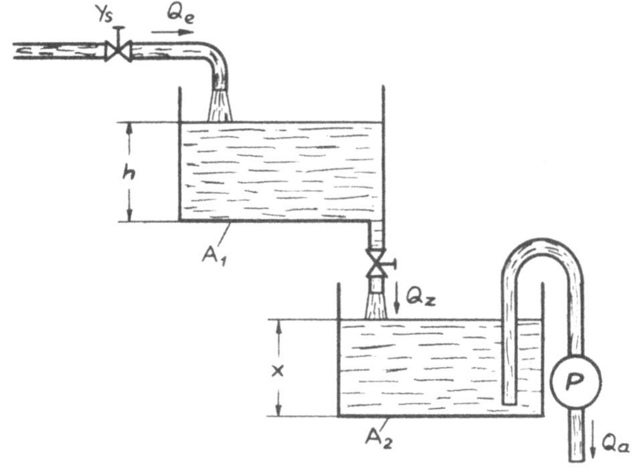


**Bild 4.23**
Flüssigkeitsstandregelstrecke

b) Die pro Zeiteinheit aus dem Behälter 1 ausfließende Menge $Q_A$ ist proportional dem Flüssigkeitsstand h (laminare Strömung).
Für $h = h_1 = 40$ cm  ist $Q_z = Q_0 = 10$ l/min.

$$Q_z = Q_0 \cdot \frac{h}{h_1} .$$

c) Die durch die Pumpe P pro Zeiteinheit geförderte Menge $Q_A = Q_0 = $ konstant.
$A_1$ und $A_2$ sind die Grundflächen der Behälter

$$A_1 = A_2 = 100 \text{ cm}^2$$

Für den Flüssigkeitsstand im 1. Behälter gilt:

$$\frac{dh}{dt} \cdot A_1 = Q_E - Q_z ,$$

$$\frac{dh}{dt} \cdot A_1 = Q_0 \left( \frac{y_s}{y_1} - \frac{h}{h_1} \right) .$$

Nach $y_s$ aufgelöst ergibt

$$y_s \cdot \frac{h_1}{y_1} = h + \frac{A_1 \cdot h_1}{Q_0} \cdot \frac{dh}{dt} .$$

Mit den Abkürzungen

$$K_1 = \frac{h_1}{y_1} = \frac{40 \text{ cm}}{1 \text{ cm}} = 40$$

und

$$T = \frac{A_1 \cdot h_1}{Q_0} = \frac{100 \text{ cm}^2 \cdot 40 \text{ cm}}{10^4 \text{ cm}^3/\text{min}} = 0,4 \text{ min}$$

$$T = 24 \text{ s}$$

folgt

$$y_s \cdot K_1 = h + T \cdot \frac{dh}{dt} \, . \tag{4.66}$$

Zunächst sei ein stationärer Anfangszustand angenommen:

Für $\quad t = 0 \qquad$ sei $\quad Q_E = Q_z = Q_A = Q_0$

und $\quad y_s = y_1, \qquad\qquad h = h_1, \qquad x = x_1 \, .$

Die Abweichungen von diesem Arbeitspunkt werden mit $\Delta y$, $\Delta h$ und $\Delta x$ bezeichnet, so daß

$$y_s = y_1 + \Delta y,$$

$$h = h_1 + \Delta h, \tag{4.67}$$

$$x = x_1 + \Delta x$$

ist.

Führt man die Beziehung (4.67) in Gl. (4.66) ein und betrachtet nur die Änderungen vom Arbeitspunkt, so folgt:

$$(y_1 + \Delta y) \cdot K_1 = (h_1 + \Delta h) + T \frac{d(\Delta h)}{dt} \, ,$$

$$\Delta y \cdot K_1 = \Delta h + T \cdot \frac{d(\Delta h)}{dt} \, . \tag{4.68}$$

Daraus ergibt sich der Frequenzgang des 1. Gliedes zu

$$F_1 = \frac{\Delta h}{\Delta y} = \frac{K_1}{1 + T \cdot p} \, .$$

Für den Flüssigkeitsstand im 2. Behälter folgt entsprechend

$$\frac{dx}{dt} \cdot A_2 = Q_z - Q_A,$$

$$\frac{dx}{dt} \cdot A_2 = Q_0 \left( \frac{h}{h_1} - 1 \right) . \tag{4.69}$$

Beziehung (4.67) in Gl. (4.69) eingesetzt ergibt

$$\frac{d(\Delta x)}{dt} \cdot A_2 = Q_0 \cdot \frac{\Delta h}{h_1}$$

bzw.

$$\Delta h = \frac{A_2 \cdot h_1}{Q_0} \cdot \frac{d(\Delta x)}{dt} \ . \qquad (4.70)$$

Durch Differenzieren erhält man

$$\frac{d(\Delta h)}{dt} = \frac{1}{K_I'} \cdot \frac{d^2(\Delta x)}{dt^2} \ ,$$

$$\text{mit} \quad K_I' = \frac{Q_0}{A_2 \cdot h_1} = \frac{10^4 \ cm^3/min}{100 \ cm^2 \cdot 40 \ cm} = 2,5 \ min^{-1}$$

$$K_I' = 0,0417 \ s^{-1}$$

$\Delta h$ und $\dfrac{d(\Delta h)}{dt}$ in Gl. (4.68) eingesetzt führt zu

$$\Delta y \cdot K_1 = \frac{1}{K_I'} \cdot \frac{d(\Delta x)}{dt} + \frac{T}{K_I'} \cdot \frac{d^2(\Delta x)}{dt^2} \ . \qquad (4.71)$$

Durch Integration folgt

$$K_1 \cdot K_I' \cdot \int \Delta y \ dt = \Delta x + T \cdot \frac{d(\Delta x)}{dt} + C \ .$$

Die Integrationskonstante C ist gleich Null, da für t = 0

$$\int \Delta y \cdot dt = 0,$$

$$\Delta x(0) = 0,$$

$$\frac{d(\Delta x)}{dt} = 0 \ .$$

Mit $\quad K_I = K_1 \, K_I' = 1,67 \ s^{-1} \qquad$ und $\qquad C = 0$

erhält man schließlich

$$K_I \cdot \int \Delta y \cdot dt = \Delta x + T \cdot \frac{d(\Delta x)}{dt} \ . \qquad (4.72)$$

Zur Lösung der Differentialgleichung (4.72) gehen wir von der Differentialgleichung (4.71) aus und setzen für $\dfrac{d(\Delta x)}{dt} = v_x$.

$$\Delta y \cdot K_I = v_x + T \cdot \frac{dv_x}{dt}.$$

Dies ist eine Differentialgleichung 1. Ordnung, die bereits in den Abschnitten 2.2, 3.25, 4.2 behandelt wurde und hat folgende Lösung für eine Sprungfunktion $\Delta y_0$

$$v_x(t) = K_I \cdot \Delta y_0 \left(1 - e^{-\frac{t}{T}}\right)$$

Die gesuchte Größe $\Delta x(t)$ ergibt sich aus

$$\frac{d(\Delta x)}{dt} = v_x$$

bzw. $\quad \Delta x = \displaystyle\int v_x \cdot dx + C_1,$

$$\Delta x = \int K_I \cdot \Delta y_0 \cdot \left(1 - e^{-\frac{t}{T}}\right) \cdot dt + C_1,$$

$$\Delta x = K_I \cdot \Delta y_0 \cdot \left(t + T \cdot e^{-\frac{t}{T}}\right) + C_1.$$

Die Integrationskonstante $C_1$ ergibt sich aus der Anfangsbedingung, für $t = 0$ ist $\Delta x = 0$

$$0 = K_I \cdot \Delta y_0 \cdot T + C_1$$
$$C_1 = - K_I \cdot \Delta y_0 \cdot T.$$

Somit wird

$$\Delta x(t) = K_I \cdot \Delta y_0 \left[t - T + T \cdot e^{-\frac{t}{T}}\right]$$

$$\Delta x(t) = K_I \cdot \Delta y_0 \left[t - T\left(1 - e^{-\frac{t}{T}}\right)\right] \tag{4.73}$$

Für $\Delta y_0 = 0{,}5$ cm findet man den in Bild 4.24 gezeigten Verlauf.

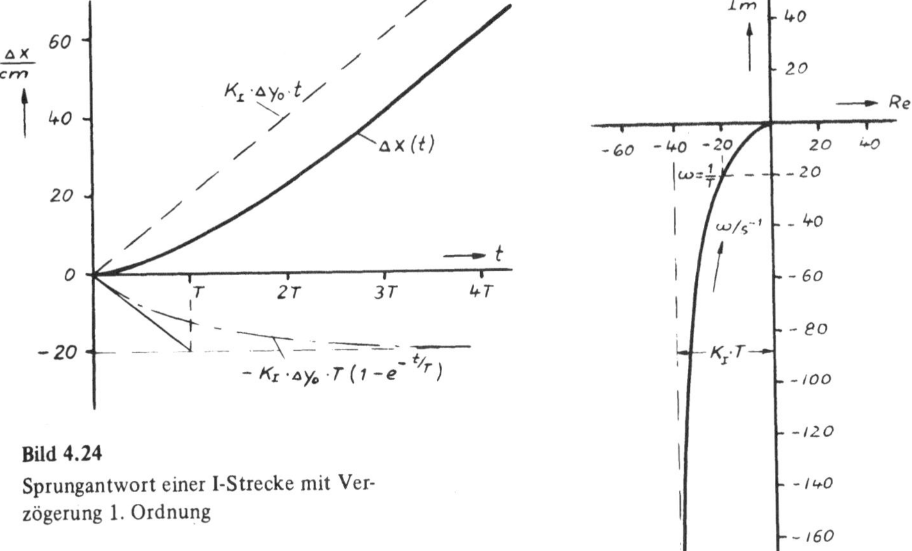



**Bild 4.24**
Sprungantwort einer I-Strecke mit Verzögerung 1. Ordnung

**Bild 4.25**
Ortskurve eines I-Gliedes mit Verzögerung 1. Ordnung

*Frequenzgang und Ortskurve* (Bild 4.25)

Der Frequenzgang folgt aus der Differentialgleichung (4.72) zu

$$F = \frac{\Delta x}{\Delta y} = \frac{K_I}{p(1 + T \cdot p)} .$$

Setzt man $p = j\omega$, so wird

$$F = \frac{K_I}{j\omega - T\omega^2} = \frac{K_I}{\omega} \cdot \frac{1}{j - T\omega} .$$

Durch Erweiterung mit dem konjugiert Komplexen des Nenners erhält man

$$F = \frac{K_I}{\omega} \frac{(-j - T\omega)}{1 + (\omega T)^2} .$$

Daraus ergibt sich

$$Re(F) = -\frac{K_I \cdot T}{1 + (\omega T)^2} ,$$

$$Im(F) = -\frac{K_I}{\omega \left[1 + (\omega T)^2\right]} .$$

| $\omega/s^{-1}$ | $-Re(F)$ | $-Im(F)$ |
|---|---|---|
| 0 | 40 | $\infty$ |
| 0,0104 | 37,6 | 150,4 |
| 0,0208 | 32 | 64 |
| 0,0417 | 20 | 20 |
| 0,0833 | 8 | 4 |
| $\infty$ | 0 | 0 |

**Beispiel 4.10** (Bild 4.26)

Eingangsgröße ist die Klemmenspannung $y_s$, Ausgangsgröße ist der Drehwinkel $\varphi$ der Motorwelle. Die Ankerinduktivität sei vernachlässigbar klein.

$R$     = Ankerwiderstand
$J$     = Trägheitsmoment
        des Läufers
$\Phi_0$    = Erregerfluß
$\varphi$    = Drehwinkel
        der Motorwelle.

Für den Ankerkreis gilt:

$$y_s = i \cdot R + u_i, \qquad (4.74)$$

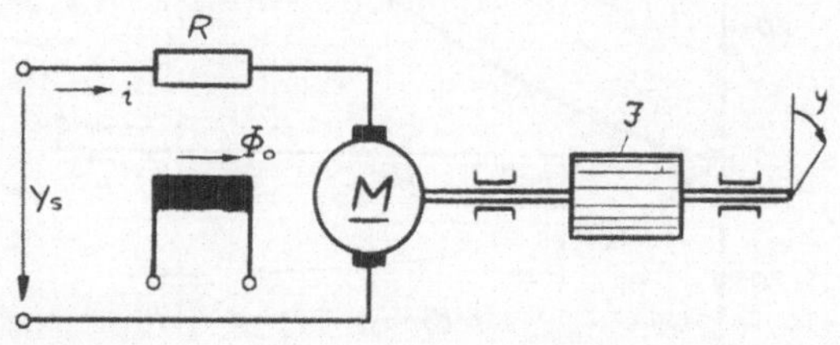

**Bild 4.26**

Gleichstrommotor mit konstanter Fremderregung

wobei $u_i$ die im Anker induzierte Spannung ist

$$u_i = c_1 \cdot \Phi_0 \cdot n = c_1 \cdot \Phi_0 \cdot \frac{\omega}{2\pi} = \frac{c_1 \cdot \Phi_0}{2\pi} \cdot \frac{d\varphi}{dt}. \qquad (4.75)$$

Der Ankerstrom $i$ erzeugt das elektrische Moment

$$M_e = c_2 \cdot \Phi_0 \cdot i.$$

Dieses ist gleich dem durch das Massenträgheitsmoment $J$ verursachte Gegenmoment

$$M_e = M_m$$

$$M_m = J \cdot \frac{d\omega}{dt} = J \cdot \frac{d^2\varphi}{dt^2}$$

$$c_2 \cdot \Phi_0 \cdot i = J \cdot \frac{d^2\varphi}{dt^2}$$

$$i = \frac{J}{c_2 \cdot \Phi_0} \cdot \frac{d^2\varphi}{dt^2}. \qquad (4.76)$$

Gln. (4.75) und (4.76) in Gl. (4.74) eingesetzt ergibt

$$y_s = \frac{J \cdot R}{c_2 \cdot \Phi_0} \cdot \frac{d^2\varphi}{dt^2} + \frac{c_1 \cdot \Phi_0}{2\pi} \frac{d\varphi}{dt},$$

$$\frac{2\pi}{c_1 \cdot \Phi_0} \cdot y_s = \frac{d\varphi}{dt} + \frac{J \cdot R \cdot 2\pi}{c_1 \cdot c_2 \cdot \Phi_0^2} \frac{d^2\varphi}{dt^2}.$$

Führt man folgende Abkürzungen ein:

$$K_I = \frac{2\pi}{c_1 \cdot \Phi_0}$$

und

$$T = \frac{J \cdot R \cdot 2\pi}{c_1 \cdot c_2 \cdot \Phi_0^2} \, ,$$

so folgt

$$K_I \cdot y_s = \frac{d\varphi}{dt} + T \cdot \frac{d^2\varphi}{dt^2} \, .$$

Durch Integration ergibt sich

$$K_I \cdot \int y_s \cdot dt = \varphi + T \cdot \frac{d\varphi}{dt} + C \, .$$

Die Integrationskonstante C ist Null, wenn man annimmt, daß zum Zeitpunkt
$t = 0$ der Motor eingeschaltet und $\varphi$ vor diesem Zeitpunkt Null war.
Somit folgt analog Gl. (4.72)

$$K_I \cdot \int y_s \cdot dt = \varphi + T \cdot \frac{d\varphi}{dt} \, . \qquad (4.77)$$

Diese Differentialgleichung soll mit Hilfe der Laplace-Transformation gelöst werden,
wenn als Eingangsgröße die Sprungfunktion $y_s = y_{s0}$ wirksam ist.

$$L\left[K_I \cdot \int y_{s0} \cdot dt\right] = K_I \cdot y_{s0} \cdot \frac{1}{p^2} \, ,$$

$$L\left[\varphi\right] = L\left[\varphi\right],$$

$$L\left[T \cdot \frac{d\varphi}{dt}\right] = T \cdot p \cdot L\left[\varphi\right] \, .$$

Die Laplace-Transformierte von Gl. (4.77) lautet somit

$$K_I \cdot y_{s0} \cdot \frac{1}{p^2} = L\left[\varphi\right] \cdot (1 + T \cdot p)$$

$$L\left[\varphi\right] = \frac{K_I \cdot y_{s0}}{p^2 \cdot (1 + T \cdot p)} = \frac{K_I \cdot y_{s0}}{T} \cdot \frac{1}{p^2 \left(\frac{1}{T} + p\right)}$$

Um den Ausdruck

$$\frac{1}{p^2\left(\frac{1}{T}+p\right)}$$

rücktransformieren zu können, muß dieser in eine Form gebracht werden, die in der Korrespondenztabelle enthalten ist. Am zweckmäßigsten verwendet man die Partialbruchzerlegung,

$$\frac{1}{p^2\left(\frac{1}{T}+p\right)} = \frac{A}{p^2} + \frac{B}{p} + \frac{C}{\left(\frac{1}{T}+p\right)}$$

$$= \frac{\frac{A}{T} + A\cdot p + \frac{B}{T}\cdot p + B\cdot p^2 + C\cdot p^2}{p^2\cdot\left(\frac{1}{T}+p\right)}$$

Durch Koeffizientenvergleich findet man:

a) $\dfrac{A}{T} = 1$ $\qquad\qquad \rightarrow \qquad A = T$

b) $A\cdot p + \dfrac{B}{T}\cdot p = 0$ $\qquad \rightarrow \qquad B = -A\cdot T = -T^2$

c) $B\cdot p^2 + C\cdot p^2 = 0$ $\qquad \rightarrow \qquad C = -B \quad = T^2$

Die Laplace-Transformierte von $\varphi$ nimmt dann folgende Form an

$$L\,[\varphi] = \frac{K_I\cdot y_{s0}}{T}\left[\frac{T}{p^2} - \frac{T^2}{p} + \frac{T^2}{\frac{1}{T}+p}\right]$$

Mit den Korrespondenzen 2, 1 und 3 findet man die Gleichung im Zeitbereich

$$\varphi(t) = \frac{K_I\cdot y_{s0}}{T}\left[T\cdot t - T^2 + T^2\cdot e^{-\frac{t}{T}}\right]$$

$$\varphi(t) = K_I\cdot y_{s0}\left[t - T\left(1 - e^{-\frac{t}{T}}\right)\right]$$

Diese Lösung ist identisch mit der Lösung (4.73) des Beispiels: 4.9.

## 4.7. Strecken mit Totzeit $T_t$

Gibt man auf den Eingang einer Strecke mit Totzeit ($T_t$-Strecke) ein Eingangssignal $y_s(t)$, so erscheint am Ausgang das Eingangssignal, allerdings um die Totzeit $T_t$ verschoben (Bild 4.27).

Ist $y_s(t)$ die Eingangsfunktion,
so ist das Ausgangssignal

$$x(t) = \begin{cases} 0 & \text{für} \quad t < T_t \\[2ex] y_s(t - T_t) & \text{für} \quad t \geq T_t \, . \end{cases}$$

Ursache für das Auftreten einer Totzeit ist die endliche Ausbreitungsgeschwindigkeit eines Signals zwischen Stell- und Meßort bzw. zwischen Sende- und Empfangsort.

Typische Regelstrecken mit Totzeit sind Förderbänder (Bild 4.28).

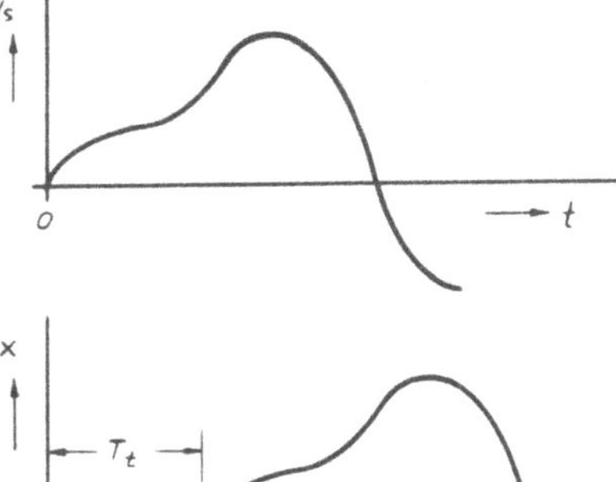

Bild 4.27

Ein- und Ausgangssignal einer Strecke mit Totzeit $T_t$

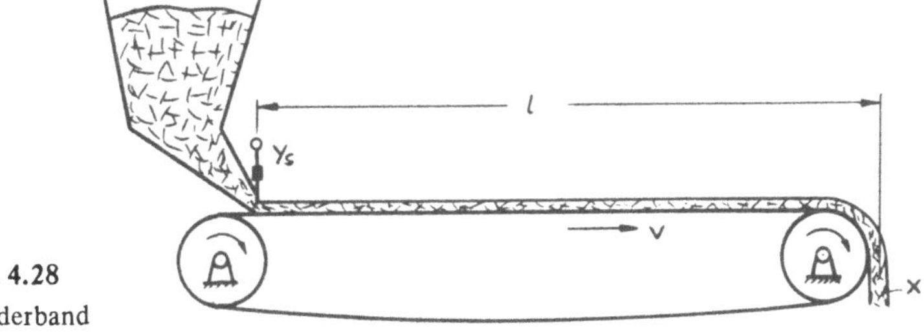

**Bild 4.28**
Förderband

Eingangsgröße ist die Schieberstellung $y_s$ und Ausgangsgröße ist die pro Zeiteinheit vom Band geförderte Menge x. Der Schieber sei zunächst geschlossen und werde zum Zeitpunkt $t = 0$ um $y_s = y_{s0}$ = konstant geöffnet. Nach Verlauf der Totzeit $T_t$ wird am Ausgang eine der Schieberstellung proportionale Menge

$$x = K_s \cdot y_{s0}$$

vom Band laufen (Bild 4.29). Die Totzeit ergibt sich aus der Entfernung $l$ zwischen Stell- und Meßort und der konstanten Bandgeschwindigkeit v zu

$$T_t = \frac{l}{v}$$

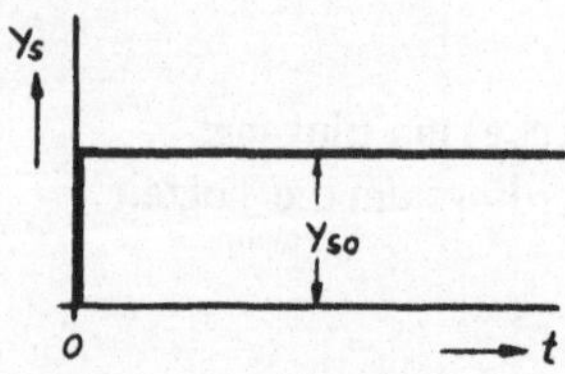
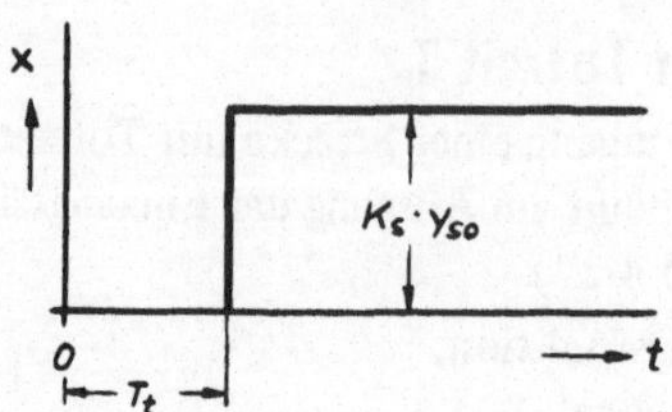

**Bild 4.29.** Eingangssprung und Sprungantwort einer Strecke mit Totzeit $T_t$

*Frequenzgang und Ortskurve des reinen Totzeitgliedes*

Betrachtet man anstelle der pro Zeiteinheit geförderten Menge die Belagsdicke am Ausgang, so ist der Proportionalitätsfaktor $K_s = 1$. Wird die Eingangsgröße eines Totzeitgliedes sinusförmig erregt, so wird die Ausgangsgröße um die Totzeit $T_t$ verzögert folgen (Bild 4.30).

Im eingeschwungenen Zustand ist dann

$$y_s(t) = \hat{y}_s \cdot \sin \omega t$$

und

$$x(t) = \hat{y}_s \cdot \sin \omega (t - T_t) \ .$$

Verwendet man für $y_s(t)$ und $x(t)$ die komplexe Schreibweise, so wird

$$y_s(t) = \hat{y}_s \cdot e^{j\omega t}$$

und

$$x(t) = \hat{y}_s \cdot e^{j\omega(t - T_t)} \ .$$

Daraus ergibt sich der Frequenzgang

$$F = \frac{x}{y_s} = e^{-p\,T_t} \ .$$

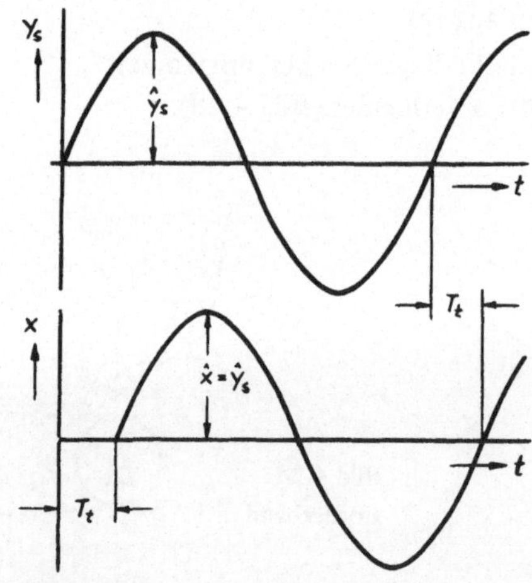

**Bild 4.30**
Ein- und Ausgangsschwingung eines reinen Totzeitgliedes

Zum gleichen Ergebnis gelangt man bei Verwendung des in Kapitel 12 behandelten Verschiebungssatzes der Laplace-Transformation.

Es sei wiederum $y_s(t)$ die Eingangsgröße und $x(t) = y_s(t - T_t)$ die Ausgangsgröße. Die Laplace-Transformierte der Ausgangsgröße ist

$$L\,[x(t)] = L[y_s(t - T_t)] = e^{-p\,T_t}\,L\,[y_s(t)]. \tag{4.78}$$

Daraus findet man den Frequenzgang

$$F = \frac{L\,[x(t)]}{L\,[y_s(t)]} = e^{-p \cdot T_t}\ .$$

Zur Darstellung der Ortskurve kann man F in Real- und Imaginärteil zerlegen und
erhält

$$F = e^{-p \cdot T_t} = \cos\omega T_t - j \cdot \sin\omega T_t\ . \tag{4.79}$$

Günstiger ist in diesem Fall die Darstellung von F durch Betrag und Phase

$$F = |F| \cdot e^{j\varphi}\ .$$

Damit folgt aus Gl. (4.79)

$$|F| = 1$$

$$\varphi = -\,\omega T_t\ .$$

D.h. die Ortskurve ist der Einheitskreis,
die für $\omega = 0$ auf der positiv reellen
Achse beginnt und im Uhrzeigersinn
umläuft (Bild 4.31).

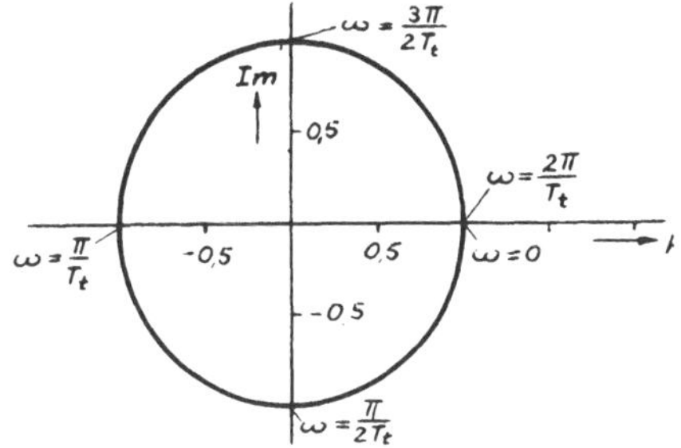


**Bild 4.31**
Ortskurve eines reinen Totzeitgliedes

In der Elektrotechnik treten Totzeiten verhältnismäßig selten auf, so z.B. bei der
Nachrichtenübertragung auf langen elektrischen Leitungen. Beabsichtigt ist dieser
Effekt bei Verzögerungsleitungen (Delay line) in der Oszillographen- und Impuls-
technik. Ferner macht sich die Totzeit bei der drahtlosen Nachrichtenübermittlung
über große Entfernungen bemerkbar. Die Ausbreitungsgeschwindigkeit der elektro-
magnetischen Wellen ist gleich der Lichtgeschwindigkeit. Bei den auf der Erde zu
überbrückenden Distanzen spielt die Endlichkeit der Lichtgeschwindigkeit noch
keine Rolle. Bereits bei der Entfernung Erde – Mond beträgt die Totzeit ca. 1 s,
d.h. eine auf der Erde gesendete Nachricht wird erst 1 s später auf dem Mond emp-
fangen. Eine Antwort kann erst nach 2 s auf der Erde eintreffen und macht sich
bei einer Unterhaltung schon unangenehm bemerkbar. Noch größer wird die Dis-
krepanz, wenn die Nachricht über eine Entfernung Erde – Mars mit $T_t$ ca. 22,2 min
(bei maximaler Entfernung) gesendet wird.


## 4.8. Regelstrecken mit Totzeit und Verzögerung 1. Ordnung

Vielfach kommen Totzeiten in Verbindung mit Verzögerungen vor, wie im nachfolgenden Beispiel einer Mischregelstrecke.

**Beispiel 4.11** (Bild 4.32)

In den Mischbehälter mit dem Volumen V fließen die Mengen $Q_1$ und $Q_2$ mit den Konzentrationen $c_1$ und $c_2$. Durch das Rührwerk wird im Mischbehälter eine gleichmäßige Durchmischung erreicht mit der Konzentration $c_a$. Der Zufluß $(Q_1 + Q_2)$ sei gleich dem Abfluß $Q_a$ und konstant. Dann ergibt sich für die Konzentrationsänderung im Mischkessel

$$Q_1 \cdot c_1 + Q_2 \cdot c_2 - Q_a \cdot c_a = V \cdot \frac{dc_a}{dt}.$$

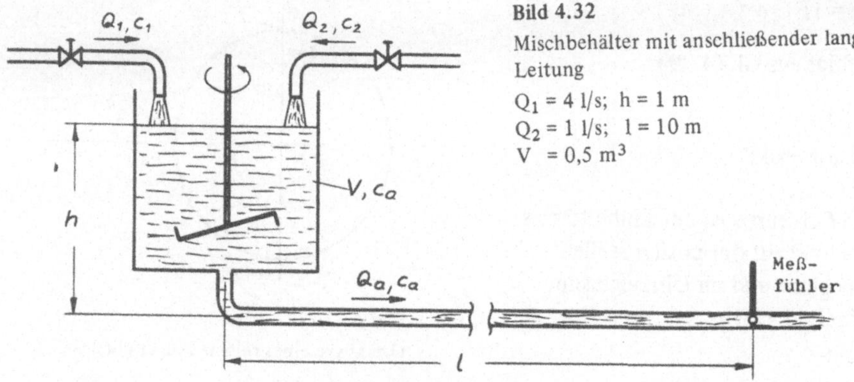


Bild 4.32
Mischbehälter mit anschließender langer Leitung
$Q_1 = 4$ l/s;  $h = 1$ m
$Q_2 = 1$ l/s;  $l = 10$ m
$V = 0{,}5$ m$^3$

Im stationären Zustand ist $\dfrac{dc_a}{dt} = 0$ und folglich

$$Q_1 \cdot c_1 + Q_2 \cdot c_2 - Q_a \cdot c_a = 0. \tag{4.80}$$

Ändert sich die Konzentration $c_1$ um $+\Delta c_1$, so wird

$$Q_1 \cdot (c_1 + \Delta c_1) + Q_2 \cdot c_2 - Q_a \cdot (c_a + \Delta c_a) = V \cdot \frac{d(\Delta c_a)}{dt}. \tag{4.81}$$

Subtrahiert man Gl. (4.80) von Gl. (4.81), so ergibt sich

$$Q_1 \cdot \Delta c_1 - Q_a \cdot \Delta c_a = V \cdot \frac{d(\Delta c_a)}{dt}$$

oder

$$\frac{Q_1}{Q_a} \cdot \Delta c_1 = \Delta c_a + \frac{V}{Q_a} \frac{d(\Delta c_a)}{dt}.$$

Mit den Abkürzungen

$$K = \frac{Q_1}{Q_a} = \frac{4\,l/s}{5\,l/s} = 0{,}8$$

und

$$T = \frac{V}{Q_a} = \frac{0{,}5\,m^3}{5 \cdot 10^{-3}\,m^3/s} = 100\,s$$

$$K \cdot \Delta c_1 = \Delta c_a + T \cdot \frac{d(\Delta c_a)}{dt}\,. \tag{4.82}$$

Diese Änderung am Ausgang des Mischkessels wird erst nach Verlauf der Totzeit

$$T_t = \frac{l}{v} = \frac{l}{\sqrt{2 \cdot g \cdot h}} = \frac{10\,m}{\sqrt{2 \cdot 9{,}81\,m/s^2 \cdot 1\,m}} = 2{,}26\,s$$

am Meßort wirksam.

Der Mischkessel ist eine Verzögerung 1. Ordnung, während die nachgeschaltete Rohrleitung eine reine Totzeit darstellt. Die Strecke läßt sich somit durch die Reihenschaltung zweier Glieder (des Verzögerungs- und des Totzeitgliedes) im Blockschaltbild darstellen (Bild 4.33).

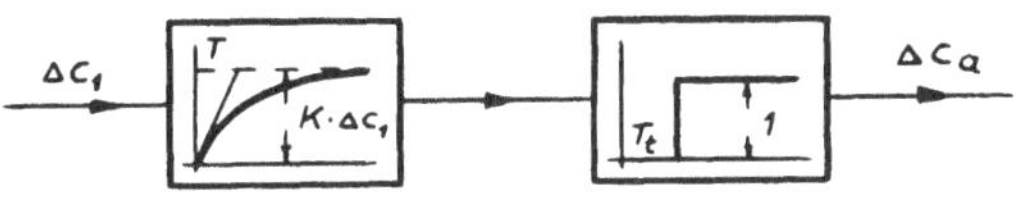

**Bild 4.33**
Blockschaltbild einer Strecke mit Totzeit und Verzögerung 1. Ordnung

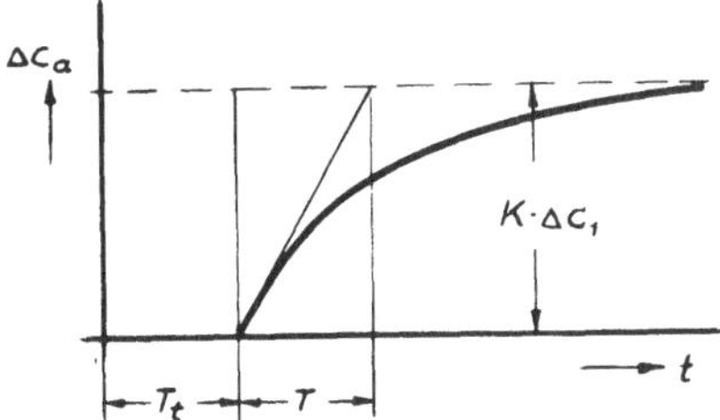

**Bild 4.34**
Sprungantwort einer Strecke mit Totzeit und Verzögerung 1. Ordnung

Die Sprungantwort hat demzufolge den in Bild 4.34 gezeigten Verlauf.

Die Gleichung der Sprungantwort im Zeitbereich läßt sich nur in zwei Bereiche unterteilt darstellen.

$$\Delta c_a = \begin{cases} 0 & \text{für} \quad t < T_t \\[2ex] \Delta c_1 \cdot K \left(1 - e^{-\frac{t - T_t}{T}}\right) & \text{für } t > T_t\,. \end{cases}$$

*Frequenzgang*

Der Frequenzgang des 1. Gliedes ergibt sich aus Gl. (4.82) zu

$$F_1 = \frac{\Delta c_a}{\Delta c_1} = \frac{K}{1 + T\,p} \,.$$

Das zweite Glied ist ein reines Totzeitglied mit dem Frequenzgang

$$F_2 = e^{-p\cdot T_t} \,.$$

Der Frequenzgang der Gesamtstrecke ist das Produkt der beiden Frequenzgänge

$$F = F_1 \cdot F_2 \,,$$

$$F = \frac{K}{1 + T\,p} \cdot e^{-p\cdot T_t} \,.$$

*Ortskurve*

Die Ortskurve des Verzögerungsgliedes 1. Ordnung ist ein Halbkreis im vierten Quadranten. Durch das Totzeitglied wird die Phase zusätzlich um den Winkel $\varphi_{T_t}(\omega) = -\,\omega T_t$ gedreht. Es entsteht die in Bild 4.35 gezeigte Spirale.

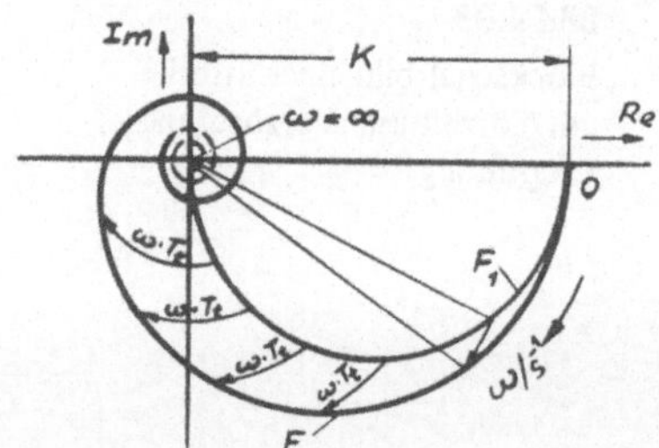


**Bild 4.35**
Ortskurve einer P-Strecke 1. Ordnung
mit Totzeit

# 5. Regeleinrichtungen

Die Regeleinrichtung ist der Teil des Regelkreises, der die zu regelnde Größe der Regelstrecke mit einem vorgegebenen, konstanten Sollwert $x_s$ bzw. mit einer zeitlich veränderlichen Führungsgröße w vergleicht und über ein Stellglied die Regelstrecke so beeinflußt, daß die Regeldifferenz $x_d$ Null oder möglichst klein wird. Die Regeleinrichtung enthält mindestens je eine Einrichtung:

1. zum *Erfassen der Regelgröße* x,
2. zum *Vergleich mit dem Sollwert* $x_s$ bzw. *der Führungsgröße* w,
3. zum *Bilden der Stellgröße* $y_R$ bzw. $y_s$.

Die Einteilung der Regeleinrichtungen erfolgt nach verschiedenen Gesichtspunkten:

## a) Regeleinrichtungen ohne und mit Hilfsenergie

Bei den Regeleinrichtungen ohne Hilfsenergie wird die zum Verstellen des Stellgliedes erforderliche Energie von der Regelgröße x über den Meßfühler direkt geliefert.

Bild 5.1 zeigt eine Flüssigkeitsstandregelung mit einer Schwimmer-Regeleinrichtung ohne Hilfsenergie. Die Regelgröße (Flüssigkeitsstand) wirkt auf den Schwimmer und dieser verstellt über einen Hebel die Ventilöffnung des Eingangsventils. Ist die abfließende Menge $Q_a$ größer als die zufließende Menge $Q_e$, so fällt der Flüssigkeitsstand, der Schwimmer öffnet das Eingangsventil und vergrößert damit $Q_e$. Bei verringertem Verbrauch steigt der Flüssigkeitsstand und das Ventil wird entsprechend geschlossen.

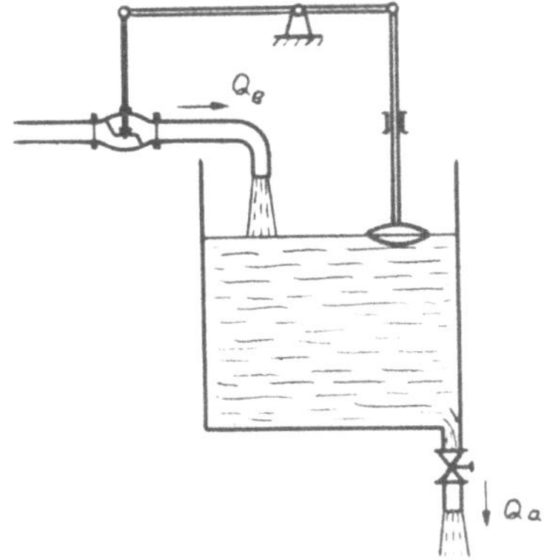


**Bild 5.1**
Flüssigkeitsstandregelung mit einer
Regeleinrichtung ohne Hilfsenergie

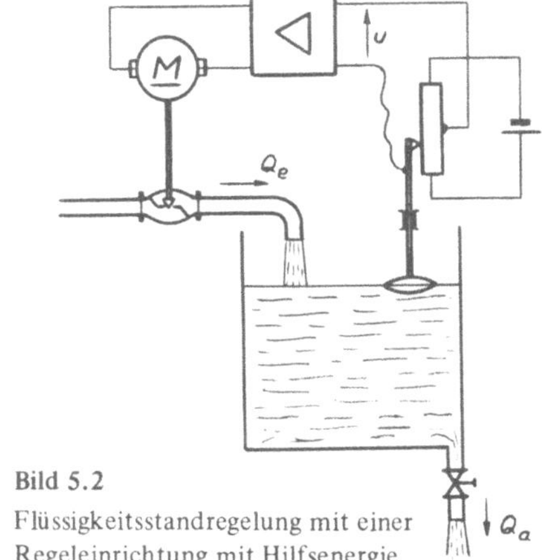


Bild 5.2
Flüssigkeitsstandregelung mit einer
Regeleinrichtung mit Hilfsenergie

Bild 5.2 zeigt ebenfalls eine Flüssigkeitsstandregelung, allerdings mit einer Regeleinrichtung mit Hilfsenergie. Der Schwimmer formt die Höhendifferenz in eine
analoge elektrische Spannung um, die dann verstärkt dem Motorventil zugeführt
wird und dieses entsprechend verstellt. Für $Q_a > Q_e$ sinkt der Flüssigkeitsstand
und die abgegriffene Spannung hat die gezeichnete Polarität, das Motorventil
öffnet. Dadurch wird $Q_e$ größer, der Flüssigkeitsstand steigt bis u = 0. Ist $Q_a < Q_e$,
so steigt der Flüssigkeitsstand, die abgegriffene Spannung hat nun die entgegengesetzte Polarität, d.h. das Motorventil wird geschlossen, was zur Abnahme des
Flüssigkeitsstandes führt und damit zu einer Abnahme der Spannungsdifferenz bis
der Motor steht.

### b) Stetige und unstetige Regeleinrichtungen

Man unterscheidet ferner zwei verschiedene Regeltechniken, die sich im Laufe der
Entwicklung herausgebildet haben

$\alpha$) mittels *stetiger* Regeleinrichtung,

$\beta$) mittels *unstetiger* Regeleinrichtung.

Als stetig wird eine Regeleinrichtung bezeichnet, wenn die Stellgröße $y_R$ im Beharrungszustand jeden Wert innerhalb des Stellbereiches annehmen kann. Die in
den Bildern 5.1 und 5.2 gezeigten Regeleinrichtungen sind stetig.

Eine Regeleinrichtung wird als unstetig bezeichnet, wenn die Ausgangsgröße $y_R$
nur wenige diskrete Werte annehmen kann.

Bild 5.3 zeigt den Bimetallregler zur Konstanthaltung der Bügeleisentemperatur.
Im kalten Zustand sind die Kontakte und damit der Stromkreis geschlossen. Mit
zunehmender Erwärmung krümmt sich die Bimetallfeder nach oben und unter-
bricht den Kontakt nach Erreichen einer ganz bestimmten Temperatur. Dreht man
die Sollwertschraube weiter nach oben, so erhält die Bimetallfeder eine größere
Vorspannung und trennt die Kontakte erst bei einer höheren Temperatur. Bei
geöffneten Kontakten kühlt sich das Bügeleisen sowie die Bimetallfeder ab, bis
die Kontakte geschlossen werden und die Aufheizung erneut beginnt. Die Stellgröße kann bei dieser Regeleinrichtung nur die zwei Werte EIN und AUS annehmen.

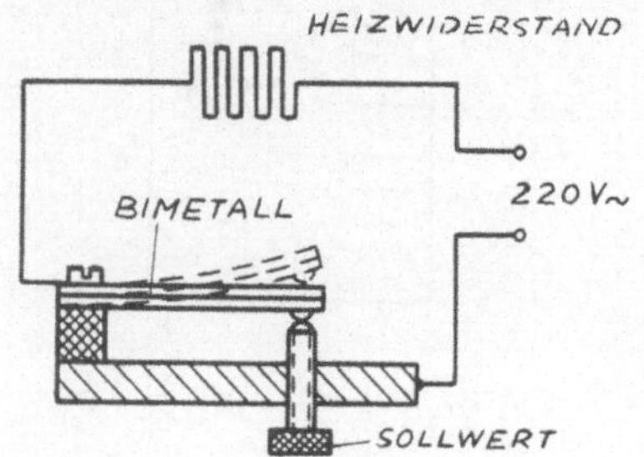


**Bild 5.3**

Bimetallregler (unstetiger Regler) zur Konstanthaltung der Bügeleisentemperatur

Man bezeichnet solche Regeleinrichtungen als Zweipunktregler. Der Nachteil eines
solchen Zweipunktreglers ist, daß die Regelgröße den Sollwert nicht genau innehält, sondern um diesen pendelt. Für viele Zwecke ist die Toleranz, mit der der
Sollwert eingehalten wird, vollkommen ausreichend. Gegenüber einem stetigen
Regler ist der Zweipunktregler einfacher im Aufbau und daher billiger. Die unstetigen Regeleinrichtungen wurden ursprünglich für Regelaufgaben verwendet,
bei denen keine hohen Anforderungen an die Regeleinrichtung gestellt wurden.
Heute werden unstetige Regeleinrichtungen in etwas aufwendigerer Form (elektrisch
und elektronisch) auch zur Regelung von schwieriger zu regelnden Regelstrecken
eingesetzt.

## 5.1. Zeitverhalten stetiger Regeleinrichtungen

Entsprechend den in Kapitel 4. behandelten Regelstrecken werden auch die Regeleinrichtungen nach ihrem Zeitverhalten unterschieden. Nicht alle Regeleinrichtungen
sind zur Regelung von bestimmten Regelstrecken geeignet. So führt z.B. wie in
diesem Kapitel gezeigt wird, die Regelung einer I-Strecke mit einer I-Regeleinrichtung zu Dauerschwingungen. Andere Kombinationen können zur Instabilität führen.

### 5.1.1. P-Regeleinrichtung

Bei einer P-Regeleinrichtung ist die Stellgröße $y_R$ proportional der Regeldifferenz
$x_d = w - x$.

$$y_R = K_p \cdot x_d \, . \tag{5.1}$$

$K_p$ ist der Proportionalbeiwert, der in weiten Grenzen einstellbar ist. Die Sprungantwort einer solchen Regeleinrichtung ist, bei Vernachlässigung der immer vorhandenen Verzögerungen, ebenfalls eine Sprungfunktion mit $y_R(\infty) = K_p \cdot x_{d0}$.
Bild 5.4 zeigt eine pneumatische p-Regeleinrichtung.

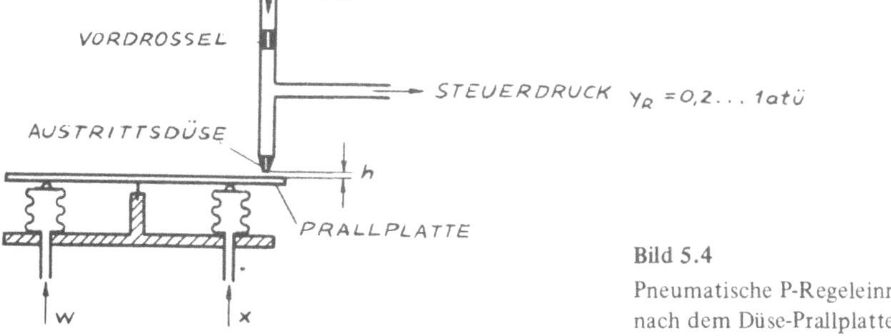


Bild 5.4

Pneumatische P-Regeleinrichtung
nach dem Düse-Prallplatte-System

Die statische Kennlinie $y_R = f(x_d)$ bzw. $y_R = f(h)$ ist nicht linear (Bild 5.5).

Der Verlauf der Kennlinie ist abhängig vom Verhältnis des Düsen- zum Vordrossel-durchmesser $d/d_v$. Durch eine Gegenkopplung kann die Kennlinie linearisiert werden. Der Durchmesser der Austrittsdüse ist ca. 0,5 ... 1,5 mm. Bei entfernter Prall-platte ist der Austrittsquerschnitt ein Maximum.

$$A_{max} = \frac{d^2 \cdot \pi}{4} \cdot$$

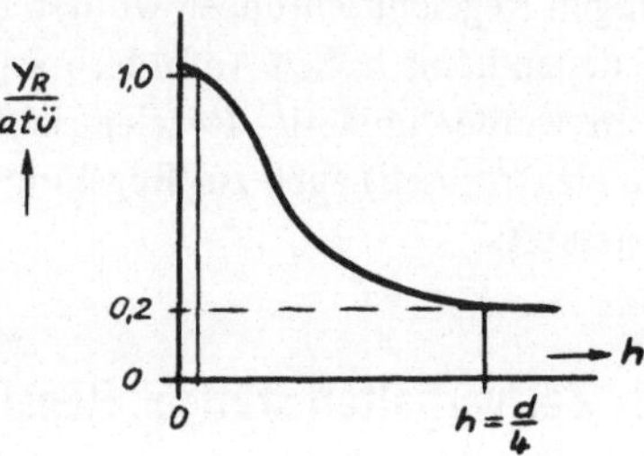


**Bild 5.5**

Statische Kennlinie $y_R = f(h)$
eines Düse – Prallplatte – Systems

Hat die Prallplatte zur Düse den Abstand h, so ist der Ringquerschnitt

$$A_r = d \cdot \pi \cdot h$$

für den Luftaustritt maßgebend. Für $h = \frac{d}{4}$ wird

$$A_r = A_{max} \cdot$$

Somit verliert die Prallplatte ihre Steuerwirksamkeit für einen Abstand $h > \frac{d}{4}$ der Prallplatte zur Düse.


## 5.1.1.1. P-Regeleinrichtung zur Regelung einer P-Strecke 1. Ordnung

Dynamisch erscheint eine P-Regeleinrichtung ideal geeignet zur Regelung. Aller-dings gibt sie am Ausgang nur dann eine Stellgröße ab, wenn eine Regeldifferenz am Eingang vorhanden ist. Es soll nun ermittelt werden, wie die Regelgröße x sich ändert beim Auftreten einer Störgröße z.

*Ermittlung des Störfrequenzganges*

Betrachtet man den Regelkreis in Bild 5.6 bestehend aus Regelstrecke und Regel-einrichtung, so ergeben sich mit Hilfe der Frequenzgänge $F_R$ und $F_S$ folgende Zusammenhänge.

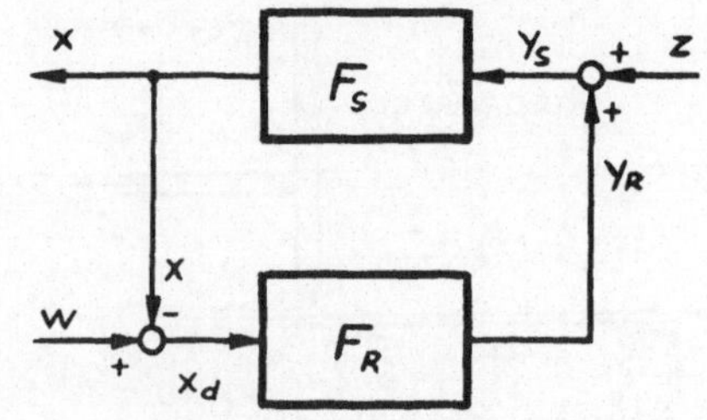


**Bild 5.6**

Blockschaltbild des Regelkreises

Für die Strecke gilt:

$$x = y_S \cdot F_S = (y_R + z) \cdot F_S. \tag{5.2}$$

Für die Regeleinrichtung gilt entsprechend:

$$y_R = x_d \cdot F_R = (w - x) \cdot F_R . \tag{5.3}$$

Gl. (5.3) in Gl. (5.2) eingesetzt führt zu

$$x = [(w - x) \cdot F_R + z] \cdot F_S,$$
$$x = w \cdot F_R \cdot F_S - x \cdot F_R \cdot F_S + z \cdot F_S,$$
$$x(1 + F_R \cdot F_S) = w \cdot F_R \cdot F_S + z \cdot F_S . \tag{5.4}$$

Wir betrachten zunächst den Fall, daß keine Störgröße z vorhanden ist und die Regelgröße $x = x_1$ sei. Gl. (5.4) wird somit

$$x_1 (1 + F_R \cdot F_S) = w \cdot F_R \cdot F_S . \tag{5.5}$$

Tritt nun eine Störgröße z auf, so ändert sich die Ausgangsgröße auf den Wert $x_2$. Die Führungsgröße w bleibt konstant. Damit folgt aus Gl. (5.4)

$$x_2 (1 + F_R \cdot F_S) = w \cdot F_R \cdot F_S + z \cdot F_S . \tag{5.6}$$

Subtrahiert man Gl. (5.5) von Gl. (5.6), so wird

$$(x_2 - x_1) \cdot (1 + F_R \cdot F_S) = z \cdot F_S .$$

Bezeichnet man die Änderung $(x_2 - x_1)$ mit x, so erhält man

$$x \cdot (1 + F_R \cdot F_S) = z \cdot F_S .$$

Das Verhältnis $\dfrac{x}{z}$ wird als Störfrequenzgang $F_z$ bezeichnet.

$$F_z = \frac{x}{z} = \frac{F_S}{1 + F_R \cdot F_S} = \frac{1}{\dfrac{1}{F_S} + F_R} . \tag{5.7}$$

Der Frequenzgang der Regeleinrichtung ergibt sich aus Gl. (5.1) zu

$$F_R = \frac{y_R}{x_d} = K_p .$$

Für eine P-Strecke 1. Ordnung ist

$$F_S = \frac{x}{y_S} = \frac{K_S}{1 + T \cdot p} .$$

Setzt man $F_R$ und $F_S$ in Gl. (5.7) ein, so folgt:

$$F_z = \frac{x}{z} = \frac{K_S}{1 + T \cdot p + K_S \cdot K_p} \ . \tag{5.8}$$

Aus Gl. (5.8) erhält man

$$K_S \cdot z = (1 + K_S \cdot K_p) \cdot x + T \cdot p \cdot x$$

und daraus die Differentialgleichung

$$K_S \cdot z = (1 + K_S \cdot K_p) \cdot x + T \cdot \frac{dx}{dt}$$

bzw.

$$\frac{K_S}{1 + K_S \cdot K_p} \cdot z = x + \frac{T}{1 + K_S \cdot K_p} \cdot \frac{dx}{dt} \ .$$

Diese Differentialgleichung 1. Ordnung wurde bereits in den Abschnitten 2.2, 3.2.5, 4.2 behandelt. Für eine sprunghafte Störgröße $z(t) = z_0$ erhält man die Lösung:

$$x(t) = \frac{K_S}{1 + K_S \cdot K_p} \cdot z_0 \cdot \left(1 - e^{-\frac{t}{T_1}}\right),$$

wobei

$$T_1 = \frac{T}{1 + K_S \cdot K_p} \qquad \text{ist.}$$

Bei einer idealen Regeleinrichtung müßte die Regelgröße x beim Auftreten einer Störgröße z unverändert bleiben.

Wie Bild 5.7 zeigt tritt durch das Auftreten der Störgröße $z_0$ eine bleibende Regelabweichung

$$x_w(\infty) = \frac{K_S}{1 + K_S \cdot K_p} \cdot z_0 \tag{5.9}$$

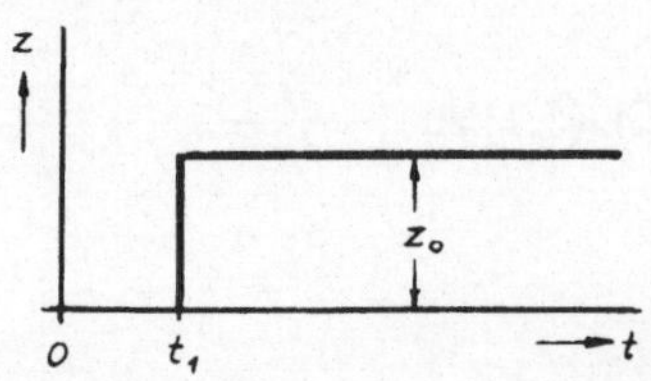
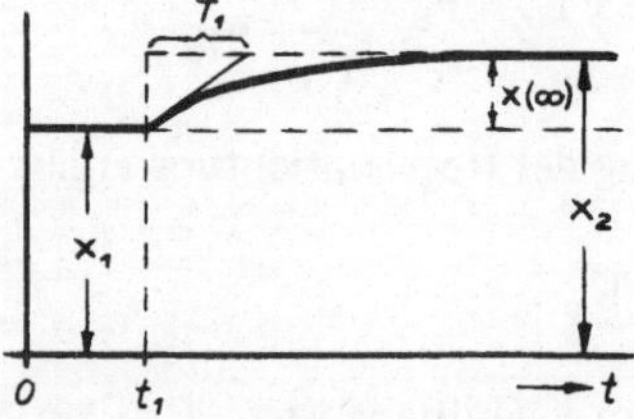

**Bild 5.7.** Störgrößensprung und Sprungantwort der Regelgröße x eines Regelkreises gebildet aus einer P-Regeleinrichtung und einer P-Strecke 1. Ordnung

auf. Diese bleibende Regelabweichung ist abhängig vom Proportionalbeiwert $K_p$.
Je größer $K_p$, desto kleiner wird $x_w(\infty)$. Für $K_p \to \infty$ geht $x_w(\infty) \to 0$. Hieraus ist
ersichtlich, daß eine P-Regeleinrichtung eine Störgröße zwar sehr schnell bekämpft,
aber den Einfluß der Störgröße nicht ganz beseitigen kann. Es bleibt immer eine
bleibende Regelabweichung vorhanden.
Ohne Regler, d.h. $F_R = K_p = 0$ würde folgende bleibende Regelabweichung auftreten:

$$x_w(\infty)_{OR} = z_0 \cdot K_S.$$

Das Verhältnis der bleibenden Regelabweichung mit Regeleinrichtung zu der ohne
Regeleinrichtung bezeichnet man als Regelfaktor

$$R = \frac{x_w(\infty)_{MR}}{x_w(\infty)_{OR}}.$$

Im vorliegenden Fall wird

$$R = \frac{1}{1 + K_S \cdot K_p}.$$

Ein Zahlenbeispiel soll den Unterschied zwischen geregelter und ungeregelter
Strecke beim Auftreten einer Störgröße $z_0$ veranschaulichen.

**Beispiel 5.1**

Folgende Frequenzgänge sind bekannt:

Regelstrecke

$$F_S = \frac{K_S}{1 + T \cdot p}, \quad \text{mit} \quad \begin{aligned} K_S &= 0{,}5 \\ T &= 2\text{ s} \end{aligned}$$

Regeleinrichtung

$$F_R = K_p = 20.$$

Wie groß ist die prozentuale Regelabweichung $x_w(\infty)/x_1$ bei einer auf die Stellgröße bezogenen prozentualen Störgröße $z_0/y_R = 20\,\%$? $x_1$ ist die Regelgröße bei
$z = 0$.

a) Ohne Regeleinrichtung ist für $z = 0$ $x_1 = y_R \cdot K_S$.
   Durch das Auftreten von $z = z_0$ wird

$$x_2 = K_S \cdot (y_R + z_0) = K_S \cdot (y_R + 0{,}2 \cdot y_R)$$

$$x_2 = x_1 + x_w(\infty) = 1{,}2\,y_R \cdot K_S$$

$$x_w(\infty) = x_2 - x_1 = 0{,}2 \cdot y_R \cdot K_S.$$

Die prozentuale Abweichung ist somit:

$$\frac{x_w\,(\infty)}{x_1} = 20\,\% \ .$$

b) Mit Regeleinrichtung ist nach Gl. (5.9)

$$x_w\,(\infty) = \frac{K_S}{1 + K_S \cdot K_p} \cdot z_0 = \frac{K_S \cdot 0{,}2 \cdot y_R}{1 + K_S \cdot K_p}$$

und die prozentuale Regelabweichung

$$\frac{x_w\,(\infty)}{x_1} = \frac{0{,}2 \cdot 100\,\%}{1 + K_S \cdot K_p} = \frac{20}{1 + 10}\,\% = 1{,}82\,\% \ .$$

Zur Berechnung des Beharrungszustandes ist die Zeitkonstante T ohne Bedeutung.
Entsprechend Bild 5.7 ist der zeitliche Verlauf der Regelgröße x eine e-Funktion
mit der Zeitkonstanten

$$T_1 = \frac{T}{1 + K_S \cdot K_p} = \frac{2s}{1 + 10} = 0{,}1818\,s \ .$$

Für den Regelfaktor erhält man

$$R = \frac{1}{1 + K_S \cdot K_p} = 0{,}0909 \ .$$

*Der Proportionalbereich $X_p$*

Anstelle des Proportionalbeiwertes $K_p$ einer Regeleinrichtung wird vielfach der
Proportionalbereich (P-Bereich) $X_p$ verwendet. Man versteht darunter die Regeldifferenz $x_d$, die notwendig ist, um das Stellglied von der einen in die andere End-
lage, d.h. über den Stellbereich $Y_h$, zu fahren. Bild 5.8 zeigt die Kennlinie einer
linearen P-Regeleinrichtung.

Aus Bild 5.8 entnimmt man

$$K_p = \frac{Y_h}{X_p}$$

bzw.

$$X_p = \frac{Y_h}{K_p} \ .$$

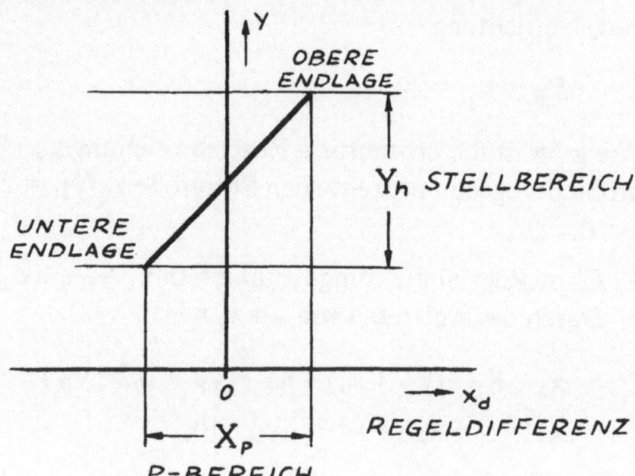


**Bild 5.8**
Kennlinie einer linearen
P-Regeleinrichtung

Der Proportionalbeiwert $K_p$ als auch der P-Bereich $X_p$ sind dimensionsbehaftet.
Bezieht man den P-Bereich auf den Regelbereich $X_h$ und multipliziert mit 100,
so erhält man den dimensionslosen bezogenen P-Bereich in Prozenten.

$$x_p = \frac{X_p}{X_h} \, 100 \, \% \, .$$

**Beispiel 5.2**

Die maximale Drehzahl eines Motors ist $3000 \, \text{min}^{-1}$. Ein Tachometergenerator
gibt eine der Drehzahl proportionale Spannung ab ($30 \, \text{V}$ bei $3000 \, \text{min}^{-1}$), die am
Eingang der Regeleinrichtung mit dem Sollwert verglichen wird. Der Sollwert des
Motors ist mit $x_S = 2000 \, \text{min}^{-1}$ vorgegeben. Die Verstärkung der Regeleinrichtung
sei zunächst so eingestellt, daß bei maximaler positiver Aussteuerung des Verstärkers die Drehzahl $n_2 = 2300 \, \text{min}^{-1}$ und bei maximaler negativer Aussteuerung
$n_1 = 1700 \, \text{min}^{-1}$ ist. Es ergibt sich der in Bild 5.9 gezeigte Zusammenhang. Der
Sollwert liegt meist in der Mitte des P-Bereichs.

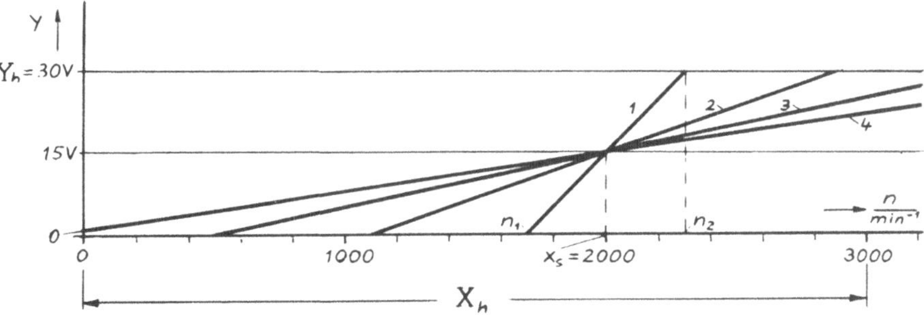


**Bild 5.9.** Kennlinien mit verschiedenen P-Bereichen

Für die Kennlinie 1 ist:

$$X_p = n_2 - n_1 = 600 \, \text{min}^{-1} ,$$

$$x_p = \frac{X_p}{X_h} \cdot 100 \, \% = \frac{600 \, \text{min}^{-1}}{3000 \, \text{min}^{-1}} \cdot 100 \, \% = 20 \, \% ,$$

$$K_p = \frac{Y_h}{X_p} = \frac{30 \, \text{V}}{600 \, \text{min}^{-1}} = 0,05 \, \text{V} \cdot \text{min} = 3 \, \text{V} \cdot \text{s} .$$

Für die Kennlinie 2 ist:

$$n_1 = 1100 \, \text{min}^{-1} ; \qquad n_2 = 2900 \, \text{min}^{-1} ,$$

$$X_p = n_2 - n_1 = 1800 \text{ min}^{-1} \;,$$

$$x_p = \frac{X_p}{X_h} \cdot 100\,\% = \frac{1800 \text{ min}^{-1}}{3000 \text{ min}^{-1}} \cdot 100\,\% = 60\,\% \;,$$

$$K_p = \frac{Y_h}{X_p} = \frac{30 \text{ V}}{1800 \text{ min}^{-1}} = 0{,}0167 \text{ V} \cdot \text{min} = 1 \text{ Vs} \;.$$

Für die Kennlinie 3 ist:

$$n_1 = 500 \text{ min}^{-1} \;; \qquad n_2 = 3500 \text{ min}^{-1} \;,$$

$$X_p = n_2 - n_1 = 3000 \text{ min}^{-1} \;,$$

$$x_p = \frac{X_p}{X_h} \cdot 100\,\% = \frac{3000 \text{ min}^{-1}}{3000 \text{ min}^{-1}} \cdot 100\,\% = 100\,\% \;,$$

$$K_p = \frac{Y_h}{X_p} = \frac{30 \text{ V}}{3000 \text{ min}^{-1}} = 0{,}01 \text{ V} \cdot \text{min} = 0{,}6 \text{ Vs} \;.$$

Für die Kennlinie 4 ist:

$$n_1 = -100 \text{ min}^{-1} \;; \qquad n_2 = 4100 \text{ min}^{-1} \;,$$

$$X_p = n_2 - n_1 = 4200 \text{ min}^{-1} \;,$$

$$x_p = \frac{X_p}{X_h} \cdot 100\,\% = \frac{4200 \text{ min}^{-1}}{3000 \text{ min}^{-1}} \cdot 100\,\% = 140\,\% \;,$$

$$K_p = \frac{Y_h}{X_p} = \frac{30 \text{ V}}{4200 \text{ min}^{-1}} = 0{,}00715 \text{ V} \cdot \text{min} = 0{,}428 \text{ Vs} \;.$$

## 5.1.2. I-Regeleinrichtungen

Die Bezeichnung I-Regeleinrichtung (integral wirkend) besagt, daß die Stellgrößen-
änderung $y_R$ proportional dem Zeitintegral der Regeldifferenz $x_d = w - x$ ist.

$$y_R = K_I \cdot \int x_d \cdot dt \tag{5.10}$$

oder

$$\frac{dy_R}{dt} = K_I \cdot x_d \;.$$

$K_I$ ist die Kenngröße der Regeleinrichtung und wird als Integrierbeiwert bezeichnet. Vielfach wird anstelle des Integrierbeiwertes $K_I$ die Integrierzeit $T_I$ verwendet. Diese erhält man aus dem reziproken Wert von $K_I$ durch Normierung auf den Stellbereich $Y_h$ und den Regelbereich $X_{hR}$ der Regeleinrichtung.

$$T_I = \frac{Y_h}{K_I \cdot X_{hR}} \; .$$

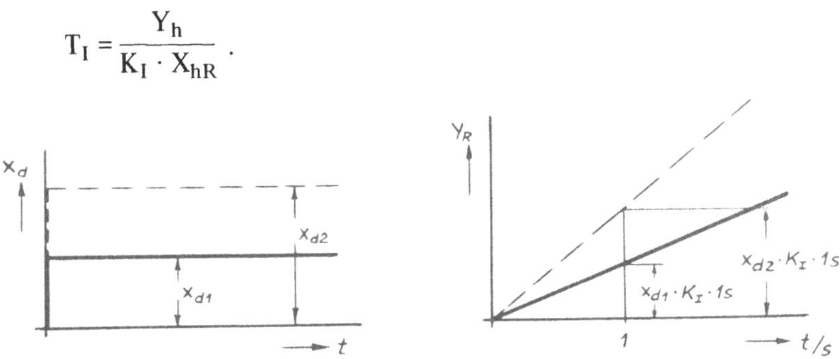

Bild 5.10. Eingangssprung und Sprungantwort einer I-Regeleinrichtung

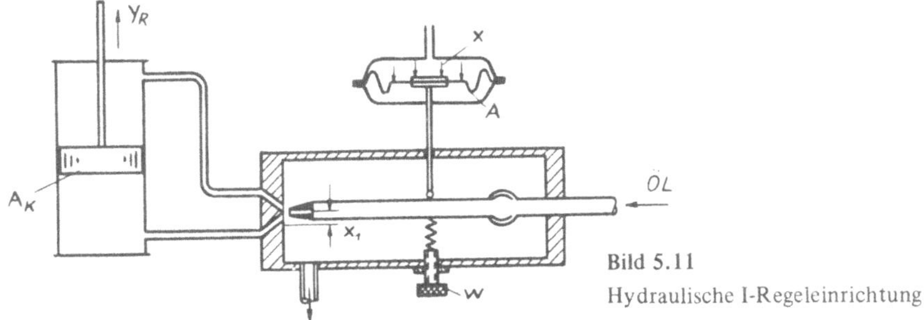

Bild 5.11
Hydraulische I-Regeleinrichtung

Bild 5.10 zeigt die Sprungantwort einer I-Regeleinrichtung. Die Stellgröße $y_R$ ändert sich mit konstanter Geschwindigkeit bei einer Sprungfunktion der Regeldifferenz $x_{d1}$. Bei doppelt so großem Sprung $x_{d2} = 2x_{d1}$ ändert sich die Stellgröße mit der doppelten Geschwindigkeit.

Bild 5.11 zeigt eine hydraulische I-Regeleinrichtung. Der Steuerkolben befindet sich im Beharrungszustand, wenn das Strahlrohr eine Symmetriestellung zu den beiden gegenüberliegenden Kanälen einnimmt. Dies ist der Fall, wenn die Regelgröße x (der Druck über der Membran) multipliziert mit der Membranfläche A gleich der Führungsgröße w (Federkraft) ist. Beim Auftreten einer Regeldifferenz $x_d$ erfolgt eine proportionale Auslenkung des Strahlrohres.

$$x_1 \sim x_d \; .$$

Erfolgt die Auslenkung z.B. nach unten, so wird bei konstanter zeitlicher Ölfördermenge die in den unteren Teil des Zylinders fließende Ölmenge proportional dem Zeitintegral der Auslenkung und damit der Regeldifferenz sein.

$$A_K \cdot y_R = K_I' \cdot \int x_d \cdot dt$$

oder

$$y_R = K_I \cdot \int x_d \cdot dt \,.$$

Als weiteres Beispiel einer I-Regeleinrichtung sei der in Bild 5.12 dargestellte Kompensationsschreiber beschrieben.

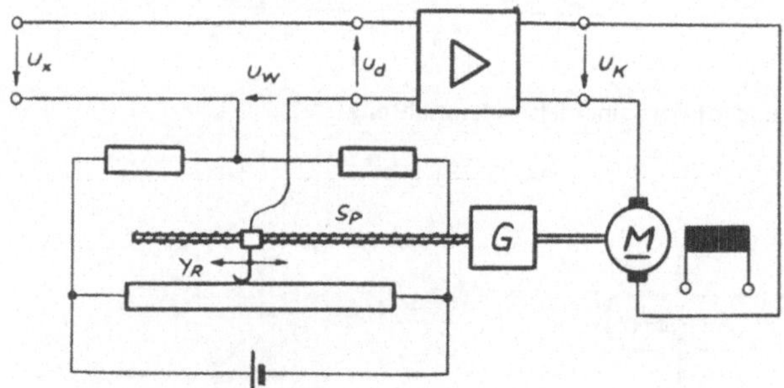


**Bild 5.12**
Kompensationsschreiber

Die zu registrierende Spannung $u_x$ wird mit einer Brückenspannung $u_w$ verglichen. Die Differenzspannung $u_d = u_w - u_x$ liegt am Eingang des Verstärkers, dessen Ausgangsspannung $u_K$ an die Ankerklemmen des Stellmotors geführt ist. Für $x_d = 0$ bzw. $u_x = u_w$ ist die Motorklemmenspannung $u_K = 0$, und der Motor befindet sich im Stillstand. Ist eine Differenzspannung $u_d$ vorhanden, so läuft der Motor und bewegt über das Getriebe G die Spindel Sp, die den Abgriff des Potentiometers verstellt. Die Motorklemmenspannung ist proportional der Differenzspannung.

$$u_K = V \cdot u_d \,.$$

$$V = \text{Verstärkungsgrad.}$$

Ferner ist die Motordrehzahl n proportional der Klemmenspannung $u_K$

$$u_K = c \cdot \Phi_0 \cdot n$$

bzw.

$$n = \frac{1}{c \cdot \Phi_0} \cdot u_K \,.$$

Daraus folgt

$$n = \frac{V}{c \cdot \Phi_0} \cdot u_d \; . \tag{5.11}$$

Der Spindelvorschub ist proportional dem Zeitintegral der Drehzahl n.

$$y_R = h \cdot \int n \cdot dt \tag{5.12}$$

mit h = Spindelsteigung in mm/Umdr.

Gl. (5.11) in Gl. (5.12) eingesetzt ergibt:

$$y_R = \frac{V \cdot h}{c \cdot \Phi_0} \cdot \int u_d \cdot dt$$

oder mit der Abkürzung

$$K_I = \frac{V \cdot h}{c \cdot \Phi_0} \; ,$$

$$y_R = K_I \cdot \int u_d \cdot dt$$

Die Spindel verstellt den Potentiometerabgriff so, daß die Differenzspannung $u_d$ Null wird. Für den Motor bedeutet das gewissermaßen eine Selbstmordschaltung.

## 5.1.2.1. I-Regeleinrichtung zur Regelung einer P-Strecke 1. Ordnung

Regelstrecke und Regeleinrichtung seien wieder zu einem Regelkreis gemäß Bild 5.6 zusammengeschaltet. Es soll das Verhalten der Regelgröße x beim Auftreten einer Störgröße z untersucht werden. Aus Gl. (5.10) ermittelt man den Frequenzgang der Regeleinrichtung zu:

$$F_R = \frac{y_R}{x_d} = \frac{K_I}{p} \; .$$

Eine P-Strecke 1. Ordnung hat den Frequenzgang

$$F_S = \frac{x}{y_S} = \frac{K_S}{1 + T \cdot p} \; .$$

In Abschnitt 5.1.1.1 wurde der Störfrequenzgang abgeleitet, der die Beziehung der Ausgangsgröße zur Eingangsgröße wiedergibt.

$$F_z = \frac{x}{z} = \frac{1}{\dfrac{1}{F_S} + F_R} \; .$$

Setzt man die Frequenzgänge der Regelstrecke und Regeleinrichtung in den Störfrequenzgang ein, so folgt:

$$F_z = \frac{x}{z} = \cfrac{1}{\cfrac{1+T\cdot p}{K_S} + \cfrac{K_I}{p}} = \frac{K_S \cdot p}{K_I \cdot K_S + p + T \cdot p^2} \; . \qquad (5.13)$$

Die Differentialgleichung erhält man aus Gl. (5.13) und liefert folgenden Zusammenhang

$$K_S \cdot p \cdot z = K_I \cdot K_S \cdot x + p \cdot x + T \cdot p^2 \cdot x,$$

$$K_S \cdot \frac{dz}{dt} = K_I \cdot K_S \cdot x + \frac{dx}{dt} + T \cdot \frac{d^2 x}{dt^2} \; .$$

Zur Diskussion des dynamischen Verhaltens wird die Differentialgleichung zweckmäßigerweise in folgende Form gebracht:

$$\frac{1}{K_I} \cdot \frac{dz}{dt} = x + \frac{1}{K_I \cdot K_S} \cdot \frac{dx}{dt} + \frac{T}{K_I \cdot K_S} \cdot \frac{d^2 x}{dt^2} \; ,$$

und mit den Abkürzungen

$$T_1 = \frac{1}{K_I \cdot K_S} \; ,$$

$$T_2^2 = \frac{T}{K_I \cdot K_S}$$

erhält man:

$$\frac{1}{K_I} \cdot \frac{dz}{dt} = x + T_1 \cdot \frac{dx}{dt} + T_2^2 \cdot \frac{d^2 x}{dt^2} \; . \qquad (5.14)$$

Für den Fall, daß die Störgröße sprunghaft auftritt ($z(t) = z_0$ = konstant) kann man
aus Gl. (5.14) folgendes erkennen:

Für $t \to \infty$ sind sämtliche Ableitungen Null und somit $x(\infty) = 0$. D.h. die Regelabweichung bzw. Regeldifferenz wird für $t \to \infty$ gleich Null.

Das dynamische Verhalten des Regelkreises wird durch die homogene Differentialgleichung (5.14) beschrieben. Einen ersten Überblick gibt der in Abschnitt 4.2 ab-
geleitete Dämpfungsgrad

$$D = \frac{T_1}{2 \cdot T_2} \; .$$

Er gibt an, ob der Regelkreis gedämpfte Schwingungen ausführt oder aperiodisches Verhalten zeigt. Für die vorliegende Regelstrecke wird:

$$D = \frac{T_1}{2 \cdot T_2} = \frac{1}{2 \cdot K_I \cdot K_S} \cdot \sqrt{\frac{K_I \cdot K_S}{T}} \ .$$

$$D = \frac{1}{2 \cdot \sqrt{K_I \cdot K_S \cdot T}} \ .$$

Der Vorteil der I-Regeleinrichtung besteht darin, daß nur eine vorübergehende keine bleibende Regelabweichung auftritt. Mit anderen Worten, trotz bestehender Störgröße wird nach abgeschlossenem Regelvorgang der Sollwert wieder erreicht. Nachteilig ist, daß mit zunehmendem I-Einfluß (größerem $K_I$) der Dämpfungsgrad kleiner wird. Die Differentialgleichung (5.14) soll mit Hilfe der Laplace-Transformation für folgende Kenngrößen gelöst werden:

$$K_I = 0{,}1 \, s^{-1} \, ,$$

$$K_S = 2 \, ,$$

$$T \ = 20 \, s \ .$$

Mit diesen Werten wird der Dämpfungsgrad

$$D = \frac{1}{2 \cdot \sqrt{0{,}1 \, s^{-1} \cdot 2 \cdot 20 \, s}} = 0{,}25$$

Das besagt, daß die Regelgröße beim Auftreten einer Störung gedämpfte Schwingungen ausführt. Für einen Störsprung

$$z_0 = 0{,}5 \cdot x_0 \ \left\{ \begin{array}{l} x_0 \text{ ist der Wert der Regelgröße } x \\[1em] \text{ohne Störung.} \end{array} \right.$$

erhält man als Lösung der Differentialgleichung (5.14) den Verlauf der vorübergehenden Regelabweichung. Es ergeben sich folgende Laplace-Transformierte:

$$L \left[ \frac{1}{K_I} \cdot \frac{dz}{dt} \right] = \frac{1}{K_I} \cdot p \cdot L \, [z] \ .$$

Für $z(t) = z_0$ wird $L \, [z_0] = \dfrac{z_0}{p}$ und damit

$$L \left[ \frac{1}{K_I} \cdot \frac{dz_0}{dt} \right] = \frac{1}{K_I} \cdot z_0 \ .$$

Ferner ist:

$$L\,[x] = L\,[x],$$

$$L\left[T_1 \cdot \frac{dx}{dt}\right] = T_1 \cdot p \cdot L\,[x]\,,$$

$$\cdot\,L\left[T_2^2 \cdot \frac{d^2x}{dt^2}\right] = T_2^2 \cdot p^2 \cdot L\,[x]\,.$$

Somit wird die Laplace-Transformierte von (5.14)

$$\frac{1}{K_I} \cdot z_0 = L\,[x] \cdot (1 + T_1 \cdot p + T_2^2 \cdot p^2)\,.$$

Nach L [x] umgeformt erhält man:

$$L\,[x] = \frac{z_0}{K_I} \cdot \frac{1}{1 + T_1 \cdot p + T_2^2 \cdot p^2}$$

bzw.

$$L\,[x] = \frac{z_0}{K_I \cdot T_2^2} \cdot \frac{1}{\dfrac{1}{T_2^2} + \dfrac{T_1}{T_2^2} \cdot p + p^2}\,. \tag{5.15}$$

Gl. (5.15) entspricht der Beziehung 9 der Korrespondenztabelle:

$$x(t) = \frac{z_0}{K_I \cdot T_2^2} \cdot \frac{1}{\omega} \cdot e^{-\alpha t} \cdot \sin\omega t$$

mit

$$\alpha = \frac{T_1}{2T_2^2} = \frac{K_I \cdot K_S}{2 \cdot K_I \cdot K_S \cdot T} = \frac{1}{2 \cdot T} = \frac{1}{40s}\,,$$

$$\beta^2 = \frac{1}{T_2^2} = \frac{K_I \cdot K_S}{T} = \frac{0{,}1\,s^{-1} \cdot 2}{20s} = \frac{1}{100s^2}\,,$$

$$\omega = \sqrt{\beta^2 - \alpha^2} = \sqrt{\frac{1}{100s^2} - \frac{1}{1600s^2}} = \sqrt{\frac{15}{1600s^2}}\,,$$

$$\omega = 0{,}097\,s^{-1}\,,$$

$$\frac{1}{K_I \cdot T_2^2 \cdot \omega} = \frac{1}{0{,}1\,s^{-1} \cdot 100s^2 \cdot 0{,}097\,s^{-1}} = 1{,}03\,.$$

Für die vorübergehende Regelabweichung erhält man somit die Gleichung im Zeitbereich

$$x(t) = 1{,}03 \cdot z_0 \cdot e^{-\frac{t}{40s}} \cdot \sin 0{,}097 \frac{t}{s}$$

bzw. bezogen auf den Beharrungszustand $x_0$

$$x(t) = 0{,}515 \cdot x_0 \cdot e^{-\frac{t}{40s}} \cdot \sin 0{,}097 \frac{t}{s} \; .$$

Bild 5.13 zeigt den zeitlichen Verlauf der vorübergehenden Regelabweichung.

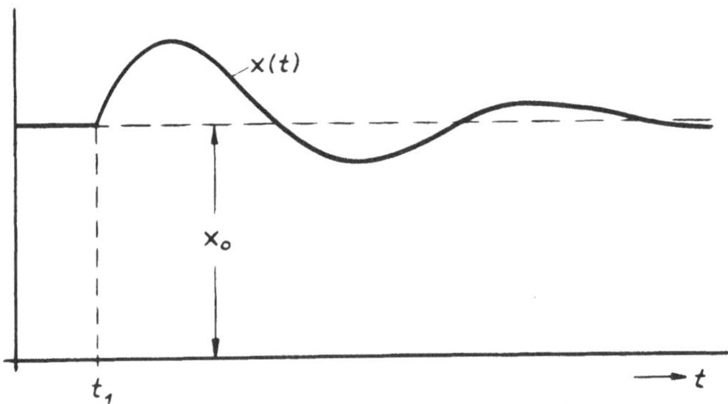


**Bild 5.13.** Vorübergehende Regelabweichung beim Auftreten eines Störsprunges $z_0 = 0{,}5 \cdot x_0$ zum Zeitpunkt $t_1$. (Regelkreis gebildet aus P-Strecke 1. Ordnung und I-Regeleinrichtung)

## 5.1.2.2. I-Regeleinrichtung zur Regelung einer I-Strecke

Daß eine I-Regeleinrichtung zur Regelung einer I-Strecke ungeeignet ist, kann man leicht einsehen. Der Frequenzgang der Regelstrecke lautet:

$$F_S = \frac{x}{y_S} = \frac{K_{IS}}{p}$$

und entsprechend für die Regeleinrichtung

$$F_R = \frac{y_R}{x_d} = \frac{K_{IR}}{p} \quad .$$

Gesucht ist das Verhalten der Regelgröße x beim Auftreten einer Störgröße z. Hierzu wird wieder der Störfrequenzgang (5.7) benutzt.

$$F_z = \frac{x}{z} = \frac{1}{\dfrac{1}{F_S} + F_R} = \frac{1}{\dfrac{p}{K_{IS}} + \dfrac{K_{IR}}{p}} \ ,$$

$$F_z = \frac{x}{z} = \frac{K_{IS} \cdot p}{K_{IS} \cdot K_{IR} + p^2}$$

bzw.

$$K_{IS} \cdot p \cdot z = K_{IS} \cdot K_{IR} \cdot x + p^2 \cdot x \ .$$

Daraus folgt die Differentialgleichung, indem $p = \dfrac{d}{dt}$ gesetzt wird.

$$K_{IS} \cdot \frac{dz}{dt} = K_{IS} \cdot K_{IR} \cdot x + \frac{d^2 x}{dt^2} \ ,$$

$$\frac{1}{K_{IR}} \cdot \frac{dz}{dt} = x + \frac{1}{K_{IS} \cdot K_{IR}} \cdot \frac{d^2 x}{dt^2} \ . \qquad (5.16)$$

Mit der Abkürzung

$$T_2^2 = \frac{1}{K_{IS} \cdot K_{IR}}$$

wird Gl. (5.16)

$$\frac{1}{K_{IR}} \cdot \frac{dz}{dt} = x + T_2^2 \cdot \frac{d^2 x}{dt^2} \ . \qquad (5.17)$$

In der homogenen Differentialgleichung (5.17) fehlt die 1. Ableitung und somit das dämpfende Glied. Der Dämpfungsgrad D wird Null, da $T_1 = 0$.

$$D = \frac{T_1}{2 \cdot T_2} = 0 \ .$$

Das bedeutet, daß die Regelgröße x nach einem äußeren Anstoß ungedämpfte Dauerschwingungen ausführt mit der Kreisfrequenz

$$\omega = \frac{1}{T_2} = \sqrt{K_{IS} \cdot K_{IR}} \ .$$

Hieraus ersieht man die Unmöglichkeit der Regelung einer I-Strecke mit einer I-Regeleinrichtung.

### 5.1.3. PI-Regeleinrichtung

Die Bezeichnung PI (proportional-integral-wirkend) besagt, daß die Ausgangsgröße
einer PI-Regeleinrichtung gleich der Addition der Ausgangsgröße einer P- und einer
I-Regeleinrichtung ist.

$$y_R = K_p \cdot x_d + K_I \cdot \int x_d \cdot dt .$$

Führt man

$$T_n = \frac{K_p}{K_I} ,$$

die sogenannte Nachstellzeit ein, so folgt

$$y_R = K_p \left[ x_d + \frac{1}{T_n} \cdot \int x_d \cdot dt \right]. \tag{5.18}$$

Bild 5.14 zeigt die Sprungantwort einer PI-Regeleinrichtung, die man ebenfalls aus
der Addition der P- und der I-Sprungantwort erhält.

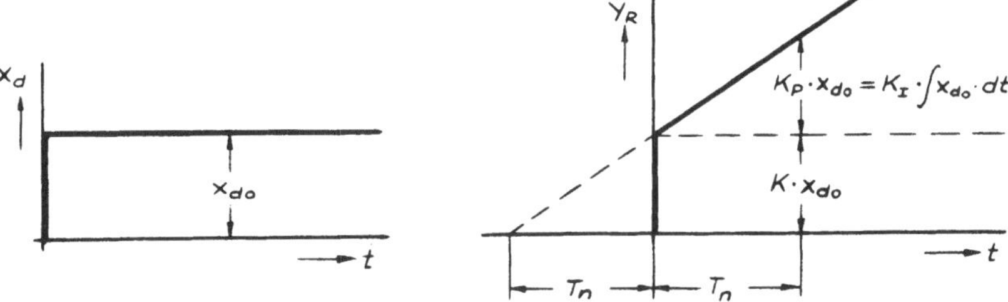


**Bild 5.14.** Eingangssprung und Sprungantwort einer PI-Regeleinrichtung

Die Nachstellzeit $T_n$ ist die Zeit, die der Integralanteil $K_I \cdot \int x_{do} \cdot dt$ benötigt, um
den gleichen Wert des P-Anteils $K_p \cdot x_{do}$ zu erreichen.

$$K_I \cdot \int x_{do} \cdot dt = K_p \cdot x_{do} .$$

Daraus folgt:

$$t = \frac{K_p}{K_I} = T_n .$$

*Frequenzgang und Ortskurve der PI-Regeleinrichtung*

Aus Gl. (5.18) folgt der Frequenzgang der PI-Regeleinrichtung

$$F_R = \frac{y_R}{x_d} = K_p + \frac{K_I}{p}$$

bzw.

$$F_R = \frac{y_R}{x_d} = K_p \left[ 1 + \frac{1}{T_n \cdot p} \right] . \qquad (5.19)$$

Setzt man $p = j\omega$, so erhält man:

$$F_R = K_p \cdot \left( 1 + \frac{1}{j\omega T_n} \right) ,$$

$$F_R = K_p \left( 1 - j\frac{1}{\omega T_n} \right) .$$

Daraus folgt:

$$Re(F_R) = K_p ,$$

$$Im(F_R) = -\frac{K_p}{\omega \cdot T_n} .$$

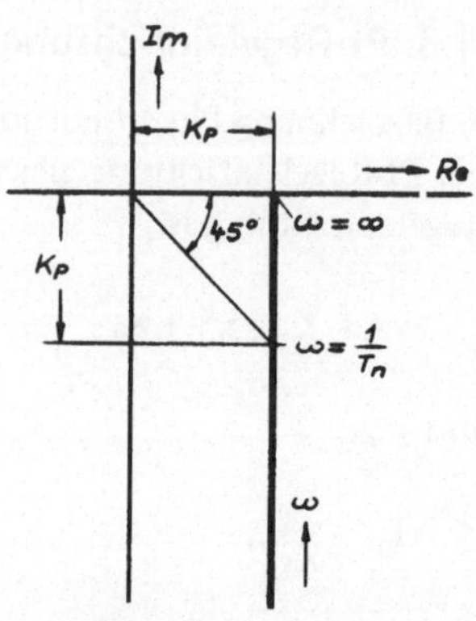

**Bild 5.15**
Ortskurve eines PI-Gliedes

Variiert man $\omega$ von $0 \ldots \infty$, so erhält man den in Bild 5.15 gezeigten Ortskurvenverlauf, eine Parallele zur negativ imaginären Achse.

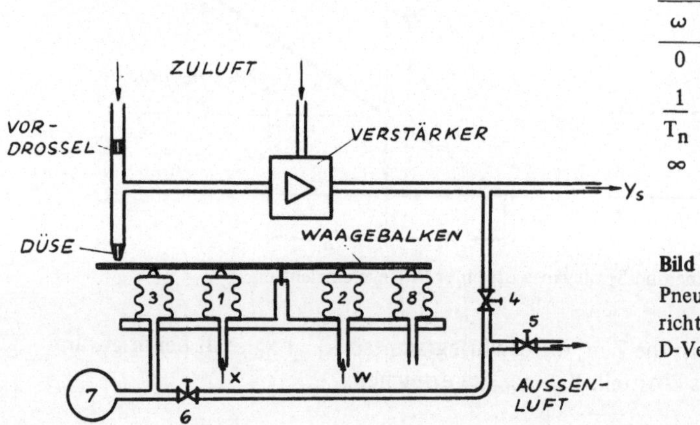


| $\omega$ | $Re(F_R)$ | $Im(F_R)$ |
|---|---|---|
| 0 | $K_p$ | $-\infty$ |
| $\dfrac{1}{T_n}$ | $K_p$ | $-K_p$ |
| $\infty$ | $K_p$ | 0 |

**Bild 5.16**
Pneumatische PI-Regeleinrichtung (Federbalg 8 für D-Verhalten vorgesehen)

Bild 5.16 zeigt eine pneumatische PI-Regeleinrichtung, in der das Zeitverhalten durch eine entsprechende Rückführung erreicht wird. Der Stelldruck $y_S$ wird durch den Abstand Düse-Prallplatte bestimmt. Bei einem sprunghaften Druckanstieg der Regelgröße x (w = konstant) drückt der Federbalg 1 den Waagebalken gegen die Düse und der Druck zwischen Düse und Vordrossel steigt an. Wegen des geringen Düsenquerschnitts ist dieser Druck zur unmittelbaren Stellgliedbetätigung ungeeignet. Zur Erhöhung der Luftleistung wird ein Volumenverstärker nachgeschaltet. Der Stelldruck $y_S$ ändert sich zunächst proportional zur Regelgrößenänderung, wirkt aber dann über die Drosseln 4 und 6 auf den Federbalg 3. Durch die Drosseln 4 und 5 wird der Druck $y_S$ auf einen für die Rückführung geeigneten Druck reduziert. Der zur Rückführung dienende Druck wird durch die Drossel 6 und den nachgeschalteten Speicherraum 7 nur verzögert in Balg 3 wirksam und steuert die Düse weiter zu. Die Sprungantwort hat den Verlauf eines verzögerten PI-Gliedes (Bild 5.17).

Die Differentialgleichung (5.18) enthält bei einer PI-Regeleinrichtung mit Verzögerung 1. Ordnung noch ein Glied mit der 1. Ableitung der Stellgröße $y_R$.

$$T \cdot \frac{dy_R}{dt} + y_R = K_P \cdot \left[ x_d + \frac{1}{T_n} \cdot \int x_d \cdot dt \right]. \quad (5.20)$$

Daraus findet man den Frequenzgang

$$y_R (T \cdot p + 1) = x_d \cdot K_p \cdot \left( 1 + \frac{1}{T_n \cdot p} \right),$$

$$F_R = \frac{y_R}{x_d} = K_p \cdot \frac{1 + \dfrac{1}{T_n \cdot p}}{1 + T \cdot p}$$

$$F_R = K_p \cdot \frac{1 + T_n \cdot p}{T_n \cdot p\,(1 + T \cdot p)} \cdot \quad (5.21)$$

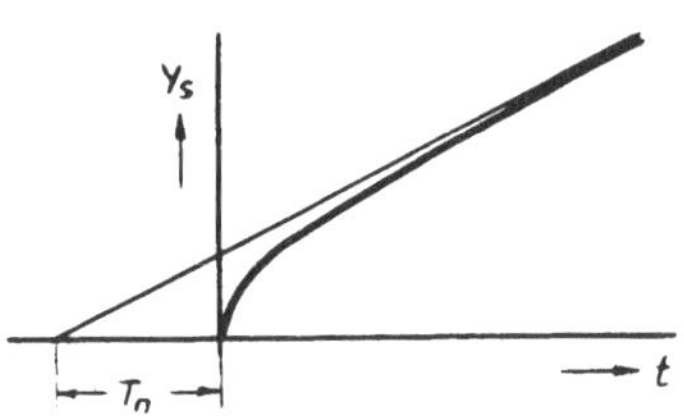


**Bild 5.17**
Sprungantwort eines PI-Gliedes mit
Verzögerung 1. Ordnung

## 5.1.3.1. PI-Regeleinrichtung zur Regelung einer P-Strecke 1. Ordnung

Anhand des Blockschaltbildes (Bild 5.18) soll das Verhalten der Regelgröße x beim Auftreten einer Störgröße z behandelt werden.

Aus Gl. (5.18) findet man den Frequenzgang der PI-Regeleinrichtung

$$F_R = \frac{y_R}{x_d} = K_p + \frac{K_I}{p} \cdot \qquad\qquad (5.22)$$

Der Frequenzgang einer P-Strecke mit Verzögerung 1. Ordnung lautet:

$$F_S = \frac{x}{y_S} = \frac{K_S}{1 + T \cdot p} \cdot$$

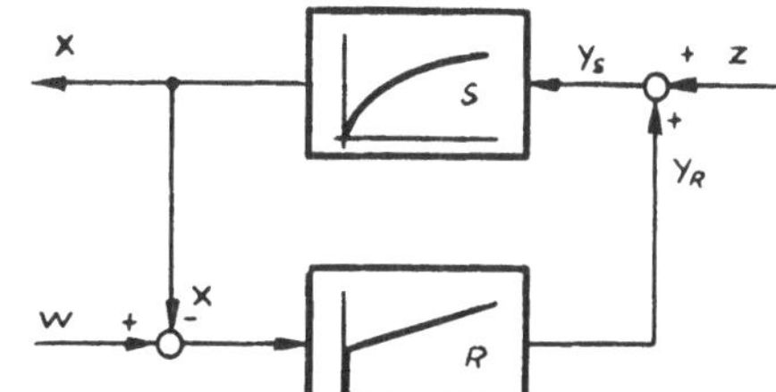


**Bild 5.18**
Regelkreis bestehend aus einer P-Strecke
1. Ordnung und einer PI-Regeleinrichtung

9 Reuter

Mit Hilfe des Störfrequenzganges (5.7) ergibt sich:

$$F_z = \frac{x}{z} = \frac{1}{\dfrac{1}{F_S} + F_R} = \frac{1}{\dfrac{1 + T \cdot p}{K_S} + K_p + \dfrac{K_I}{p}} \; ,$$

$$F_z = \frac{x}{z} = \frac{K_S \cdot p}{K_S \cdot K_I + (K_p \cdot K_S + 1) \cdot p + T \cdot p^2} \; .$$

Daraus folgt:

$$K_S \cdot p \cdot z = K_S \cdot K_I \cdot x + (K_p \cdot K_S + 1) \cdot p \cdot x + T \cdot p^2 \cdot x \; .$$

Setzt man für p wiederum $\dfrac{d}{dt}$, so gelangt man zur folgenden Differentialgleichung:

$$K_S \cdot \frac{dz}{dt} = K_S \cdot K_I \, x + (K_p \cdot K_S + 1) \cdot \frac{dx}{dt} + T \cdot \frac{d^2 x}{dt^2}$$

bzw.

$$\frac{1}{K_I} \cdot \frac{dz}{dt} = x + \frac{K_p \cdot K_S + 1}{K_S \cdot K_I} \cdot \frac{dx}{dt} + \frac{T}{K_S \cdot K_I} \cdot \frac{d^2 x}{dt^2} \; .$$

Führt man noch die Abkürzungen

$$T_1 = \frac{K_p \cdot K_S + 1}{K_S \cdot K_I}$$

und

$$T_2^2 = \frac{T}{K_S \cdot K_I}$$

ein, so folgt:

$$\frac{1}{K_I} \cdot \frac{dz}{dt} = x + T_1 \cdot \frac{dx}{dt} + T_2^2 \cdot \frac{d^2 x}{dt^2} \; . \tag{5.23}$$

Gl. (5.23) hat den gleichen Aufbau wie Gl. (5.14) bei der Regelung mittels einer
I-Regeleinrichtung. Jedoch sieht man, daß der Dämpfungsgrad der PI-Regeleinrichtung größer ist als der der I-Regeleinrichtung.

$$D = \frac{T_1}{2 T_2} = \frac{K_p \cdot K_S + 1}{2 \cdot K_S \cdot K_I} \sqrt{\frac{K_S \cdot K_I}{T}} \; ,$$

$$D = \frac{K_p \cdot K_S + 1}{2 \cdot \sqrt{K_S \cdot K_I \cdot T}} \; .$$

Unter Verwendung der gleichen Kenngrößen wie in Abschnitt 5.1.2.1:

$$K_I = 0,1 \, s^{-1},$$

$$K_S = 2,$$

$$T = 20 \, s$$

und der zusätzlichen Annahme $K_p = 2$ wird

$$D = \frac{2 \cdot 2 + 1}{2 \cdot \sqrt{2 \cdot 0,1 \, s^{-1} \cdot 20 \, s}} = \frac{5}{4}$$

$$D = 1,25 \, .$$

D.h. es liegt ein aperiodisches Einschwingverhalten vor, es treten im Gegensatz zur reinen I-Regeleinrichtung keine gedämpften Schwingungen auf. Durch den I-Anteil tritt, wie bei der I-Regeleinrichtung nur eine vorübergehende Regelabweichung auf. Zusammenfassend kann gesagt werden, daß die PI-Regeleinrichtung die Vorteile der P- und I-Regeleinrichtung in sich vereinigt, ohne deren Nachteile (bleibende Regelabweichung bzw. Schwingungen) aufzuweisen. Bei Strecken höherer Ordnung kann es natürlich auch zu gedämpften Schwingungen oder sogar Instabilität kommen.

Es soll nun noch die Sprungantwort aus der Differentialgleichung (5.23) mittels Laplace-Transformation für

$$z_0 = 0,5 \cdot x_0$$

ermittelt werden. $x_0$ ist der Wert der Regelgröße $x$ ohne Störung.

Es ergeben sich folgende Laplace-Transformierte von Gl. (5.23):

$$L \left[ \frac{1}{K_I} \cdot \frac{dz}{dt} \right] = \frac{1}{K_I} \cdot p \cdot L \, [z] \, .$$

Für $z(t) = z_0$ wird:

$$L \, [z_0] = \frac{1}{p} \cdot z_0$$

und somit

$$L \left[ \frac{1}{K_I} \cdot \frac{dz_0}{dt} \right] = \frac{1}{K_I} \cdot z_0 \, .$$

Ferner ist:

$$L\,[x] = L\,[x]$$

$$L\left[T_1 \cdot \frac{dx}{dt}\right] = T_1 \cdot p \cdot L\,[x]$$

$$L\left[T_2^2 \cdot \frac{d^2x}{dt^2}\right] = T_2^2 \cdot p^2 \cdot L\,[x].$$

Mit diesen Beziehungen wird die Laplace-Transformierte von Gl. (5.23):

$$\frac{1}{K_I} \cdot z_0 = L\,[x] \cdot (1 + T_1 \cdot p + T_2^2 \cdot p^2)$$

bzw.

$$L\,[x] = \frac{z_0}{K_I} \cdot \frac{1}{1 + T_1 \cdot p + T_2^2 \cdot p^2}\,.$$

Dividiert man den Nenner durch $T_2^2$, so gelangt man zur Beziehung 9 der Korrespondenztabelle.

$$L\,[x] = \frac{z_0}{K_I \cdot T_2^2} \cdot \frac{1}{\dfrac{1}{T_2^2} + \dfrac{T_1}{T_2^2} \cdot p + p^2}\,, \qquad\qquad (5.24)$$

mit

$$\alpha = \frac{T_1}{2T_2^2} = \frac{K_p \cdot K_S + 1}{2\,K_S \cdot K_I} \cdot \frac{K_S \cdot K_I}{T} = \frac{K_p \cdot K_S + 1}{2 \cdot T}$$

$$= \frac{2 \cdot 2 + 1}{2 \cdot 20\,s} = \frac{5}{40\,s} = \frac{1}{8\,s} = 0{,}125\,s^{-1}\,,$$

$$\beta^2 = \frac{1}{T_2^2} = \frac{K_S \cdot K_I}{T} = \frac{2 \cdot 0{,}1\,s^{-1}}{20\,s} = \frac{1}{100\,s^2}\,,$$

$$w = \sqrt{\alpha^2 - \beta^2} = \sqrt{\frac{1}{64\,s^2} - \frac{1}{100\,s^2}} = \frac{1}{80\,s}\sqrt{36}\,,$$

$$w = \frac{6}{80\,s} = 0{,}075\,s^{-1}\,,$$

$$p_1 = -\alpha + w = -0{,}05\,s^{-1}$$

$$p_2 = -\alpha - w = -0{,}2\,s^{-1}$$

Aus der Korrespondenztabelle (Beziehung 9) findet man zu Gl. (5.24) die Gleichung der Sprungantwort im Zeitbereich

$$x(t) = \frac{z_0}{K_I \cdot T_2^2} \frac{1}{2 \cdot W} \left( e^{p_1 \cdot t} - e^{p_2 \cdot t} \right),$$

$$x(t) = 0{,}67 \cdot z_0 \cdot \left( e^{-\frac{t}{20s}} - e^{-\frac{t}{5s}} \right),$$

$$x(t) = 0{,}33 \cdot x_0 \cdot \left( e^{-\frac{t}{20s}} - e^{-\frac{t}{5s}} \right). \tag{5.25}$$

Bild 5.19 zeigt den zeitlichen Verlauf der vorübergehenden Regelabweichungen.

Der Vergleich der beiden Bilder 5.13 und 5.19 zeigt deutlich den Vorteil der PI- gegenüber der I-Regeleinrichtung.

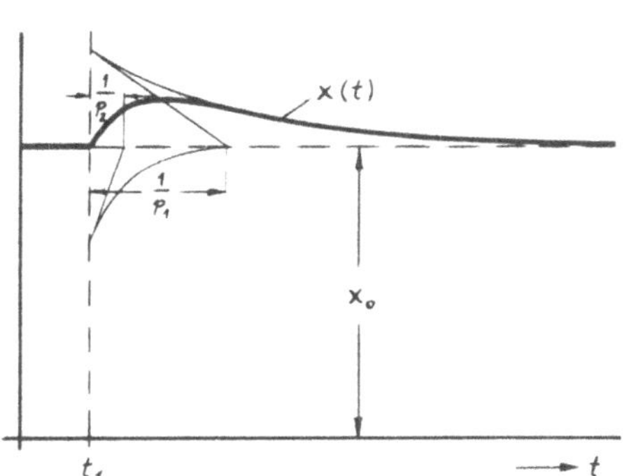

**Bild 5.19**
Vorübergehende Regelabweichung beim Auftreten eines Störsprunges $z_0 = 0{,}5 \cdot x_0$ zum Zeitpunkt $t_1$

## 5.1.3.2. PI-Regeleinrichtung zur Regelung einer I-Strecke

An die Stelle der P-Strecke 1. Ordnung in Bild 5.18 tritt nun eine I-Regelstrecke mit dem Frequenzgang

$$F_S = \frac{x}{y_S} = \frac{K_{IS}}{p}.$$

Der Frequenzgang der PI-Regeleinrichtung ist gegeben durch Gl. (5.22)

$$F_R = \frac{y_R}{x_d} = K_p + \frac{K_{IR}}{p}.$$

In Abschnitt 5.1.2.3 wurde gezeigt, daß die Regelung einer I-Strecke mit einer I-Regeleinrichtung unmöglich ist, da der Dämpfungsgrad gleich Null ist. Setzt man $F_S$ und $F_R$ in den Störfrequenzgang (5.7) ein, so folgt:

$$F_z = \frac{x}{z} = \frac{1}{\dfrac{1}{F_S} + F_R} = \frac{1}{\dfrac{p}{K_{IS}} + K_p + \dfrac{K_{IR}}{p}},$$

$$F_z = \frac{x}{z} = \frac{K_{IS} \cdot p}{K_{IR} \cdot K_{IS} + K_{IS} \cdot K_p \cdot p + p^2}.$$

Die Differentialgleichung erhält man, indem $p = \dfrac{d}{dt}$ gesetzt wird.

$$K_{IS} \cdot p \cdot z = K_{IR} \cdot K_{IS} \cdot x + K_{IS} \cdot K_p \cdot p \cdot x + p^2 \cdot x,$$

$$K_{IS} \cdot \frac{dz}{dt} = K_{IR} \cdot K_{IS} \cdot x + K_{IS} \cdot K_p \cdot \frac{dx}{dt} + \frac{d^2 x}{dt^2} \, ,$$

bzw.

$$\frac{1}{K_{IR}} \cdot \frac{dz}{dt} = x + \underbrace{\frac{K_p}{K_{IR}} \cdot \frac{dx}{dt}}_{T_1} + \underbrace{\frac{1}{K_{IR} \cdot K_{IS}} \cdot \frac{d^2 x}{dt^2}}_{T_2^2} .$$

Der Dämpfungsgrad eines solchen Regelkreises (I-Strecke mit PI-Regeleinrichtung)
ist ungleich Null.

$$D = \frac{T_1}{2 \cdot T_2} = \frac{K_p}{2 \cdot K_{IR}} \sqrt{K_{IR} \cdot K_{IS}} \, ,$$

$$D = \frac{K_p}{2} \sqrt{\frac{K_{IS}}{K_{IR}}} \, . \tag{5.26}$$

Aus Gl. (5.26) ist ersichtlich, daß für eine I-Regeleinrichtung $D = 0$ wird, da $K_p = 0$
ist, wie bereits in Abschnitt 5.1.2.3 abgeleitet. Auch hier zeigt sich der Vorteil der
PI- gegenüber der I-Regeleinrichtung. Während erstere im Zusammenwirken mit
einer I-Strecke nur gedämpfte Schwingungen ausführen kann, führt die zweite mit
einer I-Strecke zu unvertretbaren Dauerschwingungen.

## 5.1.4. D-Regeleinrichtungen

Eine D-Regeleinrichtung allein ist zur Regelung ungeeignet. Allerdings kombiniert
man den D-Einfluß vielfach mit anderen Zeitverhalten und gelangt so zu Regeleinrichtungen mit PD- bzw. PID-Verhalten.
Bei der D-Regelung ist die Stellgröße $y_R$ proportional dem Differential der Regeldifferenz $\dfrac{dx_d}{dt}$.

$$y_R = K_D \cdot \frac{dx_d}{dt} \, , \tag{5.27}$$

mit $K_D = $ Differenzierbeiwert.

Gibt man auf den Eingang einer solchen Regeleinrichtung eine Sprungfunktion $x_d(t) = x_{do} = $ konstant, so ist:

$$\text{Für} \quad t = 0 \quad \frac{dx_d}{dt} = \infty$$

und

$$\text{für} \quad t > 0 \quad \frac{dx_d}{dt} = 0.$$

Die Sprungantwort hat folglich den in Bild 5.20 gezeigten Verlauf.

Der Frequenzgang ergibt sich aus Gl. (5.27) zu:

$$F_R = \frac{y_R}{x_d} = K_D \cdot p \, . \tag{5.28}$$

Die Ortskurve ist identisch mit der positiv imaginären Achse und beginnt mit $\omega = 0$ im Ursprung und endet für $\omega \to \infty$ im Unendlichen.

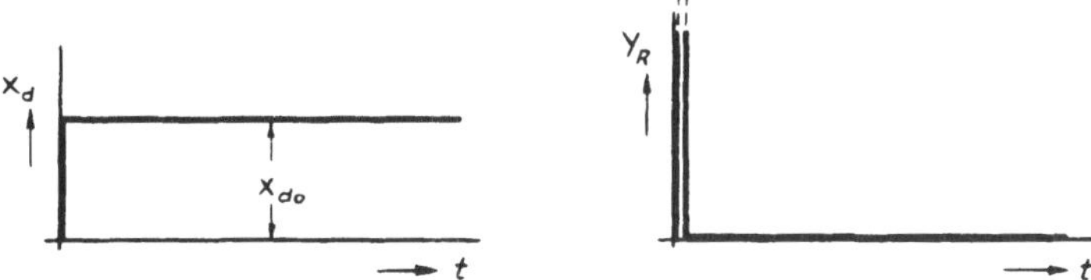


**Bild 5.20.** Eingangssprung und Sprungantwort einer D-Regeleinrichtung

## 5.1.5. PD-Regeleinrichtung

Bei der PD-Regeleinrichtung entspricht die Stellgröße $y_R$ einer Addition der Ausgangsgrößen einer P- und einer D-Regeleinrichtung. Die Differentialgleichung lautet demzufolge:

$$y_R = K_p \cdot x_d + K_D \cdot \frac{dx_d}{dt} \tag{5.29}$$

bzw.

$$y_R = K_p \cdot \left[ x_d + \frac{K_D}{K_p} \cdot \frac{dx_d}{dt} \right]$$

Den Quotienten $\dfrac{K_D}{K_p}$ bezeichnet man als die Vorhaltzeit $T_v$, so daß man auch schreiben kann: $\cdot$

$$y_R = K_p \left[ x_d + T_v \cdot \frac{dx_d}{dt} \right] \, .$$

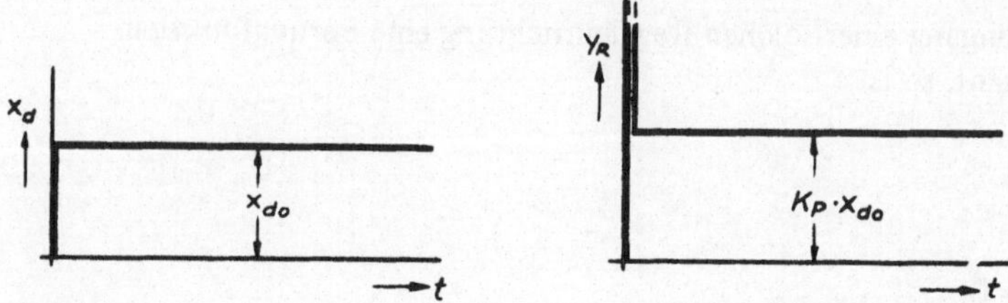

**Bild 5.21.** Eingangssprung und Sprungantwort einer PD-Regeleinrichtung

Die Sprungantwort einer PD-Regeleinrichtung hat den in Bild 5.21 gezeigten Verlauf, denn:

$$\text{Für} \quad t = 0 \quad \text{ist} \quad \frac{dx_d}{dt} = \infty$$

und

$$\text{für} \quad t > 0 \quad \text{ist} \quad \frac{dx_d}{dt} = 0.$$

Der Frequenzgang der PD-Regeleinrichtung folgt aus Gl. (5.29):

$$F_R = \frac{y_R}{x_d} = K_p + K_D \cdot p .  \tag{5.30}$$

Setzt man in Gl. (5.30) $p = j\omega$, so findet man:

$$\text{Re}(F_R) = K_p ,$$
$$\text{Im}(F_R) = K_D \cdot \omega.$$

Durch Variation von $\omega$ im Bereich $0 \ldots \infty$ erhält man die in Bild 5.22 dargestellte Ortskurve.

Bild 5.23 zeigt eine Transistorverstärkerstufe mit dem Verstärkungsgrad

$$\frac{y_R}{x_2} = - V.  \tag{5.31}$$

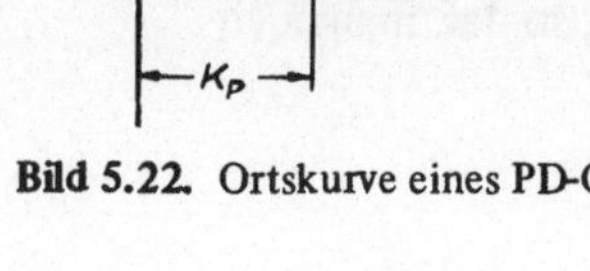

**Bild 5.22.** Ortskurve eines PD-Gliedes

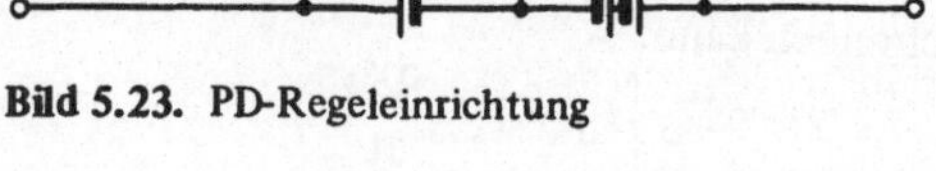

**Bild 5.23.** PD-Regeleinrichtung

Durch die RC-Kombination im Eingangskreis erhält die Regeleinrichtung PD-Verhalten.

Für den Spannungsteiler im Eingangskreis gilt:

$$x_2 = x_d \cdot \cfrac{R_2}{\cfrac{R_1 \cdot \cfrac{1}{j\omega C}}{R_1 + \cfrac{1}{j\omega C}} + R_2} = x_d \, \frac{R_2 \cdot (1 + j\omega C \cdot R_1)}{R_1 + R_2 + j\omega C \cdot R_1 \cdot R_2} \, ,$$

$$x_2 = x_d \cdot \frac{R_2}{R_1 + R_2} \cdot \frac{1 + j\omega C \cdot R_1}{1 + j\omega C \cdot \dfrac{R_1 \cdot R_2}{R_1 + R_2}} \, .$$

Führt man folgende Abkürzungen ein:

$$T_v = C \cdot R_1$$

und

$$T = C \cdot \frac{R_1 \cdot R_2}{R_1 + R_2} \, ,$$

so wird:

$$x_2 = x_d \cdot \frac{R_2}{R_1 + R_2} \cdot \frac{1 + p \cdot T_v}{1 + p \cdot T} \, .$$

Aus Gl. (5.31) folgt:

$$-\frac{y_R}{V} = x_2 = x_d \cdot \frac{R_2}{R_1 + R_2} \cdot \frac{1 + p \cdot T_v}{1 + p \cdot T} \, .$$

Mit

$$K_p = - V \cdot \frac{R_2}{R_1 + R_2}$$

ergibt sich

$$y_R = x_d \cdot K_P \cdot \frac{1 + p \cdot T_v}{1 + p \cdot T} \quad \longrightarrow \quad F_R = \frac{y_R}{x_d} = K_p \cdot \frac{1 + p \cdot T_v}{1 + p \cdot T}$$

bzw.

$$y_R \cdot (1 + p \cdot T) = x_d \cdot K_p \cdot (1 + p \cdot T_v).$$

Setzt man $p = \dfrac{d}{dt}$ , so ergibt sich die Differentialgleichung der Regeleinrichtung

$$y_R + T \cdot \frac{dy_R}{dt} = K_p \left[ x_d + T_v \cdot \frac{dx_d}{dt} \right] . \tag{5.32}$$

Gl. (5.32) ist die Differentialgleichung einer PD-Regeleinrichtung mit Verzögerung
1. Ordnung. Gegenüber Gl. (5.29) (PD-Regeleinrichtung ohne Verzögerung) weist
Gl. (5.32) auf der linken Seite zusätzlich ein Glied mit der ersten Ableitung der
Stellgröße auf. Hierdurch nimmt $y_R$ für t = 0 keinen unendlichen sondern einen
endlichen Wert an. Die Sprungantwort erhält man auf einfache Weise mit Hilfe
der Laplace-Transformation.

Aus Gl. (5.32) ergeben sich folgende Laplace-Transformierte.

$$L\,[y_R] = L\,[y_R],$$

$$L\left[T \cdot \frac{dy_R}{dt}\right] = T \cdot p \cdot L\,[y_R],$$

$$L\,[K_p \cdot x_d] = K_p \cdot L\,[x_d],$$

$$L\left[K_p \cdot T_v \cdot \frac{dx_d}{dt}\right] = K_p \cdot T_v \cdot p \cdot L\,[x_d]\,.$$

Nun ist $x_d(t) = x_{d0}$

$$L\,[x_{d0}] = \frac{x_{d0}}{p}\;.$$

Aufgrund dieser Beziehungen erhält man die Laplace-Transformierte von Gl. (5.32).

$$L\,[y_R]\,(1 + T \cdot p) = K_p \cdot \frac{x_{d0}}{p} \cdot (1 + T_v \cdot p)\,,$$

$$L\,[y_R] = K_p \cdot \frac{x_{d0}}{p} \cdot \frac{1 + T_v \cdot p}{1 + T \cdot p}\,,$$

$$L\,[y_R] = K_p \cdot x_{d0} \cdot \left[\frac{1}{p \cdot (1 + T \cdot p)} + \frac{T_v}{1 + T \cdot p}\right],$$

$$L\,[y_R] = \frac{K_p \cdot x_{d0}}{T} \cdot \left[\frac{1}{p \cdot \left(\frac{1}{T} + p\right)} + \frac{T_v}{\frac{1}{T} + p}\right].$$

Unter Verwendung der Beziehungen 3 und 4 der Korrespondenztabelle erhält
man die Gleichung der Sprungantwort im Zeitbereich.

$$y_R(t) = \frac{K_p \cdot x_{d0}}{T} \cdot \left[T\left(1 - e^{-\frac{t}{T}}\right) + T_v \cdot e^{-\frac{t}{T}}\right],$$

$$y_R(t) = K_p \cdot x_{d0}\left[1 - e^{-\frac{t}{T}} \cdot \left(1 - \frac{T_v}{T}\right)\right].$$

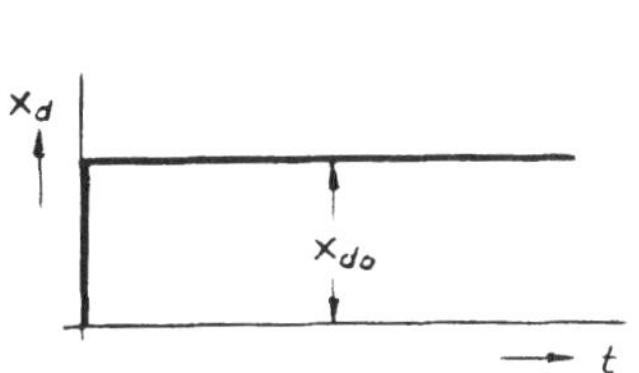
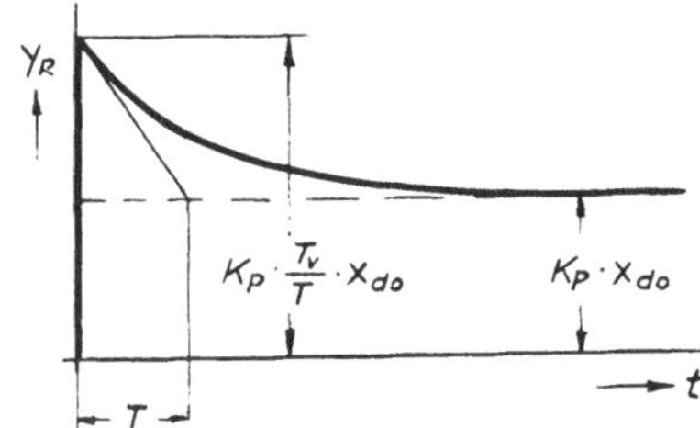

**Bild 5.24.** Eingangssprung und Sprungantwort einer PD-Regeleinrichtung mit Verzögerung
1. Ordnung

Bild 5.24 zeigt die Sprungantwort einer PD-Regeleinrichtung mit Verzögerung
1. Ordnung.

### 5.1.5.1. PD-Regeleinrichtung zur Regelung einer P-Strecke 1. Ordnung

Eine P-Strecke soll gemäß Bild 5.25 von einer PD-Regeleinrichtung (ohne Verzögerung) geregelt werden.
Gegeben ist der Frequenzgang der PD-Regeleinrichtung entsprechend Gl. (5.30)

$$F_R = \frac{y_R}{x_d} = K_p + K_D \cdot p \; .$$

Der Frequenzgang der P-Strecke
1. Ordnung lautet:

$$F_S = \frac{x}{y_S} = \frac{K_S}{1 + T \cdot p} \; .$$

Um den Einfluß einer Störgröße z
auf die Regelgröße x zu ermitteln,
wird der Störfrequenzgang (5.7)
benutzt.

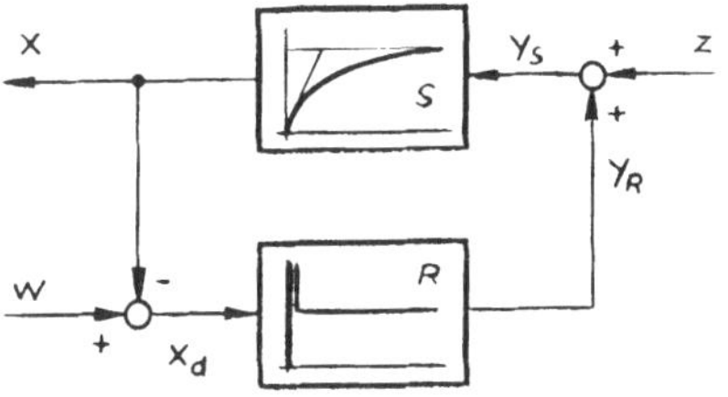

**Bild 5.25**

Regelkreis gebildet aus einer P-Strecke
1. Ordnung und einer PD-Regeleinrichtung

$$F_z = \frac{x}{z} = \frac{1}{\dfrac{1}{F_S} + F_R}$$

Setzt man die Frequenzgänge $F_S$ und $F_R$ in $F_z$ ein, so folgt:

$$F_z = \frac{x}{z} = \frac{1}{\dfrac{1 + T \cdot p}{K_S} + K_p + K_D \cdot p} \; ,$$

$$F_z = \frac{x}{z} = \frac{K_S}{(1 + K_p \cdot K_S) + (T + K_S \cdot K_D)\, p}$$

oder

$$K_S \cdot z = (1 + K_S \cdot K_p)\, x + (T + K_S \cdot K_D) \cdot p \cdot x,$$

$$z \cdot \frac{K_S}{1 + K_S \cdot K_p} = x + \frac{T + K_S \cdot K_D}{1 + K_S \cdot K_p} \cdot p \cdot x \;.$$

Hieraus folgt die Differentialgleichung der bleibenden Regelabweichung, indem $p = \dfrac{d}{dt}$ gesetzt wird.

$$z \cdot \frac{K_S}{1 + K_S \cdot K_p} = x + \frac{T + K_S \cdot K_D}{1 + K_S \cdot K_p} \cdot \frac{dx}{dt} \;. \qquad (5.33)$$

Tritt ein Störgrößensprung $z_0$ auf,

so wird für $t \to \infty$ $\dfrac{dx}{dt} = 0$ und damit

im Beharrungszustand die bleibende Regelabweichung

$$x_w\,(\infty) = z_0 \cdot \frac{K_S}{1 + K_S \cdot K_p} \;.$$

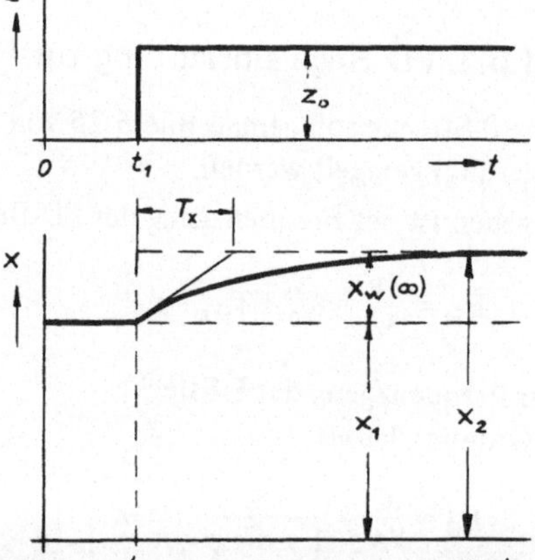


**Bild 5.26**

Störgrößensprung und Sprungantwort der
Regelgröße x eines Regelkreises gebildet aus
einer PD-Regeleinrichtung und einer P-Strecke
1. Ordnung

Die Gleichung der Sprungantwort, d.h. die Lösung der Differentialgleichung
1. Ordnung (5.33), hat folgende Form:

$$x(t) = z_0 \cdot \frac{K_S}{1 + K_S \cdot K_p} \cdot \left(1 - e^{-\frac{t}{T_x}}\right),$$

mit

$$T_x = \frac{T + K_S \cdot K_D}{1 + K_S \cdot K_p} \;.$$

Aus dem zeitlichen Verlauf der Sprungantwort der Regelabweichung (Bild 5.26)
ist ersichtlich, daß die PD-Regeleinrichtung gegenüber der P-Regeleinrichtung nur
im dynamischen Verhalten gewisse Vorteile hat. Im Statischen ist das Verhalten
der beiden Regeleinrichtungen gleich. Der D-Anteil, der zuerst wirksam ist, ver-

sucht die Regelabweichung klein zu halten, was sich dadurch ausdrückt, daß die Zeitkonstante $T_x$ größer ist als $T_1$ bei der reinen P-Regeleinrichtung. Im Beharrungszustand ist der D-Anteil unwirksam und die PD-geregelte Strecke verhält sich wie die P-geregelte Strecke, die ebenfalls die bleibende Regelabweichung

$$x_w(\infty) = \frac{K_S}{1 + K_S \cdot K_p} \cdot z_0$$

hat. Man vergleiche hierzu Bild 5.26 mit Bild 5.7.


## 5.1.6. PID-Regeleinrichtung

Kombiniert man die drei grundsätzlichen Zeitverhalten (P, I und D), so gelangt man zu der universellsten Regeleinrichtung. Die Stellgröße der PID-Regeleinrichtung ist gleich der Addition der Ausgangsgrößen einer P-, einer I- und einer D-Regeleinrichtung und wird durch folgende Differentialgleichung beschrieben:

$$y_R = K_p \cdot x_d + K_I \cdot \int x_d \cdot dt + K_D \cdot \frac{dx_d}{dt} \,, \qquad (5.34)$$

$$y_R = K_p \cdot \left[ x_d + \frac{K_I}{K_p} \cdot \int x_d \cdot dt + \frac{K_D}{K_p} \cdot \frac{dx_d}{dt} \right].$$

Mit den bereits bekannten Zeitkonstanten

$$T_n = \frac{K_p}{K_I} = \text{Nachstellzeit}$$

und

$$T_v = \frac{K_D}{K_p} = \text{Vorhaltzeit}$$

wird:

$$y_R = K_p \cdot \left[ x_d + \frac{1}{T_n} \cdot \int x_d \cdot dt + T_v \cdot \frac{dx_d}{dt} \right]. \qquad (5.35)$$

Gibt man auf den Eingang einer solchen Regeleinrichtung einen Sprung $x_{d0}$, so ist:

$$\text{Für} \quad t = 0 \quad \frac{dx_d}{dt} = \infty \longrightarrow y_R(0) = \infty,$$

$$\text{für} \quad t > 0 \quad \text{ist} \quad y_R = K_p \cdot x_{d0} + \frac{K_p}{T_n} \cdot x_{d0} \cdot t.$$

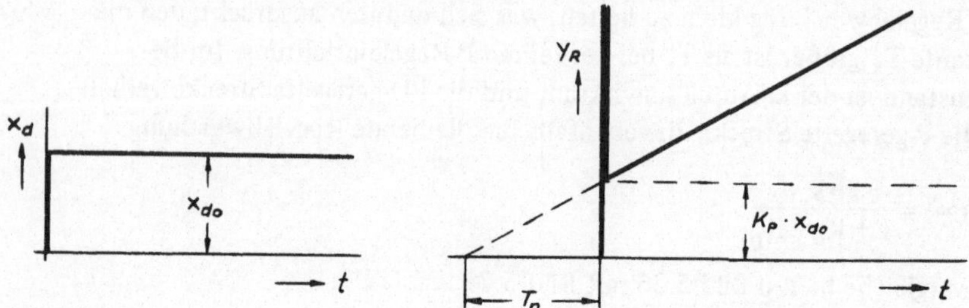

**Bild 5.27.** Eingangssprung und Sprungantwort einer PID-Regeleinrichtung

Der zeitliche Verlauf der Sprungantwort hat daher den in Bild 5.27 gezeigten Verlauf.

Der Frequenzgang der PID-Regeleinrichtung folgt aus Gl. (5.34):

$$y_R = K_p \cdot x_d + K_I \cdot \frac{1}{p} \cdot x_d + K_D \cdot p \cdot x_d,$$

$$F_R = \frac{y_R}{x_d} = K_p + \frac{K_I}{p} + K_D \cdot p. \tag{5.36}$$

Zur Konstruktion der Ortskurve setzt man in Gl. (5.36) $p = j\omega$ und zerlegt $F_R$ in Real- und Imaginärteil.

$$F_R = K_P + \frac{K_I}{j\omega} + K_D \cdot j\omega = K_P + j\left(K_D \cdot \omega - \frac{K_I}{\omega}\right).$$

$$\mathrm{Re}(F_R) = K_P,$$

$$\mathrm{Im}(F_R) = K_D \cdot \omega - \frac{K_I}{\omega}.$$

Für $\quad K_D \cdot \omega = \dfrac{K_I}{\omega}\quad$ bzw. $\quad \omega = \sqrt{\dfrac{K_I}{K_D}}\quad$ wird $\mathrm{Im}(F_R) = 0.$

für $\qquad\qquad\qquad \omega < \sqrt{\dfrac{K_I}{K_D}}\quad$ wird $\mathrm{Im}(F_R)$ negativ

für $\qquad\qquad\qquad \omega > \sqrt{\dfrac{K_I}{K_D}}\quad$ wird $\mathrm{Im}(F_R)$ positiv.

Das ergibt den in Bild 5.28 gezeigten Ortskurvenverlauf, eine Parallele zur imaginären Achse im Abstand $K_P$.

## PID-Regeleinrichtung mit Verzögerung

Eine reale PID-Regeleinrichtung ist immer mit Verzögerungen behaftet. Die Differentialgleichung (5.34) erhält dann auf der linken Seite zusätzlich ein Glied mit der 1. Ableitung der Stellgröße.

$$y_R + T \cdot \frac{dy_R}{dt} = K_P \cdot x_d + K_I \cdot \int x_d \cdot dt + K_D \cdot \frac{dx_d}{dt}. \qquad (5.37)$$

Die Gleichung der Sprungantwort soll mit Hilfe der Laplace-Transformation gefunden werden. Die Laplace-Transformierten der einzelnen Glieder von Gl. (5.37) lauten:

$$L\left[T \cdot \frac{dy_R}{dt}\right] = T \cdot p \cdot L\,[y_R],$$

$$L\,[K_P \cdot x_d] = K_P \cdot L\,[x_d]\,,$$

$$L\left[K_I \cdot \int x_d \cdot dt\right] = K_I \cdot \frac{1}{p} \cdot L\,[x_d]\,,$$

$$L\left[K_D \cdot \frac{dx_d}{dt}\right] = K_D \cdot p \cdot L\,[x_d]\,.$$

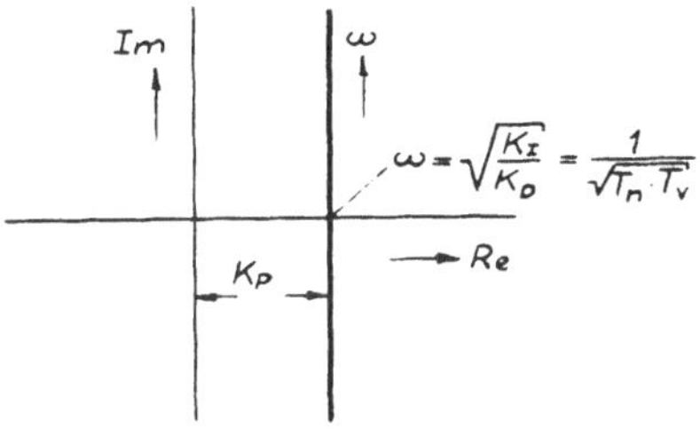

**Bild 5.28** Ortskurve eines PID-Gliedes

Mit diesen Beziehungen wird die Laplace-Transformierte von Gl. (5.37)

$$L\,[y_R] \cdot (1 + T \cdot p) = L\,[x_d] \cdot \left(K_P + \frac{K_I}{p} + K_D \cdot p\right).$$

Für die Sprungfunktion ist $x_d\,(t) = x_{d0}$ und

$$L\,[x_{d0}] = \frac{x_{d0}}{p}\,.$$

Dies führt zu:

$$L\,[y_R] \cdot (1 + T \cdot p) = \frac{x_{d0}}{p} \cdot \left(K_P + \frac{K_I}{p} + K_D \cdot p\right),$$

$$L\,[y_R] = x_{d0} \cdot \frac{K_I + K_P \cdot p + K_D \cdot p^2}{p^2 \cdot (1 + T \cdot p)}\,,$$

$$L\,[y_R] = \frac{x_{d0}}{T}\left[\frac{K_I}{p^2 \cdot \left(\frac{1}{T} + p\right)} + \frac{K_P}{p\left(\frac{1}{T} + p\right)} + \frac{K_D}{\frac{1}{T} + p}\right]. \qquad (5.38)$$

Der erste Term in der eckigen Klammer ist in der Korrespondenztabelle nicht enthalten und muß durch Partialbruchzerlegung in eine Form gebracht werden, die eine Rücktransformation gestattet.

$$\frac{1}{p^2\left(\frac{1}{T}+p\right)} = \frac{A}{p^2} + \frac{B}{p\left(\frac{1}{T}+p\right)} = \frac{\frac{A}{T}+A\cdot p+B\cdot p}{p^2\left(\frac{1}{T}+p\right)}$$

Durch Koeffizientenvergleich findet man:

1. $\dfrac{A}{T} = 1 \longrightarrow \quad A = T$

2. $A\cdot p + B\cdot p = 0 \quad B = -A = -T$

Somit erhält man Gl. (5.38) in der zur Rücktransformation geeigneten Form:

$$L\left[y_R\right] = \frac{x_{d0}}{T}\left[\frac{K_I\cdot T}{p^2} - \frac{K_I\cdot T}{p\left(\frac{1}{T}+p\right)} + \frac{K_P}{p\left(\frac{1}{T}+p\right)} + \frac{K_D}{\frac{1}{T}+p}\right]$$

$$L\left[y_R\right] = \frac{x_{d0}}{T}\left[\frac{K_I\cdot T}{p^2} + \frac{K_P - K_I\cdot T}{p\cdot\left(\frac{1}{T}+p\right)} + \frac{K_D}{\frac{1}{T}+p}\right].$$

Mit den Beziehungen 2, 4 und 3 der Korrespondenztabelle erhält man nach Rücktransformation die Gleichung der Sprungantwort der PID-Regeleinrichtung mit Verzögerung 1. Ordnung.

$$y(t) = \frac{x_{d0}}{T}\cdot\left[K_I\cdot T\cdot t + (K_P - K_I\cdot T)\cdot T\cdot\left(1 - e^{-\frac{t}{T}}\right) + K_D\cdot e^{-\frac{t}{T}}\right],$$

$$y(t) = x_{d0}\cdot\left[K_I\cdot t + (K_P - K_I\cdot T) + \left(\frac{K_D}{T} + K_I\cdot T - K_P\right)\cdot e^{-\frac{t}{T}}\right].$$

Bild 5.29 zeigt den zeitlichen Verlauf der Sprungantwort. Für t = 0 ist zunächst

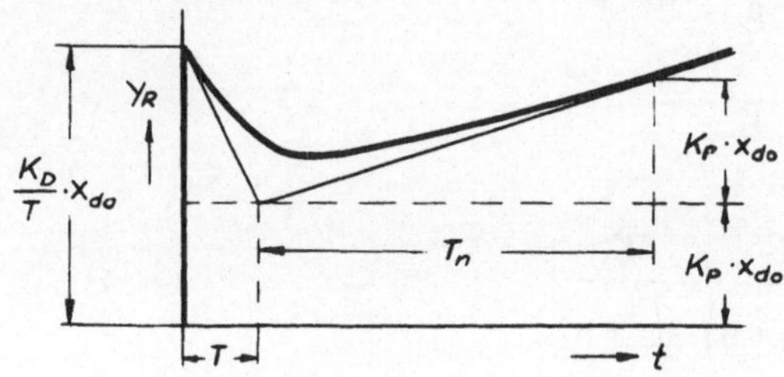


**Bild 5.29**

Sprungantwort einer PID-Regeleinrichtung mit Verzögerung 1. Ordnung

der D-Anteil mit dem Sprung $\dfrac{K_D}{T} \cdot x_{d0}$ wirksam, der dann mit der Zeitkonstanten

T ablkingt. Bevor $y_R$ auf den P-Anteil $K_P \cdot x_{d0}$ abgesunken ist, wird der I-Anteil wirksam, der zur Beseitigung der bleibenden Regelabweichung dient.

Der Frequenzgang der PID-Regeleinrichtung mit Verzögerung 1. Ordnung folgt aus Gl. (5.37)

$$y_R + T \cdot p \cdot y_R = K_P \cdot x_d + K_I \cdot \frac{1}{p} \cdot x_d + K_D \cdot p \cdot x_d \, ,$$

$$F_R = \frac{y_R}{x_d} = \frac{K_P + \dfrac{K_I}{p} + K_D \cdot p}{1 + T \cdot p} \, . \tag{5.39}$$

Zur Ermittlung des Ortskurvenverlaufs wird in $F_R$   $p = j\omega$ gesetzt.

$$F_R = \frac{K_P + j\left(K_D\,\omega - \dfrac{K_I}{\omega}\right)}{1 + j\omega T} \, .$$

Durch Erweiterung mit dem konjugiert Komplexen des Nenners erhält man:

$$F_R = \frac{K_P - j\omega T \cdot K_P + j\left(K_D\omega - \dfrac{K_I}{\omega}\right) + \omega T\left(K_D\omega - \dfrac{K_I}{\omega}\right)}{1 + (\omega T)^2} \, .$$

Daraus folgt:

$$\mathrm{Re}(F_R) = \frac{K_P + \omega^2 \cdot K_D \cdot T - K_I \cdot T}{1 + (\omega T)^2}$$

$$\mathrm{Im}(F_R) = \frac{\omega(K_D - T \cdot K_P) - \dfrac{K_I}{\omega}}{1 + (\omega T)^2} \, .$$

Für   $\omega = 0$   ist   $\mathrm{Re}(F_R) = K_P - K_I \cdot T = K_P\left(1 - \dfrac{T}{T_n}\right)$

$$\mathrm{Im}(F_R) = -\infty,$$

für   $\omega = \infty$   ist   $\mathrm{Re}(F_R) = \dfrac{K_D}{T}$

$$\mathrm{Im}(F_R) = 0.$$

10 Reuter

Ferner wird der $\mathrm{Im}(F_R) = 0$ für

$$\omega(K_D - T \cdot K_P) - \frac{K_I}{\omega} = 0$$

bzw. $\omega = \sqrt{\dfrac{K_I}{K_D - T \cdot K_P}}$   (Schnittpunkt mit der reellen Achse).

Die Ortskurve hat somit den in Bild 5.30 dargestellten Verlauf.

Bild 5.31 zeigt eine pneumatische Regeleinrichtung, in der ein PID-Zeitverhalten durch eine geeignete Rückführung erreicht wird.

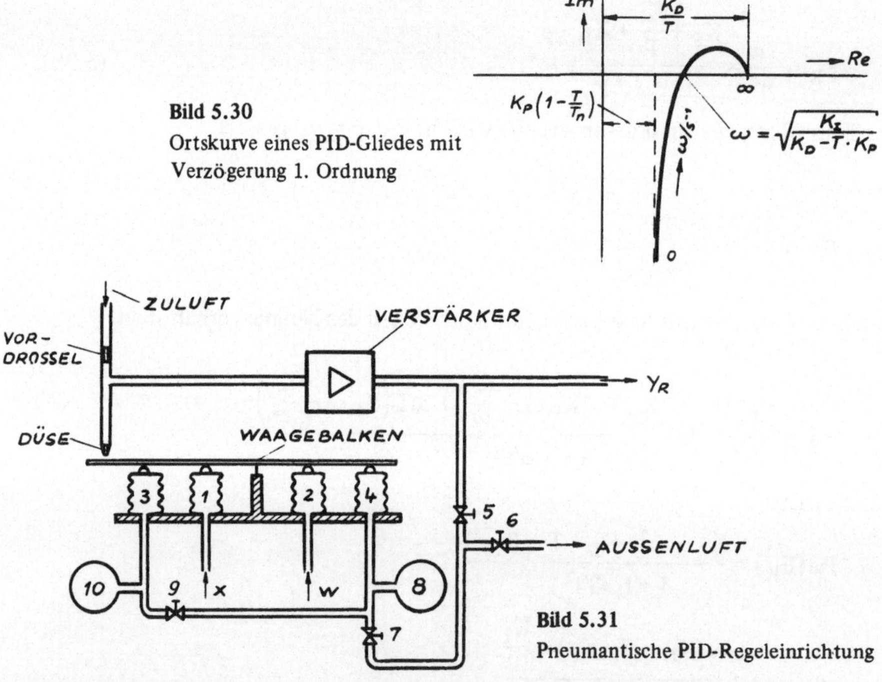


**Bild 5.30**
Ortskurve eines PID-Gliedes mit
Verzögerung 1. Ordnung

**Bild 5.31**
Pneumantische PID-Regeleinrichtung

Regelgröße x und Führungsgröße w werden als Drücke den Federbälgen 1 und 2 zugeführt und am Waagebalken verglichen. Ist x = w, so hat die Prallplatte von der Düse einen gewissen Abstand, der einen proportionalen Stelldruck $y_R$ bewirkt. Dieser hält das Stellglied in einer Lage, in der der Istwert gleich dem Sollwert ist. Tritt eine Störung und damit eine Änderung der Regelgröße x auf (z.B. Druckanstieg von x), so wird die Düse zugesteuert, der Druck zwischen Düse und Vordrossel steigt und damit der Stelldruck $y_R$. Über die Ventile 5, 7 und 9 wird dieser Druckanstieg auf die Federbälge 3 und 4 zurückgeführt. Die Ventile 5 und 6 dienen dazu, den Druck $y_R$ auf einen geeigneten Rückführdruck zu reduzieren. Ventil 7 in Verbindung mit dem Speichervolumen 8 bildet eine Verzögerung 1. Ordnung. Steigt also die Stellgröße $y_R$ infolge eines Anstiegs von x plötzlich an, so wird dieser Druckanstieg durch 7 und 8 verzögert in dem Federbalg 4 wirksam und bewirkt, daß der Abstand Düse-Prallplatte vergrößert wird. Dadurch sinkt der Druck $y_R$. Der Druckanstieg in 8 und 4 wird nochmals verzögert durch das Ventil 9 und das Speichervolumen 10 im Federbalg 3 wirksam und kompensiert die Wirkung von Federbalg 4, so daß dann wieder ein Druckanstieg $y_R$ eintritt. Die Sprungantwort hat etwa den in Bild 5.32 gezeigten Verlauf.

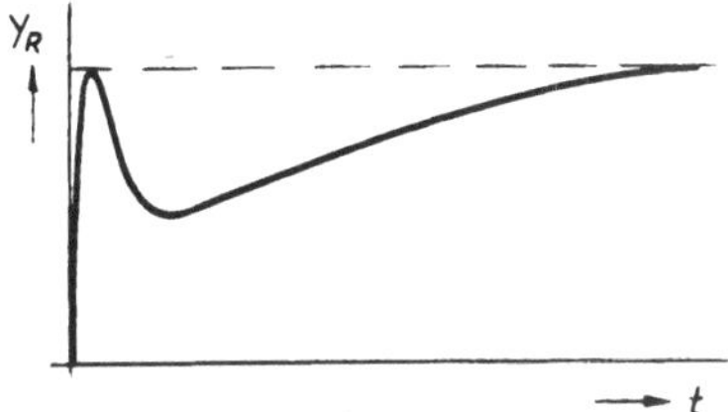

**Bild 5.32**
Sprungantwort der in Bild 5.31 gezeigten
pneumatischen Regeleinrichtung

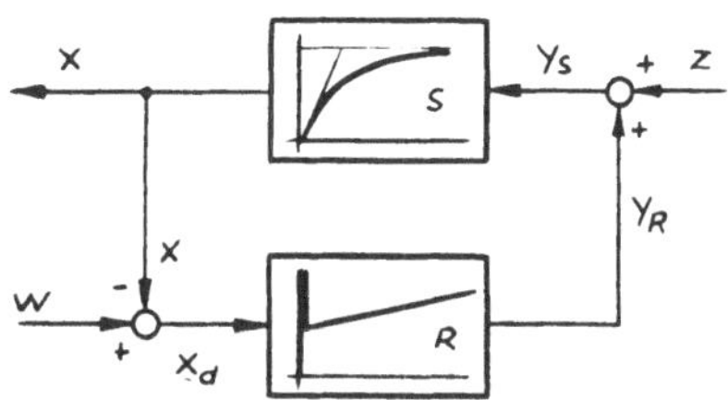

**Bild 5.33**
Blockschaltbild eines Regelkreises, gebildet aus einer P-Strecke 1. Ordnung und
einer PID-Regeleinrichtung

## 5.1.6.1. PID-Regeleinrichtung zur Regelung einer P-Strecke 1. Ordnung

Eine P-Strecke 1. Ordnung werde gemäß Bild 5.33 von einer idealen PID-Regeleinrichtung geregelt.

Mit Hilfe des Störfrequenzganges (5.7) soll der Einfluß der Störgröße z auf die Regelgröße x ermittelt werden.

$$F_z = \frac{x}{z} = \frac{1}{\dfrac{1}{F_S} + F_R} \cdot$$

Für eine P-Strecke 1. Ordnung lautet der Frequenzgang:

$$F_S = \frac{x}{y_S} = \frac{K_S}{1 + T \cdot p} \cdot$$

Der Frequenzgang einer PID-Regeleinrichtung ist gegeben durch Gl. (5.36):

$$F_R = \frac{y_R}{x_d} = K_P + \frac{K_I}{p} + K_D \cdot p \cdot$$

$F_S$ und $F_R$ in $F_z$ eingesetzt ergibt:

$$F_z = \frac{x}{z} = \frac{1}{\dfrac{1 + T \cdot p}{K_S} + K_P + \dfrac{K_I}{p} + K_D \cdot p} \; ,$$

$$F_z = \frac{x}{z} = \frac{K_S \cdot p}{K_S \cdot K_I + (1 + K_S \cdot K_P) \cdot p + (T + K_S \cdot K_D) \cdot p^2} \; ,$$

$$K_S \cdot p \cdot z = K_S \cdot K_I \cdot x + (1 + K_S \cdot K_P) \cdot p \cdot x + (T + K_S \cdot K_D) \cdot p^2 \cdot x \; ,$$

$$\frac{1}{K_I} \cdot p \cdot z = x + \frac{1 + K_S \cdot K_P}{K_S \cdot K_I} \cdot p \cdot x + \frac{T + K_S \cdot K_D}{K_S \cdot K_I} \cdot p^2 \cdot x \; .$$

Setzt man $p = \dfrac{d}{dt}$, so folgt die Differentialgleichung

$$\frac{1}{K_I} \cdot \frac{dz}{dt} = x + T_1 \cdot \frac{dx}{dt} + T_2^2 \cdot \frac{d^2 x}{dt^2} \; , \tag{5.40}$$

mit $\quad T_1 = \dfrac{1 + K_S \cdot K_P}{K_S \cdot K_I}$

und $\quad T_2^2 = \dfrac{T + K_S \cdot K_D}{K_S \cdot K_I}$ .

Der Dämpfungsgrad gestattet eine überschlägige Beurteilung des dynamischen Verhaltens eines Regelkreises.

$$D = \frac{T_1}{2 \cdot T_2} \; .$$

Für den vorliegenden Regelkreis ist

$$D = \frac{1 + K_S \cdot K_P}{2 \, K_S \cdot K_I} \sqrt{\frac{K_S \cdot K_I}{T + K_S \cdot K_D}}$$

$$D = \frac{1 + K_S \cdot K_P}{2 \sqrt{K_S \cdot K_I \cdot (T + K_S \cdot K_D)}} \; .$$

Hieraus ist ersichtlich, daß der Dämpfungsgrad des Regelkreises von allen drei Kenngrößen der Regeleinrichtung ($K_P$, $K_I$, $K_D$) beeinflußt wird. Eine Vergrößerung von $K_P$ erhöht die Dämpfung, während eine Vergrößerung des Integral- und des Differentialanteils eine Verkleinerung von $D$ bewirkt. Diese Aussage ist nicht allgemein gültig. Bei Strecken höherer Ordnung liegen die Verhältnisse teils völlig anders.

Für einen Störgrößensprung $z_0$ soll nun die Gleichung der vorübergehenden Regelabweichung, d.h. die Lösung der Differentialgleichung (5.40), durch Laplace-Transformation ermittelt werden.

Unter Verwendung der gleichen Kenngrößen wie in Abschnitt 5.1.3.1:

$$K_P = 2,$$
$$K_I = 0,1\,\text{s}^{-1},$$
$$K_S = 2,$$
$$T = 20\,\text{s}.$$

und der zusätzlichen Annahme

$$K_D = 12,5\,\text{s}$$

wird:

$$D = \frac{1 + 2 \cdot 2}{2 \cdot \sqrt{2 \cdot 0,1\,\text{s}^{-1} \cdot (20\,\text{s} + 2 \cdot 12,5\,\text{s})}}\ ,$$

$$D = 0,833\ .$$

D.h. es tritt eine stark gedämpfte Schwingung auf.

Die Laplace-Transformierten der einzelnen Glieder von Gl. (5.40) lauten:

$$L\left[\frac{1}{K_I} \cdot \frac{dz}{dt}\right] = \frac{1}{K_I} \cdot p \cdot L\,[z]$$

$$L\left[T_1 \cdot \frac{dx}{dt}\right] = T_1 \cdot p \cdot L\,[x]$$

$$L\left[T_2^2 \cdot \frac{d^2x}{dt^2}\right] = T_2^2 \cdot p^2 \cdot L\,[x]\ .$$

Mit diesen Beziehungen erhält man die Laplace-Transformierte von Gl. (5.40)

$$\frac{1}{K_I} \cdot p \cdot L\,[z] = L\,[x] \cdot (1 + T_1 \cdot p + T_2^2 \cdot p^2)\ .$$

Für den Sprung $z(t) = z_0$ ist $L\,[z_0] = \dfrac{z_0}{p}$ und somit:

$$L\,[x] = \frac{z_0}{K_I} \cdot \frac{1}{1 + T_1 \cdot p + T_2^2 \cdot p^2}\ ,$$

$$L\,[x] = \frac{z_0}{K_I \cdot T_2^2} \cdot \frac{1}{\dfrac{1}{T_2^2} + \dfrac{T_1}{T_2^2} \cdot p + p^2}\ . \tag{5.41}$$

Gl. (5.41) entspricht der Beziehung 9 der Korrespondenztabelle

$$x(t) = \frac{z_0}{K_I \cdot T_2^2} \cdot \frac{1}{\omega} \cdot e^{-\alpha t} \cdot \sin \omega t,$$

mit

$$\alpha = \frac{T_1}{2T_2^2} = \frac{25\,s}{2 \cdot 225\,s^2} = \frac{1}{18\,s},$$

$$\beta^2 = \frac{1}{T_2^2} = \frac{1}{225\,s^2}.$$

$$\omega = \sqrt{\beta^2 - \alpha^2} = \sqrt{\left(\frac{1}{15\,s}\right)^2 - \left(\frac{1}{18\,s}\right)^2},$$

$$\omega = \frac{1}{15\,s \cdot 18\,s} \cdot \sqrt{324\,s^2 - 225\,s^2},$$

$$\omega = \frac{1}{27,2\,s} = 0,0368\,s^{-1}.$$

Für einen Störgrößensprung $z_0 = 0,5 \cdot x_0$ wird:

$$\frac{z_0}{K_I \cdot T_2^2 \cdot \omega} = \frac{0,5\,x_0}{0,1\,s^{-1} \cdot 225\,s^2 \cdot 0,0368\,s^{-1}} = 0,604 \cdot x_0.$$

Damit erhält man die Gleichung im Zeitbereich der vorübergehenden Regelabweichung

$$x(t) = 0,604 \cdot x_0 \cdot e^{-\frac{t}{18\,s}} \cdot \sin 0,0368\,\frac{t}{s}$$

mit dem in Bild 5.34 dargestellten
Verlauf. Die Dämpfung ist so groß,
daß kein merkliches Überschwingen
auftritt.

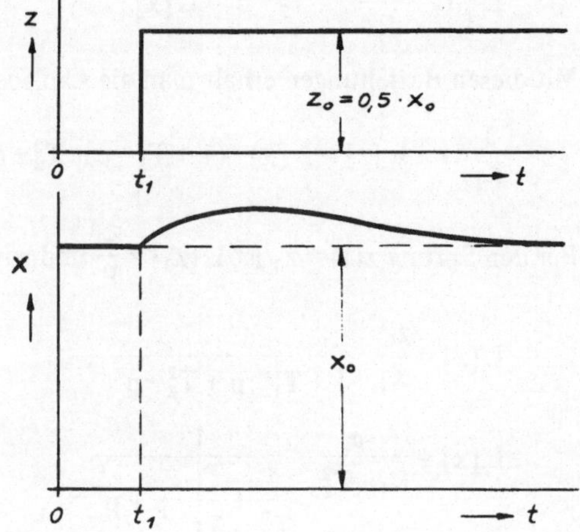


**Bild 5.34**
Vorübergehende Regelabweichung eines
Regelkreises, gebildet aus einer P-Strecke
1. Ordnung und einer PID-Regeleinrichtung

## 5.2. Regeleinrichtungen mit Rückführung

Um einer Regeleinrichtung ein bestimmtes Zeitverhalten zu geben, wird vielfach
ein Verstärker benutzt, dessen Ausgangsgröße über ein entsprechendes Rückführglied mit negativem Vorzeichen auf den Eingang zurückgeführt wird. In Bild 5.35
ist ein Verstärker mit einem Rückführglied im Blockschaltbild dargestellt.

Wird die zurückgeführte Größe $x_r$ von der Eingangsgröße $x_d$ subtrahiert, wie in
Bild 5.35 gezeichnet, so spricht man von einer Gegenkopplung, bei Addition von
einer Mitkopplung. Bei den nachfolgenden Betrachtungen wird die idealisierte
Annahme gemacht, daß der Verstärker ein proportionales Zeitverhalten hat und
den Verstärkungsgrad V. Das Rückführglied ist durch den Frequenzgang $F_r$ gegeben.

Gemäß Bild 5.35 ist:

$$x_r = y_R \cdot F_r \, , \qquad (5.42)$$

$$y_R = V \cdot (x_d - x_r) \, . \qquad (5.43)$$

Setzt man Gl. (5.42) in
Gl. (5.43) ein, so folgt:

$$y_R = V \cdot (x_d - y_R \cdot F_r)$$

oder

$$y_R \cdot (1 + V \cdot F_r) = V \cdot x_d \, .$$

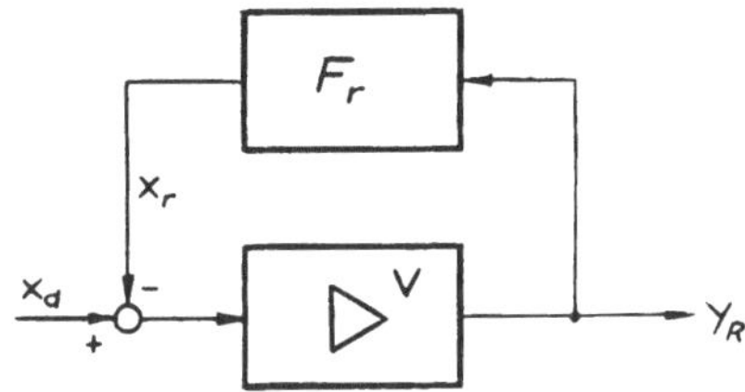


**Bild 5.35**

Regeleinrichtung bestehend aus einem
Verstärker V und einem Rückführglied $F_r$

Daraus ergibt sich der Frequenzgang der Regeleinrichtung

$$F_R = \frac{y_R}{x_d} = \frac{V}{1 + V \cdot F_r} \, ,$$

$$F_R = \frac{y_R}{x_d} = \frac{1}{\dfrac{1}{V} + F_r} \, . \qquad (5.44)$$

Für $V \to \infty$ wird:

$$F_R = \frac{y_R}{x_d} = \frac{1}{F_r} \, .$$

D.h. bei genügend hoher Verstärkung V wird das Zeitverhalten der Regeleinrichtung
nur durch das Zeitverhalten des Rückführgliedes bestimmt.

### 5.2.1. Verstärker mit proportionalem Rückführglied

Der Frequenzgang des Rückführgliedes sei:

$$F_r = K_r \, .$$

In Gl. (5.44) eingesetzt ergibt:

$$F_R = \frac{y_R}{x_d} = \frac{1}{\frac{1}{V} + K_r} \cdot \qquad (5.45)$$

Aus Gl. (5.45) ersieht man, daß ein proportionaler Verstärker mit einem proportionalem Rückführglied eine P-Regeleinrichtung ergibt. Das folgende Beispiele soll die Vor- und Nachteile des rückgekoppelten Verstärkers aufzeigen.

**Beispiel 5.3**

Es sind gegeben:

$$V = 800$$

und

$$F_r = K_r = 0,01 \ .$$

D.h. von der Ausgangsgröße wird ein Hundertstel auf den Eingang zurückgeführt.

Wird der Verstärker ohne Rückführung betrieben, so ist:

$$y_R = V \cdot x_d,$$
$$y_R = 800 \cdot x_d \ .$$

Bei einer Schwankung des Verstärkungsgrades um z.B. + 10 % wird die Ausgangsgröße ebenfalls um + 10 % größer und täuscht eine Schwankung der Regeldifferenz vor, die nicht vorhanden ist.

Wird der Verstärker mit einem Rückkopplungsglied betrieben, so ist mit den obigen Daten in Gl. (5.45):

$$F_R = \frac{y_R}{x_d} = \frac{1}{\frac{1}{800} + 0,01} = \frac{1}{0,01125} = 88,8$$

$$y_{R1} = 88,8 \cdot x_d \ .$$

Ändert sich nun V um + 10 %, so erhält man:

$$\frac{y_R}{x_d} = \frac{1}{\frac{1}{880} + 0,01} = \frac{1}{0,001136 + 0,01} = 89,6$$

$$y_{R2} = 89,6 \cdot x_d \ .$$

Bei einer 10prozentigen Schwankung von V ändert sich $y_R$ nur um ca. 1,1 % gegenüber 10 % bei Verstärkung ohne Rückführglied. Dieses vorteilhafte Verhalten gegenüber Störeinflüssen wird durch einen Verlust an Verstärkung erkauft. Um trotz Rückkopplung auf eine Gesamtverstärkung von 800 zu kommen, muß V vergrößert und $K_r$ verkleinert werden, denn für $K_r = 0,01$ könnte im günstigsten Fall für $V \to \infty$ nur

ein $\frac{y_R}{x_d} = 100$ erreicht werden. Bei $K_r = 0,001$ kann $\frac{y_R}{x_d} = 1000$ werden. Wie groß

also muß V gemacht werden, um bei $K_r = 0,001$ ein $\frac{y_R}{x_d} = 800$ zu erreichen?

Durch Umstellen von Gl. (5.45) nach V erhält man:

$$V = \frac{1}{\frac{1}{F_R} - F_r} = \frac{1}{\frac{1}{800} - 0,001} = \frac{1}{0,00025} \; .$$

$$V = 4000 \; .$$

Wie in Kapitel 11 abgeleitet, ist für einen elektronischen Verstärker mit sehr hohem negativem Verstärkungsgrad das Verhältnis der Aus- zur Eingangsgröße durch das Verhältnis der Rückführ- zur Eingangsimpedanz bestimmt.

$$F_R = \frac{y_R}{x_d} = -\frac{Z_r}{Z_e} \; .$$

Eine P-Regeleinrichtung kann durch die in Bild 5.36 dargestellte Schaltung realisiert werden.

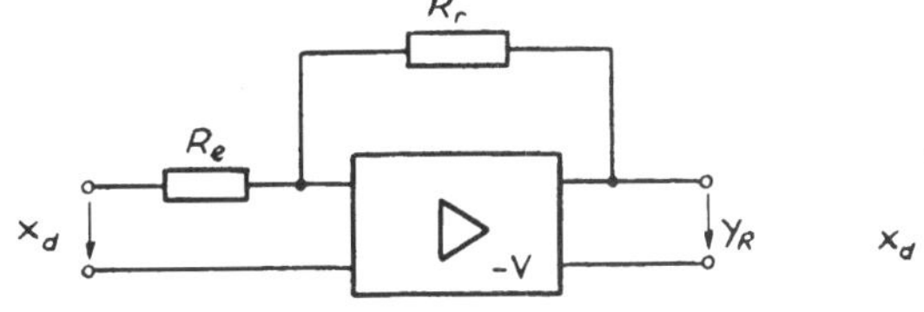
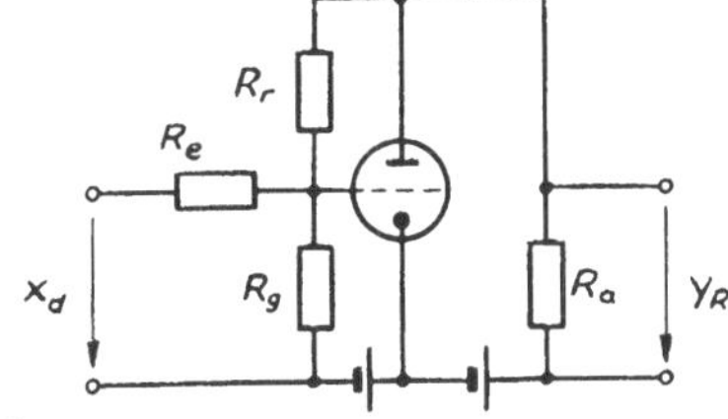

**Bild 5.36.** Elektronischer Verstärker als P-Regeleinrichtung

## 5.2.2. Verstärker mit nachgebendem Rückführglied

Ein D-Glied mit Verzögerung 1. Ordnung wird als nachgebend bezeichnet, weil die Sprungantwort eines solchen Gliedes für $t \to \infty$ verschwindet (Bild 5.37).

Der Frequenzgang eines nachgebenden Rückführgliedes lautet:

$$F_r = \frac{x_r}{y_R} = \frac{K_{Dr} \cdot p}{1 + T_r \cdot p} \; .$$

Dieses Rückführglied wird gemäß Bild 5.35 zwischen Eingang und Ausgang eines Verstärkers mit dem Verstärkungsgrad V geschaltet. Der Frequenzgang der gesamten Regeleinrichtung folgt durch Einsetzen von $F_r$ in Gl. (5.44).

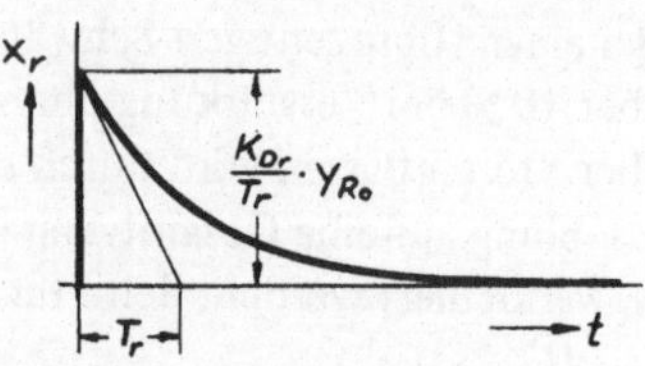


**Bild 5.37**
Sprungantwort eines nachgebenden Rückführgliedes

$$F_R = \frac{y_R}{x_d} = \frac{1}{\dfrac{1}{V} + F_r} = \frac{1}{\dfrac{1}{V} + \dfrac{K_{Dr} \cdot p}{1 + T_r \cdot p}} \ ,$$

$$F_R = \frac{y_R}{x_d} = \frac{V \cdot (1 + T_r \cdot p)}{1 + (V \cdot K_{Dr} + T_r) \cdot p} \tag{5.46}$$

Das ist der Frequenzgang einer PD-Regeleinrichtung mit Verzögerung 1. Ordnung mit:

$$K_P = V,$$
$$T_v = T_r,$$
$$T \ = V \cdot K_{Dr} + T_r \ .$$

Die Sprungantwort hat den in Bild 5.38 gezeigten Verlauf, denn laut Rechenregeln 7 und 8 der Laplace-Transformation (Grenzwertsatz) ist:

$$\lim_{t \to 0} F(t) = \lim_{p \to \infty} F(p)$$

und

$$\lim_{t \to \infty} F(t) = \lim_{p \to 0} F(p) \ .$$

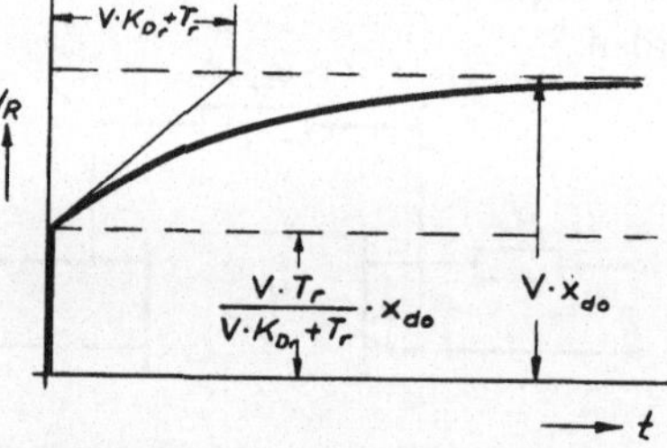


**Bild 5.38**
Sprungantwort eines Verstärkers mit nachgebender Rückführung

Somit folgt aus Gl. (5.46):

für $p \to \infty$    (bzw. $t \to 0$)    $\dfrac{y_R}{x_d} = \dfrac{V \cdot T_r}{V \cdot K_{Dr} + T_r}$

und

für $p \to 0$    (bzw. $t \to \infty$)    $\dfrac{y_R}{x_d} = V$ .

Bei einem idealen Verstärker mit $V = \infty$ wird:

$$F_R = \frac{1}{F_r} = \frac{1 + T_r \cdot p}{K_{Dr} \cdot p} \ ,$$

$$F_R = \frac{y_R}{x_d} = \frac{T_r}{K_{Dr}} \cdot \left( 1 + \frac{1}{T_r \cdot p} \right) . \tag{5.47}$$

Eine solche Regeleinrichtung hat
dann reines PI-Verhalten mit der in
Bild 5.39 gezeigten Sprungantwort,
wobei:

$$K_P = \frac{T_r}{K_{Dr}}$$

und

$$T_n = T_r \quad \text{ist.}$$

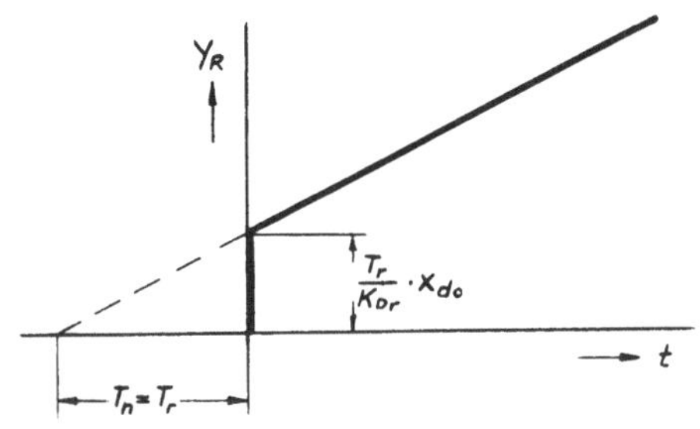


**Bild 5.39**

Sprungantwort eines Verstärkers mit nachgebender Rückführung, wenn $V = \infty$

**Beispiel 5.4**

Ein elektonischer Verstärker mit $V = -\infty$ soll durch eine Rückführimpedanz $Z_r$, bei
ohmschem Eingangswiderstand $Z_e = R_e = 10\,\text{k}\Omega$, das Zeitverhalten einer PI-Regeleinrichtung erhalten, mit:

$$K_P = 10,$$
$$T_n = 5\,\text{s}.$$

$$F_R = \frac{y_R}{x_d} = K_P \left( 1 + \frac{1}{T_n \cdot p} \right). \tag{5.48}$$

Für den in Bild 5.40 gezeigten rückgekoppelten Verstärker ist:

$$F_R = \frac{y_R}{x_d} = -\frac{Z_r}{R_e}. \tag{5.49}$$

Durch Gleichsetzen der Gln. (5.48)
und (5.49) erhält man:

$$\frac{Z_r}{R_e} = K_P \cdot \left( 1 + \frac{1}{T_n \cdot p} \right),$$

$$Z_r = R_e \cdot K_P \cdot \left( 1 + \frac{1}{T_n \cdot p} \right),$$

$$Z_r = 10\,\text{k}\Omega \cdot 10 \left( 1 + \frac{1}{5\,\text{s} \cdot p} \right),$$

$$Z_r = 100\,\text{k}\Omega + \frac{1}{5 \cdot 10^{-5}\,\frac{\text{s}}{\Omega} \cdot p},$$

$$Z_r = 100\,\text{k}\Omega + \frac{1}{50\,\mu\text{F} \cdot p}.$$

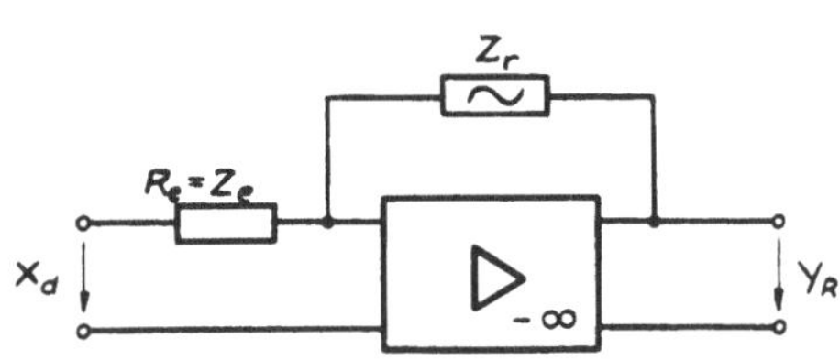


**Bild 5.40**
Rückgekoppelter elektronischer Verstärker

Die Rückführimpedanz muß demnach eine Reihenschaltung von $R_r = 100\,\mathrm{k}\,\Omega$ und
$C_r = 50\,\mu\mathrm{F}$ sein. Bild 5.41 zeigt eine Röhrenverstärkerstufe mit RC-Rückführung
zur Realisierung einer einfachen PI-Regeleinrichtung.

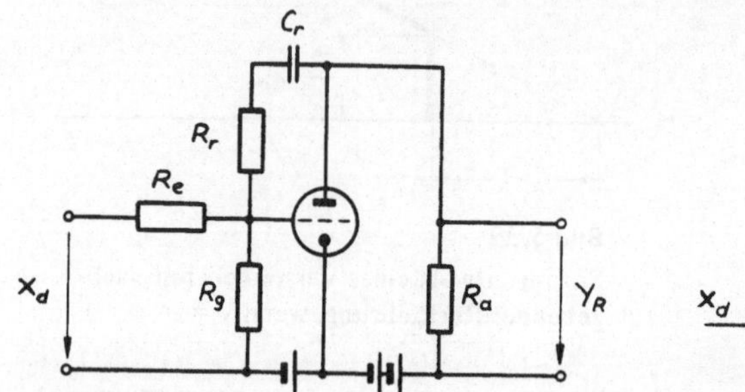

**Bild 5.41**
Rückgekoppelte Verstärkerstufe mit
PI-Verhalten

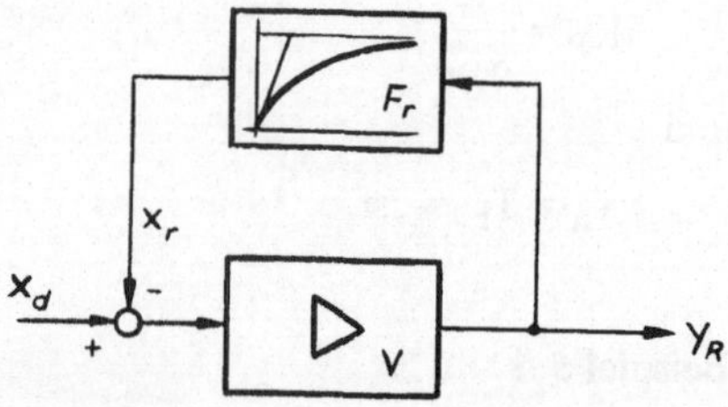

**Bild 5.42**
Verstärker mit verzögerter Rückführung


## 5.2.3. Verstärker mit verzögertem Rückführglied

Ein verzögertes Rückführglied (Bild 5.42) ist eine Verzögerung 1. Ordnung mit dem
Frequenzgang:

$$F_r = \frac{x_r}{y_R} = \frac{K_r}{1 + T_r \cdot p} \ .$$

Setzt man $F_r$ in Gl. (5.44) ein, so folgt der Frequenzgang der Regeleinrichtung:

$$F_R = \frac{y_R}{x_d} = \frac{1}{\dfrac{1}{V} + F_r} = \frac{1}{\dfrac{1}{V} + \dfrac{K_r}{1 + T_r \cdot p}} \ ,$$

$$F_R = \frac{y_R}{x_d} = \frac{V\,(1 + T_r \cdot p)}{(1 + V \cdot K_r) + T_r \cdot p} \ ,$$

$$F_R = \frac{y_R}{x_d} = \frac{V}{1 + V\,K_r} \cdot \frac{1 + T_r \cdot p}{1 + \dfrac{T_r}{1 + V \cdot K_r} \cdot p} \ . \tag{5.50}$$

Aus Gl. (5.50) ist ersichtlich, daß die Regeleinrichtung durch die verzögerte Rückführung ein PD-Verhalten mit Verzögerung 1. Ordnung erhält. Zur Bestimmung des
ungefähren Verlaufs soll wieder der Grenzwertsatz der Laplce-Transformation heran-
gezogen werden. Damit ergibt sich aus Gl. (5.50):

Für   $p \to \infty$   (bzw. $t \to 0$)   $\dfrac{y_R}{x_d} = V$   und

für   $p \to 0$   (bzw. $t \to \infty$)   $\dfrac{y_R}{x_d} = \dfrac{V}{1 + V \cdot K_r}$ .

Dies ergibt die in Bild 5.43
gezeigte Sprungantwort.

Für $V = \infty$ wird aus Gl. (5.50)

$$F_R = \frac{y_R}{x_d} = \frac{1 + T_r \cdot p}{K_r} = \frac{1}{K_r} \cdot (1 + T_r \cdot p) \, ,$$

also eine ideale PD-Regeleinrichtung.

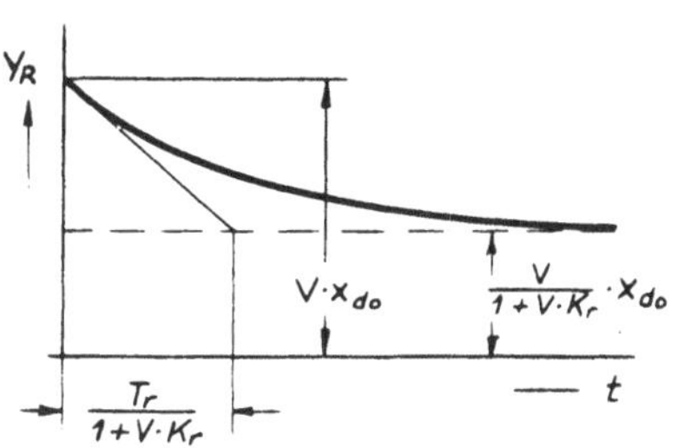


**Bild 5.43**
Sprungantwort eines Verstärkers mit verzögerter Rückführung

## Beispiel 5.5

Ein elektrischer Verstärker mit $V = -\infty$ soll gemäß Bild 5.40 mit einer Rückführimpedanz versehen werden. Wie muß das Rückführglied beschaffen sein, wenn die
Regeleinrichtung PD-Verhalten haben soll mit dem Frequenzgang

$$F_R = \frac{y_R}{x_d} = - K_P \cdot (1 + T_v \cdot p) \, ? \tag{5.51}$$

$$K_P = 10 \quad \text{und} \quad T_v = 10\,\text{s} \, .$$

Die Eingangsimpedanz $Z_e$ sei ein ohmscher Widerstand $R_e = 10\,\text{k}\Omega$.

Für den in Bild 5.40 gezeigten rückgekoppelten Verstärker mit $V = -\infty$ ist:

$$F_R = \frac{y_R}{x_d} = - \frac{Z_r}{R_e} \, . \tag{5.52}$$

Setzt man Gl. (5.51) gleich Gl. (5.52), so folgt

$$\begin{aligned}
Z_r &= R_e \cdot K_P \cdot (1 + T_v \cdot p) \, , \\
Z_r &= 10\,\text{k}\Omega \; 10 \cdot (1 + 10\text{s} \cdot p) \, , \\
Z_r &= 100\,\text{k}\Omega + 10^6\,\text{H} \cdot p \, .
\end{aligned} \tag{5.53}$$

Die Rückführimpedanz müßte demnach eine Reihenschaltung von $R_r = 100\,\text{k}\Omega$
und einer Induktivität $L_r = 10^6$ H sein. Eine solche Induktivität ist technisch nicht
realisierbar. Günstiger werden die Verhältnisse, wenn man anstelle eines Rückführwiderstandes ein T-Glied verwendet, wie in Bild 5.44 gezeigt.

Im Beharrungszustand ist:

$$F_R = \frac{y_R}{x_d} = - \frac{2\,R_r/2}{R_e} = - \frac{R_r}{R_e} \, ,$$

da der Kondensator $C_r$ dann aufgeladen ist. Damit liegt die Größe von $\dfrac{R_r}{2}$ fest. Durch
Stern-Dreieck-Umformung erhält man für die Rückführimpedanz zwischen A und B:

$$Z_r = \frac{R_r}{2} + \frac{R_r}{2} + \frac{R_r^2}{4} \cdot p \cdot C_r \,,$$

$$Z_r = R_r + \frac{R_r^2}{4} C_r \cdot p \,.$$

Dieses $Z_r$ muß gleich dem in Gl. (5.53)
gefundenen Wert entsprechen. Durch
Vergleich findet man:

$$R_r = 100 \,\text{k}\Omega \,, \quad \text{bzw.} \quad \frac{R_r}{2} = 50 \,\text{k}\Omega$$

und

$$C_r = \frac{10^6 \,\Omega\text{s}}{R_r^2 / 4} = \frac{10^6 \,\Omega\text{s} \cdot 4}{10^{10} \,\Omega^2} = 4 \cdot 10^{-4} \,\text{F},$$

$$C_r = 400 \,\mu\text{F} \,.$$

Dieser Wert ist zwar auch groß, aber durchaus realisierbar.

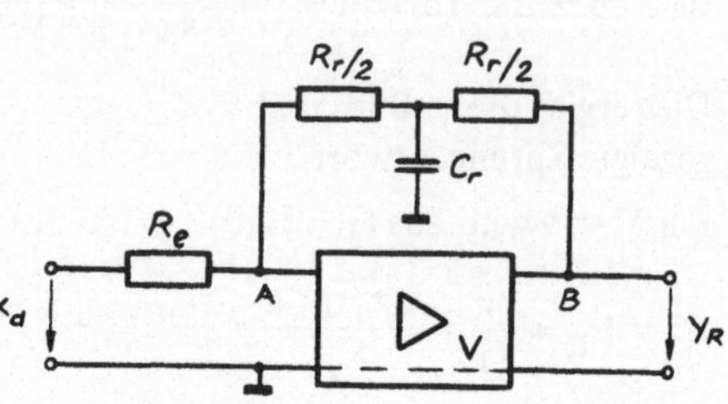


Bild 5.44

Verstärker mit T-Glied im Rückführzweig zur Erzeugung eines PD-Verhaltens

## 5.2.4. Verstärker mit verzögerter und nachgebender Rückführung

Um einem rückgekoppelten Verstärker PID-Verhalten zu geben, verwendet man
im Rückführzweig die Reihenschaltung eines verzögerten und eines nachgebenden
Rückführgliedes (Bild 5.45).

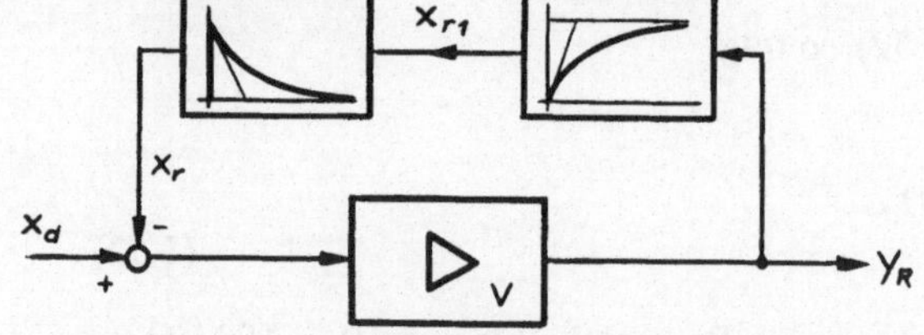


Bild 5.45

Verstärker mit verzögert nachgebender Rückführung

Die Frequenzgänge der Rückführglieder lauten:

$$F_{r1} = \frac{x_{r1}}{y_R} = \frac{K_{r1}}{1 + T_{r1} \cdot p} \,,$$

$$F_{r2} = \frac{x_r}{x_{r1}} = \frac{K_{Dr} \cdot p}{1 + T_{r2} \cdot p} \,,$$

$$F_r = \frac{x_r}{y_R} = \frac{K_{r1}}{1 + T_{r1} \cdot p} \cdot \frac{K_{Dr} \cdot p}{1 + T_{r2} \cdot p} \, ,$$

$$F_r = \frac{x_r}{y_R} = \frac{K_{r1} \cdot K_{Dr} \cdot p}{1 + (T_{r1} + T_{r2})\, p + T_{r1} \cdot T_{r2} \cdot p^2} \, .$$

Für einen idealen Verstärker mit $V = \infty$ wird:

$$F_R = \frac{1}{F_r} = \frac{1}{K_{r1} \cdot K_{Dr} \cdot p} + \frac{T_{r1} + T_{r2}}{K_{r1} \cdot K_{Dr}} + \frac{T_{r1} \cdot T_{r2}}{K_{r1} \cdot K_{Dr}} \cdot p \, ,$$

$$F_R = \frac{y_R}{x_d} = \underbrace{\frac{T_{r1} + T_{R2}}{K_{r1} \cdot K_{Dr}}}_{K_P} \left[ 1 + \underbrace{\frac{1}{(T_{r1} + T_{r2}) \cdot p}}_{T_n} + \underbrace{\frac{T_{r1} \cdot T_{r2}}{T_{r1} + T_{r2}} \cdot p}_{T_v} \right]$$

Vielfach verwendet man, wegen des besonders einfachen Aufbaus, die Reihenschaltung zweier nichtrückwirkungsfrei miteinander gekoppelter Glieder als Rückführelement (Bild 5.46).

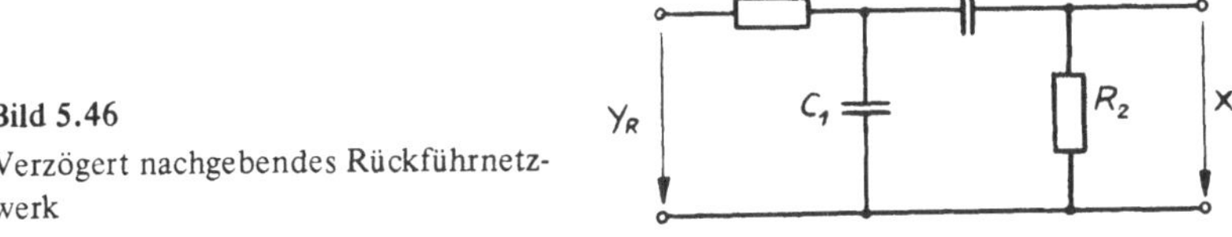

**Bild 5.46**

Verzögert nachgebendes Rückführnetzwerk

Der Frequenzgang ergibt sich nun nicht mehr durch einfache Multiplikation von $F_{r1}$ und $F_{r2}$, sondern aus dem Spannungsteilerverhältnis:

$$\frac{x_r}{y_R} = \frac{\dfrac{1}{p \cdot C_1} \left\| \left( \dfrac{1}{p \cdot C_2} + R_2 \right)\right.}{R_1 + \dfrac{1}{p \cdot C_1} \left\| \left( \dfrac{1}{p \cdot C_2} + R_2 \right)\right.} \cdot \frac{R_2}{\dfrac{1}{p \cdot C_2} + R_2} \, . \tag{5.54}$$

Es ist:

$$\frac{1}{p \cdot C_1} \left\| \left( \frac{1}{p \cdot C_2} + R_2 \right) = \frac{\dfrac{1}{p \cdot C_1} \cdot \left( \dfrac{1}{p \cdot C_2} + R_2 \right)}{\dfrac{1}{p \cdot C_1} + \dfrac{1}{p \cdot C_2} + R_2} \right. \, ,$$

$$= \frac{1 + R_2 \cdot C_2 \cdot p}{C_1 \cdot p + C_2 \cdot p + R_2 \cdot C_1 \cdot C_2 \cdot p^2} \, .$$

In Gl. (5.54) eingesetzt ergibt nach einigen Umformungen:

$$\frac{x_r}{y_R} = \frac{1}{\underbrace{1 + \dfrac{R_1}{R_2} + \dfrac{R_1 \cdot C_1}{R_2 \cdot C_2}}_{= K} + \underbrace{R_1 \cdot C_1 \cdot p}_{= \tau_1} + \underbrace{\dfrac{1}{R_2 \cdot C_2 \cdot p}}_{= \tau_2}}$$

Mit den Abkürzungen K, $\tau_1$ und $\tau_2$ wird:

$$\frac{x_r}{y_R} = \frac{1}{K + \tau_1 \cdot p + \dfrac{1}{\tau_2 \cdot p}} \quad,$$

$$y_R = x_r \cdot \left( K + \tau_1 \cdot p + \frac{1}{\tau_2 \cdot p} \right) . \tag{5.55}$$

Setzt man in Gl. (5.55) $p = \dfrac{d}{dt}$, so erhält man folgende Differentialgleichung:

$$y_R = K \cdot x_r + \tau_1 \cdot \frac{dx_r}{dt} + \frac{1}{\tau_2} \cdot \int x_r \cdot dt . \tag{5.56}$$

Für einen Sprung $y_{R0}$ soll diese Differentialgleichung mit Hilfe der Laplace-Transformation gelöst werden. Die einzelnen Glieder von Gl. (5.56) haben folgende Laplace-Transformierte:

$$L\,[y_{R0}] = \frac{y_{R0}}{p} \quad,$$

$$L\,[K \cdot x_r] = K \cdot L\,[x_r],$$

$$L\left[\tau_1 \cdot \frac{dx_r}{dt}\right] = \tau_1 \cdot p \cdot L\,[x_r] \quad,$$

$$L\left[\frac{1}{\tau_2} \int x_r \cdot dt\right] = \frac{1}{\tau_2 \cdot p} \cdot L\,[x_r] .$$

Mit diesen Beziehungen erhält man die Laplace-Transformierte von Gl. (5.56):

$$\frac{y_{R0}}{p} = L\,[x_r] \left( K + \tau_1 \cdot p + \frac{1}{\tau_2 \cdot p} \right)$$

$$L\,[x_r] = \frac{y_{R0}}{K \cdot p + \tau_1 \cdot p^2 + \dfrac{1}{\tau_2}}$$

$$L\,[x_r] = \frac{y_{R0}}{\tau_1} \cdot \frac{1}{\dfrac{1}{\tau_1 \cdot \tau_2} + \dfrac{K}{\tau_1} \cdot p + p^2} . \tag{5.57}$$

Gl. (5.57) entspricht der Beziehung 9 der Korrespondenztabelle mit

$$\alpha = \frac{K}{2\tau_1}$$

und

$$\beta^2 = \frac{1}{\tau_1 \cdot \tau_2} \ .$$

Das behandelte Netzwerk (Bild 5.46) kann nur aperiodische Schwingungen ausführen, da es nur gleichartige Energiespeicher (Kondensatoren) enthält. Es ist daher stets

$$\alpha^2 > \beta^2 \ .$$

Auf einen allgemeinen Beweis wird hier wegen des Aufwandes verzichtet. Mit den folgenden Werten:

$$R_1 = 100\,\text{k}\Omega\,; \qquad C_1 = 10\mu\text{F}\,,$$
$$R_2 = 100\,\text{k}\Omega\,; \qquad C_2 = \ \ 5\mu\text{F}\,.$$

wird:

$$\tau_1 = R_1 \cdot C_1 = 1\,\text{s}\,,$$
$$\tau_2 = R_2 \cdot C_2 = 0{,}5\,\text{s}\,,$$
$$K \ = 1 + \frac{R_1}{R_2} + \frac{\tau_1}{\tau_2} = 4\,,$$
$$\alpha \ = \frac{K}{2\,\tau_1} = 2\,\text{s}^{-1}\,,$$
$$\beta^2 \ = \frac{1}{\tau_1 \cdot \tau_2} \ = 2\,\text{s}^{-2}\,,$$
$$w \ = \sqrt{\alpha^2 - \beta^2} = \sqrt{4\,\text{s}^{-2} - 2\,\text{s}^{-2}} = 1{,}414\,\text{s}^{-1}\ .$$

Somit wird entsprechend Beziehung 9 der Korrespondenztabelle

$$x_r(t) = \frac{y_{R0}}{\tau_1} \cdot \frac{1}{2\,w} \cdot \left(e^{p_1 t} - e^{p_2 t}\right)\,,$$

mit

$$p_1 = -\alpha + w = -\,0{,}586\,\text{s}^{-1}\ ,$$
$$p_2 = -\alpha - w = -\,3{,}414\,\text{s}^{-1}\ .$$

11 Reuter

Die Gleichung der Sprungantwort (Bild 5.47) lautet dann:

$$x_r(t) = 0,354 \cdot y_{R0} \cdot \left(e^{-\frac{t}{1,7\,s}} - e^{-\frac{t}{0,293\,s}}\right).$$

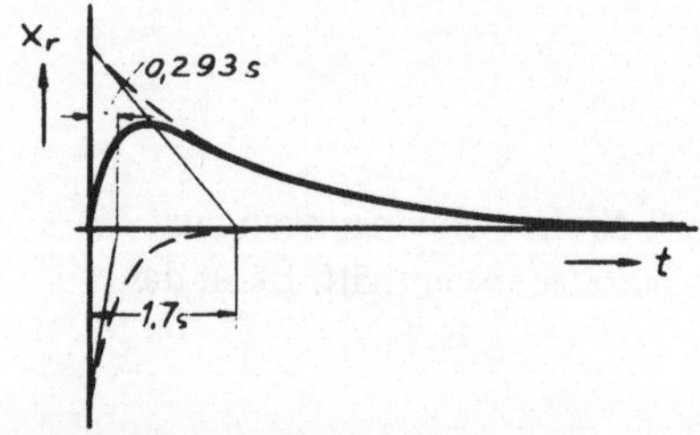


**Bild 5.47**
Sprungantwort eines verzögert
nachgebenden Rückführgliedes

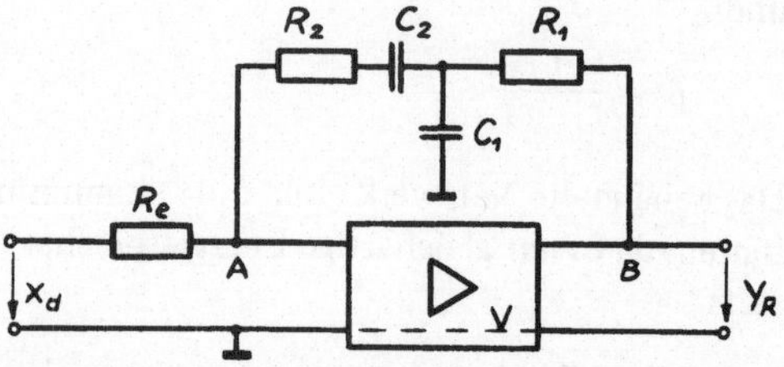

**Bild 5.48**
Elektronischer Verstärker mit verzögert
nachgebendem Rückführnetzwerk

## Beispiel 5.6

Ein elektronischer Verstärker mit dem idealen Verstärkungsgrad $V = -\infty$ soll gemäß
Bild 5.48 mit einem Rückführnetzwerk zur Erzeugung eines PID-Verhaltens be-
schaltet werden. Der geforderte Frequenzgang der Regeleinrichtung lautet:

$$F_R = \frac{y_R}{x_d} = -K_P \left(1 + \frac{1}{T_n \cdot p} + T_v \cdot p\right),$$

mit:

$$K_P = 40,$$
$$T_n = 10\,s,$$
$$T_v = 1\,s.$$

Der Eingangswiderstand hat den Wert $Z_e = R_e = 10\,k\Omega$.

Die zwischen den Punkten A und B liegende Rückführimpedanz erhält man durch
Stern-Dreieck-Umwandlung.

$$Z_r = R_1 + R_2 + \frac{1}{p \cdot C_2} + R_1 \cdot \left(R_2 + \frac{1}{p \cdot C_2}\right) \cdot p \cdot C_1,$$

$$Z_r = R_1 + R_2 + R_1 \cdot \frac{C_1}{C_2} + \frac{1}{p \cdot C_2} + R_1 \cdot R_2 \cdot C_1 \cdot p.$$

Für einen rückgekoppelten Verstärker mit $V = -\infty$ ist:

$$F_R = \frac{y_R}{x_d} = -\frac{Z_r}{Z_e} ,$$

$$F_R = -\left[ \underbrace{\frac{R_1 + R_2}{R_e} + \frac{R_1 \cdot C_1}{R_e \cdot C_2}}_{K_P} + \underbrace{\frac{1}{R_e \cdot C_2} \cdot \frac{1}{p}}_{K_I} + \underbrace{\frac{R_1 \cdot R_2 \cdot C_1}{R_e}}_{K_D} \cdot p \right] ,$$

$$F_R = -K_P \cdot \left( 1 + \frac{1}{T_n \cdot p} + T_v \cdot p \right) .$$

Daraus folgt:

$$K_P = 40 = \frac{R_1 + R_2}{R_e} + \frac{R_1 \cdot C_1}{R_e \cdot C_2} , \qquad (5.58)$$

$$T_n = \frac{K_P}{K_I} = R_e \cdot C_2 \cdot K_P \rightarrow C_2 = \frac{T_n}{R_e \cdot K_P} = \frac{10\,\text{s}}{10\,\text{k}\Omega \cdot 40} ,$$

$$C_2 = 25\,\mu\text{F} ,$$

$$T_v = \frac{K_D}{K_P} = \frac{R_2 \cdot R_1 \cdot C_1}{R_e \cdot K_P} .$$

Bei der Annahme von $R_2 = 100\,\text{k}\Omega$ wird:

$$R_1 \cdot C_1 = \frac{T_v \cdot R_e \cdot K_P}{R_2} = \frac{1\,\text{s} \cdot 10\,\text{k}\Omega \cdot 40}{100\,\text{k}\Omega} ,$$

$$R_1 \cdot C_1 = 4\,\text{s} .$$

Setzt man $R_1 \cdot C_1$ in (5.58) ein, so folgt:

$$R_1 = R_e \left[ K_P - \frac{R_2}{R_e} - \frac{R_1 \cdot C_1}{R_e \cdot C_2} \right] ,$$

$$R_1 = 10\,\text{k}\Omega \left[ 40 - 10 - \frac{4\,\text{s}}{0{,}25\,\text{s}} \right]$$

$$R_1 = 140\,\text{k}\Omega ,$$

$$C_1 = \frac{4\,\text{s}}{140\,\text{k}\Omega} = 28{,}6\,\mu\text{F} .$$

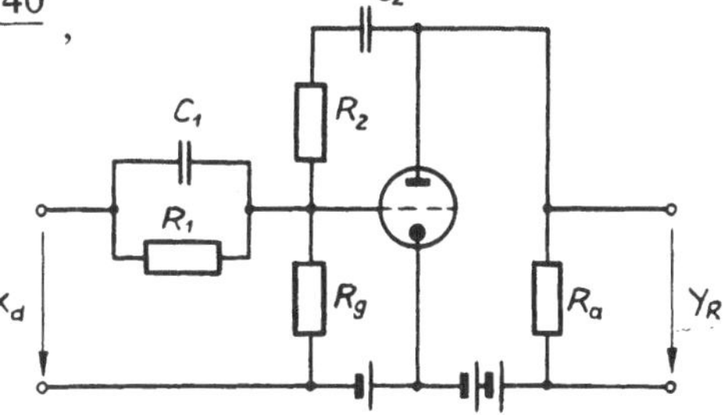


**Bild 5.49**

Verstärkerstufe als PID-Regeleinrichtung geschaltet

Teilweise erzeugt man das PID-Verhalten nicht ausschließlich im Rückführzweig, sondern wie in Bild 5.49 gezeigt durch ein Glied mit PD-Verhalten im Eingangskreis und ein Glied mit PI-Verhalten im Rückführzweig.

# 6. Das Bode-Diagramm. Logarithmische Darstellung von Amplituden- und Phasengang

Das Bode-Diagramm dient neben der Ortskurve zur graphischen Darstellung des Frequenzganges. Während man bei der Ortskurvendarstellung den Frequenzgang

$F = \dfrac{\dot{x}_a}{x_e}$ nach Betrag und Phase in einem einzigen Diagramm in der Gaußschen

Zahlenebene darstellt, werden im Bode-Diagramm der Betrag von F und der Phasenwinkel $\varphi$ in zwei getrennten Diagrammen als Funktionen der Kreisfrequenz $\omega$ aufgetragen. Für die Darstellung von $|F| = f(\omega)$ ist sowohl $\omega$ auf der Abszisse als auch das Amplitudenverhältnis $|F|$ auf der Ordinate im logarithmischen Maßstab geteilt. In einem zweiten Diagramm ist dann der Phasenwinkel $\varphi$ im linearen über der Kreisfrequenz $\omega$ im logarithimschen Maßstab aufgetragen. Durch die logarithmische Darstellung erhält man leicht zu konstruierende Asymptoten des wirklichen Kurvenverlaufs $|F| = f(\omega)$. Bei der Hintereinanderschaltung von mehreren Frequenzgängen ergibt sich der Gesamtfrequenzgang aus dem Produkt der einzelnen Frequenzgänge. Der besondere Vorteil der Darstellung eines solchen Frequenzganges im Bode-Diagramm besteht darin, daß durch die Logarithmierung die Produktbildung auf eine einfache Addition zurückgeführt wird.

## 6.1. Bode-Diagramme einfacher Frequenzgänge

Im folgenden sollen die Bode-Diagramme von Regelkreisgliedern mit elementarem Zeitverhalten behandelt werden, deren Frequenzgänge bereits in Kapitel 3 abgeleitet wurden.

### 6.1.1. Bode-Diagramm des $P_0$-Gliedes

Der Frequenzgang eines $P_0$-Gliedes ist:

$$F = \frac{x_a}{x_e} = K_P = \text{konstant},$$

$$F = |F| \cdot e^{j\varphi}.$$

Daraus folgt:

$$|F| = K_P \quad \text{und} \quad \varphi = 0 \,.$$

Bild 6.1 zeigt für $K_p = 10$ das
Bode-Diagramm des reinen
P-Gliedes. Das Amplituden-

verhältnis $\dfrac{x_a}{x_e}$ ist unabhängig von

$\omega$ und zwischen $x_a$ und $x_e$ ist für
alle $\omega$ die Phasenverschiebung Null.

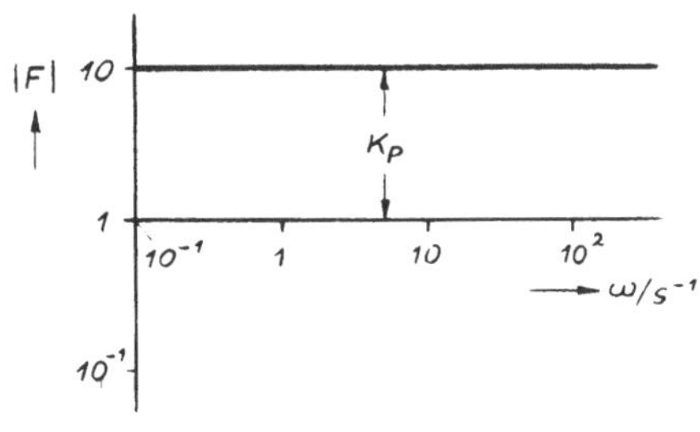


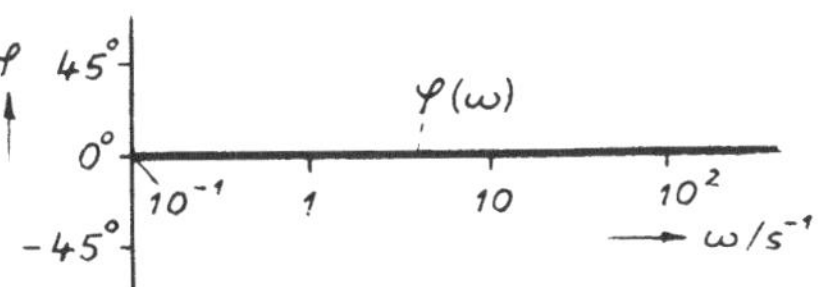


**Bild 6.1**
Bode-Diagramm eines $P_0$-Gliedes

## 6.1.2. Bode-Diagramm eines I-Gliedes

Der Frequenzgang eines I-Gliedes lautet:

$$F = \frac{x_a}{x_e} = \frac{K_I}{p} \; .$$

Sind die Dimensionen von Aus- und Eingangsgröße gleich, so hat $K_I$ die Dimension
$s^{-1}$, und man kann den Kehrwert von $K_I$ als die Integrierzeit $T_I$ auffassen.

$$T_I = \frac{1}{K_I} \; .$$

Diese vereinfachende Annahme wird gewählt, um den charakteristischen Verlauf
$|F| = f(\omega)$ ableiten zu können. Haben $x_a$ und $x_e$ unterschiedliche Dimensionen,
so hat $K_I$ außer $s^{-1}$ die Dimensionen der Ausgangsgröße dividiert durch die der
Eingangsgröße. Um den Schnittpunkt mit der $\omega$-Achse zu bestimmen, bleiben die
Dimensionen von $x_a$ und $x_e$ unberücksichtigt. Dadurch wird in unserer Betrachtung vermieden, daß der Logarithmus einer dimensionsbehafteten Größe genommen

wird. Mit $T_I = \dfrac{1}{K_I}$ wird:

$$F = \frac{x_a}{x_e} = \frac{1}{T_I \cdot p} = \frac{1}{j\omega T_I} \; .$$

Daraus folgt:

$$|F| = \frac{1}{\omega T_I} \; , \qquad \lg|F| = -\lg(\omega T_I) \; .$$

Trägt man $|F|$ im logarithmischen Maßstab über $\omega$ im gleichen logarithmischen Maßstab auf, so erhält man eine Gerade mit der negativen Steigung 1 : 1, die die $\omega$-Achse für $\omega = \dfrac{1}{T_I}$ schneidet. Voraussetzung dafür ist, daß die $\omega$-Achse die Ordinate bei $|F| = 1$ schneidet (Bild 6.2). Infolge des fehlenden Realteils, der Imaginärteil von F ist:

$$\mathrm{Im}(F) = -\frac{1}{\omega T_I} ,$$

ergibt sich für den Phasenwinkel

$$\tan \varphi = \frac{\mathrm{Im}(F)}{\mathrm{Re}(F)} = -\infty ,$$

$$\varphi = -90^\circ = \text{konstant} .$$

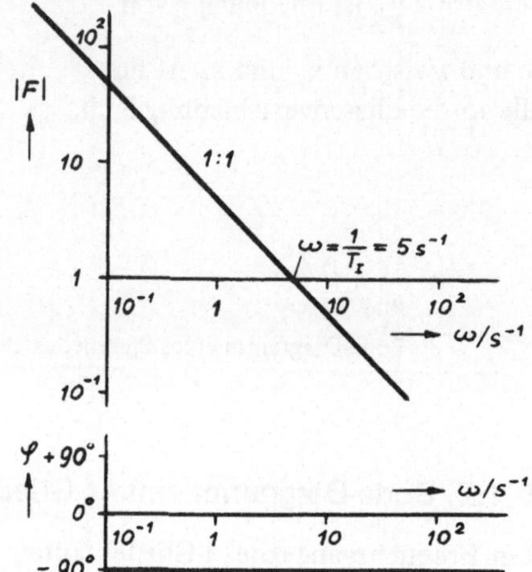


**Bild 6.2**

Bode-Diagramm eines I-Gliedes
($T_I = 0{,}2$ s)

## 6.1.3. Bode-Diagramm eines D-Gliedes

Ein D-Glied hat folgenden Frequenzgang:

$$F = \frac{x_a}{x_e} = K_D \cdot p .$$

Die Dimensionen von $x_a$ und $x_e$ werden zur Ermittlung des charakteristischen Verlaufs $|F| = f(\omega)$ als gleich angenommen. $K_D$ hat dann die Dimension einer Zeit und kann als Differenzierzeit $T_D$ aufgefäßt werden. Sind die Dimensionen von $x_a$ und $x_e$ ungleich, so gilt das in Abschnitt 6.1.2 für $K_I$ Gesagte.

Mit $K_D = T_D$ wird:

$$F = \frac{x_a}{x_e} = T_D \cdot p = j\omega T_D .$$

Ferner ist:

$$F = |F| \cdot e^{j\varphi} .$$

Folglich erhält man:

$$|F| = \omega \cdot T_D , \qquad \lg |F| = \lg(\omega T_D) .$$

Das ist die Gleichung einer Geraden mit der positiven Steigung 1 : 1, wenn $|F|$ und $\omega$ im gleichen logarithmischen Maßstab aufgetragen werden. Die Zeitachse wird wieder so gelegt, daß sie die Ordinate für $|F| = 1$ schneidet. Wie Bild 6.3 zeigt, schneidet dann der Amplitudengang $|F| = f(\omega)$ die $\omega$-Achse für $\omega = \dfrac{1}{T_D}$

Für den Phasenwinkel $\varphi$ erhält man:

$$\tan \varphi = \frac{\text{Im}(F)}{\text{Re}(F)} = + \infty\,,$$

$$\varphi = + 90^\circ = \text{konstant},$$

weil $\text{Re}(F) = 0 \quad$ und

$$\text{Im}(F) = + \omega\,T_D\,.$$

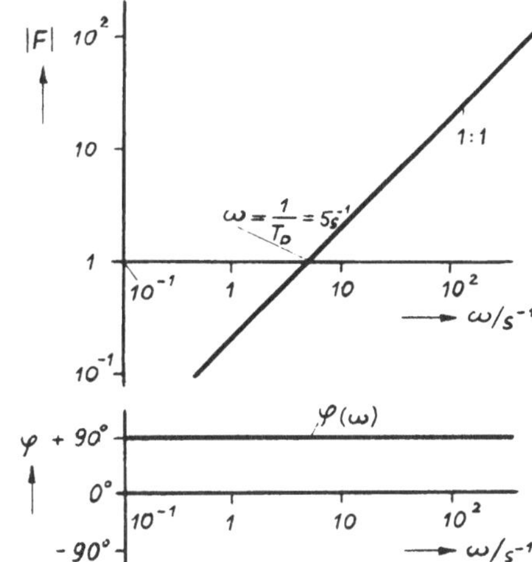


**Bild 6.3**
Bode-Diagramm eines D-Gliedes
($T_D = 0{,}2$ s)

## 6.1.4. Bode-Diagramm eines P-Gliedes mit Verzögerung 1. Ordnung

Für ein P-Glied 1. Ordnung lautet der Frequenzgang:

$$F = \frac{x_a}{x_e} = \frac{K}{1 + T \cdot p}\,,$$

$$F = \frac{K}{1 + j\omega T} = \frac{K}{|\,1 + j\omega T\,| \cdot e^{j \cdot \text{arc tan}\,\omega T}}\,.$$

Daraus folgt:

$$|F| = \frac{K}{\sqrt{1 + (\omega T)^2}}\,, \tag{6.1}$$

$$\lg |F| = \lg K - \frac{1}{2} \lg [1 + (\omega T)^2]\,. \tag{6.2}$$

$$\tan \varphi = - \omega T\,,$$
$$\varphi = - \text{arc tan}\,\omega T\,.$$

Setzt man in Gl. (6.1) $\omega$-Werte von $0 \ldots \infty$ ein, so erhält man den exakten Amplitudengang. Dieses Verfahren ist sehr zeitraubend und aufwendig. Einfacher ist die Konstruktion der Asymptoten des wahren Verlaufs, die für viele Zwecke ausreichend sind. Diese ergeben sich, indem man zwei $\omega$-Bereiche unterscheidet:

*a) Für kleine $\omega$-Werte ist:*

$$\omega T \ll 1 \,.$$

Damit erhält man aus Gl. (6.2) die Näherung:

$$\lg |F| \approx \lg K \,. \tag{6.3}$$

Das ergibt für kleine $\omega$-Werte eine Gerade parallel zur Abszisse mit der Ordinate $|F| = K$ im logarithmischen Maßstab.

*b) Für große $\omega$-Werte ist:*

$$\omega T \gg 1$$

und damit folgt aus Gl. (6.2) die Näherung

$$\lg |F| \approx \lg K - \lg(\omega T) \,. \tag{6.4}$$

Das ist ebenfalls die Gleichung einer Geraden mit der negativen Steigung $1 : 1$. Die unter a) und b) gefundenen Geraden bilden die Asymptoten. Sie schneiden sich für $\omega_E = \dfrac{1}{T}$, wie man durch Gleichsetzen der Gln. (6.3) und (6.4) leicht erkennt. Für die Eckfrequenz $\omega_E = \dfrac{1}{T}$ errechnet sich der genaue Wert des Amplitudenverhältnisses zu:

$$|F| = \frac{K}{\sqrt{1+1}} = \frac{K}{\sqrt{2}} = 0{,}707 \cdot K \,.$$

An dieser Stelle ist die Abweichung des wahren Verlaufs von dem der Asymptoten am größten. Der Phasengang hat den in Bild 6.4 gezeigten Verlauf, mit $\varphi = 0°$ für $\omega = 0$ beginnend und endend bei $\varphi = -90°$ für $\omega = \infty$. Für $\omega_E = \dfrac{1}{T}$ ist $\varphi = -45°$.

## 6.1.5. Bode-Diagramm eines PI-Gliedes

Der Frequenzgang eines PI-Gliedes ist gemäß Gl. (5.19):

$$F = \frac{x_a}{x_e} = K_P \cdot \left[1 + \frac{1}{T_n \cdot p}\right] = K_P \cdot \left[1 - j\,\frac{1}{\omega T_n}\right] \,. \tag{6.5}$$

Aus Gl. (6.5) folgt:

$$|F| = K_P \cdot \sqrt{1 + \left(\frac{1}{\omega T_n}\right)^2}, \tag{6.6}$$

$$\lg |F| = \lg K_P + \frac{1}{2} \lg \left[1 + \left(\frac{1}{\omega T_n}\right)^2\right], \tag{6.7}$$

$$\tan \varphi = \frac{\mathrm{Im}(F)}{\mathrm{Re}(F)} = -\frac{1}{\omega T_n},$$

$$\varphi = -\arctan \frac{1}{\omega T_n},$$

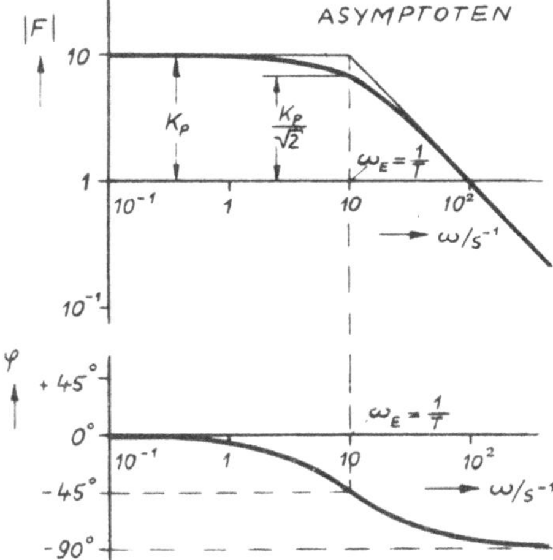


**Bild 6.4**
Bode-Diagramm eines P-Gliedes 1. Ordnung ($K_P = 10$; $T = 0{,}1$ s)

Der exakte Amplitudengang folgt aus Gl. (6.6) durch Variation von $\omega$ im Bereich $0 \ldots \infty$. Zur Ermittlung der Asymptoten unterscheidet man wie in Abschnitt 6.1.4 zwei $\omega$-Bereiche:

*a) Für kleine $\omega$-Werte ist:*

$$\frac{1}{\omega T_n} \gg 1$$

und man erhält aus Gl. (6.7)

$$\lg |F| \approx \lg K_P - \lg \omega T_n. \tag{6.8}$$

Entsprechend Gl. (6.4) ist das eine Gerade mit negativer Steigung 1 : 1.

*b) Für große $\omega$-Werte ist:*

$$\frac{1}{\omega T_n} \ll 1$$

und es wird:

$$\lg |F| \approx \lg K_P. \tag{6.9}$$

Also eine Gerade parallel zur Abszisse mit dem Ordinatenwert $|F| = K$ im logarithmischen Maßstab.

Durch Gleichsetzen der Gln. (6.8) und (6.9) folgt der Schnittpunkt der beiden Asymptoten für $\omega_E = \dfrac{1}{T_n}$. Setzt man in Gl. (6.6) $\omega_E = \dfrac{1}{T_n}$, so erhält man den genauen Wert des Amplitudenganges an dieser Stelle.

$$|F| = K_P \cdot \sqrt{2}\,.$$

Wie Bild 6.5 zeigt, beginnt der Phasengang mit $\varphi = -90°$ für $\omega = 0$ und endet mit $\varphi = 0°$ für $\omega = \infty$.

Für die Eckfrequenz $\omega_E = \dfrac{1}{T_n}$ wird $\varphi = -45°$.

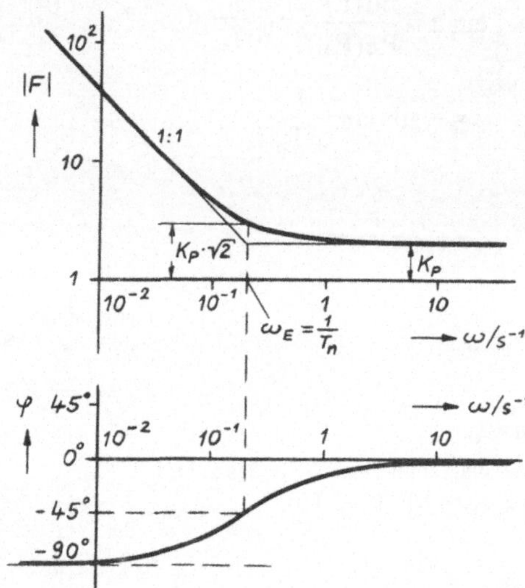


**Bild 6.5**
Bode-Diagramm eines PI-Gliedes
($K_P = 2$; $T_n = 5$ s)

## 6.1.6. Bode-Diagramm eines PD-Gliedes

Der Frequenzgang eines PD-Gliedes lautet entsprechend Gl. (5.30):

$$F = \frac{x_a}{x_e} = K_P \cdot (1 + T_v \cdot p) = K_P \cdot (1 + j\omega T_v). \tag{6.10}$$

Damit folgt aus Gl. (6.10):

$$|F| = K_P \cdot \sqrt{1 + (\omega T_v)^2}\,, \tag{6.11}$$

$$\lg |F| = \lg K_P + \frac{1}{2} \lg [1 + (\omega T_v)^2]\,. \tag{6.12}$$

Ferner ist:

$$\tan \varphi = \frac{\operatorname{Im}(F)}{\operatorname{Re}(F)} = \omega T_v\,,$$

$$\varphi = \text{arc } \tan \omega T_v\,. \tag{6.13}$$

Während man den exakten Verlauf des Amplitudenganges aus Gl. (6.11) erhält, ergeben sich die Asymptoten aus Gl. (6.12) durch Betrachten der Grenzfälle $\omega \to 0$ und $\omega \to \infty$.

*a) Im Bereich kleiner $\omega$-Werte ist:*

$$\omega T_v \ll 1$$

und damit folgt aus Gl. (6.12)

$$\lg |F| \approx \lg K_P, \qquad\qquad\qquad (6.14)$$

da $\lg 1 = 0$. D.h. für kleine $\omega$-Werte ist die Amplitude eine Parallele zur Abszisse mit dem Ordinatenwert $|F| = K_P$ im logarithmischen Maßstab.

*b) Im Bereich großer $\omega$-Werte ist:*

$$\omega T_v \gg 1 \, .$$

Aus Gl. (6.12) folgt dann die Näherung:

$$\lg |F| \approx \lg K_P + \lg (\omega T_v). \qquad\qquad\qquad (6.15)$$

Gl. (6.15) ist eine Gerade mit der positiven Steigung $1 : 1$.

Die unter a) und b) gefundenen Asymptoten schneiden sich für $\omega = \omega_E = \dfrac{1}{T_v}$, was durch Gleichsetzen der Gln. (6.14) und (6.15) folgt. Der genaue Wert des Amplitudenganges für die Eckfrequenz $\omega_E = \dfrac{1}{T_v}$ ergibt sich aus Gl. (6.11)

$$|F| = K_P \cdot \sqrt{2} \, .$$

Setzt man in Gl. (6.13) $\omega = 0; \dfrac{1}{T_v};$

$\infty$, so erhält man $\varphi = 0°; +45°; +90°$, wie der Phasengang in Bild 6.6 zeigt.

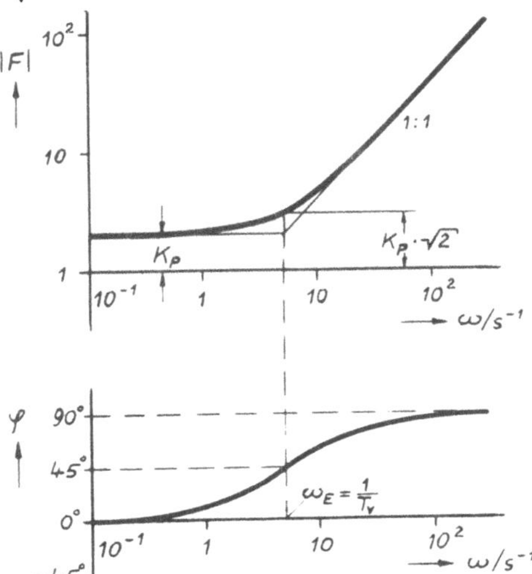


**Bild 6.6**
Bode-Diagramm eines PD-Gliedes
($K_P = 2$; $T_v = 0,2$ s)

### 6.1.7. Bode-Diagramm eines P-Gliedes mit Verzögerung 2. Ordnung

Entsprechend Gl. (4.34) ist der Frequenzgang eines P-Gliedes 2. Ordnung:

$$F = \frac{x_a}{x_e} = \frac{K}{1 + T_1 \cdot p + T_2^2 \cdot p^2} = \frac{K}{1 - (\omega T_2)^2 + j\omega T_1} \, .$$

Daraus folgt:

$$|F| = \frac{K}{\sqrt{[1 - (\omega T_2)^2]^2 + (\omega T_1)^2}} \, , \qquad (6.16)$$

$$\lg |F| = \lg K - \frac{1}{2} \lg \{ [1 - (\omega T_2)^2]^2 + (\omega T_1)^2 \} \qquad (6.17)$$

Ferner ist:

$$\tan \varphi = \frac{\text{Im}(F)}{\text{Re}(F)} = \frac{- \omega T_1}{1 - (\omega T_2)^2} \, ,$$

$$\varphi = - \text{arc tan} \frac{\omega T_1}{1 - (\omega T_2)^2} \, .$$

Ist der Dämpfungsgrad $D = \dfrac{T_1}{2 \cdot T_2}$ eines solchen Gliedes $< 1$, so ergeben sich wiederum zwei Asymptoten.

Man erhält:

*a) Im Bereich kleiner ω-Werte ist*

$$\omega T_1 << 1$$

und

$$(\omega T_2)^2 << 1.$$

Damit erhält man aus Gl. (6.17):

$$\lg |F| \approx \lg K . \qquad (6.18)$$

Also eine Parallele zur Abszisse.

*b) Im Bereich großer ω-Werte ist*

$$(\omega T_2)^2 >> 1,$$

und

$$(\omega T_2)^2 >> \omega T_1 \, .$$

Somit folgt aus Gl. (6.17):

$$\lg |F| \approx \lg K - 2 \lg (\omega T_2). \tag{6.19}$$

Gl. (6.19) ist die Gleichung einer Geraden mit der negativen Steigung 2 : 1.
Den Schnittpunkt der unter a) und b) gefundenen Asymptoten findet man durch
Gleichsetzen der Gln. (6.18) und (6.19) mit

$$\omega = \omega_E = \frac{1}{T_2} .$$

Bild 6.7 zeigt den Verlauf der
Asymptoten und mit D als Parameter
verschiedene Amplituden- und
Phasengänge.

Aus Gl. (6.16) erhält man

für $\omega = \omega_E = \dfrac{1}{T_2}$

$$|F| = \frac{K}{\omega_E \cdot T_1} = \frac{K \cdot T_2}{T_1} = \frac{K}{2 \cdot D} .$$

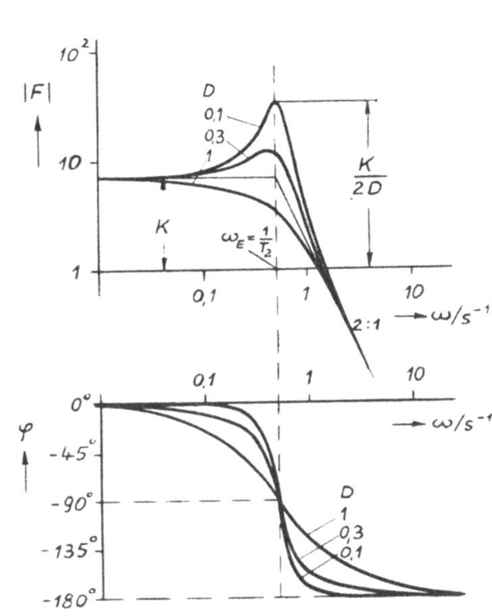


**Bild 6.7**
Bode-Diagramm eines P-Gliedes mit
Verzögerung 2. Ordnung ($K_P = 7$; $T_2 = 2$ s)

Ist der Dämpfungsgrad D > 1, so läßt sich das P-Glied 2. Ordnung in zwei P-Glieder
1. Ordnung zerlegen. Die Darstellung von in Reihe geschalteten Frequenzgängen
soll im folgenden Abschnitt behandelt werden. Auch ein PID-Glied kann als Reihenschaltung eines PI- und eines PD-Gliedes aufgefaßt werden.

## 6.2. Darstellung in Reihe geschalteter Frequenzgänge im Bode-Diagramm

Ein Regelkreis besteht aus der Reihenschaltung mehrerer Regelkreisglieder. So
bilden z.B. mehrere in Reihe geschaltete Strecken 1. Ordnung mit den Frequenzgängen $F_1, F_2 \ldots F_n$ eine Strecke n-ter Ordnung mit dem Frequenzgang F. Es ist
dann:

$$F = F_1 \cdot F_2 \cdot \ldots F_n. \tag{6.20}$$

Will man den Gesamtfrequenzgang F im Bode-Diagramm darstellen, so muß F nach Betrag und Phase zerlegt werden.

$$F = |F| \cdot e^{j\varphi}. \tag{6.21}$$

Aus Gl. (6.20) angewandt ergibt:

$$F = |F_1| \cdot e^{j\varphi_1} \cdot |F_2| \cdot e^{j\varphi_2} \cdot \ldots |F_n| \cdot e^{j\varphi_n},$$

$$F = |F_1| \cdot |F_2| \cdot \ldots |F_n| \cdot e^{j(\varphi_1 + \varphi_2 + \ldots \varphi_n)}. \tag{6.22}$$

Durch Vergleich der Gln. (6.22) und (6.21) folgt:

$$|F| = |F_1| \cdot |F_2| \cdot \ldots |F_n|, \tag{6.22}$$

und

$$\varphi = \varphi_1 + \varphi_2 + \ldots \varphi_n \, .$$

Infolge der logarithmischen Darstellung des Amplitudenganges $|F|$ erhält man aus Gl. (6.22) durch Logarithmierung:

$$\lg |F| = \lg |F_1| + \lg |F_2| + \ldots \lg |F_n| \, .$$

D.h. der Amplitudengang des Gesamtfrequenzganges $|F|$ ergibt sich durch einfache Addition der einzelnen Ordinaten der Amplitudengänge $|F_1|$, $|F_2|$, $\ldots |F_n|$. Das gleiche gilt auch für die Asymptoten. Den Phasengang $\varphi$ erhält man ebenfalls durch Addition der einzelnen Phasengänge $\varphi_1$, $\varphi_2$, $\ldots \varphi_n$.

**Beispiel 6.1** (Bild 6.8)

Zwei P-Glieder 1. Ordnung und ein PD-Glied sind in Reihe geschaltet, mit den Frequenzgängen:

$$F_1 = \frac{K_1}{1 + T_1 \cdot p}, \qquad\qquad K_1 = 2 \, ; \qquad T_1 = 5 \text{ s},$$

$$F_2 = \frac{K_2}{1 + T_2 \cdot p}, \qquad\qquad K_2 = 4 \, ; \qquad T_2 = 1 \text{ s},$$

$$F_3 = K_3 \, (1 + T_v \cdot p), \qquad\quad K_3 = 8 \, ; \qquad T_v = 0{,}25 \text{ s}.$$

Der Amplituden- und Phasenverlauf der Einzelfrequenzgänge sowie das Bode-Diagramm der Gesamtanordnung ist zu konstruieren.

Zunächst werden die Asymptoten der einzelnen Amplitudengänge konstruiert, gemäß den Abschnitten 6.1.4 und 6.1.6, mit den Eckfrequenzen:

$$\omega_{E1} = \frac{1}{T_1} = 0{,}2 \text{ s}^{-1} \, ; \; \omega_{E2} = \frac{1}{T_2} = 1 \text{ s}^{-1} \, ; \; \omega_{E3} = \frac{1}{T_v} = 4 \text{ s}^{-1} \, .$$

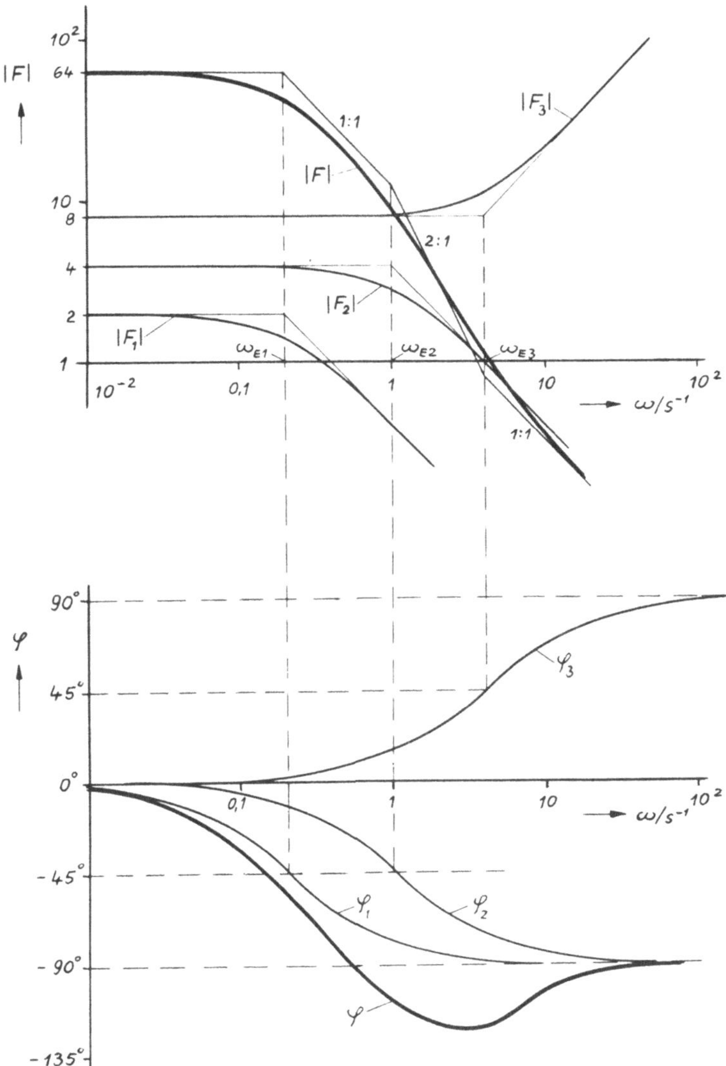



**Bild 6.8.** Bode-Diagramm dreier in Reihe geschalteter Frequenzgänge $F = F_1 \cdot F_2 \cdot F_3$

Am zweckmäßigsten verwendet man einen logarithmischen Maßstab mit 62,5 mm pro Dekade.

Die Asymptoten von $|F|$ ergeben sich durch Addition der Asymptoten von $|F_1|$, $|F_2|$ und $|F_3|$. Von $\omega = 0$ bis $\omega = \omega_{E1}$ ist der Verlauf der resultierenden Asymptote eine Parallele zur Abszisse. Im Bereich $\omega_{E1} < \omega < \omega_{E2}$ laufen die Asymptoten von $|F_2|$ und $|F_3|$ parallel zur Abszisse, während die Asymptote von $|F_1|$ die Steigung $-(1:1)$ hat. Die resultierende Asymptote hat in diesem Bereich ebenfalls die Steigung $-(1:1)$. Von $\omega = \omega_{E2}$ bis $\omega = \omega_{E3}$ haben die Asymptoten von $|F_1|$ und $|F_2|$ je eine Steigung von $-(1:1)$, was zu einer resultierenden Asymptote mit der Steigung $-(2:1)$ führt. Für $\omega > \omega_{E3}$ kommt die Asymptote von $|F_3|$ mit der Steigung $+(1:1)$ hinzu und kompensiert die Steigung einer der Asymptoten $|F_1|$ oder $|F_2|$, so daß die resultierende Asymptote für $\omega > \omega_{E3}$ die Steigung $-(1:1)$ hat.

Betrachtet man die Amplitudengänge $|F_1|$, $|F_2|$ und $|F_3|$ in Bild 6.8, so sieht man, daß sie untereinander kongruent sind. D.h. man kann mittels einer Schablone $|F_1|$, $|F_2|$ und $|F_3|$ zeichnen, in dem man diese je nach der Eckfrequenz in der Zeichenebene entsprechend verschiebt bzw. zum Zeichnen von $|F_3|$ gegenüber $|F_1|$ bzw. $|F_2|$ umklappt. Das gleiche gilt für den Phasengang. Zum Zeichnen von $\varphi_3$ wird die Schablone an der Achse gespiegelt.

## 6.2.1. Konstruktion des Amplitudenganges mittels Amplitudenlineal

Eine andere Möglichkeit besteht darin, anstelle der Schablonen für den Amplituden- und Phasengang ein Lineal zu benutzen. Ein solches ist im Anhang abgebildet. Das Amplituden- sowie das Phasenlineal sind für einen logarithmischen Maßstab von 62,5 mm pro Dekade. Der Vorteil besteht darin, daß außer dem gesuchten Amplitudengang lediglich die Asymptoten der einzelnen Frequenzgänge und der des Gesamtfrequenzganges gezeichnet werden müssen. Das Diagramm gewinnt dadurch an Übersichtlichkeit. Der Gedanke, der dem Amplitudenlineal zugrunde liegt, soll an

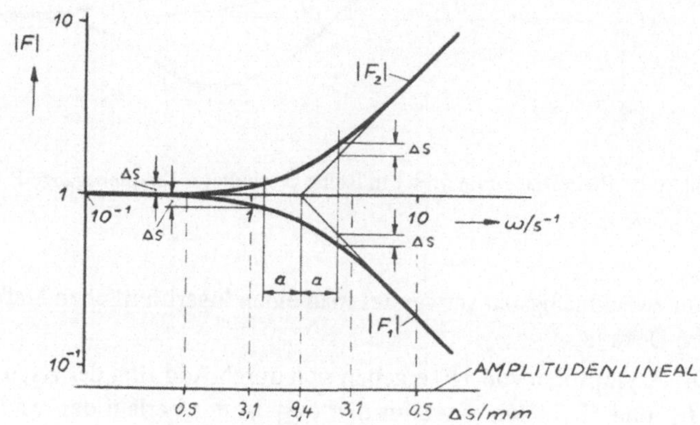


**Bild 6.9**

Amplitudengang für

$$F_1 = \frac{1}{1 + Tp} \quad \text{und}$$

$$F_2 = 1 + Tp$$

Bild 6.9 erläutert werden. In Bild 6.9 sind für ein Verzögerungsglied mit dem
Frequenzgang

$$F_1 = \frac{1}{1 + T \cdot p}$$

und für ein PD-Glied mit dem Frequenzgang

$$F_2 = 1 + T \cdot p$$

Die Asymptoten und Amplitudengänge $|F_1|$ und $|F_2|$ aufgezeichnet.

Trägt man von der Eckfrequenz $\omega_E = \frac{1}{T}$ gleich lange Abstände a nach links und
rechts ab, so sind die Abweichungen $\Delta s$ zwischen Asymptote und Amplitudengang
gleich. Für das P-Glied 1. Ordnung muß an dieser Stelle $\Delta s$ von der Asymptote ab-
gezogen werden, um den Wert des Amplitudenganges zu erhalten, für das PD-Glied
ist er positiv zu nehmen. Auf dem Amplitudenlineal sind diese $\Delta s$-Werte aufgetragen. Für $\omega = \omega_E$ beträgt $\Delta s = 9{,}4$ mm.

Für Beispiel 6.1 würde das folgendermaßen aussehen. Aus dem Verlauf der Asymptoten
von $|F|$ ergibt sich ein interessierender Berich von $\omega \approx 0{,}1 \ldots 20\,\mathrm{s}^{-1}$. Diesen
Bereich zerlegt man in etwa gleiche Abschnitte $\omega = 0{,}1; 0{,}2; 0{,}4; 0{,}7; 1; 2; 4; 7;$
$10; 20\,\mathrm{s}^{-1}$ und fertigt nachstehende Tabelle an. Dann legt man das Amplitudenlineal mit der Marke $\omega = \omega_E$ an die Eckfrequenz $\omega_{E1}$ des 1. Gliedes, liest bei den
obigen Kreisfrequenzen die Werte $\Delta s_1$ ab und trägt sie in die Tabelle ein. Da es
sich um ein Verzögerungsglied 1. Ordnung handelt, sind die $\Delta s_1$-Werte mit nega-
tivem Vorzeichen zu versehen. Das gleiche wird für $|F_2|$ und $|F_3|$ wiederholt. Man
erhält für die $\Delta s_2$-Werte negatives Vorzeichen und für die $\Delta s_3$-Werte positives Vorzeichen, da es sich um ein PD-Glied handelt. Die resultierende Abweichung $\Delta s$
zwischen Asymptoten und Amplitudengang von $|F|$ erhält man aus

$$\Delta s = \Delta s_1 + \Delta s_2 + \Delta s_3$$

und wird an der jeweiligen Kreisfrequenz $\omega$ von dem Asymptotenverlauf von $|F|$
subtrahiert bzw. addiert.

| $\dfrac{\omega}{\mathrm{s}^{-1}}$ | 0,1 | 0,2 | 0,4 | 0,7 | 1 | 2 | 4 | 7 | 10 | 20 |
|---|---|---|---|---|---|---|---|---|---|---|
| $\dfrac{\Delta s_1}{\mathrm{mm}}$ | − 3,1 | − 9,4 | − 3,1 | − 1,1 | − 0,5 | − | − | − | − | − |
| $\dfrac{\Delta s_2}{\mathrm{mm}}$ | − | − 0,5 | − 2,0 | − 5,4 | − 9,4 | − 3,1 | − 0,8 | − 0,4 | − | − |
| $\dfrac{\Delta s_3}{\mathrm{mm}}$ | − | − | − | 0,4 | 0,9 | 3,1 | 9,4 | 3,7 | 2,1 | 0,5 |
| $\dfrac{\Delta s}{\mathrm{mm}}$ | − 3,1 | − 9,9 | − 5,1 | − 6,1 | − 9 | 0 | + 8,6 | + 3,3 | + 2,1 | + 0,5 |

## 6.2.2. Konstruktion des Phasenganges mittels Phasenlineal

Das Phasenlineal ergibt sich in ähnlicher Weise wie das Amplitudenlineal in Abschnitt 6.2.1. Bild 6.10 zeigt den Phasengang für den Frequenzgang

$$F_1 = \frac{1}{1 + T \cdot p} \qquad \text{(Verzögerung 1. Ordnung)}$$

und den Frequenzgang

$$F_2 = 1 + T \cdot p \qquad \text{(PD-Glied)}$$

deren Amplitudengänge in Bild 6.9 dargestellt sind. Für $F_1$ erhält man

$$\tan \varphi_1 = - \omega T,$$
$$\varphi_1 = - \text{arc} \tan \omega T$$

und für $F_2$

$$\tan \varphi_2 = \omega T,$$
$$\varphi_2 = + \text{arc} \tan \omega T.$$

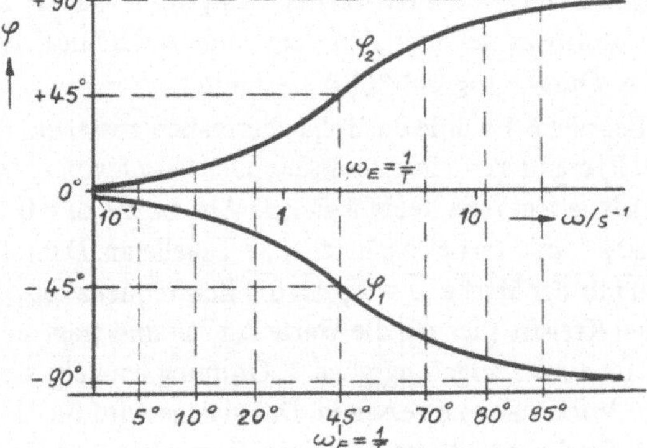


**Bild 6.10**

Phasengang für die Frequenzgänge

$$F_1 = \frac{1}{1 + T \cdot p} \quad \text{und}$$

$$F_2 = 1 + T \cdot p$$

D.h. für gleiches $\omega$ unterscheiden sich $\varphi_1$ und $\varphi_2$ nur durch das Vorzeichen.

Auf dem Phasenlineal sind, ausgehend von $\varphi = 45°$ für $\omega = \omega_E$ nach links und rechts die Stellen markiert an denen der Phasenwinkel den angegebenen Wert hat.

Die Benutzung des Phasenlineals soll am Beispiel 6.1 erläutert werden. Das Phasenlineal wird mit der Marke $\omega_E = \frac{1}{T}$ bzw. $\varphi = 45°$ an die Eckfrequenz $\omega_{E1}$ des

1. Gliedes gelegt und die $\varphi_1$-Werte werden mit negativem Vorzeichen (Verzögerung 1. Ordnung) in nachstehende Tabelle eingetragen. Das gleiche wird für $\varphi_2$ und $\varphi_3$ widerholt, wobei $\varphi_2$ ebenfalls negativ und $\varphi_3$ positiv (PD-Glied) ist. Der Phasenwinkel des Gesamtfrequenzganges ergibt sich aus:

$$\varphi = \varphi_1 + \varphi_2 + \varphi_3$$

und wird an der jeweiligen Kreisfrequenz eingetragen.

| $\dfrac{\omega}{s^{-1}}$ | 0,1 | 0,2 | 0,4 | 0,7 | 1 | 2 | 4 | 7 | 10 | 20 |
|---|---|---|---|---|---|---|---|---|---|---|
| $\varphi_1/°$ | $-27$ | $-45$ | $-63$ | $-74$ | $-79$ | $-84$ | $-87$ | $-88$ | $-89$ | $-90$ |
| $\varphi_2/°$ | $-5$ | $-10$ | $-18$ | $-30$ | $--45$ | $-59$ | $-73$ | $-80$ | $-83$ | $-86$ |
| $\varphi_3/°$ | $+1$ | $+3$ | $+6$ | $+10$ | $+14$ | $+27$ | $+45$ | $+60$ | $+68$ | $+79$ |
| $\varphi/°$ | $-31$ | $-52$ | $-75$ | $-94$ | $-110$ | $-116$ | $-115$ | $-108$ | $-104$ | $-97$ |

**Beispiel 6.2**

a) Es sollen der Amplituden- und Phasengang des Gesamtfrequenzganges folgender, in Reihe geschalteter Frequenzgänge ermittelt werden:

$$F_1 = \frac{x_{a1}}{x_{e1}} = \frac{K_1}{1 + T_1 \cdot p + T_2^2 \cdot p^2} \qquad \left\{ \begin{array}{l} K_1 = 8 \\ T_1 = 7\,s \\ T_2^2 = 10\,s^2 \end{array} \right.$$

$$F_2 = \frac{x_{a2}}{x_{e2}} = \frac{K_2}{1 + T_3 \cdot p} \qquad \left\{ \begin{array}{l} K_2 = 4 \\ T_3 = 0,5\,s \end{array} \right.$$

b) Für welche Kreisfrequenz ist $|F| = 1$?

c) Für welche Kreisfrequenz ist $\varphi = -180°$?

Zu a):

Zunächst muß $F_1$ (P-Glied 2. Ordnung) untersucht werden, ob eine weitere Zerlegung in zwei P-Strecken 1. Ordnung möglich ist. Der Dämpfungsgrad ist gleich:

$$D = \frac{T_1}{2 \cdot T_2} = \frac{7\,s}{2 \cdot \sqrt{10\,s^2}} = 1,105 > 1.$$

Folglich ist eine Zerlegung von $F_1$ in $F_a \cdot F_b$ möglich, da $D > 1$ ist.

$$F_1 = \frac{K_1}{1 + T_1 \cdot p + T_2^2 \cdot p^2} = \frac{K_1}{1 + T_a \cdot p} \cdot \frac{1}{1 + T_b \cdot p},$$

$$F_1 = \frac{K_1}{1 + (T_a + T_b) \cdot p + T_a \cdot T_b \cdot p^2}.$$

Durch Koeffizientenvergleich findet man:

$$T_1 = T_a + T_b \tag{6.23}$$

$$T_2^2 = T_a \cdot T_b \tag{6.24}$$

Aus Gl. (6.23) folgt:

$$T_a = T_1 - T_b. \tag{6.25}$$

Gl. (6.25) in Gl. (6.24) eingesetzt ergibt:

$$T_2^2 = T_1 \cdot T_b - T_b^2 \,,$$

$$T_b^2 - T_1 \cdot T_b + T_2^2 = 0 \,,$$

$$T_{b1,2} = \frac{T_1}{2} \pm \sqrt{\frac{T_1^2}{4} - T_2^2} = 3{,}5 \text{ s} \pm \sqrt{12{,}25 \text{ s}^2 - 10 \text{ s}^2} \,,$$

$$T_{b1} = 5 \text{ s} \rightarrow T_{a1} = T_1 - T_{b1} = 2 \text{ s} \,,$$

$$T_{b2} = 2 \text{ s} \rightarrow T_{a2} = T_1 - T_{b2} = 5 \text{ s} \,.$$

Es ist gleichgültig, welche der beiden Lösungen genommen wird, da $T_a$ und $T_b$ vertauschbar sind. Damit wird:

$$F_1 = \frac{K_1}{1 + T_a \cdot p} \cdot \frac{1}{1 + T_b \cdot p} \,, \text{ mit } \quad \begin{array}{l} T_a = 2 \text{ s} \\ T_b = 5 \text{ s} \end{array}$$

Um das Phasen- und Amplitudenlineal benutzen zu können, wird 62,5 mm Dekade als logarithmischer Maßstab gewählt. Es ergeben sich dann die in Bild 6.11 gezeichneten Einzel- und Gesamtasymptoten.

Zur Ermittlung des Amplitudenganges wird $\omega$ von $5 \cdot 10^{-2}$ bis $20 \text{ s}^{-1}$, wie in der Tabelle angegeben, unterteilt. Die einzelnen $\Delta$ s-Werte findet man durch Anlegen des Amplitudenlineals an die entsprechende Eckfrequenz $\omega_E$, wie in Abschnitt 6.2.1 beschrieben. Analoges gilt für die Konstruktion des Phasenganges $\varphi = f(\omega)$.

| $\dfrac{\omega}{\text{s}^{-1}}$ | 0,05 | 0,1 | 0,2 | 0,5 | 1 | 2 | 5 | 10 | 20 |
|---|---|---|---|---|---|---|---|---|---|
| $\dfrac{\Delta s_1}{\text{mm}}$ | $-0,9$ | $-3,1$ | $-9,4$ | $-2,1$ | $-0,5$ | $0$ | $0$ | $0$ | $0$ |
| $\dfrac{\Delta s_2}{\text{mm}}$ | $0$ | $-0,5$ | $-2$ | $-9,4$ | $-3,1$ | $-0,8$ | $-0,3$ | $0$ | $0$ |
| $\dfrac{\Delta s_3}{\text{mm}}$ | $0$ | $0$ | $0$ | $-0,9$ | $-3,1$ | $-9,4$ | $-2,1$ | $-0,5$ | $0$ |
| $\dfrac{\Delta s}{\text{mm}}$ | $-0,9$ | $-3,6$ | $-11,4$ | $-12,4$ | $-6,7$ | $-10,2$ | $-2,4$ | $-0,5$ | $0$ |
| $\varphi_1/°$ | $-14$ | $-27$ | $-45$ | $-68$ | $-79$ | $-84$ | $-87$ | $-89$ | $-90$ |
| $\varphi_2/°$ | $-6$ | $-11$ | $-22$ | $-45$ | $-63$ | $-76$ | $-84$ | $-87$ | $-88$ |
| $\varphi_3/°$ | $-1$ | $-3$ | $-6$ | $-14$ | $-27$ | $-45$ | $-68$ | $-79$ | $-84$ |
| $\varphi/°$ | $-21$ | $-41$ | $-73$ | $-127$ | $-169$ | $-205$ | $-239$ | $-255$ | $-262$ |

Zu b)   Dem Amplitudengang entnimmt man $|F| = 1$    für    $\omega = 1{,}56 \text{ s}^{-1}$.

Zu c)   Für $\omega = 1{,}22 \text{ s}^{-1}$    ist    $\varphi = -180°$.

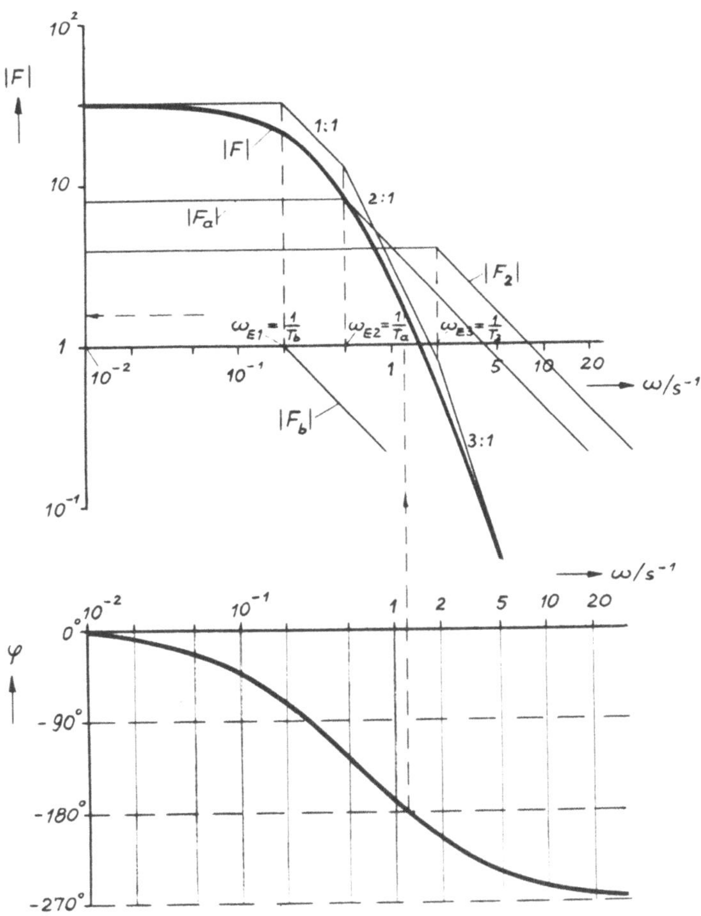



**Bild 6.11.** Bode-Diagramm für $F = \dfrac{K_1}{1 + T_1 \cdot p + T_2^2 \cdot p^2} \cdot \dfrac{K_2}{1 + T_3 \cdot p}$

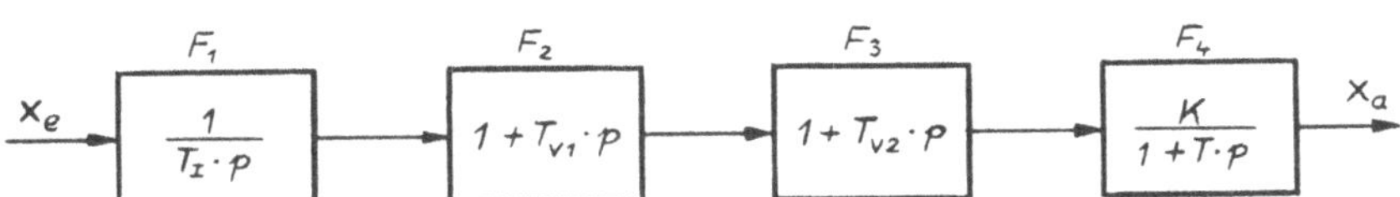



**Bild 6.12.** Blockschaltbild in Reihe geschalteter Regelkreisglieder

**Beispiel 6.3**

Gegeben ist die Reihenschaltung von vier Regelkreisgliedern nach Bild 6.12.
Es sind:

$$T_I \quad = 1 \text{ s}, \qquad K = 2,$$
$$T_{v1} = 4 \text{ s}, \qquad T = 0,8 \text{ s},$$
$$T_{v2} = 1,25 \text{ s}.$$

Gesucht ist:

a) Die Asymptoten von $|F| = \left| \dfrac{x_a}{x_e} \right|$

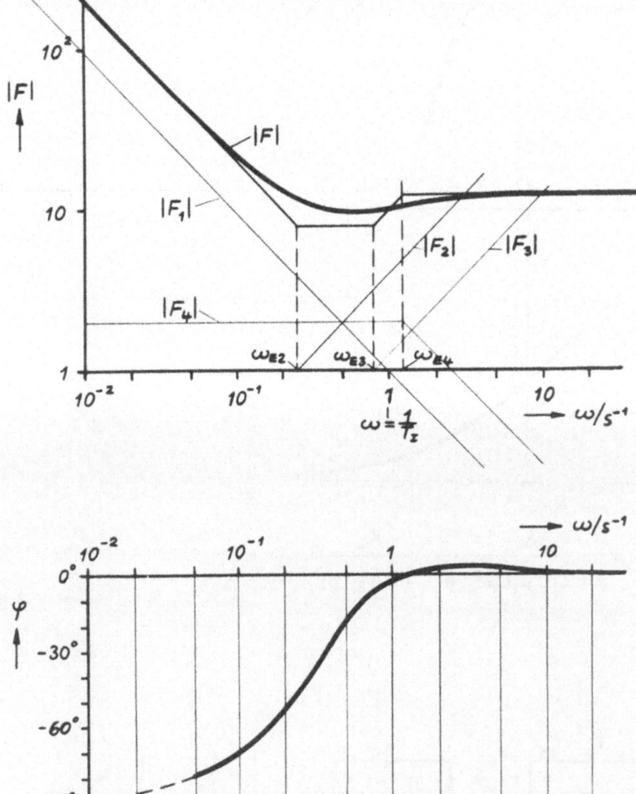


**Bild 6.13.** Bode-Diagramm zu Bild 6.13

b) Der Amplitudengang $|F| = f(\omega)$ $\quad\rbrace\quad$ mittels Amplituden-
c) Der Phasengang $\varphi = f(\omega)$ $\qquad\quad$ bzw. Phasenlineal .

| $\dfrac{\omega}{s^{-1}}$ | 0,05 | 0,1 | 0,2 | 0,5 | 1 | 2 | 5 | 10 |
|---|---|---|---|---|---|---|---|---|
| $\dfrac{\Delta s_1}{mm}$ | – | – | – | – | – | – | – | – |
| $\dfrac{\Delta s_2}{mm}$ | 0,5 | 2 | 6,7 | 3,1 | 0,8 | 0,4 | 0 | 0 |
| $\dfrac{\Delta s_3}{mm}$ | 0 | 0,3 | 0,9 | 4,4 | 6,5 | 2,1 | 0,4 | 0 |
| $\dfrac{\Delta s_4}{mm}$ | 0 | 0 | – 0,4 | – 2 | – 6,7 | – 4,4 | – 0,8 | 0 |
| $\dfrac{\Delta s}{mm}$ | 0,5 | 2,3 | 7,2 | 5,5 | 0,6 | – 1,9 | – 0,4 | 0 |
| $\varphi_1/°$ | – 90 | – 90 | – 90 | – 90 | – 90 | – 90 | – 90 | – 90 |
| $\varphi_2/°$ | 12 | 22 | 39 | 64 | 76 | 83 | 87 | 89 |
| $\varphi_3/°$ | 1 | 4 | 7 | 32 | 51 | 68 | 82 | 85 |
| $\varphi_4/°$ | – 2 | – 5 | – 9 | – 22 | – 39 | – 58 | – 76 | – 83 |
| $\varphi/°$ | -- 79 | – 69 | – 53 | – 16 | – 2 | + 3 | + 3 | + 1 |

**Beispiel 6.4**

Gegeben ist eine PID-Regeleinrichtung mit dem Frequenzgang

$$F_R = K_P \left(1 + \frac{1}{T_n \cdot p} + T_v \cdot p\right), \tag{6.26}$$

$$K_P = 20; \; T_n = 10\,s; \; T_v = 2\,s .$$

Es soll das Bode-Diagramm mittels Amplituden- und Phasenlineal ermittelt werden.

Ein PID-Glied kann auch als Reihenschaltung eines PI- und eines PD-Gliedes aufgefaßt werden.

$$F_R = K_1 \left(1 + \frac{1}{T_n' \cdot p}\right) \cdot K_2 \left(1 + T_v' \cdot p\right),$$

$$F_R = K_1 \cdot K_2 \cdot \left(1 + \frac{T_v'}{T_n'} + \frac{1}{T_n' \cdot p} + T_v' \cdot p\right). \tag{6.27}$$

Durch Vergleich der Gln. (6.26) und (6.27) erhält man:

$$K_P = K_1 \cdot K_2 \left(1 + \frac{T_v'}{T_n'}\right), \tag{6.28}$$

$$\frac{K_P}{T_n} = \frac{K_1 \cdot K_2}{T_n'}, \tag{6.29}$$

$$K_P \cdot T_v = K_1 \cdot K_2 \cdot T_v'. \tag{6.30}$$

Aus Gl. (6.30) folgt:

$$K_1 \cdot K_2 = K_P \cdot \frac{T_v}{T_v'}.$$

$K_1 \cdot K_2$ in Gl. (6.28) und Gl. (6.29) eingesetzt führt zu:

$$1 = \frac{T_v}{T_v'} \cdot \left(1 + \frac{T_v'}{T_n'}\right), \tag{6.31}$$

$$1 = \frac{T_n}{T_n'} \cdot \frac{T_v}{T_v'} \rightarrow T_n' = T_n \cdot \frac{T_v}{T_v'}.$$

$T_n'$ in Gl. (6.31) eingesetzt ergibt:

$$\frac{T_v'}{T_v} = 1 + T_v' \frac{T_v'}{T_n \cdot T_v},$$

$$(T_v')^2 - T_v' \cdot T_n + T_n \cdot T_v = 0,$$

$$T_{v1,2}' = \frac{T_n}{2} \pm \sqrt{\frac{T_n^2}{4} - T_n \cdot T_v} = 5\,\text{s} \pm \sqrt{25\,\text{s}^2 - 20\,\text{s}^2},$$

$$T_{v1}' = 7{,}24\,\text{s}; \qquad T_{v2}' = 2{,}76\,\text{s},$$

$$T_n' = T_n \cdot \frac{T_v}{T_v'},$$

$$T_{n1}' = 2{,}76\,\text{s}\,; \qquad T_{n2}' = 7{,}24\,\text{s}.$$

Von den beiden möglichen Wertepaaren wird

$$T_n' = 7{,}24\,\text{s},$$

$$T_v' = 2{,}76\,\text{s}.$$

gewählt, mit $T_n' > T_v'$ .

$K_1 \cdot K_2$ wird dann:

$$K_1 \cdot K_2 = K_P \cdot \frac{T_v}{T_v'} = 20 \cdot \frac{2\,s}{2,76\,s} = 14,5 \; .$$

Nun können die Asymptoten des PI- und des PD-Gliedes gezeichnet werden, mit den Eckfrequenzen

$$\omega_{E1} = \frac{1}{T_n'} = 0,138\,s^{-1} \; ,$$

$$\omega_{E2} = \frac{1}{T_v'} = 0,362\,s^{-1} \; .$$

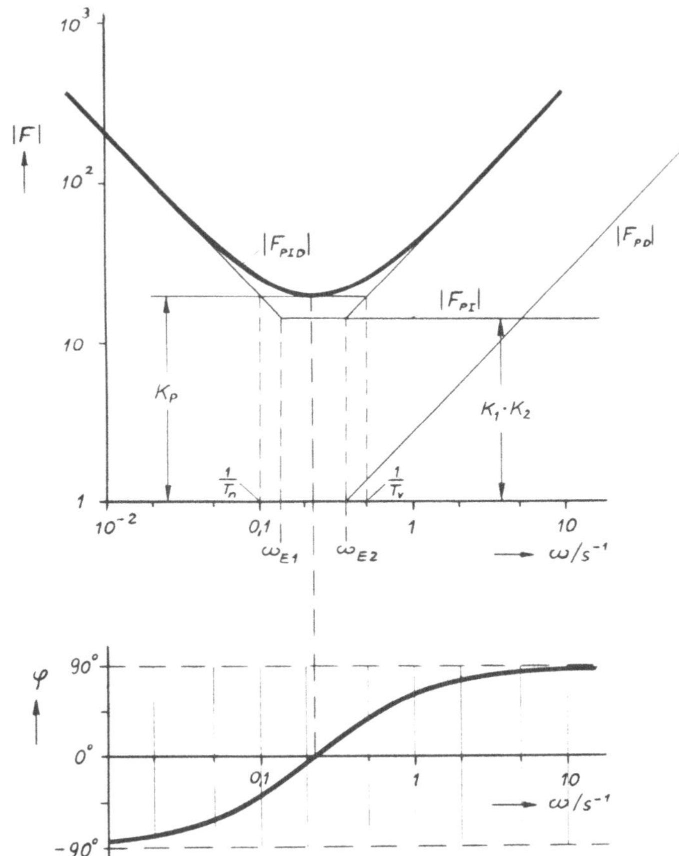


**Bild 6.14.** Bode-Diagramm eines PID-Gliedes $(K_P = 20; \; T_n = 10\,s; \; T_v = 2\,s)$

Der Faktor $K_1 \cdot K_2$ wird nicht mehr unterteilt, sondern dem PI-Glied zugeschlagen. Das PD-Glied hat dann den Faktor 1.

| $\dfrac{\omega}{s^{-1}}$ | 0,01 | 0,02 | 0,05 | 0,1 | 0,2 | 0,5 | 1 | 2 | 5 |
|---|---|---|---|---|---|---|---|---|---|
| $\dfrac{\Delta s_1}{mm}$ | 0 | 0,4 | 1,8 | 5,8 | 5,2 | 0,9 | 0,4 | 0 | 0 |
| $\dfrac{\Delta s_2}{mm}$ | 0 | 0 | 0,4 | 1,0 | 3,6 | 5,5 | 1,7 | 0,5 | 0 |
| $\dfrac{\Delta s}{mm}$ | 0 | 0,4 | 2,2 | 6,8 | 8,8 | 6,4 | 2,1 | 0,5 | 0 |
| $\varphi_1/°$ | $-90$ $+4$ | $-90$ $+8$ | $-90$ $+20$ | $-90$ $+36$ | $-90$ $+55$ | $-90$ $+75$ | $-90$ $+82$ | $-90$ $+88$ | $-90$ $+89$ |
| $\varphi_2/°$ | $+2$ | $+3$ | $+8$ | $+16$ | $+29$ | $+54$ | $+70$ | $+80$ | $+86$ |
| $\varphi/°$ | $-84$ | $-79$ | $-62$ | $-38$ | $-6$ | $+39$ | $+62$ | $+78$ | $+85$ |

Bei der Ermittlung des Phasenwinkels $\varphi_1$ des PI-Gliedes ist zu beachten, daß ein PI-Glied in ein I- und ein PD-Glied zerlegt werden kann. Ersteres hat $\varphi_I = -90° =$ konstant. Die auf dem Phasenlineal abgelesenen Werte entsprechen dem des PD-Gliedes. Der Phasenwinkel $\varphi_1$ des PI-Gliedes ist dann die Summe dieser beiden Winkel.

$$\varphi_1 = -90° + \varphi_{PD} \cdot$$

# 7. Stabilitätskriterien

In Kapitel 5. wurden verschiedene Regeleinrichtungen behandelt, diese mit einfachen Regelstrecken zusammengeschaltet und das Verhalten der Regelgröße beim Auftreten eines Störsprungs untersucht. Mit Hilfe des Störfrequenzganges und des Dämpfungsgrades wurde gezeigt, daß für $D > 0$ stets Stabilität vorliegt, d.h. daß die Regelgröße nur Schwingungen mit abklingender Amplitude ausführen kann und nach beendetem Einschwingvorgang einen Beharrungszustand erreicht. Bei Strecken höherer Ordnung liegen die Dinge nicht mehr so einfach. So kann es bei falsch eingestellten Kenngrößen der Regeleinrichtung zur Instabilität kommen. Wird ein solch instabiler Regelkreis durch eine auftretende Störung angestoßen, so führt die Regelgröße Schwingungen aus, die sich zu immer größeren Amplituden aufschaukeln. Diese Erscheinung ist höchst unerwünscht und kann u.U. zur Zerstörung der Anlage führen. Neben dieser als *oszillatorische Instabilität* bezeichneten kennt man noch die *monotone Instabilität*. Unter letzterer versteht man das gleichförmige Anwachsen, bzw. Abnehmen der Regelgröße nach Auftreten einer Störung, bis es z.B. durch Anschläge zur Ruhe kommt. Die Stabilität eines Regelkreises wird bestimmt:

a) durch die *Eigenschaften der Regelstrecke,*
b) durch die *Kenngrößen der Regeleinrichtung.*

Bei einem strukturstabilen Regelkreis ist es immer möglich durch geeignete Einstellung der Kenngrößen der Regeleinrichtung, einen stabilen Regelverlauf zu erreichen, im Gegensatz zu strukturinstabilen Systemen. In Abschnitt 5.1.2.2 wurde bereits gezeigt, daß eine integrale Regelstrecke, die mit einer integralen Regeleinrichtung einen Regelkreis bildet, grundsätzlich instabil (strukturinstabil) ist. Im folgenden werden ausschließlich strukturstabile Regelkreise behandelt.

Zweck der Stabilitätsbetrachtung ist es, bei gegebener Regelstrecke die am besten geeignete Regeleinrichtung festzulegen und bei auftretender Instabilität zu erkennen, welche Kenngrößen geändert werden müssen, um stabile Verhältnisse zu schaffen. So kann die Erhöhung der Verstärkung der Regeleinrichtung bei einer P-Strecke 1. Ordnung, zur Erzielung einer möglichst geringen Regelabweichung, durchaus sinnvoll sein. Bei einer P-Strecke 3. Ordnung wird, wie die Stabilitätskriterien zeigen, mit zunehmender Verstärkung die Neigung zur Instabilität größer. Es sind eine Reihe von Stabilitätskriterien bekannt, von denen einige wichtige behandelt werden sollen. Mathematisch gesehen sind diese Kriterien alle äquivalent, denn alle betrachten die homogene Differentialgleichung bzw. den Kreisfrequenzgang des Regelkreises rechnerisch oder graphisch und lassen sich ineinander überführen. In der Praxis jedoch haben die einzelnen Stabilitätskriterien ihre speziellen Vor- und Nachteile, so daß die Wahl des anzuwendenden Kriteriums von der Problemstellung abhängt.

## 7.1. Stabilitätskriterium nach Hurwitz

In Abschnitt 5.1.1.1 wurde anhand des Blockschaltbildes 5.6 für den geschlossenen Regelkreis folgende Gleichung abgeleitet.

$$x\,(1 + F_R \cdot F_S) = w \cdot F_R \cdot F_S + z \cdot F_S$$

oder

$$x\left(\frac{1}{F_S} + F_R\right) = w \cdot F_R + z\,. \tag{7.1}$$

$F_S$ und $F_R$ sind die Frequenzgänge von Regelstrecke und Regeleinrichtung.

Für eine Strecke m-ter Ordnung lautet der Frequenzgang:

$$F_S = \frac{K_S}{1 + T_1 \cdot p + T_2^2 \cdot p^2 + \ldots T_m^m \cdot p^m}\,.$$

Nimmt man zur Regelung die universale PID-Regeleinrichtung, so ist:

$$F_R = K_P\left(1 + \frac{1}{T_n \cdot p} + T_v \cdot p\right) = \frac{K_P}{T_n \cdot p}\,(1 + T_n \cdot p + T_n \cdot T_v \cdot p^2)\,.$$

$F_R$ und $F_S$ in Gl. (7.1) eingesetzt ergibt:

$$x \cdot \left[\frac{1}{K_S} \cdot (1 + T_1 \cdot p + T_2^2 \cdot p^2 + \ldots T_m^m \cdot p^m) + \frac{K_P}{T_n \cdot p}\,(1 + T_n\,p + T_n\,T_v\,p^2)\right]$$

$$= w\,\frac{K_P}{T_n \cdot p} \cdot (1 + T_n \cdot p + T_n \cdot T_v \cdot p^2) + z\,.$$

Durch Multiplikation deser Gleichung mit $K_S \cdot T_n \cdot p$ und Ordnen der einzelnen Glieder erhält man:

$$x\,[K_S \cdot K_P + (1 + K_S \cdot K_P) \cdot T_n \cdot p + (T_1 + K_S \cdot K_P \cdot T_v) \cdot T_n \cdot p^2 + T_2^2 \cdot T_n \cdot p^3$$

$$+ \ldots T_m^m \cdot T_n \cdot p^{m+1}] = w \cdot K_S K_P\,(1 + T_n\,p + T_v\,T_n\,p^2) + z \cdot K_S \cdot T_n \cdot p\,.$$

$$\tag{7.2}$$

In den Abschnitten 4.3 und 4.4 wurde gezeigt, daß bei einer Strecke 2. Ordnung das dynamische Verhalten (gedämpfte oder aperiodische Schwingungen) durch

den Aufbau der homogenen Differentialgleichung bestimmt ist. Setzt man in Gl. (7.2) $p = \dfrac{d}{dt}$, so erhält man die den geschlossenen Regelkreis beschreibende Differentialgleichung. Ob ein solcher Regelkreis stabil oder instabil ist, wird ebenfalls durch den Aufbau der homogenen Differentialgleichung beschrieben und ist unabhängig von der Art der Eingangsgrößen w und z. Es genügt die homogene oder charakteristische Differentialgleichung zu untersuchen. Diese folgt aus Gl. (7.2):

$$K_S \cdot K_P \cdot x + (1 + K_S \cdot K_P) \cdot T_n \cdot \frac{dx}{dt} + (T_1 + K_S \cdot K_P \cdot T_v) \cdot T_n \cdot \frac{d^2x}{dt^2}$$

$$+ T_2^2 \cdot T_n \cdot \frac{d^3x}{dt^3} + \ldots T_m^m \cdot T_n \cdot \frac{d^{m+1}x}{dt^{m+1}} = 0 \tag{7.3}$$

oder allgemein:

$$a_0 \cdot x + a_1 \cdot \frac{dx}{dt} + a_2 \cdot \frac{d^2x}{dt^2} + \ldots a_n \cdot \frac{d^nx}{dt^n} = 0 \ . \tag{7.4}$$

Ein Regelkreis mit einer charakteristischen Differentialgleichung 2. Ordnung, für die $a_3 \ldots a_n = 0$, ist immer stabil[1]). Es soll nun für einen Regelkreis, bestehend aus einer Strecke 2. Ordnung und einer PID-Regeleinrichtung, die homogene Differentialgleichung näher untersucht werden. Aus den Gln. (7.3) und (7.4) ist ersichtlich, daß für $T_3 \ldots T_m = 0$ eine Differentialgleichung 3. Ordnung entsteht, der Form:

$$a_0 \cdot x + a_1 \cdot \frac{dx}{dt} + a_2 \cdot \frac{d^2x}{dt^2} + a_3 \cdot \frac{d^3x}{dt^3} = 0 \ . \tag{7.5}$$

Zur Lösung verwendet man den Ansatz:

$$x = e^{(\alpha + j\omega)t} = e^{\alpha t} \cdot (\cos\omega t + j \sin\omega t) \ , \tag{7.6}$$

eine Schwingung, die gedämpft, aufklingend oder von konstanter Amplitude sein kann.

Für negatives $\alpha$ wird für $t \to \infty$ $\hat{x}(\infty) = 0$ (abklingende Schwingung),

für positives $\alpha$ wird für $t \to \infty$ $\hat{x}(\infty) = \infty$ (aufklingende Schwingung),

für $\alpha = 0$ ergibt sich eine Dauerschwingung.

Setzt man Gl. (7.6) in Gl. (7.5) ein, so folgt:

$$a_0 + a_1 \cdot (\alpha + j\omega) + a_2 \cdot (\alpha^2 + 2j\alpha\omega - \omega^2) +$$

$$+ a_3 \cdot (\alpha^3 + 3j\alpha^2\omega - 3\alpha\omega^2 - j\omega^3) = 0 \ .$$

Zur Erfüllung dieser Gleichung müssen sowohl die Real- als auch die Imaginärteile Null sein.

Re: $a_0 + a_1\alpha + a_2\alpha^2 + a_3\alpha^3 - a_2\omega^2 - 3 \cdot a_3\alpha\omega^2 = 0$

$$a_0 + a_1\alpha + a_2\alpha^2 + a_3\alpha^3 = (a_2 + 3\,a_3\alpha)\omega^2 \tag{7.7}$$

---

[1]) Dies gilt nur unter der Voraussetzung, daß die Koeffizienten $a_0$, $a_1$, $a_2$ alle vorhanden sind und gleiches Vorzeichen besitzen.
So führt z. B. die Zusammenschaltung zweier I-Glieder zu einem Regelkreis (Abschn. 5.1.2.2.) zu einer Differentialgleichung 2. Ordnung, in der der Koeffizient $a_1$ fehlt.

Im:   $a_1\omega + 2 \cdot a_2\alpha\omega + 3 \cdot a_3\alpha^2\omega - a_3\omega^3 = 0$

$\qquad a_1 + 2 \cdot a_2\alpha + 3 \cdot a_3\alpha^2 = a_3\omega^2.$                              (7.8)

Durch Division von Gl. (7.7) durch Gl. (7.8) erhält man:

$$\frac{a_0 + a_1\alpha + a_2\alpha^2 + a_3\alpha^3}{a_1 + 2\,a_2\alpha + 3\,a_3\alpha^2} = \frac{a_2 + 3 \cdot a_3\alpha}{a_3},$$

$$a_0 \cdot a_3 + a_1 \cdot a_3\alpha + a_2 \cdot a_3\alpha^2 + a_3^2\alpha^3 = a_1 \cdot a_2 + (3 \cdot a_1 \cdot a_3 + 2 \cdot a_2^2)\alpha +$$

$$+ (6 \cdot a_2 \cdot a_3 + 3 \cdot a_2 \cdot a_3)\alpha^2 + 9 \cdot a_3^2\alpha^3,$$

$$a_0 \cdot a_3 - a_1 \cdot a_2 = \alpha\,(2 \cdot a_1 \cdot a_3 + 2 \cdot a_2^2) + \alpha^2 \cdot 8 \cdot a_2 \cdot a_3 + \alpha^3 \cdot 8 \cdot a_3^2,$$

$$a_0 \cdot a_3 - a_1 \cdot a_2 = 2\alpha\,(a_1 \cdot a_3 + a_2^2 + 4 \cdot a_2 \cdot a_3\alpha + 4 \cdot a_3^2 \cdot \alpha^2),$$

$$a_0 \cdot a_3 - a_1 \cdot a_2 = 2\alpha\,[a_1 \cdot a_3 + (a_2 + 2 \cdot a_3\alpha)^2].$$                    (7.9)

Aus Gl. (7.9) kann man folgende Bedingungen ableiten:

Ist   $a_0 \cdot a_3 - a_1 \cdot a_2 > 0$, so ist $\alpha$ positiv (aufklingende Schwingung, der
Kreis ist instabil).

Für   $a_0 \cdot a_3 - a_1 \cdot a_2 = 0$   ist $\alpha = 0$ (Fall der Dauerschwingung).

Ist   $a_0 \cdot a_3 - a_1 \cdot a_2 < 0$, so ist $\alpha$ negativ (abklingende Schwingung, der
Kreis ist stabil).

Dieser Zusammenhang läßt sich auch durch eine Determinante D ausdrücken.

$$D = \begin{vmatrix} a_2 & a_0 \\ & \\ a_3 & a_1 \end{vmatrix} \quad \begin{cases} > 0 & \text{stabil} \\ = 0 & \text{Stabilitätsgrenze} \\ < 0 & \text{instabil.} \end{cases}$$

*Hurwitz* hat nun die Abhängigkeit der Stabilität von den Koeffizienten $a_0 \cdot \ldots a_n$
in allgemeiner Form dargestellt, der sogenannten *Hurwitz-Determinante,* die
folgenden Aufbau hat:

$$D = \begin{vmatrix}
a_{n-1} & a_{n-3} & a_{n-5} & a_{n-7} & \cdots \\
a_n & a_{n-2} & a_{n-4} & a_{n-6} & \cdots \\
0 & a_{n-1} & a_{n-3} & a_{n-5} & \cdots \\
0 & a_n & a_{n-2} & a_{n-4} & \cdots \\
0 & 0 & a_{n-1} & a_{n-3} & \cdots \\
0 & 0 & a_n & a_{n-2} & \cdots \\
0 & 0 & 0 & a_{n-1} & \cdots \\
0 & 0 & 0 & a_n & \cdots
\end{vmatrix}$$

Nach dem *Hurwitz-Kriterium* müssen für die Stabilität eines Regelkreises folgende Bedingungen erfüllt sein:

a) Alle Koeffizienten $a_1, \ldots a_n$ müssen vorhanden sein und alle positives Vorzeichen besitzen.

b) Die aus den Koeffizienten $a_1, \ldots a_n$ gebildete Determinante sowie die gestrichelt umrandeten Unterdeterminanten müssen größer als Null sein.

Für eine Differentialgleichung 3. Ordnung (n = 3) erhält man:

$$D = \begin{vmatrix} a_2 & a_0 & 0 \\ a_3 & a_1 & 0 \\ 0 & a_2 & a_0 \end{vmatrix} = a_0 \cdot a_1 \cdot a_2 - a_0^2 \cdot a_3$$

Daraus folgt für ein stabiles System mit $a_0 > 0$

$$a_1 \cdot a_2 - a_0 \cdot a_3 > 0 \qquad \text{(stabil)}.$$

Dieses Ergebnis ist gleich der zuvor abgeleiteten Beziehung.

Für eine Differentialgleichung 4. Ordnung (n = 4) folgt:

$$D = \begin{vmatrix} a_3 & a_1 & 0 & 0 \\ a_4 & a_2 & a_0 & 0 \\ 0 & a_3 & a_1 & 0 \\ 0 & a_4 & a_2 & a_0 \end{vmatrix} = a_0 \cdot \begin{vmatrix} a_3 & a_1 & 0 \\ a_4 & a_2 & a_0 \\ 0 & a_3 & a_1 \end{vmatrix}$$

$$D = a_0 \left( a_1 \cdot a_2 \cdot a_3 - a_0 \cdot a_3^2 - a_1^2 \cdot a_4 \right) \qquad (7.10)$$

und bei Stabilität (für $a_0 > 0$)

$$a_1 \cdot a_2 \cdot a_3 - a_0 \cdot a_3^2 - a_1^2 \cdot a_4 > 0 \, .$$

Für eine Differentialgleichung 5. Ordnung (n = 5) ist:

$$D = \begin{vmatrix} a_4 & a_2 & a_0 & 0 & 0 \\ a_5 & a_3 & a_1 & 0 & 0 \\ 0 & a_4 & a_2 & a_0 & 0 \\ 0 & a_5 & a_3 & a_1 & 0 \\ 0 & 0 & a_4 & a_2 & a_0 \end{vmatrix}$$

Der Faktor $a_0$ der 5. Zeile und 5. Spalte kann unberücksichtigt bleiben, wie bei
Gl. (7.10). Es verbleiben nur noch die vier ersten Zeilen und Spalten. Entwickelt
man diese Determinante nach der 3. Zeile und 4. Spalte, sowie nach der 4. Zeile
und 4. Spalte, so folgt:

$$D = -a_0 \begin{vmatrix} a_4 & a_2 & a_0 \\ a_5 & a_3 & a_1 \\ 0 & a_5 & a_3 \end{vmatrix} + a_1 \begin{vmatrix} a_4 & a_2 & a_0 \\ a_5 & a_3 & a_1 \\ 0 & a_4 & a_2 \end{vmatrix}$$

$$D = -a_0 \left( a_3^2 \cdot a_4 + a_0 \cdot a_5^2 - a_1 \cdot a_4 \cdot a_5 - a_2 \cdot a_3 \cdot a_5 \right) +$$

$$+ a_1 \left( a_2 \cdot a_3 \cdot a_4 + a_0 \cdot a_4 \cdot a_5 - a_1 \cdot a_4^2 - a_2^2 \cdot a_5 \right) .$$

Nach einer Zwischenrechnung erhält man bei Stabilität:

$$(a_0 \cdot a_3 - a_1 \cdot a_2)(a_2 \cdot a_5 - a_3 \cdot a_4) - (a_0 \cdot a_5 - a_1 \cdot a_4)^2 > 0 .$$

**Beispiel 7.1**

Gegeben ist ein Regelkreis bestehend aus einer Regelstrecke 2. Ordnung und einer
PI-Regeleinrichtung mit folgenden Frequenzgängen:

$$F_S = \frac{K_S}{1 + T_1 \cdot p + T_2^2 \cdot p^2} \qquad\qquad \begin{aligned} K_S &= 0{,}5 \\ T_1 &= 30\,\text{s} \\ T_2^2 &= 200\,\text{s}^2 \end{aligned}$$

und

$$F_R = K_P \left( 1 + \frac{1}{T_n \cdot p} \right) \qquad\qquad \begin{aligned} K_P &= 10 \\ T_n &= 4 \quad \text{s} . \end{aligned}$$

*Gesucht:*

a) Ist der Regelkreis stabil?

b) Auf welchen Wert müßte $T_n$ vergrößert werden, um die Stabilitätsgrenze zu
erreichen?

c) Bei gleicher Nachstellzeit wie unter a) soll durch Hinzunahme eines D-Anteils
die Stabilitätsgrenze erreicht werden. Wie groß muß $T_v$ gemacht werden?

*Zu a)*

Aus Gl. (7.1) wurde die Differentialgleichung des geschlossenen Regelkreises entwickelt. Die für die Stabilitätsuntersuchung maßgebende charakteristische Gleichung entspricht der linken Seite von Gl. (7.1) in Frequenzgangdarstellung.

$$x \left( \frac{1}{F_S} + F_R \right) = 0 .$$

Durch Einsetzen von $F_R$ und $F_S$ folgt:

$$x\left[\frac{1}{K_S}\cdot(1+T_1\cdot p+T_2^2\cdot p^2)+\frac{K_P}{T_n\cdot p}(1+T_n\cdot p)\right]=0$$

$$x\cdot[K_P\cdot K_S+(K_P K_S+1)\cdot T_n\cdot p+T_1\cdot T_n\cdot p^2+T_2^2\cdot T_n\cdot p^3]=0,$$

$$\underbrace{K_P\cdot K_S}\cdot x+\underbrace{(K_P K_S+1)\cdot T_n}\cdot\frac{dx}{dt}+\underbrace{T_1\cdot T_n}\cdot\frac{d^2x}{dt^2}+\underbrace{T_2^2\cdot T_n}\cdot\frac{d^3x}{dt^3}=0\ .$$

$$\qquad a_0 \qquad\qquad\qquad a_1 \qquad\qquad\qquad a_2 \qquad\qquad\qquad a_3$$

Für die Koeffizienten ergeben sich folgende Werte:

$$a_0=K_{\dot{P}}\cdot K_S \qquad\qquad =5\ ; \qquad a_2=T_1\cdot T_n=120\,s^2\ ,$$

$$a_1=(K_P\cdot K_S+1)\,T_n \quad =24\,s\ ; \qquad a_3=T_2^2\cdot T_n=800\,s^3\ .$$

Die Hurwitz-Determinante führt zu:

$$D=a_2\cdot a_1-a_0\cdot a_3=2880\,s^3-4000\,s^3=-1120\,s^3,$$

$D<0$. D.h. der Regelkreis ist instabil.


*Zu b)*

An der Stabilitätsgrenze ist $D=0$ bzw.

$$a_2\cdot a_1=a_0\cdot a_3,$$

$$T_1\cdot T_n^2\cdot(K_P\cdot K_S+1)=K_P\cdot K_S\cdot T_2^2\cdot T_n,$$

$$T_n=\frac{K_P\cdot K_S\cdot T_2^2}{T_1\,(K_P\cdot K_S+1)}=\frac{1000\,s^2}{30\,s\cdot 6}=5{,}55\,s$$

Für $T_n>5{,}55\,s$ ist der Regelkreis stabil.


*Zu c)*

Durch den zusätzlichen D-Anteil erhält die charakteristische Gleichung folgende
Form:

$$x\,[K_S\cdot K_P+(K_P\cdot K_S+1)\,T_n\cdot p+(T_1+T_v\cdot K_S\cdot K_P)\,T_n\cdot p^2+T_2^2\cdot T_n\cdot p^3]=0.$$

Durch Nullsetzen der entsprechenden Kenngrößen folgt dies auch aus Gl. (7.2).
Gegenüber a) hat sich lediglich der Koeffizient $a_2$ in seinem Wert geändert.

$$a_2=(T_1+T_v\cdot K_S\cdot K_P)\cdot T_n\ .$$


13 Reuter

$a_2$ in die Bedingung

$$a_2 \cdot a_1 = a_0 \cdot a_3$$

eingesetzt ergibt:

$$(T_1 + T_v \cdot K_S \cdot K_P) \cdot T_n = \frac{K_P \cdot K_S \cdot T_2^2 \cdot T_n}{T_n \cdot (K_P \cdot K_S + 1)},$$

$$T_v = \frac{1}{K_S \cdot K_P}\left[\frac{K_P \cdot K_S \cdot T_2^2}{T_n \cdot (K_P \cdot K_S + 1)} - T_1\right],$$

$$T_v = 2{,}33 \text{ s}.$$

Für $T_v > 2{,}33$ s ist der Regelkreis stabil.

Die Kreisfrequenz, mit der die Regelgröße an der Stabilitätsgrenze schwingt, erhält man aus Gl. (7.7) bzw. Gl. (7.8), denn für eine Dauerschwingung ist $\alpha = 0$. Aus Gl. (7.7) folgt für $\alpha = 0$ :

$$a_0 = a_2 \, \omega^2,$$

$$\omega = \sqrt{\frac{a_0}{a_2}} = \sqrt{\frac{a_1}{a_3}},$$

$$\omega = \sqrt{\frac{24 \text{ s}}{800 \text{ s}^3}} = \sqrt{0{,}03 \text{ s}^{-2}} = 0{,}173 \text{ s}^{-1}.$$

Abschließend kann gesagt werden, daß bei einer P-Strecke 2. Ordnung die Stabilität durch Vergrößern von $T_n$ und $T_v$ vergrößert wird, d.h. Verkleinerung des I- und Vergrößerung des D-Anteils.

## 7.2. Stabilitätskriterium nach Nyquist

Nyquist betrachtet zunächst den aufgeschnittenen Regelkreis und schließt aus dessen Verhalten auf das des geschlossenen Regelkreises. Schneidet man den Regelkreis an einer Stelle auf, so erhält man das in Bild 7.1 gezeigte Blockschaltbild.

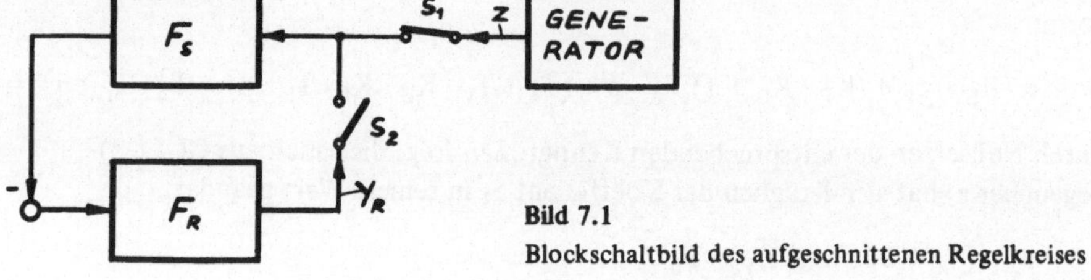


Bild 7.1
Blockschaltbild des aufgeschnittenen Regelkreises

Zunächst ist der Schalter $S_1$ geschlossen und $S_2$ geöffnet. Mittels des gezeichneten
Generators wird der Eingang der Regelstrecke mit einer Sinusschwingung $z(t)$ erregt.
Am Ausgang der Regeleinrichtung wird sich dann ebenfalls eine Sinusschwingung
gleicher Frequenz einstellen. Die Amplitude sowie die Phasenlage von $y_R(t)$ wird
gegenüber $z(t)$ im allgemeinen verschieden sein. Der Frequenzgang des aufgeschnittenen Regelkreises mit z als Ein- und $y_R$ als Ausgangsgröße ist:

$$F_0 = \frac{y_R}{z} = - F_S \cdot F_R$$

Durch Variation der Kreisfrequenz von $\omega = 0 \ldots \infty$ erhält man die Ortskurve von
$F_0$. Schneidet die Ortskurve von $F_0$ die positiv reelle Achse, so bedeutet dies, daß
bei gleicher Frequenz $y_R(t)$ und $z(t)$ die gleiche Phasenlage haben. Für das Amplituden-
verhältnis von Aus- zu Eingangsgröße kann man dann drei charakteristische Fälle
unterscheiden:

1.     $F_0 = \dfrac{y_R}{z} > 1$ .

In diesem Fall ist die Amplitude der Ausgangsgröße größer als die der Eingangsgröße.
Wird nun zum gleichen Zeitpunkt der Schalter $S_1$ geöffnet und $S_2$ geschlossen, so
wirkt auf den Eingang der Strecke ein, gegenüber dem ursprünglichen, größeres Eingangssignal. Dieses hat ein größeres $y_R$ zur Folge, was dem Streckeneingang zugeführt ein noch größeres $y_R$ erzeugt usw. D.h. der Regelkreis schaukelt sich zu immer
größeren Amplituden auf. Somit ist für

$$F_0 > 1$$

der Regelkreis instabil.

2.     $F_0 = \dfrac{y_R}{z} = 1$ .

Die Amplituden von Ein- und Ausgangsgröße sind gleich. Wiederholt man das Ge-
dankenexperiment und schließt $S_2$ zum gleichen Zeitpunkt, in dem $S_1$ geöffnet wird,
so wird die Ausgangsgröße $y_R(t)$ mit der gleichen Amplitude wie zuvor $z(t)$ in den
Eingang der Strecke eingespeist, und die Schwingung erhält sich selbsttätig aufrecht.
Dieser Grenzfall zwischen auf- und abklingender Schwingung, die Stabilitätsgrenze,
tritt auf für

$$F_0 = 1$$ .

3.     $F_0 = \dfrac{y_R}{z} < 1$ .

Hier ist die Ausgangsamplitude kleiner als die Eingangsamplitude. Wird nun $S_1$ zum gleichen Zeitpunkt geöffnet, wie $S_2$ geschlossen wird, so ist die dem Eingang der Strecke zugeführte Größe $y_R(t)$ kleiner als zuvor $z(t)$. Da die Kreisverstärkung kleiner eins ist, tritt eine abklingende Schwingung auf. Folglich herrscht Stabilität für

$$F_0 < 1 .$$

Bild 7.2 zeigt den Verlauf von Ortskurven des aufgeschnittenen Regelkreises für die drei charakteristischen Fälle.

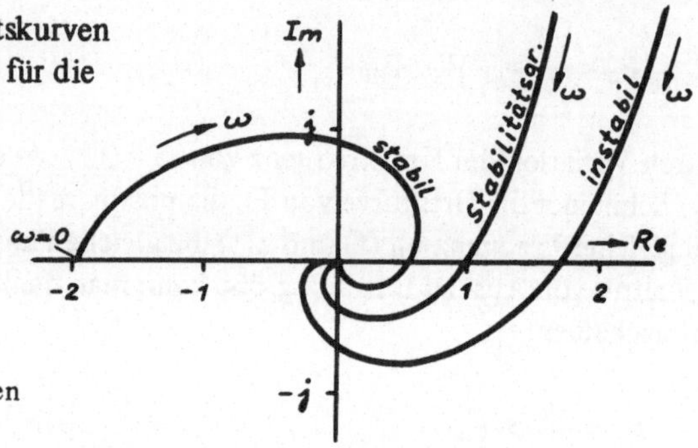

**Bild 7.2**
Ortskurven des aufgeschnittenen
Regelkreises

Ausschlaggebend für die Stabilität bzw. Instabilität eines Regelkreises ist die Lage des Schnittpunktes der Ortskurve von $F_0$ mit der reellen Achse zum Punkt + 1. Diesen Punkt bezeichnet man daher als den *kritischen Punkt* im Zusammenhang mit dem *Nyquist-Kriterium*. Vielfach genügt die Kenntnis des Schnittpunktes der Ortskurve mit der reellen Achse. Diesen kann man sich leicht errechnen ohne die Ortskurve zeichnen zu müssen. Setzt man den $\mathrm{Im}(F_0) = 0$, so erhält man aus dieser Gleichung die Kreisfrequenz $\omega$, bei der die Ortskurve die reelle Achse schneidet. Diesen $\omega$-Wert in den $\mathrm{Re}(F_0)$ eingesetzt ergibt den Schnittpunkt mit der reellen Achse.

**Beispiel 7.2**

Der in Beispiel 7.1 untersuchte Regelkreis soll mittels Nyquist-Kriterium überprüft werden.

Gegeben sind:

$$F_S = \frac{K_S}{1 + T_1 \cdot p + T_2^2 \cdot p^2}$$

$$F_R = K_P\left(1 + \frac{1}{T_n \cdot p}\right) = \frac{K_P}{T_n \cdot p}\,(1 + T_n \cdot p).$$

$K_S = 0,5$

$T_1 = 30\,\mathrm{s}$

$T_2^2 = 200\,\mathrm{s}^2$

$K_P = 10$

$T_n = 4\,\mathrm{s}$

*Frage a:* Ist der Regelkreis stabil?

Der Frequenzgang des aufgeschnittenen Regelkreises lautet:

$$F_0 = - F_R \cdot F_S = \frac{- K_S \cdot K_P (1 + T_n \cdot p)}{T_n \cdot p \, (1 + T_1 \cdot p + T_2^2 \cdot p^2)} \, ,$$

$$F_0 = - K_S \cdot K_P \cdot \frac{1 + j\omega T_n}{j\omega T_n - T_n \cdot T_1 \omega^2 - j \cdot T_n \cdot T_2^2 \omega^3} \, ,$$

$$F_0 = K_S \cdot K_P \cdot \frac{1 + j\omega T_n}{T_n \cdot T_1 \omega^2 + j\omega T_n \cdot (T_2^2 \omega^2 - 1)} \, .$$

Durch konjugiert komplexe Erweiterung folgt:

$$Re(F_0) = K_S \cdot K_P \cdot \frac{T_n \cdot T_1 \omega^2 + \omega^2 \cdot T_n^2 (T_2^2 \omega^2 - 1)}{(T_n T_1 \omega^2)^2 + \omega^2 \cdot T_n^2 \cdot (T_2^2 \omega^2 - 1)^2} \, ,$$

$$Im(F_0) = K_S \cdot K_P \cdot \frac{T_n^2 \cdot T_1 \omega^3 - \omega T_n (T_2^2 \omega^2 - 1)}{(T_n \cdot T_1 \omega^2)^2 + \omega^2 \cdot T_n^2 \cdot (T_2^2 \omega^2 - 1)^2} \, .$$

An der Schnittstelle der Ortskurve von $F_0$ mit der reellen Achse ist der $Im(F_0) = 0$. Damit folgt:

$$T_n \cdot T_1 \omega^2 = T_2^2 \omega^2 - 1 \, , \qquad\qquad\qquad (7.11)$$

$$\omega^2 = \frac{1}{T_2^2 - T_n \cdot T_1} \, .$$

Durch Einsetzen von $\omega^2$ und der Beziehung (7.11) in den $Re(F_0)$ erhält man:

$$Re(F_0) = K_S \cdot K_P \cdot \frac{1 + \omega^2 \cdot T_n^2}{T_n \cdot T_1 \omega^2 (1 + \omega^2 \cdot T_n^2)} \, ,$$

$$Re(F_0) = \frac{K_S \cdot K_P}{T_n \cdot T_1} \cdot (T_2^2 - T_n \cdot T_1) \, , \qquad\qquad (7.12)$$

$$Re(F_0) = K_S \cdot K_P \cdot \left( \frac{T_2^2}{T_n \cdot T_1} - 1 \right) = 5 \, (1{,}66 - 1) \, ,$$

$$Re(F_0) = 3{,}33 > 1 \, .$$

Folglich ist der Regelkreis instabil.

*Frage b:* Auf welchen Wert müßte $T_n$ vergrößert werden, um die Stabilitätsgrenze
zu erreichen?

An der Stabilitätsgrenze ist $\mathrm{Re}(F_0) = 1$. Damit folgt aus Gl. (7.12):

$$1 = K_S \cdot K_P \cdot \left( \frac{T_2^2}{T_n \cdot T_1} - 1 \right) \, ,$$

$$T_n = \frac{T_2^2}{T_1} \cdot \frac{1}{\dfrac{1}{K_S \cdot K_P} + 1} = \frac{200\,s^2}{30\,s} \cdot \frac{1}{0,2 + 1} \, ,$$

$$T_n = 5,55\,s \, .$$

Man erkennt, daß die Ergebnisse des nach *Hurwitz* und *Nyquist* untersuchten Regelkreises gleich sind.

**Beispiel 7.3**

Eine P-Strecke 3. Ordnung und eine P-Regeleinrichtung ohne Verzögerung bilden
einen Regelkreis. Die Frequenzgänge lauten:

$$F_S = \frac{K_S}{(1 + T_a \cdot p) \cdot (1 + T_b \cdot p)(1 + T_c \cdot p)} \qquad \begin{aligned} K_S &= 0,5 & T_c &= 8\,s \\ T_a &= 2,s & K_P &= 20 \\ T_b &= 5\,s \end{aligned}$$

$$F_R = K_P$$

*Gesucht:*

a) Ist der Regelkreis stabil?

b) Welche Folge hat eine Vergrößerung von $K_P$ um 30 %?

c) Für welches $K_P$ würde der Regelkreis an der Stabilitätsgrenze arbeiten?

*Zu a)*

$$F_S = \frac{K_S}{1 + T_1 \cdot p + T_2^2 \cdot p^2 + T_3^3 \cdot p^3} \, ,$$

mit $\quad T_1 = T_a + T_b + T_c = 15\,s$

$$T_2^2 = T_a \cdot T_b + T_a \cdot T_c + T_b \cdot T_c = 66\,s^2 \, ,$$

$$T_3^3 = T_a \cdot T_b \cdot T_c = 80\,s^3 \, .$$

Der Frequenzgang des aufgeschnittenen Regelkreises lautet somit:

$$F_0 = - F_R \, F_S = \frac{- K_P \cdot K_S}{1 + T_1 \cdot p + T_2^2 \cdot p^2 + T_3^3 \cdot p^3} \, .$$

Setzt man $p = j\omega$, so folgt:

$$F_0 = \frac{-K_P \cdot K_S}{1 - (\omega T_2)^2 + j(\omega T_1 - T_3^3 \omega^3)} \; .$$

Durch Erweiterung mit dem konjugiert Komplexen erhält man:

$$\mathrm{Re}(F_0) = \frac{-K_P \cdot K_S \, [1 - (\omega T_2)^2]}{[1 - (\omega T_2)^2]^2 + (\omega T_1 - T_3^3 \omega^3)^2} \; , \qquad (7.13)$$

$$\mathrm{Im}(F_0) = \frac{K_P \cdot K_S \, (\omega T_1 - T_3^3 \omega^3)}{[1 - (\omega T_2)^2]^2 + (\omega T_1 - T_3^3 \omega^3)^2} \; .$$

Schneidet die Ortskurve von $F_0$ die reelle Achse, so ist der $\mathrm{Im}(F_0) = 0$, und man erhält:

$$\omega T_1 - T_3^3 \omega^3 = 0,$$

$$\omega^2 = \frac{T_1}{T_3^3} \; .$$

In Gl. (7.13) eingesetzt ergibt:

$$\mathrm{Re}(F_0) = \frac{-K_P \cdot K_S}{1 - (\omega T_2)^2} = \frac{-K_P \cdot K_S}{1 - \dfrac{T_1 \cdot T_2^2}{T_3^3}} \; ,$$

$$\mathrm{Re}(F_0) = \frac{-10}{1 - \dfrac{990\,s^3}{80\,s^3}} = \frac{-10}{1 - 12,37} = \frac{-10}{-11,37} \; ,$$

$$\mathrm{Re}(F_0) = 0,88 < 1 \; .$$

Folglich ist der Regelkreis stabil.

## Zu b)

Vergrößert man $K_P$ um 30 % auf $K_P = 26$, so wird:

$$\mathrm{Re}(F_0) = \frac{13}{11,37} = 1,14 > 1,$$

d.h. der Kreis wird instabil.

## Zu c)

An der Stabilitätsgrenze ist $\mathrm{Re}(F_0) = 1$. Damit folgt für $K_P$:

$$K_P = \frac{1}{K_S} \cdot \left( \frac{T_1 \cdot T_2^2}{T_3^3} - 1 \right) = 2 \cdot 11,37 \; ,$$

$$K_P = 22,74 \; .$$

Es ist zu bemerken, daß bei $K_P = 20$ der Regelkreis zwar stabil, die Dämpfung jedoch so gering ist, daß die Schwingung nur sehr verzögert abklingt. Ein solches Regelverhalten ist unbefriedigend. Eine ausreichende Dämpfung erhält man, wenn der Schnittpunkt der Ortskurve von $F_0$ mit der reellen Achse bei

$$\text{Re}(F_0) = \frac{1}{A_{Rd}} < 0,5 \dots 0,25 \text{ liegt. } A_{Rd} > 2 \dots 4 \text{ ist der in Abschnitt 7.5 be-}$$

schriebene Amplitudenrand.

## 7.3. Anwendung des Bode-Diagramms auf das Nyquist-Kriterium

Das Zeichnen der Ortskurve von $F_0$ sowie das Berechnen des Schnittpunktes der Ortskurve von $F_0$ mit der reellen Achse ist oftmals recht kompliziert. So wurde in Beispiel 7.2 die Frage c) von Beispiel 7.1 bewußt nicht nach *Nyquist* gelöst. Denn die Ermittlung von $\omega$ aus dem $\text{Im}(F_0)$ erweist sich als sehr umfangreich, zumal $T_v$ ebenfalls noch unbekannt ist. Die Darstellung im Bode-Diagramm erfolgt bei Verwendung des Amplituden- und Phasenlineals rein schematisch. Nach *Nyquist* ist ein Regelkreis stabil, wenn:

für $\varphi = 0$ der $|F_0| < 1$ ist.

$$F_0 = - F_R \cdot F_S = - 1 \cdot |F_R| \cdot e^{j\varphi_R} \cdot |F_S| \cdot e^{j\varphi_S},$$

$$F_0 = |F_0| e^{j\varphi} = |-1| \cdot e^{j\,180°} \cdot |F_R| \cdot |F_S| e^{j(\varphi_R + \varphi_S)},$$

$$|F_0| \cdot e^{j\varphi} = |F_R| \cdot |F_S| \cdot e^{j(\varphi_R + \varphi_S + 180°)}.$$

Für das Bode-Diagramm lautet das Nyquist-Kriterium dann folgendermaßen:
Ein Regelkreis ist stabil, wenn für

$$\varphi = 0° = \varphi_R + \varphi_S + 180°,$$

bzw. $\varphi_R + \varphi_S = - 180°$

$$|F_R| \cdot |F_S| < 1 \text{ ist.}$$

Bild 7.3 zeigt das Bode-Diagramm für die drei charakteristischen Fälle.

Die Verwendung des Bode-Diagramms ist besonders vorteilhaft für Regelkreise, die Totzeiten enthalten.

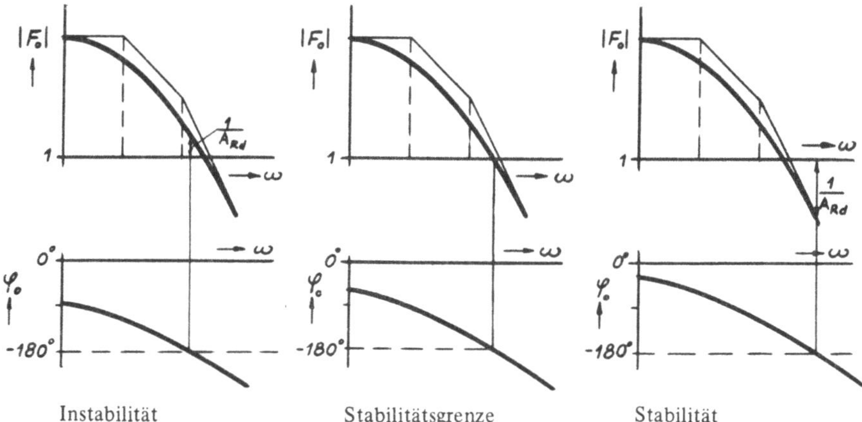



**Bild 7.3.** Bode-Diagramm des aufgeschnittenen Regelkreises

**Beispiel 7.4**

Gegeben ist eine Regelstrecke mit Verzögerung 1. Ordnung und Totzeit gemäß
Beispiel 4.11 (Mischregelstrecke mit nachgeschalteter Totzeit).

Der Frequenzgang lautet:

$$F_S = \frac{K_S}{1 + T \cdot p} \, e^{-pT_t} \, .$$

Diese wird von einer PI-Regeleinrichtung geregelt mit dem Frequenzgang:

$$F_R = K_P \left( 1 + \frac{1}{T_n \cdot p} \right) .$$

Die Kenngrößen haben folgende Werte:

| | |
|---|---|
| $K_S = 0,8$ | $K_P = 10$ |
| $T \;\; = 100\,s$ | $T_n = 20\,s$ |
| $T_t \;\; = 10\,s$ (hier größer angenommen als in Beispiel 4.11). | |

Zunächst werden die Asymptoten von $|F_S|$ und $|F_R|$ gezeichnet; dabei ist zu beachten, daß der Betrag des reinen Totzeitgliedes eins ist. Mittels Amplituden- und Phasenlineals ermittelt man dann die in der Tabelle angegebenen Werte und zeichnet den Amplituden- und Phasengang.

Die Winkelwerte $\varphi_3$ für das Totzeitglied ergeben sich in einfacher Weise aus folgender Überlegung:

$$\text{Für} \quad \omega = \frac{1}{T_t} \quad \text{ist} \quad \widehat{\varphi_3} = \omega \, T_t = 1 \quad \rightarrow \varphi_3 = 57,3°$$

für $\quad \omega = \dfrac{0{,}5}{T_t} \quad$ ist $\quad \widehat{\varphi_3} = \omega\, T_t = 0{,}5 \rightarrow \varphi_3 = 28{,}65°$,

für $\quad \omega = \dfrac{0{,}1}{T_t} \quad$ ist $\quad \widehat{\varphi_3} = \omega\, T_t = 0{,}1 \rightarrow \varphi_3 = 5{,}73°$

usw.

| $\dfrac{\omega}{s^{-1}}$ | $10^{-3}$ | 0,002 | 0,005 | 0,01 | 0,02 | 0,05 | 0,1 | 0,2 | 0,5 |
|---|---|---|---|---|---|---|---|---|---|
| $\dfrac{\Delta s_1}{mm}$ | 0 | $-\,0{,}5$ | $-\,3{,}1$ | $-\,9{,}4$ | $-\,3{,}1$ | $-\,0{,}5$ | 0 | 0 | 0 |
| $\dfrac{\Delta s_2}{mm}$ | 0 | 0 | 0 | 0,5 | 2 | 9,4 | 3,1 | 0,8 | 0 |
| $\dfrac{\Delta s}{mm}$ | 0 | $-\,0{,}5$ | $-\,3{,}1$ | $-\,8{,}9$ | $-\,1{,}1$ | $+\,8{,}9$ | $+\,3{,}1$ | $+\,0{,}8$ | 0 |
| $\varphi_1/°$ | $-\,6$ | $-\,12$ | $-\,27$ | $-\,45$ | $-\,64$ | $-\,79$ | $-\,84$ | $-\,87$ | $-\,89$ |
| $\varphi_2/°$ | $-\,90$ 1 | $-\,90$ 2 | $-\,90$ 6 | $-\,90$ 11 | $-\,90$ 22 | $-\,90$ 45 | $-\,90$ 63 | $-\,90$ 76 | $-\,90$ 84 |
| $\varphi_3/°$ | $-\,0{,}6$ | $-\,1{,}2$ | $-\,2{,}9$ | $-\,5{,}7$ | $-\,11{,}5$ | $-\,28{,}7$ | $-\,57$ | $-\,115$ | $-\,287$ |
| $\varphi_0/°$ | $-\,95{,}6$ | $-\,101$ | $-\,113{,}9$ | $-\,129{,}7$ | $-\,143{,}5$ | $-\,152{,}7$ | $-\,168$ | $-\,216$ | $-\,382$ |

Wie das Bode-Diagramm in Bild 7.4 zeigt, ist für $\varphi_0 = \varphi_R + \varphi_S = -\,180°$ $|F_0| < 1$
und somit der Regelkreis stabil. Der Amplitudenrand beträgt

$$A_{Rd} = \frac{1}{0{,}65} = 1{,}54 .$$

Ferner zeigt das Bode-Diagramm den Einfluß einer Änderung von $K_P$. Vergrößert
man $K_P$ um das $A_{Rd}$-fache, so wird der Amplitudengang $|F_0|$ um $+\,A_{Rd}$ in der
Vertikalen verschoben. Der Phasengang bleibt unverändert. Die Stabilitätsgrenze
wird erreicht für

$$K_{Pkr} = K_P \cdot A_{Rd} \approx 10 \cdot 1{,}54 = 15{,}4 .$$

Ebenso kann die Wirkung einer Totzeitänderung auf die Stabilität des Regelkreises
leicht ermittelt werden. Eine Vergrößerung der Totzeit ändert den Amplitudengang
von $|F_0|$ nicht; lediglich der Phasengang $\varphi_3(\omega)$ wird nach links verschoben. Wird
z.B. die Totzeit um 20 % vergrößert, so vergrößern sich auch die in der Zeile $\varphi_3$ angegebenen Werte um 20 %. Bezeichnet man den Phasenwinkel, bei dem der Amplitu-
dengang den Wert $|F_0| = 1$ erreicht, als Phasenrand $\varphi_{Rd}$ (Bild 7.4), so wird die Stabi-
litätsgrenze erreicht, wenn die Totzeit auf folgenden Wert vergrößert wird:

$$T_{tkr} = T_t + \frac{\widehat{\varphi_{Rd}}}{\omega_{kr}} .$$

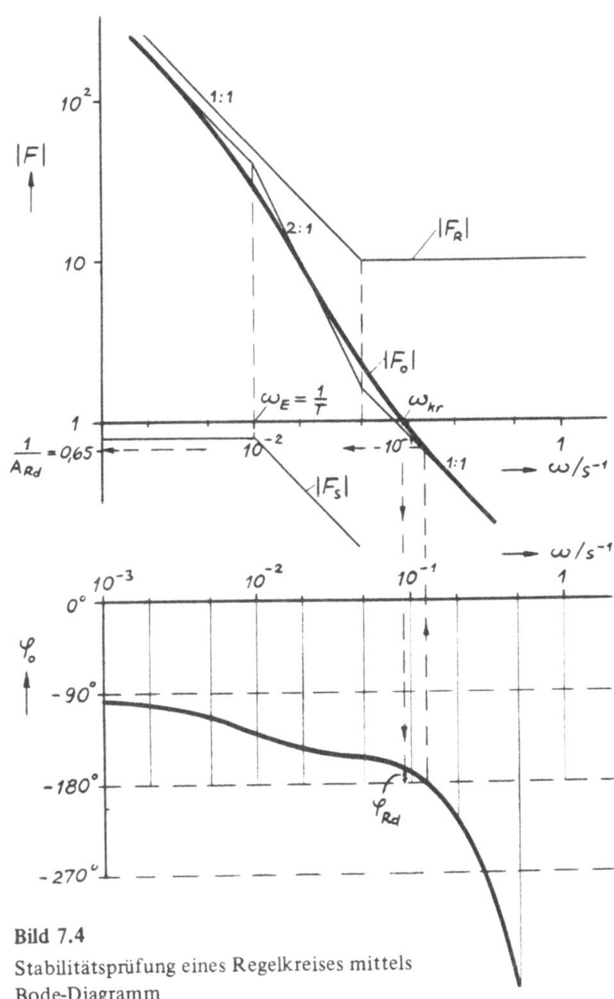



**Bild 7.4**
Stabilitätsprüfung eines Regelkreises mittels
Bode-Diagramm

Aus dem Bode-Diagramm entnimmt man:

$$\omega_{kr} \approx 0{,}088 \text{ s}^{-1}$$

$$\varphi_{Rd} \approx 17° \rightarrow \widehat{\varphi}_{Rd} \approx 0{,}3$$

$$T_{tkr} \approx 10 \text{ s} + \frac{0{,}3}{0{,}088 \text{ s}^{-1}} = 13{,}4 \text{ s.}$$

Das Ergebnis dieser Betrachtungen zeigt, daß für diesen Regelkreis eine Vergrößerung des Proportionalbeiwertes $K_P$, sowie eine Vergrößerung der Totzeit $T_t$, die Stabilität verschlechtern.

Ändert man die Nachstellzeit $T_n$, so ist der Einfluß nicht ohne weiteres erkennbar, da die Eckfrequenz des PI-Gliedes sich ändert und damit der Abstand zur Eckfrequenz des P-Gliedes 1. Ordnung. Außerdem tritt eine Änderung des Phasenganges auf.

**Beispiel 7.5**

Es ist das in Beispiel 7.3 ermittelte Ergebnis mittels Darstellung im Bode-Diagramm zu überprüfen.

Gegeben sind:

$$F_S = \frac{K_S}{(1 + T_a \cdot p) \cdot (1 + T_b \cdot p) \cdot (1 + T_c \cdot p)}$$

und

$$F_R = K_P.$$

$K_S = 0,5$

$T_a = 2\,s$

$T_b = 5\,s$

$T_c = 8\,s$

$K_P = 20$

*Frage a)* Ist der Regelkreis stabil?

Der Frequenzgang des aufgeschnittenen Kreises wird in folgende Teilfrequenzgänge zerlegt:

$$F_0 = - F_R\, F_S = - \frac{K_P \cdot K_S}{1 + T_a \cdot p} \cdot \frac{1}{1 + T_b \cdot p} \cdot \frac{1}{1 + T_c \cdot p}.$$

Unter Verwendung des Amplituden- und Phasenlineals erhält man das in Bild 7.5 gezeigte Bode-Diagramm und nachfolgende Tabelle.

| $\dfrac{\omega}{s^{-1}}$ | 0,02 | 0,05 | 0,1 | 0,2 | 0,5 | 1 | 2 |
|---|---|---|---|---|---|---|---|
| $\dfrac{\Delta s_1}{mm}$ | $-0,4$ | $-2$ | $-6,7$ | $-4,4$ | $-0,8$ | $-0,3$ | $0$ |
| $\dfrac{\Delta s_2}{mm}$ | $0$ | $-0,9$ | $-3,1$ | $-9,4$ | $-2,1$ | $-0,5$ | $0$ |
| $\dfrac{\Delta s_3}{mm}$ | $0$ | $-0,3$ | $-0,5$ | $-2$ | $-9,4$ | $-3,1$ | $-0,8$ |
| $\dfrac{\Delta s}{mm}$ | $-0,4$ | $-3,2$ | $-10,3$ | $-15,8$ | $-12,3$ | $-3,9$ | $-0,8$ |
| $\varphi_1/°$ | $-9$ | $-22$ | $-39$ | $-58$ | $-76$ | $-83$ | $-86$ |
| $\varphi_2/°$ | $-6$ | $-14$ | $-27$ | $-45$ | $-69$ | $-79$ | $-84$ |
| $\varphi_3/°$ | $-2$ | $-6$ | $-11$ | $-22$ | $-45$ | $-63$ | $-76$ |
| $\varphi_4/°$ | $-17$ | $-42$ | $-77$ | $-125$ | $-190$ | $-225$ | $-246$ |

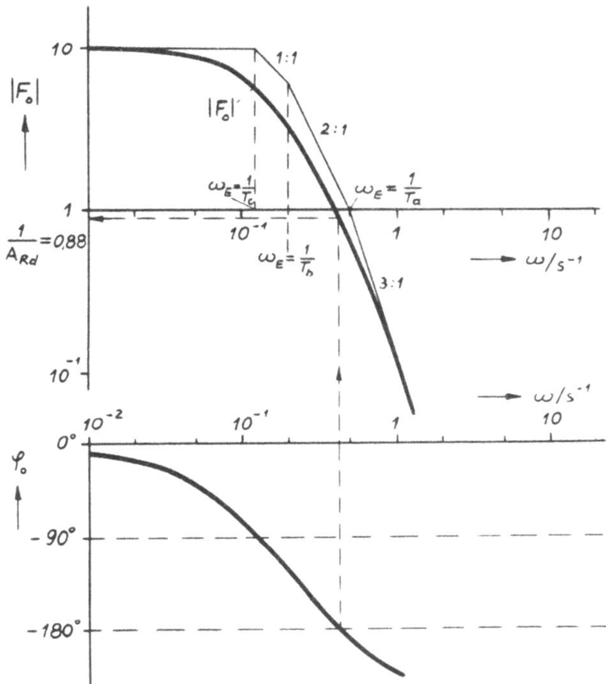



**Bild 7.5.** Bode-Diagramm des aufgeschnittenen Regelkreises P-Strecke 3. Ordnung und P-Regeleinrichtung

Für $\varphi_0 = \varphi_R + \varphi_S = -180°$ ist $|F_0| < 1$. Der Regelkreis ist also stabil. Der Kehrwert des Amplitudenrandes

$$\frac{1}{A_{Rd}} = 0,88$$

stimmt mit dem in Beispiel 7.3 a) ermittelten überein.

*Frage b)* Welche Folge hat eine Vergrößerung von $K_P$ um 30 %?

Eine Vergrößerung von $K_P$ um 30 % bedeutet eine Multiplikation von $K_P$ und damit von $|F_0|$ mit dem Faktor 1,3. Der Amplitudengang wird somit vertikal nach oben verschoben, so daß die waagerechte Asymptote durch 13 geht. Der Phasengang bleibt unverändert. Durch diese Verschiebung wird der Punkt über $\varphi_0 = -180°$ des Amplitudenganges auf einen Wert

$$\frac{1}{A_{Rd}} = 0,88 \cdot 1,3 = 1,14 > 1$$

angehoben und folglich der Regelkreis instabil.

*Frage c)* Für welches $K_P$ arbeitet der Regelkreis an der Stabilitätsgrenze? Vergrößert man $K_P$ auf

$$K_{Pkr} = K_P \cdot \frac{1}{A_{Rd}} = \frac{20}{0,88} = 22,7 \; ,$$

so wird der Amplitudengang soweit nach oben verschoben, daß für

$$\varphi_0 = -180° \qquad |F_0| = 1.$$

## 7.4. Stabilitätsuntersuchung mit dem Zweiortskurvenverfahren

Das Zweiortskurvenverfahren ist eine sehr anschauliche Methode. Neben der exakten Auswertung, die auch exakte Ergebnisse liefert, kann man mit Hilfe dieses Verfahrens ohne Rechnung, rein gedanklich, Tendenzen erkennen, die zur Stabilität bzw. Instabilität führen. Der charakteristische Verlauf der hautsächlich in Frage kommenden Ortskurven kann bei einiger Übung leicht ohne Tabellen angegeben werden. In Abschnitt 7.2 wurde für den aufgeschnittenen Regelkreis folgende Bedingung abgeleitet: Ein Regelkreis ist stabil, wenn bei gleicher Frequenz und Phasenlage von Aus- und Eingangsgröße die Ausgangsamplitude kleiner als die Eingangsamplitude ist. Oder wenn

$$F_0 = -F_R \cdot F_S < 1.$$

Dividiert man diese Gleichung durch $(-F_S)$, so folgt:

$$F_R < -\frac{1}{F_S} \; .$$

Das *Zweiortskurvenverfahren* besteht nun in folgendem. Die Ortskurven von $F_R$ und $-\frac{1}{F_S}$ werden getrennt in das gleiche Diagramm der Gaußschen Zahlenebene gezeichnet (Bild 7.6).

Gesucht wird jetzt die Frequenz, für die die Zeiger an $F_R$ und $-\frac{1}{F_S}$ die gleiche Phasenlage haben. In Bild 7.6 a) ist das für $\omega = 5 \; s^{-1}$ der Fall. Bei dieser Frequenz ist nun $F_R < -\frac{1}{F_S}$ und demnach der Regelkreis stabil. Bild 7.6 b) zeigt die Verhältnisse an der Stabilitätsgrenze; bei gleicher Frequenz und Phasenlage ist $F_R = -\frac{1}{F_S}$. Den Fall der Instabilität zeigt schließlich Bild 7.6 c). Der besondere

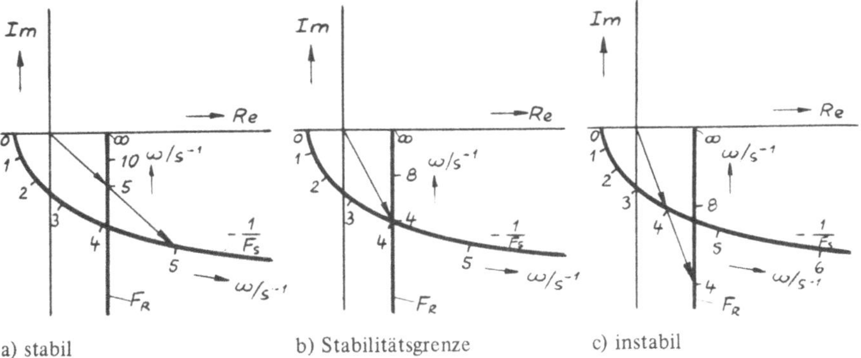



a) stabil         b) Stabilitätsgrenze         c) instabil

**Bild 7.6.** Zweiortskurvendarstellung zur Stabilitätsuntersuchung

Vorteil des Zweiortskurvenverfahrens gegenüber dem Nyquist-Kriterium liegt darin, daß die Ortskurven von $F_R$ und $-\dfrac{1}{F_S}$ wesentlich einfacher konstruiert werden können als die von $F_0 = -F_R \cdot F_S$.

Neben dieser graphischen Methode kann man auch rechnerisch die Frequenz bestimmen, bei der die Phasenlage des Zeigers an $F_R$ mit der des Zeigers an $-\dfrac{1}{F_S}$ übereinstimmt.

Für die Ortskurve der Regeleinrichtung ist:

$$\tan \varphi_R = \frac{\mathrm{Im}(F_R)}{\mathrm{Re}(F_R)} . \tag{7.14}$$

Den Phasenwinkel der negativ inversen Ortskurve der Strecke erhält man aus:

$$\tan \varphi_{\bar S} = \frac{\mathrm{Im}\left(-\dfrac{1}{F_S}\right)}{\mathrm{Re}\left(-\dfrac{1}{F_S}\right)} . \tag{7.15}$$

Durch Gleichsetzen von Gl. (7.14) und Gl. (7.15) erhält man durch Elimination die gesuchte Frequenz $\omega$. Diese in $\mathrm{Im}(F_R)$ und $\mathrm{Im}\left(-\dfrac{1}{F_S}\right)$ oder $\mathrm{Re}(F_R)$ und $\mathrm{Re}\left(-\dfrac{1}{F_S}\right)$ eingesetzt liefert die Lösung. Ist z.B.

$$\mathrm{Re}(F_R) < \mathrm{Re}\left(-\frac{1}{\cdot F_S},\right)$$

so ist der Regelkreis stabil.

## Konstruktion der negativ inversen Ortskurve der Strecke

Der negativ inverse Frequenzgang einer P-Strecke lautet:

$$-\frac{1}{F_S} = -\frac{1}{K_S} \cdot (1 + T_1 \cdot p + T_2^2 \cdot p^2 + T_3^3 \cdot p^3 + \dots ),$$

$$-\frac{1}{F_S} = -\frac{1}{K_S} - j \cdot \frac{T_1}{K_S} \omega + \frac{T_2^2}{K_S} \omega^2 + j \cdot \frac{T_3^3}{K_S} \omega^3 + \dots$$

Diese Gleichung läßt sich als Zeigerpolygon in der Gaußschen Zahlenebene darstellen (Bild 7.7).

Das Zeigerpolygon beginnt mit dem Zeiger $-\frac{1}{K_S}$ auf der negativ reellen Achse. Der zweite Term $-j\frac{T_1}{K_S}\omega$ repräsentiert einen Zeiger in negativ imaginärer Richtung. Daran schließt der reelle Zeiger $\frac{T_2^2}{K_S}\omega^2$ an usw. Für jede Frequenz ergibt sich ein Zeigerpolygon, dessen Endpunkt einen Punkt der Ortskurve darstellt. Für $\omega = 0$ beginnt die Ortskurve auf der negativ reellen Achse im Abstand $\frac{1}{K_S}$ vom Ursprung.

Die Ortskurve läßt sich in einfacher Weise konstruieren, wenn man zunächst für eine bestimmte Frequenz (z.B. $\omega_1 = 1\,\mathrm{s}^{-1}$) das Zeigerpolygon zeichnet. Multipliziert man $\omega_1$ mit $2; 3; \dots$, so wird der erste Zeiger auf der negativ reellen Achse unverändert bleiben, die Länge des zweiten Zeigers $\left(-j\frac{T_1}{K_S}\omega\right)$ wird mit $2; 3; \dots$ multipliziert, die des dritten $\frac{T_2^2}{K_S}\omega^2$ mit $2^2; 3^2; \dots$ usw. Das folgende Beispiel soll den Zusammenhang näher erläutern.

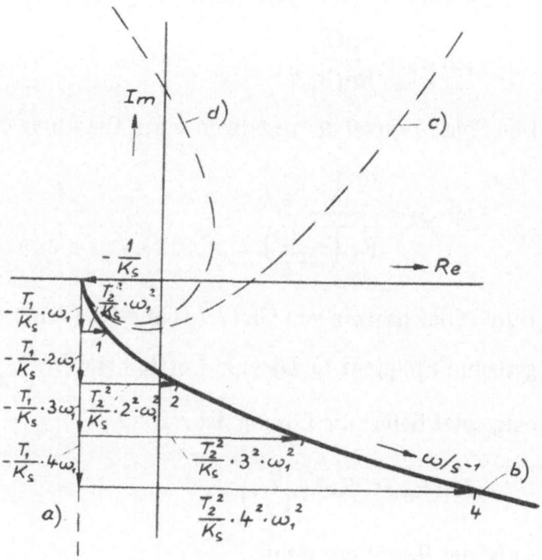

**Bild 7.7**

Negativ inverse Ortskurve
einer P-Strecke

a) 1. Ordnung
b) 2. Ordnung
c) 3. Ordnung
d) 4. Ordnung

**Beispiel 7.6**

Gegeben ist eine P-Strecke 3. Ordnung mit dem Frequenzgang

$$F_S = \frac{K_S}{1 + T_1 \cdot p + T_2^2 \cdot p^2 + T_3^3 \cdot p^3} \cdot$$

$$K_s = 0,5$$
$$T_1 = 6\,s$$
$$T_2^2 = 11\,s^2$$
$$T_3^3 = 6\,s^3$$

Diese wird von einer reinen P-Regeleinrichtung mit:

$$F_R = K_P = 25$$

geregelt.

*Gesucht:*

a) Ist der Regelkreis stabil?
b) Für welches $K_{Pkr}$ wird die Stabilitätsgrenze erreicht?
c) Wie groß ist die bleibende Regelabweichung bei einer Störung
$z_0 = 0,5 \cdot x_0$, wenn $K_P$ auf $0,5 \cdot K_{Pkr}$ eingestellt wird?
$x_0$ ist der Wert der Regelgröße ohne Störung.

*Zu a)*

$$-\frac{1}{F_S} = -\frac{1}{K_S} - j \cdot \frac{T_1}{K_S}\,\omega + \frac{T_2^2}{K_S}\,\omega^2 + j \cdot \frac{T_3^3}{K_S}\,\omega^3$$

Für $\omega_1 = 0,2\,s^{-1}$ ist:

$$-\frac{1}{F_S} = -2 - j \cdot 2,4 + 0,88 + j \cdot 0,096$$

Wie Bild 7.8 zeigt, ist der Regelkreis instabil. Für $\omega = 1\,s^{-1}$ haben die Zeiger an $F_R$ und an $-\dfrac{1}{F_S}$ gleiche Phasenlage und es ist:

$$F_R > -\frac{1}{F_S}\,.$$

*Zu b)*

Die Stabilitätsgrenze wird erreicht für:

$$K_{Pkr} = 20\,.$$

Die sich einstellende Dauerschwingung hat dann die Kreisfrequenz $\omega_{kr} = 1\,s^{-1}$.

14 Reuter

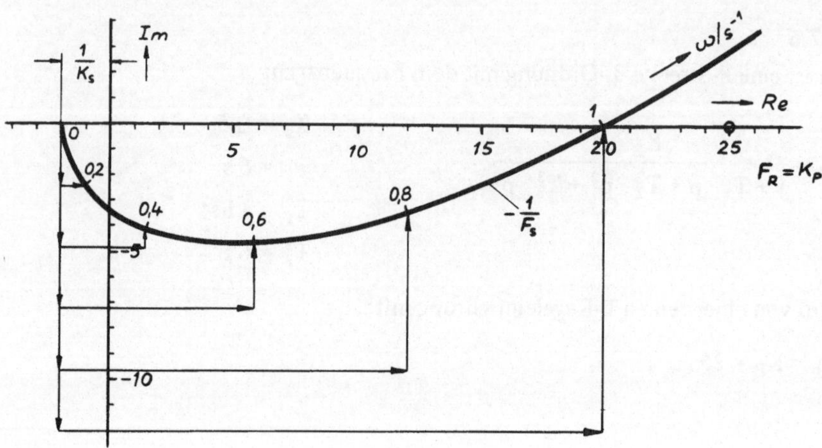

**Bild 7.8.** Graphische Untersuchung eines Regelkreises auf Stabilität mittels Zweiortskurvenverfahren

*Zu c)*

Für $K_P = 0,5 \cdot K_{Pkr} = 10$ wird die bleibende Regelabweichung gemäß Gl. (5.9)

$$x_W(\infty) = \frac{K_S}{1 + K_S \cdot K_P} \, z_0 = \frac{0,5}{1 + 5} \, 0,5 \cdot x_0$$

$$x_W(\infty) = 0,042 \cdot x_0 \;.$$

**Beispiel 7.7**

Gegeben ist eine P-Strecke 2. Ordnung, die von einer PI-Regeleinrichtung geregelt wird.

$$F_S = \frac{K_S}{1 + T_1 \cdot p + T_2^2 \cdot p^2}$$

$$F_R = K_P \left( 1 + \frac{1}{T_n \cdot p} \right) \;.$$

$$K_S = 0,5$$
$$T_1 = 0,4 \text{ s}$$
$$T_2^2 = 0,2 \text{ s}^2$$
$$K_P = 10$$
$$T_n = 0,4 \text{ s}$$

*Gesucht:*

a) Der Regelkreis ist auf Stabilität zu prüfen.

b) Wie wirkt sich die Hinzunahme eines D-Anteils mit $T_v = 0,2$ s aus?

*a) Graphische Lösung*

$$-\frac{1}{F_S} = -\frac{1}{K_S} - j \cdot \frac{T_1}{K_S}\omega + \frac{T_2^2}{K_S}\omega^2 \tag{7.16}$$

und für $\omega_1 = 1\,s^{-1}$

$$-\frac{1}{F_S} = -2 - j\,0{,}8 + 0{,}4\;.$$

$$F_R = K_P - j \cdot \frac{K_P}{T_n\,\omega} = 10 - j \cdot \frac{25\,s^{-1}}{\omega}\;. \tag{7.17}$$

Wie Bild 7.9 zeigt, ist für $\omega = 5\,s^{-1}$  $\varphi_R = \varphi_{\overline{S}}$ und

$$F_R > -\frac{1}{F_S}\;.$$

D.h. der Regelkreis ist instabil.

*b) Rechnerische Lösung*

Aus Gl. (7.16) ermittelt man:

$$\tan\varphi_{\overline{s}} = \frac{\mathrm{Im}\left(-\dfrac{1}{F_S}\right)}{\mathrm{Re}\left(-\dfrac{1}{F_S}\right)} = \frac{-T_1 \cdot \omega}{T_2^2 \cdot \omega^2 - 1}$$

und aus Gl. (7.17) folgt:

$$\tan\varphi_R = \frac{\mathrm{Im}(F_R)}{\mathrm{Re}(F_R)} = -\frac{1}{T_n \cdot \omega}\;.$$

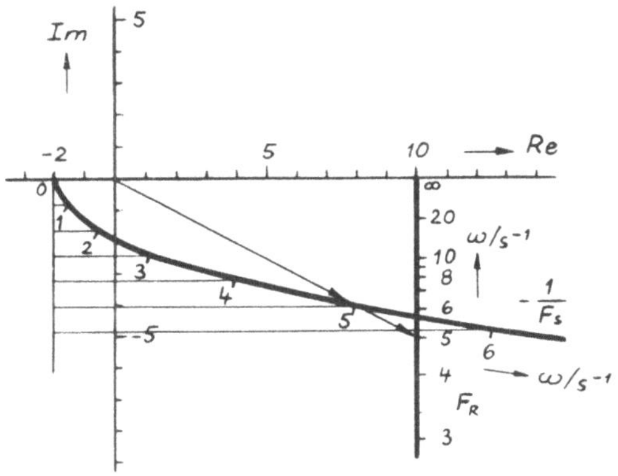

Setzt man $\tan\varphi_R = \tan\varphi_{\overline{S}}$, so folgt:

$$-\frac{1}{T_n \cdot \omega} = \frac{-T_1 \cdot \omega}{T_2^2 \cdot \omega^2 - 1}\;,$$

$$\omega^2 = \frac{1}{T_2^2 - T_n \cdot T_1} = \frac{1}{0{,}2\,s^2 - 0{,}16\,s^2} = 25\,s^{-2}\;,$$

$$\omega = 5\,s^{-1}\;.$$

**Bild 7.9**
Stabilitätsuntersuchung mittels Zweiortskurvenverfahren (P-Strecke 2. Ordnung und PI-Regeleinrichtung) (instabil)

Die Realteile von $F_R$ und $-\dfrac{1}{F_S}$ betragen für $\omega = 5\,s^{-1}$:

$$\mathrm{Re}(F_R) = 10\;,$$

$$\mathrm{Re}\left(-\frac{1}{F_S}\right) = -\frac{1}{K_S} + \frac{T_2^2 \cdot \omega^2}{K_S} = -2 + 10 = 8\;.$$

Daraus folgt:

$$\mathrm{Re}(F_R) > \mathrm{Re}\left(-\frac{1}{F_S}\right) \rightarrow \text{instabil.}$$

$$\text{q.e.d.}$$

*Graphische Lösung zu b)*

Die Ortskurve von $-\dfrac{1}{F_S}$ bleibt unverändert wie in Bild 7.9. Durch den zusätzlichen D-Anteil wird:

$$F_R = K_P\left(1 + \frac{1}{T_n \cdot p} + T_v \cdot p\right)$$

$$F_R = K_P + j \cdot K_P\left(T_v \cdot \omega - \frac{1}{T_n \cdot \omega}\right).$$

| $\dfrac{\omega}{s^{-1}}$ | $\mathrm{Re}(F_R)$ | $\mathrm{Im}(F_R)$ |
|---|---|---|
| 1 | 10 | - 23 |
| 2 | 10 | - 8,5 |
| 3 | 10 | - 2,33 |
| 4 | 10 | + 1,75 |
| 5 | 10 | + 5 |

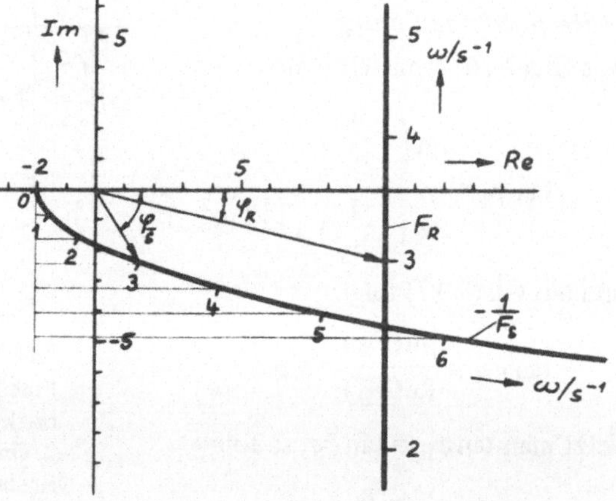


**Bild 7.10**

Stabilitätsuntersuchung
mittels Zweiortskurvenverfahren (P-Strecke 2. Ordnung
und PID-Regeleinrichtung)
(stabil)

Wie Bild 7.10 zeigt, gibt es keine gleiche Frequenz, für die $F_R$ und $-\dfrac{1}{F_S}$ die gleiche Phasenlage annehmen. Folglich ist der Regelkreis stabil geworden.

Die rechnerische Lösung von b) liefert für $\omega$ einen komplexen Wert; d.h. es gibt keine reelle Frequenz, für die die Phasenlage von $F_R$ und $-\dfrac{1}{F_S}$ bei gleichem $\omega$ übereinstimmen.

## 7.5. Amplituden- und Phasenrand

Der Amplituden- sowie der Phasenrand geben gewissermaßen den Sicherheitsab-stand von der Stabilitätsgrenze an.

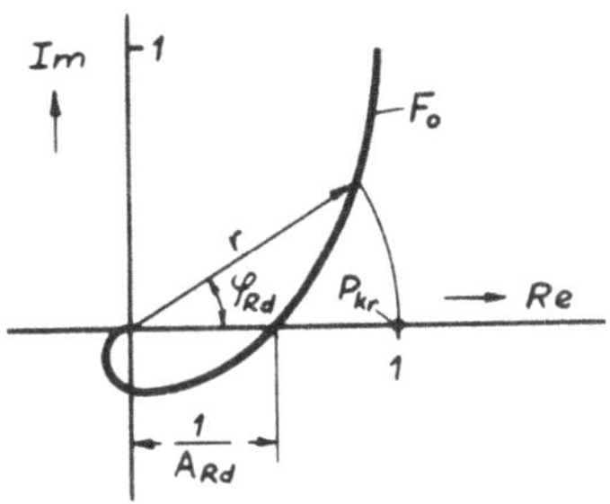

**Bild 7.11**

Amplitudenrand $A_{Rd}$ und Phasenrand
$\varphi_{Rd}$ für die Ortskurve $F_0$

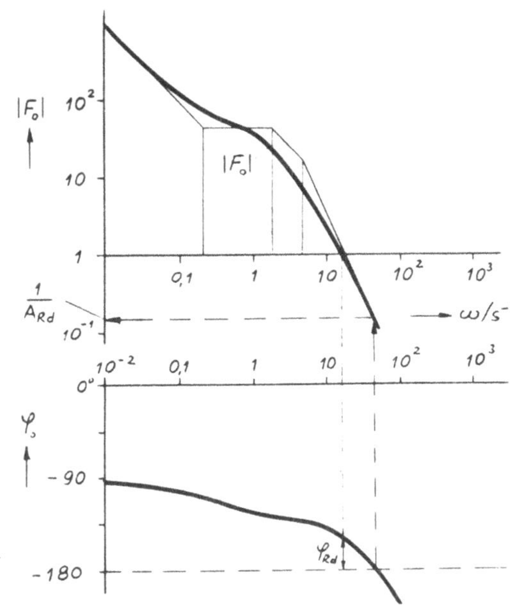

**Bild 7.12**

Darstellung von Amplitudenrand $A_{Rd}$ und
Phasenrand $\varphi_{Rd}$ im Bode-Diagramm

Bild 7.11 zeigt die Ortskurve des Frequenzganges des aufgeschnittenen Kreises von
$F_0$. Der Amplitudenrand ist der Kehrwert von $F_0$ beim Schnitt mit der reellen
Achse ($\varphi_0 = 0$). D.h., vergrößert man den Verstärkungsgrad des aufgeschnittenen
Kreises um das $A_{Rd}$-fache, so läuft die Ortskurve durch den kritischen Punkt und
der Regelkreis erreicht die Stabilitätsgrenze.

Zieht man um den Nullpunkt einen Kreis mit r = 1, so bilden die positiv reelle
Achse und der zum Schnittpunkt gezogene Radius den Winkel $\varphi_{Rd}$, den sogenannten
Phasenrand. D.h. bei einer zusätzlichen Phasendrehung $\varphi_{Rd}$ arbeitet der Kreis an
der Stabilitätsgrenze. Es wird also einmal der Wert von $F_0$ bei $\varphi_0 = 0°$ betrachtet
und zum anderen die Größe von $\varphi_0$ bei $F_0 = 1$.

Bild 7.12 zeigt den gleichen Sachverhalt im Bode-Diagramm.

Bild 7.13 gibt die Ermittlung von Amplituden- und Phasenrand für das Zweiortskurvenverfahren wieder. Den Amplitudenrand findet man, indem bei gleicher
Frequenz für $\varphi_R = \varphi_{\bar{S}}$ der Wert von $F_0 = - F_R \cdot F_S$ bzw. das Verhältnis

$$\frac{F_R}{-\dfrac{1}{F_S}} = \frac{1}{A_{Rd}} \quad \text{bestimmt wird. Es ist dann } A_{Rd} = \frac{-\dfrac{1}{F_S}}{F_R} \text{ das Verhältnis der Zeigerlängen.}$$

Der Phasenrand ergibt sich für $F_0 = -F_R \cdot F_S = 1$ bzw. $F_R = -\dfrac{1}{F_S}$ . D.h. man sucht

die Frequenz, für die der Zeiger an $F_R$ die gleiche Länge hat, wie der an $-\dfrac{1}{F_S}$ . Den

Winkel, den beide Zeiger einschließen, ist der gesuchte Phasenrand $\varphi_{Rd}$ .

Greift die Störgröße am Eingang der Strecke an (Störverhalten), so soll

$$A_{Rd} > 1{,}5 \ldots 3 \, ,$$
$$\varphi_{Rd} > 20° \ldots 70° \qquad \text{sein.}$$

Bei Führungsgrößenänderung (Folgeregelung) soll

$$A_{Rd} > 4 \ldots 10 \, ,$$
$$\varphi_{Rd} > 40° \ldots 60° \qquad \text{sein.}$$

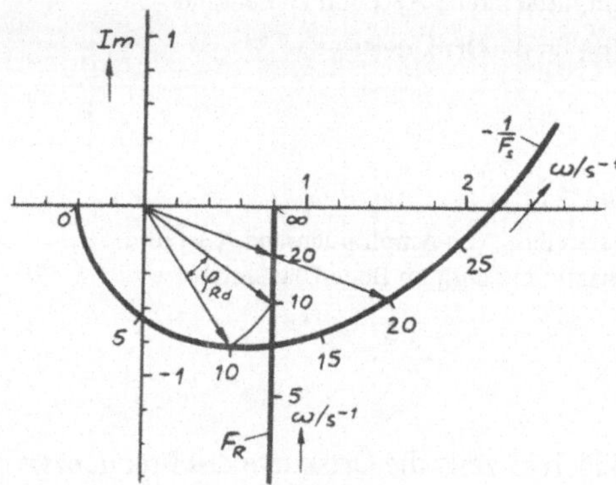


**Bild 7.13**
Amplitudenrand $A_{Rd}$ und Phasenrand $\varphi_{Rd}$ im
Zweiortskurvenschaubild

# 8. Optimierung. Kriterien zur Einstellung von Regelkreisen

In Kapitel 7. wurden verschiedene Stabilitätskriterien behandelt und die Abhängigkeit des Regelverhaltens von den Kenngrößen der Strecke sowie der Regeleinrichtung gezeigt. Es wurde bereits angedeutet, daß ein Regelkreis, der zwar stabil aber zu nahe an der Stabilitätsgrenze liegt, nur schwach gedämpfte Schwingungen ausführt. Beim Auftreten einer äußeren Störung oder einer Änderung der Führungsgröße wird die Regelgröße immer vom Sollwert bzw. von der Führungsgröße, zumindest vorübergehend, abweichen. Es gilt, diese Regelabweichung so gering wie möglich zu halten und in möglichst kurzer Zeit zu beseitigen. Vergrößert man den P- bzw. den I-Anteil einer Regeleinrichtung, so wird bei P-Strecken die bleibende Regelabweichung verkleinert bzw. beseitigt. Diese Maßnahmen führen jedoch bei Strecken höherer Ordnung zur Verringerung der Dämpfung und somit zur Instabilität. Dies gilt bei Strecken höher als 4. Ordnung auch für den D-Anteil. Diese sich widersprechenden Forderungen nach möglichst geringer Regelabweichung einerseits und möglichst großer Dämpfung andererseits führen zu einem Kompromiß, der wiederum von der speziellen Regelaufgabe abhängt. Der zeitliche Verlauf der Regelabweichung ist ferner abhängig vom Ort, an dem die Störgröße angreift und deren zeitlichen Verlauf. Die Störgröße kann am Eingang, am Ausgang oder innerhalb der Strecke angreifen. Greift die Störgröße am Ausgang der Strecke an, so ist dies gleichbedeutend mit dem Führungsverhalten. Bild 8.1 zeigt den zeitlichen Verlauf der Regelgröße bei einem Führungssprung.

Nach DIN 19 226 sind $x_m$, $T_{aus}$ und $T_{an}$ folgendermaßen definiert:
Die *Überschwingweite* der Regelgröße ist die größte vorübergehende Sollwertabweichung während des Überganges von einem Beharrungszustand in einen neuen Beharrungszustand nach einer Änderung der Stör- oder Führungsgröße.

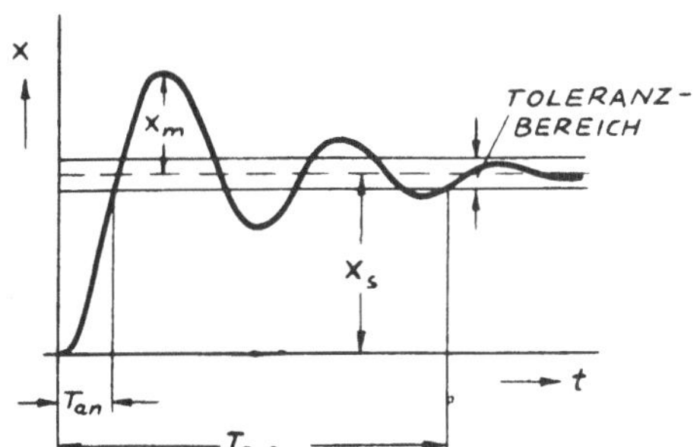


**Bild 8.1**

Verlauf der Regelgröße bei einem Führungssprung

$x_m$ = Überschwingweite
$T_{aus}$ = Ausregelzeit
$T_{an}$ = Anregelzeit

Als *Ausregelzeit* ist die Zeitspanne definiert, die beginnt, wenn der Wert der Regelgröße nach einem Sprung der Stör- oder Führungsgröße einen vorgegebenen Toleranzbereich der Regelgröße verläßt, und die endet, wenn er in diesen Bereich zum dauernden Verbleib wieder eintritt.

Die *Anregelzeit* ist die Zeitspanne, die beginnt, wenn der Wert der Regelgröße nach einem Sprung der Stör- oder Führungsgröße einen vorgegebenen Toleranzbereich der Regelgröße verläßt, und die endet, wenn er in diesen Bereich erstmalig wieder eintritt.

Die Frage nach einem *optimalen Regelverhalten* läßt sich nicht allgemeingültig beantworten. So gibt es Regelvorgänge, wobei zur Erreichung einer kurzen Anregelzeit eine schwache gedämpfte Schwingung in Kauf genommen wird, wenn nachgeschaltete Speicher diese Schwingungen dämpfen. Demgegenüber soll bei einer Nachlaufregelung die Regelgröße der Führungsgröße möglichst schnell folgen, mit nur geringer Überschwingweite. Ferner gibt es Regelkreise, bei denen kein Überschwingen zulässig ist; die Regeleinrichtung muß dann auf ein aperiodisches Regelverhalten D = 1 eingestellt werden.

Zur Optimierung werden sowohl theoretische als auch empirisch ermittelte Einstellkriterien benutzt, von denen im folgenden einige behandelt werden.

## 8.1. Theoretische Einstellkriterien

Die hier behandelten theoretischen Verfahren lassen sich unter dem Begriff *Integralkriterien* zusammenfassen. Die Optimierungsmethode besteht darin, daß das Zeitintegral einer Funktion der Regelgröße bei sprunghafter Stör- oder Führungsgröße gebildet wird. Es werden dann die Kenngrößen der Regeleinrichtung so bestimmt, daß die durch das Integral erhaltene Regelfläche ein Minimum wird.

### 8.1.1. Lineare Regelfläche oder lineares Integralkriterium

Bei diesem verhältnismäßig einfach auszuwertendem Kriterium wird das Zeitintegral der Differenz zwischen bleibender und vorübergehender Regelabweichung infolge eines Stör- oder Führungssprunges von t = 0 . . . $\infty$ gebildet.

$$A_L = \int\limits_0^\infty [x_w(\infty) - x_w(t)] \cdot dt . \tag{8.1}$$

Bild 8.2 zeigt die lineare Regelfläche, die aus positiven und negativen Anteilen besteht. Bei einem oszillierenden Regelvorgang mit geringer Dämpfung kann die Regelfläche $A_L$ sehr klein werden und wird schließlich im Fall einer Dauerschwingung Null. Daher ist dieses Kriterium nur geeignet bei zusätzlicher Festlegung des zulässigen Dämpfungsgrades.

Die Berechnung von $A_L$ aus Gl. (8.1) ist ziemlich umfangreich, da zunächst $x_w(t)$ ermittelt, d.h. die Differentialgleichung gelöst werden muß. Wesentlich einfacher ist die Ermittlung von $A_L$ im Bildbereich. Aus der Defintion der Laplace-Transformation folgt:

$$A_L = \lim_{p \to 0} \int_0^\infty [x_w(\infty) - x_w(t)] \cdot e^{-pt} \cdot dt$$

$$A_L = \lim_{p \to 0} \left[ \int_0^\infty x_w(\infty) \cdot e^{-pt} \cdot dt - \int_0^\infty x_w(t) \cdot e^{-pt} \cdot dt \right]$$

Da $x_w(\infty) = \lim_{t \to \infty} x_w(t)$ einen konstanten Wert darstellt, kann man schreiben:

$$A_L = \lim_{p \to 0} \left[ \lim_{t \to \infty} x_w(t) \cdot \int_0^\infty e^{-pt} \cdot dt - x_w(p) \right] . \tag{8.2}$$

Das noch verbliebene Integral ergibt:

$$\int_0^\infty e^{-pt} \cdot dt = -\frac{1}{p} \cdot e^{-pt} \Big|_0^\infty = \frac{1}{p} . \tag{8.3}$$

Ferner ist nach dem Grenzwertsatz

$$\lim_{t \to \infty} x_w(t) = \lim_{p \to 0} p \cdot x_w(p) . \tag{8.4}$$

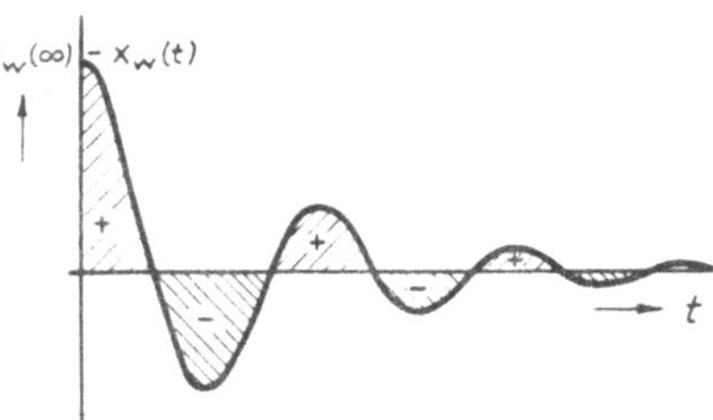


**Bild 8.2**
Verlauf der Regelgröße und der
linearen Regelfläche bei einem
Führungssprung

Gln. (8.3) und (8.4) in Gl. (8.2) eingesetzt führt zu:

$$A_L = \lim_{p \to 0} \left[ \frac{1}{p} \cdot \left( \lim_{p \to 0} p \cdot x_w(p) \right) - x_w(p) \right] . \tag{8.5}$$

Hierin bedeutet $x_w(p) = [L\, x_w(t)]$.

**Beispiel 8.1**

Gegeben ist eine Regelstrecke mit Verzögerung 2. Ordnung, die von einer P-Regeleinrichtung geregelt wird. Die Frequenzgänge lauten:

$$F_S = \frac{K_S}{1 + T_1 \cdot p + T_2^2 \cdot p^2} \ ,$$

$$F_R = K_P \ .$$

Für welches $K_P$ wird die lineare Regelfläche ein Minimum, bei sprungförmiger
Störung $z_0$ am Eingang der Regelstrecke, wenn $D \geqslant 1$ sein soll?

Der Störfrequenzgang gibt die Beziehung zwischen Stör- und Regelgröße an.

$$F_z = \frac{x}{z} = \frac{1}{\dfrac{1}{F_S} + F_R} \ ,$$

$$F_z = \frac{x}{z} = \frac{1}{\dfrac{1 + T_1 \cdot p + T_2^2 \cdot p^2}{K_S} + K_P} = \frac{K_S}{(1 + K_P \cdot K_S) + T_1 \cdot p + T_2^2 \cdot p^2} \ .$$

Daraus folgt die Differentialgleichung:

$$K_S \cdot z = (1 + K_P \cdot K_S) \cdot x + T_1 \cdot \frac{dx}{dt} + T_2^2 \cdot \frac{d^2x}{dt^2} \ . \tag{8.6}$$

Aus Gl. (8.6) findet man die Laplace-Transformierte:

$$K_S \cdot L[z] = L[x] \cdot [(1 + K_P \cdot K_S) + T_1 \cdot p + T_2^2 \cdot p^2].$$

Für $z(t) = z_0 = \text{konstant}$ ist:

$$L[z_0] = \frac{z_0}{p} \ .$$

Somit erhält man:

$$L[x] = x(p) = \frac{z_0}{p} \cdot \frac{K_S}{(1 + K_S \cdot K_P) + T_1 \cdot p + T_2^2 \cdot p^2} \ .$$

Unter Verwendung von Gleichung (8.5) findet man:

$$A_L = z_0 \cdot \lim_{p \to 0} \left[ \frac{1}{p} \frac{K_S}{(1 + K_S \cdot K_P)} - \frac{K_S}{p \left[(1 + K_S \cdot K_P) + T_1 \cdot p + T_2^2 \cdot p^2\right]} \right]$$

$$A_L = z_0 \cdot \lim_{p \to 0} \frac{K_S \left[(1 + K_S \cdot K_P) + T_1 \cdot p + T_2^2 \cdot p^2\right] - K_S (1 + K_S \cdot K_P)}{p (1 + K_S \cdot K_P) \cdot \left[(1 + K_S \cdot K_P) + T_1 \cdot p + T_2^2 \cdot p^2\right]} \ ,$$

$$A_L = z_0 \cdot K_S \cdot \frac{T_1}{(1 + K_P \cdot K_S)^2} \cdot \qquad (8.7)$$

Aus Gl. (8.6) folgt:

$$D = \frac{T_1}{2\,T_2\,\sqrt{1 + K_P \cdot K_S}} \,,$$

$$\frac{1}{(1 + K_P \cdot K_S)^2} = \left(\frac{2 \cdot D \cdot T_2}{T_1}\right)^4$$

In Gl. (8.7) eingesetzt ergibt:

$$A_L = z_0 \cdot K_S \cdot \frac{2^4 \cdot D^4 \cdot T_2^4}{T_1^3} \cdot$$

Mit der Bedingung $D \geqslant 1$ wird die Regelfläche für $D = 1$ ein Minimum.

$$A_{Lmin} = z_0 \cdot K_S \cdot \frac{16 \cdot T_2^4}{T_1^3} \cdot$$

D.h. für:

$$K_P = \frac{1}{K_S}\left[\left(\frac{T_1}{2\,T_2}\right)^2 - 1\right]$$

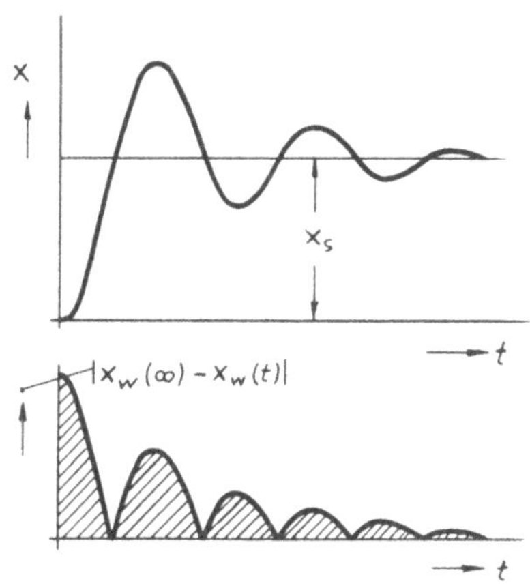



**Bild 8.3**
Regelgröße x bei sprunghafter Verstellung der Führungsgröße und Betrag der linearen Regelfläche

## 8.1.2. Betrag der linearen Regelfläche

Der vorhergehende Abschnitt hat gezeigt, daß die lineare Regelfläche für gedämpft schwingende Regelvorgänge kein zuverlässiges Maß für die Regelgüte ist. Die sich daraus ergebende Konsequenz ist, die Absolutwerte zu integrieren und die Kenngrößen der Regeleinrichtung so einzustellen, daß das Integral ein Minimum wird.

$$A_{||} = \int_0^\infty |\,x_w(\infty) - x_w(t)\,| \cdot dt \,. \qquad (8.8)$$

Wie Bild 8.3 zeigt, besteht der Nachteil dieser Methode darin, daß infolge der Unstetigkeitsstellen eine Integration in mathematisch geschlossener Form nicht möglich ist.

Bei der Optimierung mit Hilfe von Analog- und Digitalrechnern wird vielfach das *ITAE-Kriterium* (Integral of Time multiplied Absolute-value of Error) angewandt.

$$A_{||\cdot t} = \int_0^\infty |x_w(\infty) - x_w(t)| \cdot t \cdot dt \,. \qquad (8.9)$$

Bei einer gedämpften Schwingung werden infolge der Multiplikation mit t die mit
fortlaufender Zeit kleiner werdenden Amplituden stärker berücksichtigt. Gegenüber dem in Abschnitt 8.1.3 besprochenen quadratischen Optimum hat ein nach
dem ITAE-Kriterium optimierter Regelkreis eine geringere Schwingneigung.

## 8.1.3. Quadratische Regelfläche oder quadratisches Integralkriterium

Ein sehr häufig angewandtes Optimierungsverfahren ist das der *quadratischen
Regelfläche* (Bild 8.4).

$$A_q = \int\limits_0^\infty [x_w(\infty) - x_w(t)]^2 \cdot dt . \tag{8.10}$$

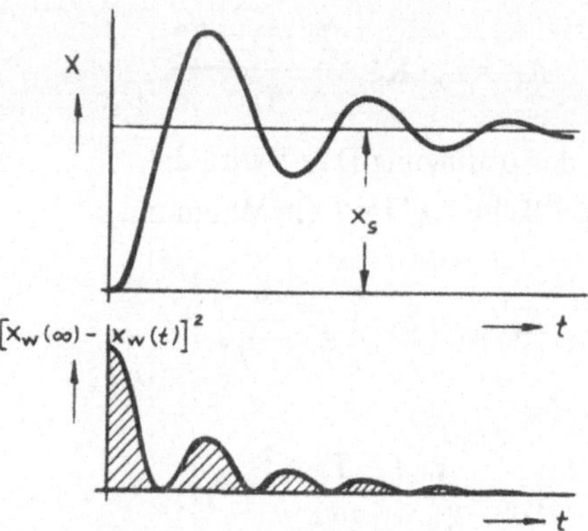


**Bild 8.4**
Regelgröße x bei sprunghafter
Verstellung der Führungsgröße
und quadratische Regelfläche

Auch gegen dieses Verfahren ist einiges einzuwenden, so z.B. daß infolge der
Quadrierung die großen Anfangsabweichungen sehr stark eingehen. Ein großer
Vorzug ist aber, daß die Berechnung von $A_q$ im Bildbereich ohne Partialbruchzer-
legung mittels einer hier nicht abgeleiteten Formel möglich ist.
Hat die Laplace-Transformierte von $x_w(t)$ folgende Form:

$$L[x_w(t)] = x_w(p) = \frac{b_0 + b_1 \cdot p + \ldots + b_m \cdot p^m}{a_0 + a_1 \cdot p + \ldots + a_n \cdot p^n} \cdot \frac{1}{p} , \tag{8.11}$$

mit   $m \leqslant (n-1)$,

dann ist:

$$\int\limits_0^\infty [x_w(\infty) - x_w(t)]^2 \cdot dt = \frac{1}{2 \cdot a_0^2 \cdot D} (B_0 \cdot D_0 + B_1 \cdot D_1 + \ldots B_m \cdot D_m) -$$

$$- \frac{b_0 \cdot b_1}{a_0^2} . \tag{8.12}$$

Darin ist D die Hurwitz-Determinante in etwas anderer Form geschrieben.

$$D = \begin{vmatrix} a_0 & -a_2 & a_4 & -a_6 \ldots 0 \\ 0 & a_1 & -a_3 & a_5 \ldots 0 \\ 0 & -a_0 & a_2 & -a_4 \ldots 0 \\ 0 & 0 & -a_1 & a_3 \ldots 0 \\ 0 & 0 & a_0 & -a_2 \ldots 0 \\ \multicolumn{4}{c}{\ldots\ldots\ldots\ldots\ldots\ldots\ldots\ldots} \\ \multicolumn{4}{c}{\ldots\ldots\ldots\ldots\ldots\ldots\ldots\ldots} \\ 0 & 0 & 0 & 0 \ldots a_{n-1} \end{vmatrix}$$

Die Determinante $D_\nu$ ($\nu = 0, 1, 2, \ldots m$) erhält man aus D, indem man die $(\nu + 1)$-te Spalte durch die Spalte $a_1$, $a_0$, 0, $\ldots$ 0 ersetzt. Die Konstanten $B_0 \ldots B_m$ ergeben sich aus folgendem Schema:

$$B_0 = b_0^2$$
$$B_1 = b_1^2 - 2\,b_0 \cdot b_2$$
$$\ldots\ldots\ldots\ldots\ldots\ldots$$
$$B_\nu = b_\nu^2 - 2\,b_{\nu-1} \cdot b_{\nu+1} + 2\,b_{\nu-2} \cdot b_{\nu+2} - + \ldots$$
$$\ldots\ldots\ldots\ldots\ldots\ldots\ldots\ldots$$
$$B_m = b_m^2$$

Für $b_0 = 0$ hat die Laplace-Transformierte folgende Form:

$$L\,[x_w\,(t)] = x_w\,(p) = \frac{b_1 \cdot p + b_2 \cdot p^2 + \ldots b_m \cdot p^m}{a_0 + a_1 \cdot p + a_2 \cdot p^2 + \ldots + a_n \cdot p^n} \cdot \frac{1}{p}$$

$$x_w\,(p) = \frac{b_1 + b_2 \cdot p + \ldots b_m \cdot p^{m-1}}{a_0 + a_1 \cdot p + a_2 \cdot p^2 + \ldots + a_n \cdot p^n}\,.$$

Dies ist der Fall bei Regelkreisen mit integrierenden Regeleinrichtungen. In diesem Fall kann Gl. (8.12) nur angewandt werden, wenn der Grad des Zählerpolynoms von $x_w\,(p)$ mindestens um zwei kleiner ist als der Grad des Nennerspolynoms. Der Fall, daß die Laplace-Transformierte folgende Form hat:

$$x_w\,(p) = \frac{b_1 + b_2 \cdot p + \ldots b_n \cdot p^{n-1}}{a_0 + a_1 \cdot p + \ldots a_n \cdot p^n}$$

wird in dem Buch von Solodownikow, Band 1, S. 564 behandelt.

**Beispiel 8.2**

Gegeben ist eine P-Strecke 2. Ordnung, die von einer I-Regeleinrichtung geregelt wird.

$$F_s = \frac{K_S}{1 + T_1 \cdot p + T_2^2 \cdot p^2}$$

$$F_R = \frac{1}{T_I \cdot p} \;.$$

Wie muß bei einer sprunghaften Störung $z_0$ am Eingang der Strecke $T_n$ eingestellt werden, wenn die quadratische Regelfläche ein Minimum werden soll?

$$F_z = \frac{x}{z} = \frac{1}{\dfrac{1}{F_S} + F_R} = \frac{1}{\dfrac{1 + T_1 \cdot p + T_2^2 \cdot p^2}{K_S} + \dfrac{1}{T_I \cdot p}}$$

$$F_z = \frac{x}{z} = \frac{K_S \cdot T_I \cdot p}{K_S + T_I \cdot p + T_1 \cdot T_I \cdot p^2 + T_2^2 \cdot T_I \cdot p^3} \;.$$

Die Differentialgleichung lautet dann:

$$K_S \cdot T_I \cdot \frac{dz}{dt} = K_S \cdot x + T_I \cdot \frac{dx}{dt} + T_1 \cdot T_I \cdot \frac{d^2 x}{dt^2} + T_2^2 \cdot T_I \cdot \frac{d^3 x}{dt^3} \;.$$

Daraus folgt die Laplace-Transformierte

$$K_S \cdot T_I \cdot p \cdot L\,[z] = L\,[x] \cdot [K_S + T_I \cdot p + T_1 \cdot T_I \cdot p^2 + T_2^2 \cdot T_I \cdot p^3\,]$$

und für $z(t) = z_0$ ist

$$L\,[z(t)] = L\,[z_0] = \frac{z_0}{p} \;.$$

Damit erhält man:

$$L\,[x] = x(p) = \frac{K_S \cdot T_I \cdot z_0 \cdot p}{K_S + T_I \cdot p + T_1 \cdot T_I \cdot p^2 + T_2^2 \cdot T_I \cdot p^3} \cdot \frac{1}{p} \;.$$

Hieraus entnimmt man:

$$
\begin{aligned}
a_0 &= K_S, & b_0 &= 0, \\
a_1 &= T_I, & b_1 &= K_S \cdot T_I \cdot z_0, \\
a_2 &= T_1 \cdot T_I, & B_1 &= b_1^2 = K_S^2 \cdot T_I^2 \cdot z_0^2, \\
a_3 &= T_2^2 \cdot T_I,
\end{aligned}
$$

$$D = \begin{vmatrix} K_S & -T_1 \cdot T_I & 0 \\ 0 & T_I & -T_2^2 \cdot T_I \\ 0 & -K_S & T_1 \cdot T_I \end{vmatrix} = K_S \cdot T_1 \cdot T_I^2 - K_S^2 \cdot T_2^2 \cdot T_I,$$

$$D = K_S \cdot T_I (T_1 \cdot T_I - K_S \cdot T_2^2),$$

$$D_1 = \begin{vmatrix} K_S & T_I & 0 \\ 0 & K_S & -T_2^2 \cdot T_I \\ 0 & 0 & T_1 \cdot T_I \end{vmatrix} = K_S^2 \cdot T_1 \cdot T_I$$

Setzt man diese Größen in Gl. (8.12) ein, so folgt:

$$A_q = \frac{K_S^2 \cdot T_I^2 \cdot z_0^2 \cdot K_S^2 \cdot T_1 \cdot T_I}{2\,K_S^2 \cdot K_S \cdot T_I (T_1 \cdot T_I - K_S \cdot T_2^2)} = \frac{K_S \cdot z_0^2 \cdot T_1 \cdot T_I^2}{2 (T_1 \cdot T_I - K_S \cdot T_2^2)}.$$

Das Minimum der Regelfläche erhält man durch Differenzieren nach $T_I$.

$$\frac{\partial A_q}{\partial T_I} = \frac{K_S \cdot z_0^2 \cdot T_1}{2} \cdot \frac{(T_1 \cdot T_I - K_S \cdot T_2^2)\, 2 \cdot T_I - T_I^2 \cdot T_1}{(T_1 \cdot T_I - K_S \cdot T_2^2)^2} = 0,$$

$$2\,T_I \cdot T_1 - 2 \cdot K_S \cdot T_2^2 - T_I \cdot T_1 = 0,$$

$$T_I = \frac{2 \cdot K_S \cdot T_2^2}{T_1}.$$

Durch Einstellen der I-Regeleinrichtung auf den errechneten $T_I$-Wert wird $A_q$ ein Minimum.

$$A_{qmin} = \frac{K_S \cdot z_0^2 \cdot 4 \cdot K_S^2 \cdot T_2^4}{T_1 \cdot 2 (2 \cdot K_S \cdot T_2^2 - K_S \cdot T_2^2)},$$

$$A_{qmin} = \frac{2 \cdot K_S^2 \cdot T_2^2 \cdot z_0^2}{T_1}.$$

## 8.2. Praktische Einstellkriterien

Neben den in Abschnitt 8.1 behandelten theoretischen Optimierungskriterien haben sich praktische Einstellkriterien mit Erfolg bewährt, deren Vorteil darin besteht, daß kein mathematischer Aufwand notwendig ist.

### 8.2.1. Einstellregeln nach Ziegler und Nichols

Viele Regelstrecken höherer Ordnung lassen sich durch eine reine Totzeit $T_t$ und ein Verzögerungsglied 1. Ordnung (mit $K_S$ und $T$) angenähert darstellen. Für die

Bedürfnisse der Verfahrenstechnik haben *Ziegler* und *Nichols* experimentell Einstellregeln ermittelt, nach denen wie folgt vorzugehen ist:

Zunächst wird die Regeleinrichtung nur als P-Regeleinrichtung betrieben und die Verstärkung $K_P$ solange vergrößert, bis bei $K_P = K_{Pkr}$ der Regelkreis Dauerschwingungen ausführt. Gleichzeitig wird die kritische Periodendauer $T_{kr}$ der Dauerschwingung gemessen. Für die verschiedenen Reglerarten sind die Kenngrößen dann wie folgt einzustellen:

$$
\begin{array}{lll}
1. \ \text{P-Regeleinrichtung} & K_P = 0{,}5 \cdot K_{Pkr} & \\[4pt]
2. \ \text{PI-Regeleinrichtung} & K_P = 0{,}45 \cdot K_{Pkr} & \\[4pt]
 & T_n = 0{,}83 \cdot T_{kr} & \\[4pt]
3. \ \text{PID-Regeleinrichtung} & K_P = 0{,}6 \cdot K_{Pkr} & \\[4pt]
 & T_n = 0{,}5 \cdot T_{kr} & \\[4pt]
 & T_v = 0{,}125 \cdot T_{kr} &
\end{array}
\tag{8.13}
$$

Bei der Anwendung dieser Einstellregeln ist zu beachten, daß diese für sprunghafte Störung am Streckeneingang ermittelt wurden.

$K_{Pkr}$ und $T_{kr}$ sind allein abhängig von den Kenngrößen der Strecke. Sind diese bekannt, so können damit die günstigsten Parameterwerte der Regeleinrichtung ermittelt werden. $K_{Pkr}$ und $T_{kr}$ ergeben sich auf einfache Weise mit dem Zweiortskurvenverfahren, durch Darstellung von $-\dfrac{1}{F_S}$ und $F_R$.

$$
F_S = \frac{K_S \cdot e^{-pT_t}}{1 + T \cdot p} \, ,
$$

$$
-\frac{1}{F_S} = -\frac{1}{K_S}(1 + T \cdot p) \cdot e^{pT_t}.
$$

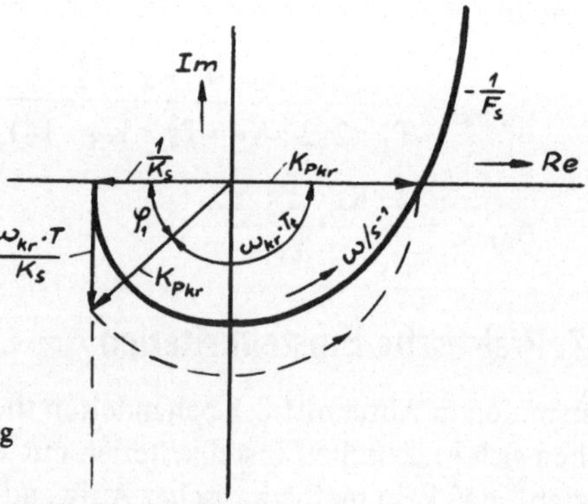

**Bild 8.5**
Zweiortskurvendarstellung zur Ermittlung
von $K_{Pkr}$

Ohne das Totzeitglied ist die Ortskurve eine Parallele zur negativ imaginären Achse im Abstand $-\dfrac{1}{K_S}$ vom Nullpunkt. Wie Bild 8.5 zeigt, wird jeder Punkt dieser Kurve durch das Totzeitglied zusätzlich um den Winkel $\omega T_t$ gedreht.

Die Ortskurve der Regeleinrichtung ist ein Punkt auf der positiv reellen Achse im Abstand $K_P$ vom Nullpunkt. Der Schnittpunkt von $-\dfrac{1}{F_S}$ mit der positiv reellen Achse ist dann der kritische Punkt. Aus Bild 8.5 folgt:

$$K_{Pkr} = \sqrt{\frac{1}{K_S^2} + \left(\frac{\omega_{kr} \cdot T}{K_S}\right)^2} = \frac{1}{K_S}\sqrt{1 + (\omega_{kr} \cdot T)^2}, \qquad (8.14)$$

$$\pi = \underbrace{\arctan \omega_{kr} \cdot T}_{\varphi_1} + \omega_{kr} \cdot T_t \ . \qquad (8.15)$$

Aus Gl. (8.14) erhält man:

$$\omega_{kr} \cdot T = \sqrt{(K_{Pkr} \cdot K_S)^2 - 1} \ . \qquad (8.16)$$

Gl. (8.16) in Gl. (8.15) eingesetzt ergibt:

$$\frac{T_t}{T} = \frac{\pi - \arctan \sqrt{(K_{Pkr} \cdot K_S)^2 - 1}}{\sqrt{(K_{Pkr} \cdot K_S)^2 - 1}} \ . \qquad (8.17)$$

Für $K_{Pkr} \cdot K_S \gg 1$ folgt aus Gl. (8.17)

$$\frac{T_t}{T} \approx \frac{\pi}{2} \cdot \frac{1}{K_{Pkr} \cdot K_S} \rightarrow K_{Pkr} \approx \frac{\pi}{2} \cdot \frac{T}{K_S \cdot T_t}$$

und aus Gl. (8.16)

$$\omega_{kr} \cdot T = \frac{2\pi}{T_{kr}} \cdot T \approx K_{Pkr} \cdot K_S = \frac{\pi}{2} \cdot \frac{T}{T_t},$$

$$T_{kr} \approx 4 \cdot T_t \ . \qquad (8.18)$$

Ferner ist für $K_{Pkr} \cdot K_S = 1$ gemäß Gl. (8.16)

$$\omega_{kr} \cdot T = 0 \ .$$

In Gl. (8.15) eingesetzt ergibt:

$$\pi = \omega_{kr} \cdot T_t = \frac{2\pi}{T_{kr}} \cdot T_t,$$

$$T_{kr} = 2 \cdot T_t. \qquad (8.19)$$

Anstelle der umständlich auszuwertenden Gl. (8.17) wird als Faustformel

$$\frac{T_t}{T} = \frac{\pi}{2} \cdot \frac{1}{K_{Pkr} \cdot K_S - 1} \qquad (8.20)$$

15 Reuter

benutzt. Die Gln. (8.17) und (8.20) stimmen für $K_{Pkr} \cdot K_S \gg 1$ und $K_{Pkr} \cdot K_S = 1$ überein und zeigen dazwischen nur geringe Abweichungen.

Bei bekannten Kenndaten der Strecke können $K_{Pkr}$ und $T_{kr}$ mittels Gln. (8.20), (8.18) und (8.19) ermittelt und an Hand der Beziehungen (8.13) die günstigsten Parameterwerte der Regeleinrichtung gefunden werden.

## 8.2.2. Einstellregeln nach Chien, Hrones und Reswick

Chien, Hrones und Reswick haben für Strecken höherer Ordnung, die durch den Übertragungsbeiwert $K_S$, die Verzugszeit $T_u$ und die Ausgleichszeit $T_g$ gekennzeichnet sind, folgende günstigste Einstellregeln ermittelt:

| Regler | | Aperiodischer Regelverlauf | | Regelverlauf mit 20 % Überschwingen | |
| --- | --- | --- | --- | --- | --- |
| | | Störung | Führung | Störung | Führung |
| P | $K_P$ | $0{,}3\,\dfrac{T_g}{T_u}$ | $0{,}3\,\dfrac{T_g}{T_u}$ | $0{,}7\,\dfrac{T_g}{T_u}$ | $0{,}7\,\dfrac{T_g}{T_u}$ |
| PI | $K_P$ | $0{,}6\,\dfrac{T_g}{T_u}$ | $0{,}35\,\dfrac{T_g}{T_u}$ | $0{,}7\,\dfrac{T_g}{T_u}$ | $0{,}6\,\dfrac{T_g}{T_u}$ |
| | $T_n$ | $4\ T_u$ | $1{,}2\ T_g$ | $2{,}3\ T_u$ | $1\ T_g$ |
| PID | $K_P$ | $0{,}95\,\dfrac{T_g}{T_u}$ | $0{,}6\,\dfrac{T_g}{T_u}$ | $1{,}2\,\dfrac{T_g}{T_u}$ | $0{,}95\,\dfrac{T_g}{T_u}$ |
| | $T_n$ | $2{,}4\ T_u$ | $1\ T_g$ | $2\ T_u$ | $1{,}35\ T_g$ |
| | $T_v$ | $0{,}42\ T_u$ | $0{,}5\ T_u$ | $0{,}42\ T_u$ | $0{,}47\ T_u$ |

Aus der Tabelle ist ersichtlich, daß bei Folgeregelungen die Kenngrößen der Regeleinrichtung (PI und PID) anders eingestellt werden müssen als bei Regelkreisen, die auftretende Störungen möglichst rasch beseitigen sollen.

# 9. Nichtlineare Glieder im Regelkreis

Die in den bisher behandelten Kapiteln ermittelten Gesetzmäßigkeiten gelten nur im linearen Bereich. Die statischen Kennlinien der meisten Regelkreisglieder zeigen jedoch einen nichtlinearen Verlauf, so daß streng genommen alle Systeme als nichtlinear behandelt werden müßten. Ist ein Regelkreis auf einen Sollwert $x_{S1}$ eingestellt, so sind die Abweichungen vom Sollwert i. a. gering, und der Regelkreis kann in diesem Bereich als linear angesehen werden. Wird der Regelkreis auf einen anderen Sollwert $x_{S2}$ eingestellt, so wird, wenn nichtlineare Glieder im Kreis sind, das Verhalten bezüglich Dämpfung, Regelabweichung, Optimaleinstellung usw. anders sein als beim Sollwert $x_{S1}$.

Bild 9.1 zeigt die idealisierten Kennlinien einiger typischer nichtlinearer Regelkreisglieder gegenüber der linearen Kennlinie. $x_a$ ist die Ausgangsgröße als Funktion der Eingangsgröße $x_e$.

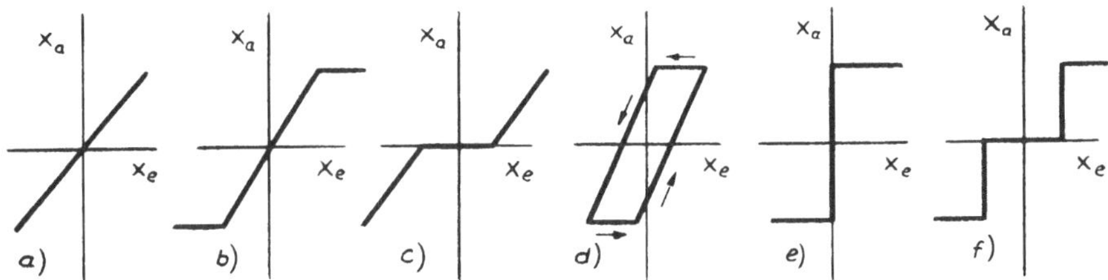

**Bild 9.1.** Idealisierte Kennlinien nichtlinearer Regelkreisglieder

a) linear  
b) Begrenzung (Sättigung)  
c) Ansprechempfindlichkeit  
d) Hysterese  
e) Zweipunktcharakter  
f) Dreipunktcharakter

Die *Sättigung* ist eine Erscheinung, die bei allen Regelkreisgliedern auftritt. So kann z. B. bei einem Verstärker mit dem Verstärkungsgrad $K_P$ die Ausgangsgröße nur einen bestimmten Maximalwert annehmen; dem entspricht eine maximale Eingangsgröße $x_{emax} = \dfrac{x_{amax}}{K_P}$. Überschreitet die Eingangsgröße diesen Maximalwert, so kann die Ausgangsgröße nicht weiter folgen, der Verstärker ist übersteuert.

Die *Ansprechempfindlichkeit* oder *tote Zone* tritt z. B. bei Meßfühlern und Meßgeräten auf. D. h. die Meßgröße muß erst einen bestimmten Wert erreichen bevor der Meßfühler anspricht und ein Signal abgibt. Vielfach ist diese Ansprechempfindlichkeit (oder der Schwellenwert) so gering, daß die Kennlinie als linear angesehen werden kann.

Die *Hysterese*, wie sie z. B. bei der Stopfbuchsenreibung an Ventilen auftritt, kommt dadurch zustande, daß sich die Fasern an der Oberfläche der Stopfbuchsenpackung bei Richtungswechsel erst umkehren müssen. Ferner tritt Hysterese bei Relais auf, die bei einem bestimmten Erregerstrom anziehen. Wird dann der Strom langsam reduziert, so fällt das Relais bei einem Strom ab, der geringer ist als der Einschaltstrom.

Das *Zweipunktverhalten* ist charakteristisch für die unstetigen Regler (Bimetallregler, Relais usw.). Obwohl die Bimetallfeder eine kontinuierliche Bewegung ausführt, kann die Ausgangsgröße nur die beiden Zustände Ein und Aus annehmen.

Eine *Dreipunktcharakteristik* wird meist durch Meßwerkregler (Dreh- oder Kreuzspulmeßwerk) mit oberem und unterem Grenzwert erzeugt. Auch hier ist die Bewegung des Meßwerks kontinuierlich, während die Ausgangsgröße nur drei konkrete Werte annehmen kann:

RECHTS – EIN, AUS, LINKS – EIN.

Bild 9.1 e) und f) zeigen idealisierte Kennlinien.
Reale Zwei- und Dreipunktregler
sind stets mit Hysterese behaftet.

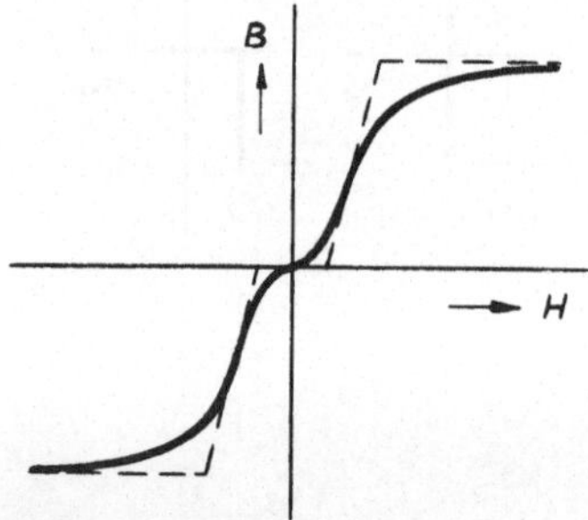

**Bild 9.2**
Wahre und angenäherte Kennlinie
eines nichtlinearen Gliedes

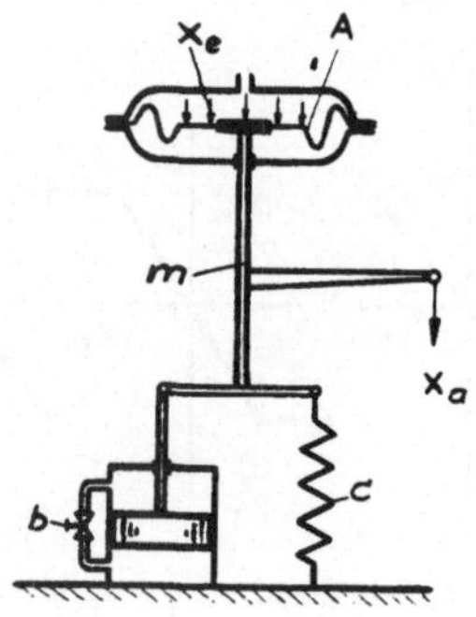

**Bild 9.3**
System 2. Ordnung
A = Membranfläche
m = Masse der bewegten Teile
c = Federkonstante
b = Dämpfungskonstante

Vielfach ist es vorteilhaft die stetige Kurve eines nichtlinearen Gliedes durch einen idealisierten unstetigen Kennlinienverlauf anzunähern oder umgekehrt. Bild 9.2 zeigt die Magnetisierungskennlinie einer Erregerwicklung und gestrichelt ihre Annährung. Man unterscheidet daher zwischen *stetigen* und *unstetigen Nichtlinearitäten.*

Bei einem linearen Glied kann der Zusammenhang zwischen Ein- und Ausgangsgröße durch eine lineare Differentialgleichung mit konstanten Koeffizienten beschrieben werden. Charakteristisch für ein lineares System ist die Proportionalität zwischen Ein- und Ausgangsgröße sowie die ungestörte Überlagerung mehrerer Signale.

Betrachtet man das in Bild 9.3 dargestellte System zunächst unter der Annahme, daß
sämtliche Glieder linear sind, so erhält man gemäß Beispiel 2.1 Gl. (2.2) folgende
Differentialgleichung:

$$x_e \cdot A = c \cdot x_a + b \cdot \frac{dx_a}{dt} + m \cdot \frac{d^2x_a}{dt^2} \, .$$

Hat die Feder keine lineare sondern z. B. eine quadratische Charakteristik

$$F_F = c \cdot x_a^2 \, ,$$

so nimmt die Differentialgleichung folgende Form an:

$$x_e \cdot A = c \cdot x_a^2 + b \cdot \frac{dx_a}{dt} + m \cdot \frac{d^2x_a}{dt^2} \, . \tag{9.1}$$

Es handelt sich hierbei ebenfalls um eine Differentialgleichung 2. Ordnung aber vom
2. Grade. Im Gegensatz zu den linearen Differentialgleichungen, in denen $x_a$, $\dot{x}_a$,
$\ddot{x}_a$, ... nur in der ersten Potenz vorkommen, tritt in Gl. (9.1) $x_a$ in der zweiten
Potenz auf. Generell kann man eine nichtlineare Differentialgleichung 2. Ordnung
in ein System von zwei Differentialgleichungen 1. Ordnung umformen, das unter
Umständen lösbar ist. Auf Gl. (9.1) angewandt folgt durch die Substitution:

$$\left.\begin{aligned} y &= \frac{dx_a}{dt} \\[2ex] \frac{dy}{dt} &= \frac{1}{m} \cdot [x_e \cdot A - c \cdot x_a^2 - b \cdot y] \end{aligned}\right\} \tag{9.2}$$

Von der Beziehung (9.2) macht das Verfahren der Phasenebene Gebrauch, das von
Solodownikow in Bd. 2 ausführlich behandelt wird. Es besteht darin, daß in der
sogenannten Phasenebene mit $\frac{dx_a}{dt}$ als Ordinate und $x_a$ als Abszisse, die Phasenkurve
dargestellt wird. Dadurch wird die vollständige Lösung der Differentialgleichung
umgangen. Ist $x_a$ und $\frac{dx_a}{dt}$ bekannt, so läßt sich $x_a(t)$ konstruieren. Die im folgenden
Abschnitt erläuterte Methode ist ein Näherungsverfahren, das gestattet, mit verhältnismäßig geringem Arbeitsaufwand nichtlineare Regelkreise zu untersuchen.

## 9.1. Die Beschreibungsfunktion

Angeregt von der Frequenzganguntersuchung linearer Glieder wurde für nichtlineare
Glieder die *Beschreibungsfunktion* entwickelt. Zur Erläuterung wird eine Nichtlinearität, ein Glied mit toter Zone (Bild 9.4), betrachtet.

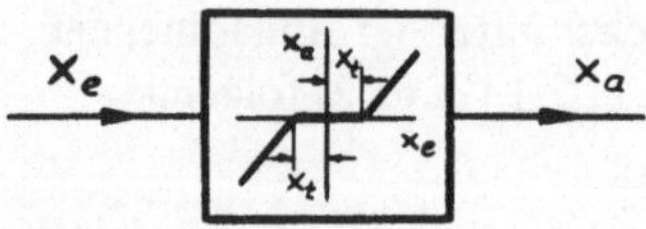

**Bild 9.4**

Regelkreisglied mit toter Zone (Ansprechempfindlichkeit)

**Bild 9.5**

Ein- und Ausgangsgröße eines Regelkreisgliedes mit toter Zone

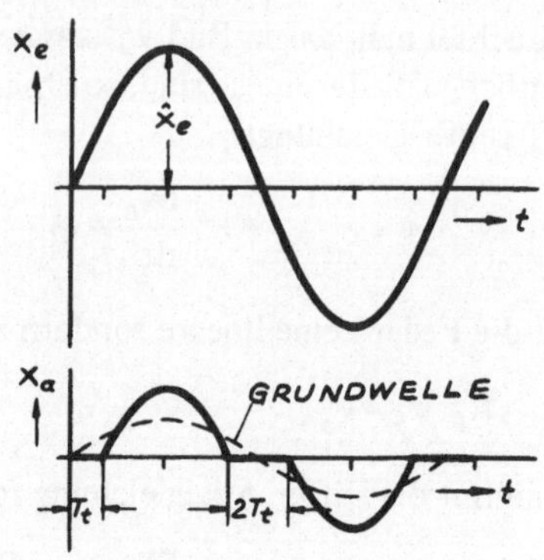


Gibt man auf das in Bild 9.4 gezeichnete Glied als Eingangsgröße eine Sinusschwingung
$x_e = \hat{x}_e \cdot \sin \omega t$. so hat die Ausgangsgröße den in Bild 9.5 gezeigten Kurvenverlauf.

Die Ausgangsgröße hat zwar gegenüber der Eingangsgröße die gleiche Frequenz und
Phasenlage aber keine Sinusform. Nach *Fourier* kann jede periodische Funktion in
eine Summe harmonischer Schwingungen zerlegt werden. Die Beschreibungsfunktion
berücksichtigt nun lediglich die Grundschwingung; die höher Harmonischen werden
vernachlässigt. Das Verhältnis der Grundschwingung am Ausgang zur Eingangs-
schwingung wird als die Beschreibungsfunktion definiert.

$$N(\omega, \hat{x}_e) = \frac{x_{a1}(\omega)}{x_e(\omega)} .$$
(9.3)

Die Beschreibungsfunktion N ist im Gegensatz zum Frequenzgang F nicht nur eine
Funktion von $\omega$ sondern auch von der Amplitude der Eingangsgröße $\hat{x}_e$ abhängig.

Es soll nun noch untersucht werden, unter welchen Voraussetzungen die Vernachlässigung der höher Harmonischen bei der Beschreibungsfunktion zulässig ist.

Bild 9.6 zeigt das Blockschaltbild eines Regelkreises, der ein nichtlineares Glied enthält. Die übrigen linearen Glieder sind in dem mit F bezeichneten Block zusammengefaßt. Erregt man nun den Eingang des nichtlinearen Gliedes mit einer Sinusschwin-

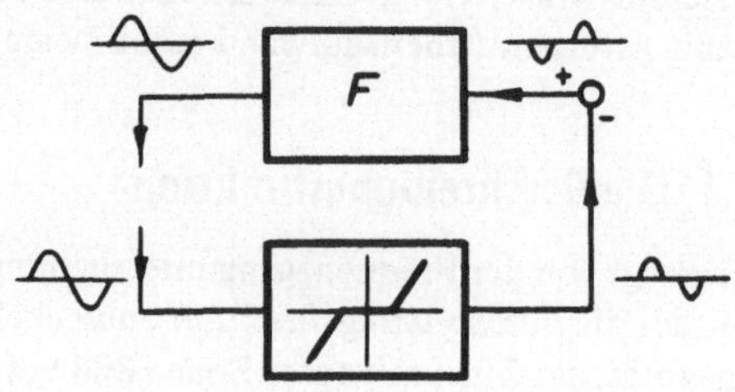


**Bild 9.6**

Regelkreis bestehend aus linearen
Gliedern und einem nichtlinearen
Glied

gung, so erscheint am Ausgang ein Signal, welches man nach Fourier als Grundschwingung und höher Harmonische auffassen kann. Dieses Signal wird dem Eingang
der linearen Glieder zugeführt. Da lineare Glieder stets mit Verzögerungen behaftet
sind, werden die höher Harmonischen stärker bedämpft als die Grundwelle. Infolgedessen wird am Ausgang der linearen Glieder eine Funktion erscheinen, die nur
wenig von der Grundwelle abweicht. Das Verfahren ist umso exakter, je höher die
Ordnung und damit die Filterwirkung der linearen Glieder ist. Grundlage für die
Gültigkeit der gemachten Voraussetzungen ist das Auftreten einer Schwingung. Die
Anwendung der Beschreibungsfunktion ist ein Näherungsverfahren, welches sich auf
die Ermittlung der Stabilitätsbedingungen nichtlinearer Regelkreise beschränkt. Es
lassen sich so mögliche Schwingungen, deren Frequenz und Amplitude bestimmen.
Hierzu wird das in Abschnitt 7.4 behandelte Zweiortskurvenverfahren angewandt,
indem einmal die negativ inverse Ortskurve der linearen Glieder und zum anderen
die Ortskurve, bzw. die Schar von Ortskurven der Beschreibungsfunktion aufgetragen wird.

## 9.2. Die Ermittlung spezieller Beschreibungsfunktionen

Laut Definition der Beschreibungsfunktion wird die Ausgangsgröße durch die Grundschwingung der Fourier-Zerlegung dargestellt. Diese lautet:

$$x_{a1} = a_1 \cdot \cos\omega t + b_1 \cdot \sin\omega t \,, \qquad (9.4)$$

mit den Koeffizienten

$$\left.\begin{array}{l} a_1 = \dfrac{2}{T} \displaystyle\int_0^T x_a(t) \cdot \cos\omega t \cdot dt \\[2em] b_1 = \dfrac{2}{T} \displaystyle\int_0^T x_a(t) \cdot \sin\omega t \cdot dt \end{array}\right\} \qquad (9.5)$$

Benutzt man als unabhängig Veränderliche nicht die Zeit t sondern den Phasenwinkel
$\alpha = \omega t$, so wird

$$\left.\begin{array}{l} a_1 = \dfrac{1}{\pi} \displaystyle\int_0^{2\pi} x_a(\alpha) \cdot \cos\alpha \cdot d\alpha \\[2em] b_1 = \dfrac{1}{\pi} \displaystyle\int_0^{2\pi} x_a(\alpha) \cdot \sin\alpha \cdot d\alpha \end{array}\right\} \qquad (9.6)$$

## 9.2.1. Beschreibungsfunktion eines Gliedes mit Sättigung

Die statische Kennlinie hat den in Bild 9.7 gezeichneten Verlauf. Für $x_a < x_B$ ist
die Ausgangsgröße gleich der Eingangsgröße. Übersteigt $x_e$ den Wert $x_B$, so bleibt
$x_a = x_B$ = konstant.

Aus Bild 9.7 ist zu entnehmen:

$$x_B = \hat{x}_e \cdot \sin\alpha_1, \qquad \alpha_1 = \arc\sin\frac{x_B}{\hat{x}_e} \; . \tag{9.7}$$

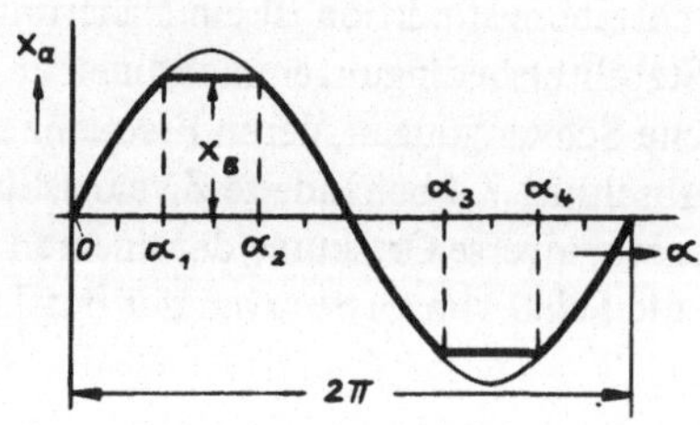

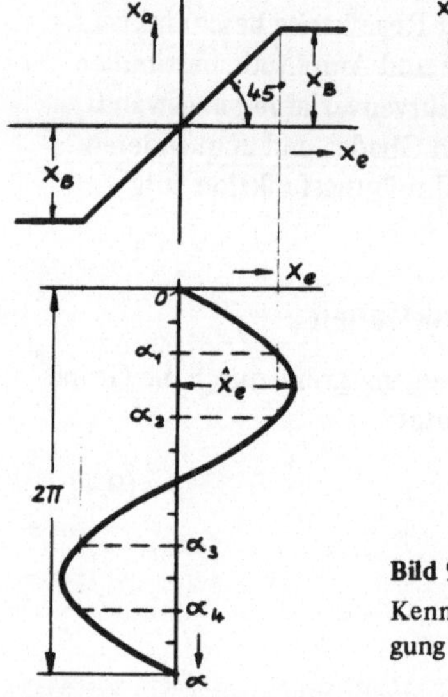

**Bild 9.7**
Kennlinie eines Regelkreisgliedes mit Sättigung und Konstruktion der Ausgangsgröße

Für eine ungerade Funktion, d. h. wenn $x_a(\alpha) = -x_a(-\alpha)$, vereinfacht sich die
Beziehung (9.6). Zur Ermittlung der Grundschwingung der Ausgangsgröße $x_a$ ist
dann

$$a_1 = 0,$$

$$b_1 = \frac{2}{\pi} \int_0^\pi x_a(\alpha) \cdot \sin\alpha \cdot d\alpha \; . \tag{9.8}$$

Im Bereich von $0 \leqslant \alpha \leqslant \pi$ ist:

$$x_a = \begin{cases} \hat{x}_e \cdot \sin\alpha & \text{für} \quad 0 \leqslant \alpha \leqslant \alpha_1 \\ x_B & \text{für} \quad \alpha_1 \leqslant \alpha \leqslant \alpha_2 \\ \hat{x}_e \cdot \sin\alpha & \text{für} \quad \alpha_2 \leqslant \alpha \leqslant \pi \end{cases} \tag{9.9}$$

Setzt man Gl. (9.9) in Gl. (9.8) ein, so folgt:

$$b_1 = \frac{2}{\pi} \cdot \left[ \int\limits_0^{\alpha_1} \hat{x}_e \cdot \sin^2\alpha \cdot d\alpha + \int\limits_{\alpha_1}^{\alpha_2} x_B \cdot \sin\alpha \cdot d\alpha + \int\limits_{\alpha_2}^{\pi} \hat{x}_e \cdot \sin^2\alpha \cdot d\alpha \right]$$

$$b_1 = \frac{2}{\pi} \cdot \left[ 2 \cdot \int\limits_0^{\alpha_1} \hat{x}_e \cdot \sin^2\alpha \cdot d\alpha + \int\limits_{\alpha_1}^{\alpha_2} x_B \cdot \sin\alpha \cdot d\alpha \right]$$

$$b_1 = \frac{2}{\pi} \cdot \left[ \hat{x}_e \cdot \int\limits_0^{\alpha_1} (1 - \cos 2\alpha)\, d\alpha - x_B \cdot \cos\alpha \; \Big|_{\alpha_1}^{\alpha_2} \right]$$

$$b_1 = \frac{2}{\pi} \cdot \left[ \hat{x}_e \left( \alpha_1 - \frac{1}{2}\sin 2\alpha_1 \right) - x_B \left( \cos\alpha_2 - \cos\alpha_1 \right) \right]$$

Es ist

$$\cos\alpha_2 = -\cos\alpha_1 \; .$$

$$b_1 = \frac{2}{\pi} \hat{x}_e \cdot \left[ \alpha_1 - \sin\alpha_1 \cdot \cos\alpha_1 + 2\frac{x_B}{\hat{x}_e} \cdot \cos\alpha_1 \right] .$$

Ferner ist mit Gl. (9.7)

$$\frac{x_B}{\hat{x}_e} = \sin\alpha_1 .$$

Damit folgt:

$$b_1 = \hat{x}_e \cdot \frac{2}{\pi} \left[ \alpha_1 + \sin\alpha_1 \cdot \cos\alpha_1 \right] .$$

Die Beschreibungsfunktion folgt aus Gl. (9.3)

$$N = \frac{x_{a1}(\alpha)}{x_e(\alpha)} = \frac{b_1 \cdot \sin\alpha}{\hat{x}_e \cdot \sin\alpha} ,$$

$$N = \frac{2}{\pi} \left[ \alpha_1 + \sin\alpha_1 \cdot \cos\alpha_1 \right] ,$$

mit

$$\alpha_1 = \text{arc sin} \frac{x_B}{\hat{x}_e} \; .$$

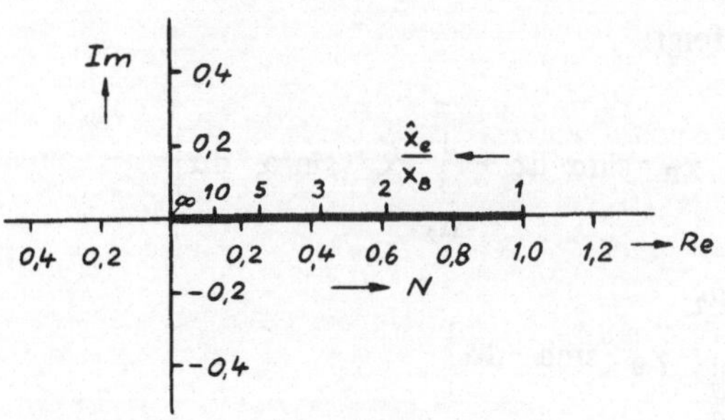

**Bild 9.8**
Ortskurve der Beschreibungsfunktion N
eines Gliedes mit Sättigung

**Bild 9.9.** $N = f\left(\dfrac{x_B}{\hat{x}_e}\right)$

Für $\hat{x}_e < x_B$ verhält sich das Glied linear. Für $\hat{x}_e > x_B$, bzw. $\dfrac{\hat{x}_e}{x_B} > 1$ ergeben sich

die nachfolgenden Tabellenwerte und die in Bild 9.8 gezeichnete Ortskurve der
Beschreibungsfunktion. Diese besitzt im vorliegenden Fall nur einen positiven
Realteil, der sich von 0 . . . 1 erstreckt.

| $\dfrac{\hat{x}_e}{x_B}$ | $\sin\alpha_1$ | $\cos\alpha_1$ | $\widehat{\alpha_1}$ | $\dfrac{N}{2/\pi}$ | $N$ |
|---|---|---|---|---|---|
| 1 | 1 | 0 | 1,57 | 1,57 | 1 |
| 2 | 0,5 | 0,866 | 0,523 | 0,956 | 0,608 |
| 3 | 0,333 | 0,942 | 0,34 | 0,654 | 0,416 |
| 5 | 0,2 | 0,98 | 0,2 | 0,396 | 0,252 |
| 10 | 0,1 | 0,995 | 0,1 | 0,199 | 0,127 |
| $\infty$ | 0 | 1 | 0 | 0 | 0 |

Bild 9.9 zeigt den Zusammenhang $N = f\left(\dfrac{x_B}{\hat{x}_e}\right)$.

## 9.2.2. Beschreibungsfunktion eines Gliedes mit toter Zone

Bild 9.10 zeigt die statische Kennlinie eines Gliedes mit toter Zone $x_t$. Nach Überschreiten der toten Zone wird am Ausgang das Eingangssignal getreu wiedergegeben.

Die Ausgangsgröße des Gliedes mit toter Zone ist ebenfalls eine ungerade Funktion,
da $x_a(\alpha) = -x_a(-\alpha)$. Damit vereinfacht sich die Beziehung (9.6) zur Berechnung
der Grundschwingung der Ausgangsgröße entsprechend Gl. (9.8):

$$a_1 = 0\,,$$

$$b_1 = \frac{2}{\pi} \int_0^{\pi} x_a(\alpha) \cdot \sin\alpha \cdot d\alpha\,. \qquad (9.10)$$

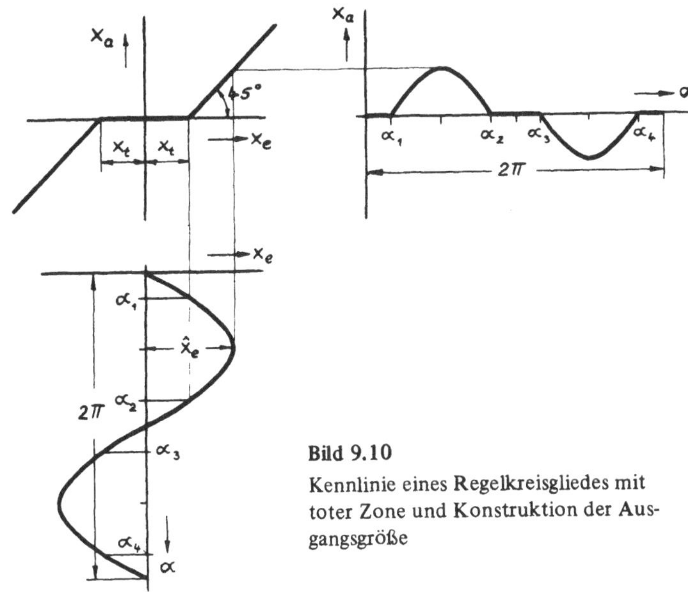

**Bild 9.10**
Kennlinie eines Regelkreisgliedes mit
toter Zone und Konstruktion der Ausgangsgröße

Für $0 \leqslant \alpha \leqslant \pi$ ist:

$$x_a = \begin{cases} 0 & \text{für} \quad 0 \leqslant \alpha \leqslant \alpha_1 \\ \hat{x}_e \cdot \sin\alpha - x_t, & \text{für} \quad \alpha_1 \leqslant \alpha \leqslant \alpha_2 \\ 0 & \text{für} \quad \alpha_2 \leqslant \alpha \leqslant \pi \end{cases} \tag{9.11}$$

Gl. (9.11) in Gl. (9.10) eingesetzt ergibt:

$$b_1 = \frac{2}{\pi} \cdot \int_{\alpha_1}^{\alpha_2} (\hat{x}_e \cdot \sin\alpha - x_t) \cdot \sin\alpha \cdot d\alpha,$$

$$b_1 = \frac{4}{\pi} \cdot \left[ \int_{\alpha_1}^{\pi/2} \hat{x}_e \cdot \sin^2\alpha \cdot d\alpha - \int_{\alpha_1}^{\pi/2} x_t \cdot \sin\alpha \cdot d\alpha \right],$$

$$b_1 = \frac{4}{\pi} \cdot \left[ \frac{\hat{x}_e}{2} \cdot \int_{\alpha_1}^{\pi/2} (1 - \cos 2\alpha)\, d\alpha + x_t \cdot \cos\alpha \Big|_{\alpha_1}^{\pi/2} \right],$$

$$b_1 = \frac{4}{\pi} \cdot \hat{x}_e \cdot \left[\frac{1}{2}\left(\frac{\pi}{2} - \alpha_1 - \frac{1}{2}\sin 2\alpha \;\Big|_{\alpha_1}^{\pi/2}\right) - \frac{x_t}{\hat{x}_e} \cdot \cos\alpha_1\right],$$

$$b_1 = \frac{4}{\pi} \cdot \hat{x}_e \cdot \left[\frac{\pi}{4} - \frac{\alpha_1}{2} + \frac{1}{4}\sin 2\alpha_1 - \frac{x_t}{\hat{x}_e} \cdot \cos\alpha_1 \cdot\right]$$

Aus Bild 9.10 ist zu entnehmen:

$$x_t = \hat{x}_e \cdot \sin\alpha_1,$$

$$\frac{x_t}{\hat{x}_e} = \sin\alpha_1; \qquad \text{bzw.} \qquad \alpha_1 = \arcsin\frac{x_t}{\hat{x}_e}. \tag{9.12}$$

Ferner ist $\sin 2\alpha_1 = 2\sin\alpha_1 \cdot \cos\alpha_1$.

Damit wird:

$$b_1 = \frac{4}{\pi} \cdot \hat{x}_e\left[\frac{\pi}{4} - \frac{\alpha_1}{2} + \frac{1}{2}\sin\alpha_1 \cdot \cos\alpha_1 - \sin\alpha_1 \cdot \cos\alpha_1\right],$$

$$b_1 = \hat{x}_e \cdot \left[1 - \frac{2\alpha_1}{\pi} - \frac{2}{\pi} \cdot \sin\alpha_1 \cdot \cos\alpha_1\right].$$

Die Beschreibungsfunktion folgt aus Gl. (9.3)

$$N = \frac{x_{a1}(\alpha)}{x_e(\alpha)} = \frac{b_1 \cdot \sin\alpha}{\hat{x}_e \cdot \sin\alpha}$$

$$N = 1 - \frac{2}{\pi}[\alpha_1 + \sin\alpha_1 \cdot \cos\alpha_1].$$

Für verschiedene Werte von $\frac{\hat{x}_e}{x_t}$ und der Beziehung (9.12) erhält man nachfolgende Tabelle.

| $\dfrac{\hat{x}_e}{x_t}$ | $\sin\alpha_1$ | $\cos\alpha_1$ | $\widehat{\alpha_1}$ | $[\ldots]$ | $N$ |
|---|---|---|---|---|---|
| 1 | 1 | 0 | 1,57 | 1,57 | 0 |
| 2 | 0,5 | 0,866 | 0,523 | 0,956 | 0,392 |
| 3 | 0,333 | 0,942 | 0,34 | 0,654 | 0,584 |
| 5 | 0,2 | 0,98 | 0,2 | 0,394 | 0,748 |
| 10 | 0,1 | 0,995 | 0,1 | 0,199 | 0,873 |
| $\infty$ | 0 | 1 | 0 | 0 | 1 |

Die N-Werte der Tabelle ergeben sich in noch einfacherer Weise, indem die in Abschnitt 9.2.1 gefundenen N-Werte (Sättigung) von 1 subtrahiert werden. Die Ortskurve der Beschreibungsfunktion ist in Bild 9.11 dargestellt und erstreckt sich auf den positiven Realteil zwischen 0 . . . 1.

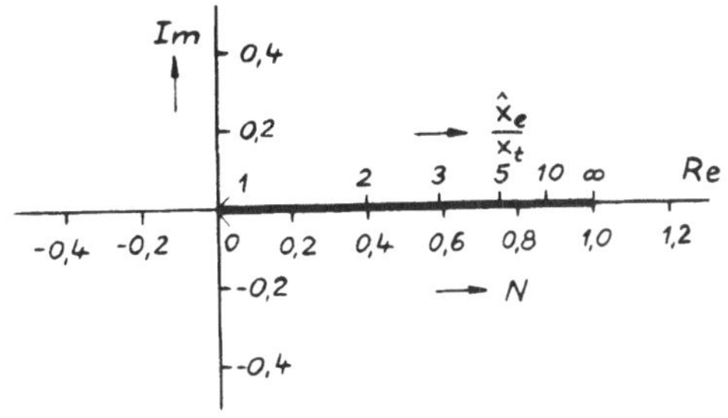

**Bild 9.11**
Ortskurve der Beschreibungsfunktion eines
Gliedes mit toter Zone $x_t$

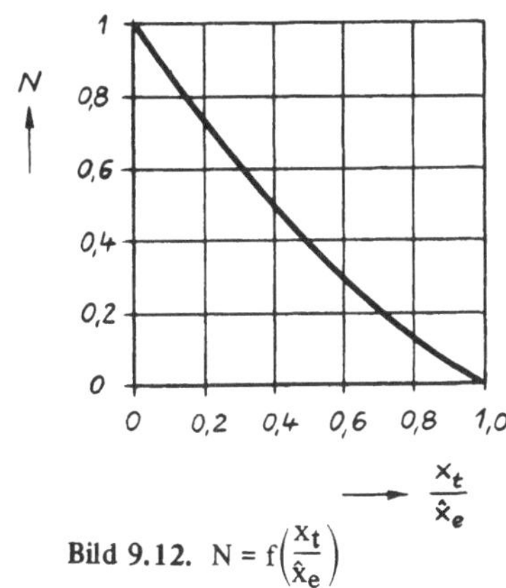

**Bild 9.12.** $N = f\left(\dfrac{x_t}{\hat{x}_e}\right)$

Bild 9.12 zeigt die Funktion $N = f\left(\dfrac{x_t}{\hat{x}_e}\right)$.


### 9.2.3. Beschreibungsfunktion eines Gliedes mit Hysterese

Bei einem System mit Reibung oder Hysterese muß die Eingangsgröße erst die
Ansprechempfindlichkeit $x_t$ überschreiten bis am Ausgang ein Signal erscheint.
Die Ausgangsgröße bleibt dann bis zum Umkehrpunkt stets um $x_t$ kleiner als $x_e$.
Im Umkehrpunkt ändert sich die Polarität von $x_e$ und die Ausgangsgröße bleibt so-
lange konstant bis $x_e$ in der entgegengesetzten Richtung die Ansprechempfindlich-
keit überschreitet. Bild 9.13 zeigt die Konstruktion der Ausgangsgröße an der
Hysteresekennlinie im eingeschwungenen Zustand.

Die Berechnung der Grundschwingung der Ausgangsgröße erfolgt nach der Beziehung
(9.6). Allerdings ist die Hysteresekennlinie mehrdeutig, so daß $a_1$ und $b_1$ ermittelt
werden müssen. Die Berechnung wird einfacher, wenn man als Integrationsbereich
nicht $0 \leqslant \alpha \leqslant 2\pi$, sondern $-\alpha_1 \leqslant \alpha \leqslant (2\pi - \alpha_1)$ wählt. In diesem Bereich ist:

$$
x_a = \begin{cases}
\hat{x}_e \cdot \sin\alpha - x_t & \text{für} & -\alpha_1 \leqslant \alpha \leqslant \dfrac{\pi}{2} \\[2ex]
\hat{x}_e - x_t & \text{für} & \dfrac{\pi}{2} \leqslant \alpha \leqslant \pi - \alpha_1 \\[2ex]
\hat{x}_e \cdot \sin\alpha + x_t & \text{für} & \pi - \alpha_1 \leqslant \alpha \leqslant \dfrac{3}{2}\pi \\[2ex]
-\hat{x}_e + x_t & \text{für} & \dfrac{3}{2}\pi \leqslant \alpha \leqslant 2\pi - \alpha_1
\end{cases}
\qquad (9.13)
$$

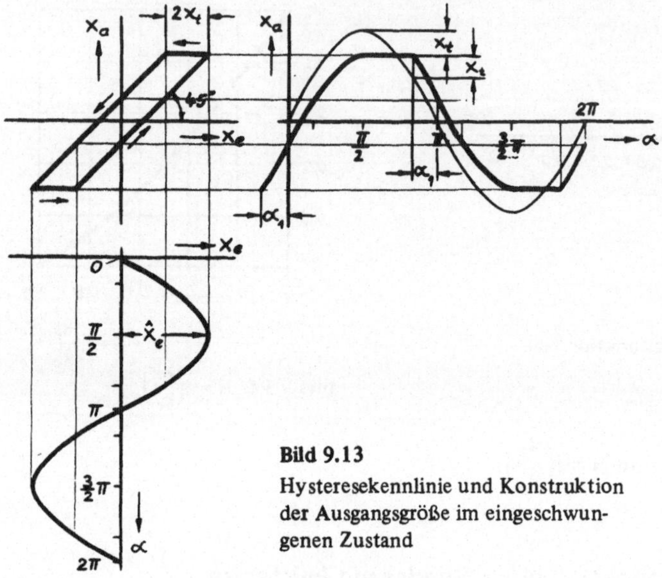

**Bild 9.13**
Hysteresekennlinie und Konstruktion
der Ausgangsgröße im eingeschwungenen Zustand

Ferner sind die Funktionen $x_a(\alpha) \cdot \cos\alpha$ sowie $x_a(\alpha) \cdot \sin\alpha$ in den Bereichen
$-\alpha_1 \leqslant \alpha \leqslant (\pi - \alpha_1)$ und $(\pi - \alpha_1) \leqslant \alpha \leqslant (2\pi - \alpha_1)$ gleich, so daß die Integration auf
einen der beiden Bereiche beschränkt werden kann.

Daraus folgt:

$$a_1 = \frac{2}{\pi} \int\limits_{-\alpha_1}^{\pi-\alpha_1} x_a(\alpha) \cdot \cos\alpha \cdot d\alpha$$

$$b_1 = \frac{2}{\pi} \int\limits_{-\alpha_1}^{\pi-\alpha_1} x_a(\alpha) \cdot \sin\alpha \cdot d\alpha \tag{9.14}$$

Zunächst wird $a_1$ berechnet. Mit der Beziehung (9.13) folgt:

$$a_1 = \frac{2}{\pi} \left[ \int\limits_{-\alpha_1}^{\frac{\pi}{2}} (\hat{x}_e \cdot \sin\alpha - x_t) \cdot \cos\alpha \cdot d\alpha + \int\limits_{\pi/2}^{\pi-\alpha_1} (\hat{x}_e - x_t) \cdot \cos\alpha \cdot d\alpha \right],$$

$$a_1 = \frac{2}{\pi} \left[ \frac{\hat{x}_e}{2} \sin^2\alpha \Big|_{-\alpha_1}^{\frac{\pi}{2}} - x_t \cdot \sin\alpha \Big|_{-\alpha_1}^{\frac{\pi}{2}} + (\hat{x}_e - x_t) \cdot \sin\alpha \Big|_{\frac{\pi}{2}}^{\pi-\alpha_1} \right],$$

$$a_1 = \frac{2}{\pi} \left[ \frac{\hat{x}_e}{2} \cdot (1 - \sin^2\alpha_1) - x_t \cdot (1 + \sin\alpha_1) + (\hat{x}_e - x_t)(\sin\alpha_1 - 1) \right],$$

$$a_1 = \frac{2}{\pi} \cdot \hat{x}_e \cdot \left[ \frac{1}{2} \cos^2\alpha_1 - 2 \cdot \frac{x_t}{\hat{x}_e} \cdot \sin\alpha_1 + (\sin\alpha_1 - 1) \right] \qquad (9.15)$$

Aus Bild 9.13 entnimmt man für den Winkel $\alpha_1$ folgende Beziehung:

$$\hat{x}_e - 2 \cdot x_t = \hat{x}_e \cdot \sin\alpha_1 \, ,$$

$$\sin\alpha_1 = 1 - 2 \frac{x_t}{\hat{x}_e} \, . \qquad (9.16)$$

Gl. (9.16) in Gl. (9.15) eingesetzt ergibt:

$$a_1 = \frac{2}{\pi} \cdot \hat{x}_e \cdot \left[ \frac{1}{2} \cos^2\alpha_1 + (\sin\alpha_1 - 1) \cdot \sin\alpha_1 + \sin\alpha_1 - 1 \right],$$

$$a_1 = - \frac{\hat{x}_e}{\pi} \cdot \cos^2\alpha_1 \, .$$

Entsprechend folgt für $b_1$:

$$b_1 = \frac{2}{\pi} \int\limits_{-\alpha_1}^{\frac{\pi}{2}} (\hat{x}_e \cdot \sin\alpha - x_t) \cdot \sin\alpha \cdot d\alpha + \frac{2}{\pi} \int\limits_{\pi/2}^{\pi-\alpha_1} (\hat{x}_e - x_t) \cdot \sin\alpha \cdot d\alpha,$$

$$b_1 = \frac{2}{\pi} \cdot \left[ \left( - \frac{\hat{x}_e}{4} \cdot \sin 2\alpha + \frac{\hat{x}_e}{2} \alpha + x_t \cdot \cos\alpha \right) \Bigg|_{-\alpha_1}^{\pi/2} - (\hat{x}_e - x_t) \cdot \cos\alpha \Bigg|_{\pi/2}^{\pi-\alpha_1} \right],$$

$$b_1 = \frac{2}{\pi} \cdot \hat{x}_e \cdot \left[ - \frac{1}{4} \sin 2\alpha_1 + \frac{\pi}{4} + \frac{\alpha_1}{2} - \frac{x_t}{\hat{x}_e} \cos\alpha_1 + \left( 1 - \frac{x_t}{\hat{x}_e} \right) \cdot \cos\alpha_1 \right],$$

$$b_1 = \frac{2}{\pi} \cdot \hat{x}_e \cdot \left[ - \frac{1}{2} \sin\alpha_1 \cdot \cos\alpha_1 + \frac{\pi}{4} + \frac{\alpha_1}{2} - 2 \frac{x_t}{\hat{x}_e} \cdot \cos\alpha_1 + \cos\alpha_1 \right] \, .$$

Unter Verwendung der Beziehung (9.16) folgt:

$$b_1 = \frac{2}{\pi} \cdot \hat{x}_e \left\{ - \frac{1}{2} \sin\alpha_1 \cdot \cos\alpha_1 + \frac{\pi}{4} + \frac{\alpha_1}{2} + (\sin\alpha_1 - 1) \cos\alpha_1 + \cos\alpha_1 \right\},$$

$$b_1 = \frac{\hat{x}_e}{\pi} \left[ \frac{\pi}{2} + \alpha_1 + \sin\alpha_1 \cdot \cos\alpha_1 \right] \, .$$

Die Beschreibungsfunktion erhält man gemäß Gl. (9.3)

$$N = \frac{x_{a1}}{x_e} = \frac{a_1 \cdot \cos\omega t + b_1 \cdot \sin\omega t}{\hat{x}_e \cdot \sin\omega t} \qquad (9.17)$$

Zur Darstellung in der Gaußschen Zahlenebene wird $x_e = \hat{x}_e \cdot \sin\omega t$ in symbolischer Form dargestellt:

$$x_e = \hat{x}_e \cdot e^{j\omega t} \tag{9.18}$$

Entsprechend erhält man für die Grundschwingung der Ausgangsgröße:

$$x_{a1} = a_1 \cdot \cos\omega t + b_1 \cdot \sin\omega t,$$

$$x_{a1} = a_1 \cdot \sin\left(\omega t + \frac{\pi}{2}\right) + b_1 \cdot \sin\omega t,$$

$$x_{a1} = a_1 \cdot e^{j\left(\omega t + \frac{\pi}{2}\right)} + b_1 \cdot e^{j\omega t},$$

$$x_{a1} = e^{j\omega t}\left(a_1 \cdot e^{j\frac{\pi}{2}} + b_1\right),$$

$$x_{a1} = e^{j\omega t}\left(b_1 + j \cdot a_1\right). \tag{9.19}$$

Setzt man Gln. (9.18) und (9.19) in Gl. (9.17) ein, so folgt:

$$N = \frac{b_1 + j \cdot a_1}{\hat{x}_e},$$

$$N = \frac{1}{\pi}\left[\left(\frac{\pi}{2} + \alpha_1 + \sin\alpha_1 \cdot \cos\alpha_1\right) - j \cdot \cos^2\alpha_1\right],$$

mit

$$\alpha_1 = \arcsin\left(1 - 2\frac{x_t}{\hat{x}_e}\right), \quad \text{siehe (9.16)}.$$

In nachstehender Tabelle sind die Real- und Imaginärteile von N für verschiedene $\dfrac{x_t}{\hat{x}_e}$ – Werte ermittelt.

| $\dfrac{x_t}{\hat{x}_e}$ | $\sin\alpha_1$ | $\cos\alpha_1$ | $\widehat{\alpha}_1$ | Re(N) | Im(N) |
|---|---|---|---|---|---|
| 0 | 1 | 0 | 1,57 | 1 | 0 |
| 0,1 | 0,8 | 0,6 | 0,93 | 0,95 | – 0,115 |
| 0,2 | 0,6 | 0,8 | 0,64 | 0,857 | – 0,204 |
| 0,3 | 0,4 | 0,916 | 0,41 | 0,748 | – 0,267 |
| 0,4 | 0,2 | 0,98 | 0,2 | 0,625 | – 0,305 |
| 0,5 | 0 | 1 | 0 | 0,5 | – 0,318 |
| 0,6 | – 0,2 | 0,98 | – 0,2 | 0,37 | – 0,305 |
| 0,7 | – 0,4 | 0,916 | – 0,41 | 0,25 | – 0,267 |
| 0,8 | – 0,6 | 0,8 | – 0,64 | 0,143 | – 0,204 |
| 1,0 | – 1 | 0 | – 1,57 | 0 | 0 |

Wie die Ortskurve der Beschreibungsfunktion zeigt, wächst die Phasenverschiebung mit zunehmendem Verhältnis $\dfrac{x_t}{\hat{x}_e}$ ; für $x_t = \hat{x}_e$ wird schließlich die Ausgangsgröße Null, unabhängig von der Eingangsgröße (Bild 9.14).

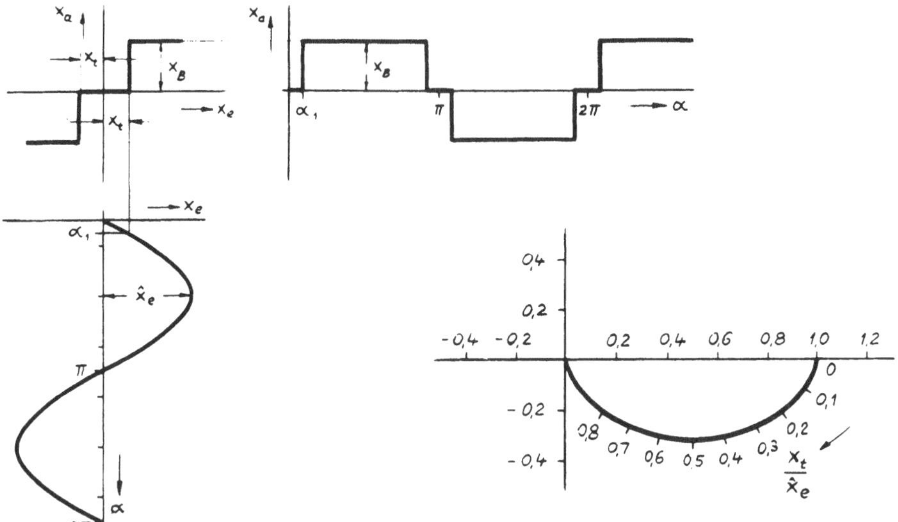


**Bild 9.14**
Ortskurve der Beschreibungsfunktion
eines Gliedes mit Hysterese

**Bild 9.15**
Kennlinie und Konstruktion der Ausgangsgröße eines Dreipunktreglers
ohne Hysterese

## 9.2.4. Beschreibungsfunktion eines Dreipunktreglers ohne Hysterese

Für die Behandlung von Regelkreisen mit unstetigen Reglern ist die Beschreibungsfunktion des Dreipunktreglers sehr wichtig, da hieraus durch Nullsetzen von $x_t$ die
Beschreibungsfunktion des Zweipunktreglers folgt. Bild 9.15 zeigt die Charakteristik
und den Verlauf der Ausgangsgröße bei sinusförmigem Eingang.

Die Grundschwingung der Ausgangsgröße erhält man auf einfache Weise aus Gl.
(9.6). Die Funktion der Ausgangsgröße ist ungerade, da $x_a(\alpha) = - x_a(-\alpha)$.
Damit ergibt sich für Gl. (9.6) folgende Vereinfachung:

$$a_1 = 0,$$

$$b_1 = \frac{2}{\pi} \int_0^{\pi} x_a \cdot \sin\alpha \cdot d\alpha , \qquad (9.20)$$

16 Reuter

mit:

$$x_a(\alpha) = \begin{cases} 0 & \text{für} \quad 0 \leqslant \alpha \leqslant \alpha_1 \\ x_B & \text{für} \quad \alpha_1 \leqslant \alpha \leqslant (\pi - \alpha_1) \\ 0 & \text{für} \quad (\pi - \alpha_1) \leqslant \alpha \leqslant \pi \end{cases} \tag{9.21}$$

Gl. (9.21) in Gl. (9.20) eingesetzt ergibt:

$$b_1 = \frac{4}{\pi} \cdot \int\limits_{\alpha_1}^{\pi/2} x_B \cdot \sin\alpha \cdot d\alpha = \frac{4}{\pi} \cdot x_B \, (-\cos\alpha) \Big|_{\alpha_1}^{\pi/2} ,$$

$$b_1 = \frac{4}{\pi} x_B \cdot \cos\alpha_1 . \tag{9.22}$$

Aus Bild 9.15 folgt für $\alpha_1$ die Beziehung:

$$\hat{x}_e \cdot \sin\alpha_1 = x_t,$$

$$\alpha_1 = \text{arc} \sin \frac{x_t}{\hat{x}_e} .$$

In Gl. (9.22) eingesetzt, führt zu:

$$b_1 = \frac{4}{\pi} \cdot x_B \cdot \sqrt{1 - \sin^2\alpha_1} ,$$

$$b_1 = \frac{4}{\pi} \cdot x_B \cdot \sqrt{1 - \left(\frac{x_t}{\hat{x}_e}\right)^2} .$$

$b_1$ in die Beziehung (9.3) eingesetzt liefert die Beschreibungsfunktion.

$$N = \frac{4}{\pi} \cdot \frac{x_B}{\hat{x}_e} \sqrt{1 - \left(\frac{x_t}{\hat{x}_e}\right)^2} . \tag{9.23}$$

Zur Auswertung der Gl. (9.23) wird das Verhältnis $k = \dfrac{x_B}{x_t}$ bzw. $x_B = k \cdot x_t$ eingeführt. Somit wird:

$$N = \frac{4}{\pi} \cdot k \cdot \frac{x_t}{\hat{x}_e} \sqrt{1 - \left(\frac{x_t}{\hat{x}_e}\right)^2} \tag{9.24}$$

Nachstehende Tabelle enthält die N-Werte für $k = 1$. Für andere k-Werte sind die N-Werte mit dem jeweiligen k zu multiplizieren. Mit $k = \dfrac{x_B}{x_t}$ als Parameter ist in Bild 9.16 die Funktion $N = f\left(\dfrac{\hat{x}_e}{x_t}\right)$ wiedergegeben.

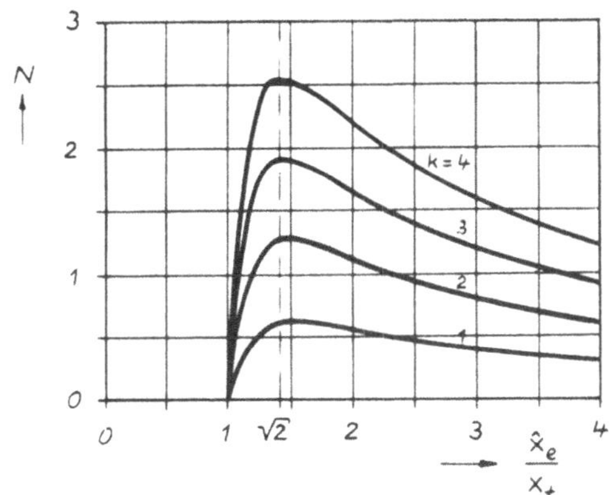

Bild 9.16

$$N = f\left(\frac{\hat{x}_e}{x_t}\right), \text{ mit } k = \frac{x_B}{x_t}$$

als Parameter für einen Dreipunktregeler

| $\dfrac{\hat{x}_e}{x_t}$ | $\dfrac{x_t}{\hat{x}_e}$ | $\sqrt{\ldots}$ | N |
|---|---|---|---|
| 1 | 1 | 0 | 0 |
| $\sqrt{2}$ | 0,707 | 0,707 | 0,637 |
| 2 | 0,5 | 0,866 | 0,552 |
| 3 | 0,333 | 0,943 | 0,4 |
| 4 | 0,25 | 0,968 | 0,308 |

| $\dfrac{\hat{x}_e}{x_t}$ | $\dfrac{x_t}{\hat{x}_e}$ | $\sqrt{\ldots}$ | N |
|---|---|---|---|
| 6 | 0,167 | 0,986 | 0,208 |
| 8 | 0,125 | 0,992 | 0,158 |
| 10 | 0,1 | 0,995 | 0,127 |
| 20 | 0,05 | 0,999 | 0,064 |
| ∞ | 0 | 1 | 0 |

Wie man durch eine Maximalwertberechnung leicht nachprüfen kann, wird N für $\dfrac{\hat{x}_e}{x_t} = \sqrt{2}$ ein Maximum mit

$$N_{max} = \frac{2}{\pi} k = \frac{2}{\pi} \cdot \frac{x_B}{x_t} \; .$$

Bild 9.17

Ortskurve der Beschreibungsfunktion eines Dreipunktreglers mit

$$k = \frac{x_B}{x_t} = 4$$

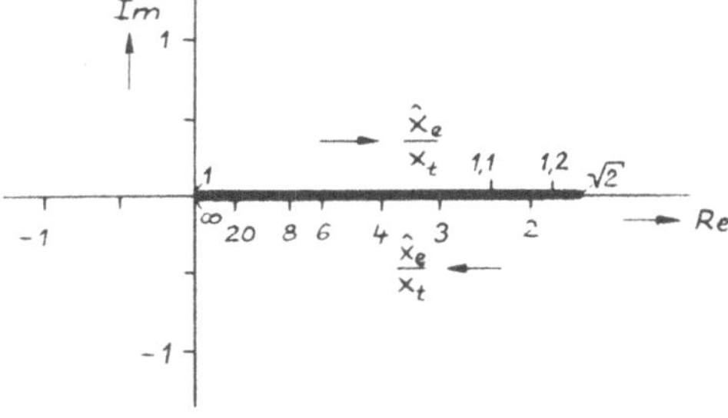

Bild 9.17 zeigt die Ortskurve von N, sie ist eine Doppellinie, die für $\dfrac{\hat{x}_e}{x_t} = 1$ bei Null beginnt und erstreckt sich mit zunehmendem $\dfrac{\hat{x}_e}{x_t}$ auf die positiv reelle Achse bis zum Maximalwert bei $\dfrac{\hat{x}_e}{x_t} = \sqrt{2}$. Für Werte $\dfrac{\hat{x}_e}{x_t} > \sqrt{2}$ wandert die Ortskurve wieder zum Nullpunkt zurück, den sie für $\dfrac{\hat{x}_e}{x_t} = \infty$ erreicht.

## 9.3. Stabilitätsuntersuchung an Regelkreisen, die Nichtlinearitäten enthalten

Die Beschreibungsfunktion in Verbindung mit dem Zweiortskurvenverfahren ist zur Stabilitätsuntersuchung von Regelkreisen, die eine Nichtlinearität enthalten, besonders geeignet. In Abschnitt 7.4 wurde das Zweiortskurvenverfahren behandelt und folgende Beziehungen abgeleitet:

$$F_R \begin{cases} < -\dfrac{1}{F_S} & \text{stabil} \\[2ex] = -\dfrac{1}{F_S} & \text{Stabilitätsgrenze} \\[2ex] > -\dfrac{1}{F_S} & \text{instabil.} \end{cases}$$

Wobei $F_0 = -F_R \cdot F_S$ den Frequenzgang des aufgeschnittenen Regelkreises darstellt. In Analogie zu der Unterteilung in Regelstrecke und Regeleinrichtung wird in Regelkreisen, die Nichtlinearitäten enthalten, die Unterteilung in lineare und nicht-lineare Glieder vorgenommen. An die Stelle von $F_R$ tritt nun N für $-\dfrac{1}{F_S}$ wird $-\dfrac{1}{F}$ gesetzt. N ist die Beschreibungsfunktion der nichtlinearen und F der Frequenzgang der zusammengefaßten linearen Glieder. Die für die Stabilität, Stabilitätsgrenze, bzw. Instabilität geltenden Bedingungen sind dann:

$$N \begin{cases} < -\dfrac{1}{F} & \text{stabil} \\[2ex] = -\dfrac{1}{F} & \text{Stabilitätsgrenze} \\[2ex] > -\dfrac{1}{F} & \text{instabil .} \end{cases}$$

Zur graphischen Auswertung wird folglich in der Gaußschen Zahlenebene einmal die Ortskurve von N und zum anderen die negativ inverse Ortskurve der linearen Glieder aufgetragen. Dies soll in folgendem Abschnitt gezeigt werden.

### 9.3.1. Dreipunktregler mit nachgeschaltetem Stellmotor zur Druckregelung

Das Schema einer Druckregelung mittels Dreipunktregler ist in Bild 9.18 dargestellt. Der vom Meßfühler gemessene Druck P wird in einem Meßumformer in einen proportionalen Strom i umgeformt.

$$F_{UM} = \frac{i}{x} = \frac{10\,\text{mA}}{1\ \text{atü}} .$$

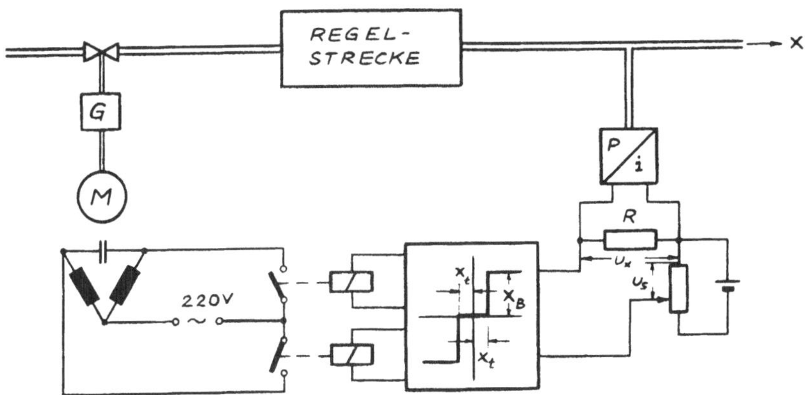

**Bild 9.18.** Druckregelstrecke mit Dreipunktregler

Der vom Meßumformer gelieferte Strom i erzeugt an R den Spannungsabfall $u_x$, der mit dem Sollwert $u_S$ verglichen wird. Die Differenz wird dem Dreipunktregler mit nachgeschaltetem Leistungsrelais zugeführt. Bezeichnet man i als Eingangsgröße und die geschaltete Motorspannung als Ausgangsgröße, so hat der Dreipunktregler die in Bild 9.19 gezeigte Kennlinie. Die Ansprechempfindlichkeit beträgt $x_t = 1$ mA; die am Ausgang geschaltete Spannung $x_B = 220$ V.

Der nachgeschaltete Zweiphasen-Kondensatormotor hat folgenden Frequenzgang:

$$F_M = \frac{50 \text{ Umdr./s}}{220 \text{ V}} \cdot \frac{1}{p(1 + T \cdot p)} \qquad \text{mit } T = 0{,}5 \text{ s}$$

Die Motorwelle treibt über ein Getriebe die Ventilspindel mit einem Vorschub von 0,04 mm pro Umdrehung der Motorwelle.

$$F_{G,S} = 0{,}04 \frac{\text{mm}}{\text{Umdr.}}$$

Der Frequenzgang der Strecke lautet:

$$F_S = \frac{K_S}{1 + T_S \cdot p}, \qquad \text{mit} \qquad \begin{aligned} K_S &= 0{,}1 \frac{\text{atü}}{\text{mm}} \\[2mm] T_S &= 2 \text{ s.} \end{aligned}$$

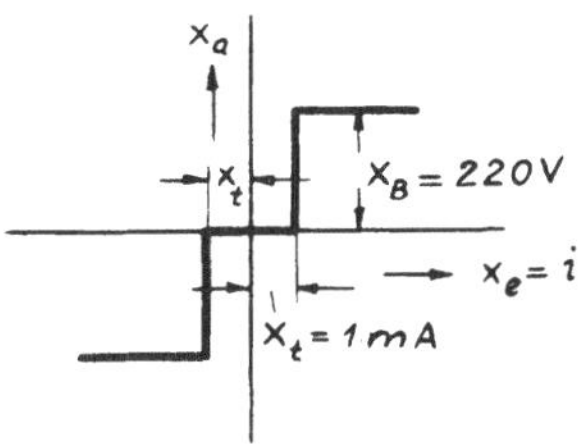

**Bild 9.19**
Kennlinie des Dreipunktreglers

In Bild 9.20 ist der Regelkreis nochmals im Blockschaltbild dargestellt.

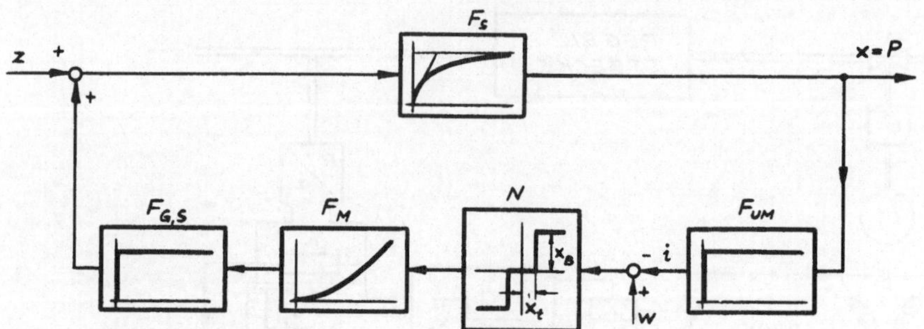

**Bild 9.20.** Blockschaltbild des in Bild 9.18 gezeichneten Regelkreises

Für die linearen Glieder ist der Frequenzgang:

$$F = F_M \cdot F_{G,S} \cdot F_S \cdot F_{UM},$$

$$F = \frac{0{,}227 \ \text{Umdr} ./\text{Vs}}{p(1 + T \cdot p)} \cdot 0{,}04 \ \frac{\text{mm}}{\text{Umdr} .} \cdot \frac{0{,}1 \ \text{atü/mm}}{1 + T_S \cdot p} \cdot 10 \ \frac{\text{mA}}{\text{atü}} \ ,$$

$$F = \frac{0{,}0091 \ \text{mA/Vs}}{p + (T + T_S) \, p^2 + T \cdot T_S \cdot p^3} \ ,$$

$$-\frac{1}{F} = -110 \ \frac{V}{mA} \cdot (j \cdot 1s \cdot \omega - 2{,}5 \ s^2 \cdot \omega^2 - j \ 1 \ s^3 \ \omega^3).$$

Die Beschreibungsfunktion des Dreipunktreglers ist gemäß Gl. (9.24)

$$N = \frac{4}{\pi} k \frac{x_t}{\hat{x}_e} \cdot \sqrt{1 - \left(\frac{x_t}{\hat{x}_e}\right)^2} \ ,$$

mit

$$k = \frac{x_B}{x_t} = \frac{220 \ V}{1 \ mA} = 220 \ \frac{V}{mA} \ .$$

Zur Konstruktion der Ortskurve von N werden die in Abschnitt 9.2.4 für k = 1 aufgestellten Tabellenwerte mit $k = 220 \ \frac{V}{mA}$ multipliziert.

$$N_{max} = \frac{2}{\pi} k = 140 \ \frac{V}{mA} \ .$$

Da sich die Ortskurve von N nur auf die positiv reelle Achse erstreckt, genügt es, den Schnittpunkt der Ortskurve von $-\frac{1}{F}$ mit der positiv reellen Achse zu ermitteln.

Im Schnittpunkt muß sein:

$$\text{Im}\left(-\frac{1}{F}\right) = 0.$$

Daraus folgt:

$$j \cdot 1s \cdot \omega = j \cdot 1s^3 \cdot \omega^3$$

$$\omega = 1s^{-1} \; .$$

Für $\quad \omega = 1s^{-1} \quad$ wird

$$\text{Re}\left(-\frac{1}{F}\right) = 110\,\frac{V}{mA} \cdot 2,5 = 275\,\frac{V}{mA} \; .$$

D. h. die Ortskurven von N und $-\dfrac{1}{F}$ schneiden sich nicht, da der Schnittpunkt von $-\dfrac{1}{F}$ mit der positiv reellen Achse außerhalb von $N_{max}$ liegt. Somit ist der Regelkreis unbegrenzt stabil.

Es soll nun noch der Fall untersucht werden, wenn die Ansprechempfindlichkeit von 1 mA auf $x_t = 0,4$ mA reduziert wird. Dadurch wird $k = 550\,\dfrac{V}{mA}$ und

$$N'_{max} = 350\,\frac{V}{mA} \; .$$

Nun wird die Ortskurve der Beschreibungsfunktion von $-\dfrac{1}{F}$ geschnitten und zwar treten zwei Schnittpunkte auf bei

$$\frac{\hat{x}_e}{x_t} = 1,1 \quad \text{(Schnittpunkt 1)}$$

und

$$\frac{\hat{x}_e}{x_t} = 2,3 \quad \text{(Schnittpunkt 2)} \; .$$

Hiervon ist der Schnittpunkt 1 labil. Durch eine geringe Störung wird der Regelvorgang in den stabilen Schnittpunkt 2 umspringen und eine Dauerschwingung ausführen mit $\omega = 1s^{-1}$. Die Labilität des Schnittpunktes 1 kann man sich an Bild 9.16 klar machen. Unterhalb $\dfrac{\hat{x}_e}{x_t} = \sqrt{2}$ hat $N = f\left(\dfrac{\hat{x}_e}{x_t}\right)$ eine aufsteigende Tendenz, d. h. bei Vergrößerung der Eingangsamplitude $\hat{x}_e$ wird N, also gewissermaßen der Verstärkungsgrad des Reglers größer. Tritt nun eine Störung auf, so wird infolge der zunehmenden Verstärkung des Reglers aus der Dauerschwingung eine aufklingende Schwingung. Diese wächst an bis für $\dfrac{\hat{x}_e}{x_t} > \sqrt{2}$ der stabile Schnittpunkt 2 erreicht wird.

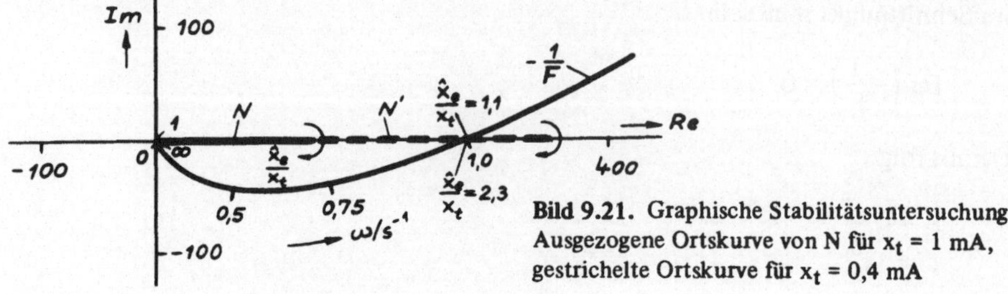

**Bild 9.21.** Graphische Stabilitätsuntersuchung
Ausgezogene Ortskurve von N für $x_t$ = 1 mA,
gestrichelte Ortskurve für $x_t$ = 0,4 mA

Die Amplitude der Regelgröße x ergibt sich aus:

$$F_{UM} = \frac{i}{x} = \frac{\hat{x}_e}{\hat{x}} = \frac{\hat{x}_e}{x_t} \cdot \frac{x_t}{\hat{x}} = 10 \, \frac{mA}{at\ddot{u}} \, ,$$

$$\hat{x} = \frac{\hat{x}_e}{x_t} \cdot x_t \cdot 0{,}1 \, \frac{at\ddot{u}}{mA} = 2{,}3 \cdot 0{,}4 \, mA \cdot 0{,}1 \, \frac{at\ddot{u}}{mA} \, ,$$

$$\hat{x} = 0{,}092 \, at\ddot{u} \, .$$

Bild 9.21 zeigt die graphische Darstellung.

## 9.3.2. Untersuchung eines Regelkreises mit Ansprechempfindlichkeit

In Bild 9.22 ist ein Regelkreis gezeichnet, dessen Meßfühler eine Ansprechempfindlichkeit aufweist.

Die Frequenzgänge von Regler und Strecke lauten:

$$F_R = \frac{K_I}{p} = \frac{1}{T_I \cdot p} \, , \quad \text{mit} \quad T_I = 0{,}2s,$$

$$F_S = \frac{K_S}{1 + T_1 \cdot p + T_2^2 \cdot p^2} \, , \qquad \begin{aligned} \text{mit} \quad K_S &= 0{,}5 \\ T_1 &= 5 \, s \\ T_2^2 &= 4 \, s^2 \, . \end{aligned}$$

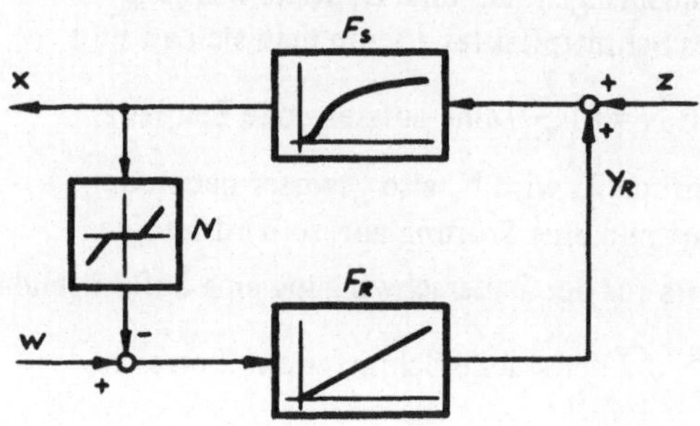

**Bild 9.22**

Blockschaltbild eines Regelkreises mit
Ansprechempfindlichkeit des Meß-
fühlers

Die Beschreibungsfunktion der Nichtlinearität ist gemäß Abschnitt 9.2.2:

$$N = 1 - \frac{2}{\pi} \left[ \alpha_1 + \sin\alpha_1 \cdot \cos\alpha_1 \right],$$

mit

$$\alpha_1 = \text{arc sin} \frac{x_t}{\hat{x}_e} \ .$$

Die Zusammenfassung der linearen Glieder ergibt:

$$F = F_R \cdot F_S = \frac{K_S}{T_I \cdot p + T_I \cdot T_1 \cdot p^2 + T_I \cdot T_2^2 \cdot p^3} \ ,$$

$$-\frac{1}{F} = -\frac{1}{K_S} \left( j\omega T_I - T_I \cdot T_1 \cdot \omega^2 - j \cdot T_I \cdot T_2^2 \cdot \omega^3 \right) \ . \tag{9.25}$$

Da die Beschreibungsfunktion reell ist, verläuft die Ortskurve von N auf der positiv reellen Achse. Es genügt demnach die Berechnung des Schnittpunktes der Ortskurve von $-\frac{1}{F}$ mit der positiv reellen Achse. Im Schnittpunkt ist:

$$\text{Im} \left( -\frac{1}{F} \right) = 0$$

$$\omega T_I - T_I \cdot T_2^2 \cdot \omega^3 = 0,$$

$$\omega = \frac{1}{T_2} = 0,5 \, \text{s}^{-1} \ .$$

Aus Gl. (9.25) folgt für $\omega = \frac{1}{T_2}$

$$\text{Re} \left( -\frac{1}{F} \right) = \frac{T_I \cdot T_1 \cdot \omega^2}{K_S} = \frac{T_I \cdot T_1}{K_S \cdot T_2^2} = \frac{0,2 \, \text{s} \cdot 5 \, \text{s}}{0,5 \cdot 4 \, \text{s}^2} = 0,5 \ .$$

Die Ortskurve ① von $-\frac{1}{F}$ schneidet die der Beschreibungsfunktion N (Bild 9.23). Die sich in diesem Schnittpunkt einstellende Dauerschwingung ist labil, da gemäß Bild 9.12 N mit zunehmendem $\hat{x}_e$ anwächst, mit abnehmendem $\hat{x}_e$ abnimmt. N ist gewissermaßen der Verstärkungsgrad der Nichtlinearität. Eine geringe Erniedrigung der Schwingamplitude führt zu abklindenden, eine Erhöhung zu aufklingenden Schwingungen. Man spricht hier von einer „Stabilität im Kleinen". Bei zunächst stabilem Regelverhalten kann der Kreis durch auftretende Störungen instabil werden, ein höchst unerwünschtes Verhalten.

Aus Bild 9.23 ist auch ersichtlich, wie groß z. B. $T_I$ des integralen Gliedes gemacht werden muß, damit unbegrenzte Stabilität herrscht. Die Ortskurve von

$-\dfrac{1}{F}$ schneidet die positiv reelle Achse für $\omega = \dfrac{1}{T_2} = 0{,}5\,\mathrm{s}^{-1}$. Diese Frequenz ist unabhängig von $T_I$. Für Re $\left(-\dfrac{1}{F}\right) > 1$ gibt es keinen Schnittpunkt der Ortskurven von $-\dfrac{1}{F}$ und N. Daraus folgt:

$$\mathrm{Re}\left(-\frac{1}{F}\right) = \frac{T_I \cdot T_1\,\omega^2}{K_S} > 1\,,$$

$$T_I > \frac{K_S}{T_1 \cdot \omega^2} = \frac{0{,}5}{5\,\mathrm{s}\cdot 0{,}25\,\mathrm{s}^{-2}} = 0{,}4\,\mathrm{s}\,.$$

In Bild 9.23 ist für $T_I = 0{,}6\,\mathrm{s} > 0{,}4\,\mathrm{s}$ die Ortskurve ② von $-\dfrac{1}{F}$ gestrichelt eingezeichnet. Dieser Regelvorgang ist unbegrenzt stabil, es treten keine Dauerschwingungen auf.

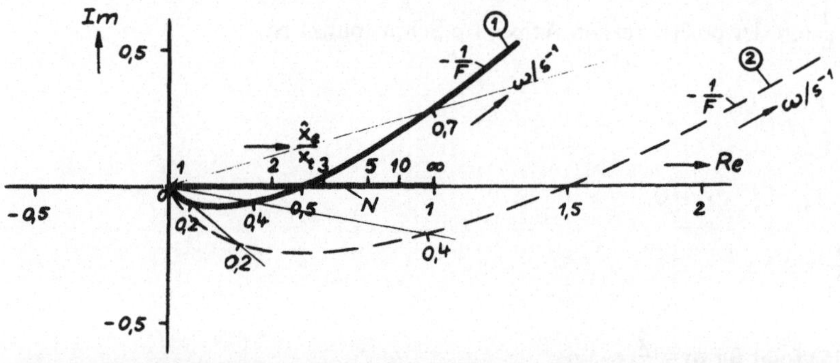


**Bild 9.23.** Stabilitätsuntersuchung eines Regelkreises mit Ansprechempfindlichkeit

Kurve ① für $T_n = 0{,}2$ s

Kurve ② für $T_n = 0{,}6$ s

# 10. Unstetige Regelung

Bei einem stetigen Regler hat die statische Kennlinie $y_R = f(x_d)$ den in Bild 10.1 gezeigten Verlauf.

Verändert man die Eingangsgröße $x_d$ kontinuierlich von $x_{d\,min}$ bis $x_{d\,max}$, so ändert sich die Stellgröße ebenso kontinuierlich über den gesamten Stellbereich $Y_h$. Betrachtet man demgegenüber die Kennlinie des einfachsten unstetigen Reglers (Zweipunktregler, Bild 10.2), so kann die Stellgröße nur zwei diskrete Zustände annehmen $y_R = 0$ und $y_R = y_{R\,max}$.

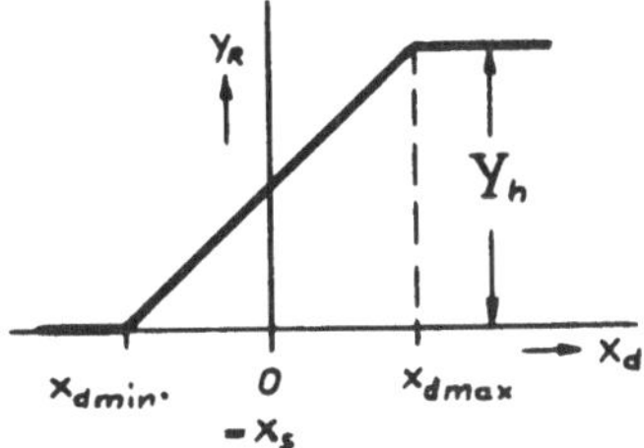

**Bild 10.1**
Statische Kennlinie $y_R = f(x_d)$ eines
stetigen Reglers

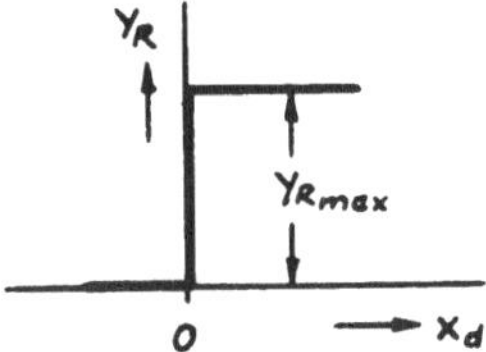

**Bild 10.2**
Statische Kennlinie eines Zweipunktreglers ohne Hysterese

Die gerätetechnische Verwirklichung von unstetigen Reglern in Form von Relais, Bimetallschaltern, Kontaktthermometern usw. ist denkbar einfach und preiswert. Wie beim stetigen Regler wird dem Zweipunktregler die Regeldifferenz zugeführt. Ist die Regeldifferenz $x_d = w - x$ positiv, so schaltet der Zweipunktregler ein, ist sie Null oder negativ, so schaltet der Zweipunktregler ab. Der Hauptnachteil der einfachen unstetigen Regler besteht in der pendelnden Arbeitsbewegung der Stellgröße und somit der Regelgröße um den Sollwert. Ursprünglich wurden diese einfachen unstetigen Regler (vorwiegend Zweipunktregler) zur Regelung einfacher Regelkreise (Raumtemperatur, Bügeleisentemperatur, Kühlschranktemperatur usw.) benutzt. Durch geeignete Maßnahmen können die Schwankungen der Regelgröße um den Sollwert auf ein innerhalb der Genauigkeitsgrenze von Meßgeräten liegendes Maß gesenkt werden, so daß sie heute auch zur Regelung komplizierter Regelstrecken verwendet werden. Allerdings sind die elektrischen und elektronischen Regler recht aufwendig, so daß der Preisunterschied im Vergleich zu den stetigen Reglern nicht allzu groß ist. Für Regelstrecken, bei denen eine hohe Stelleistung erforderlich ist, wird eine unstetige Regeleinrichtung mittels Thyratron, Thyristor und ähnlichem stets billiger sein als eine entsprechende stetige Regeleinrichtung.

## 10.1. Idealer Zweipunktregler an einer Strecke höherer Ordnung

Bild 10.3 zeigt einen Wasserdurchlauferhitzer, dessen Temperatur von einem
Kontaktthermometer geregelt wird.

Bei Inbetriebnahme der Anlage wird die Heizwicklung eingeschaltet und erwärmt
das Wasser. Infolge des Temperaturanstiegs steigt die Quecksilbersäule des Kontakt-
thermometers. Im unteren Ende des Glaskolbens ist ein Platinkontakt eingeschmolzen,
während ein zweiter Platindraht von oben in den Glaskolben ragt, der in der Höhe
verstellbar ist. Wird das untere Ende des oberen Platindrahtes auf die Solltemperatur
eingestellt, so wird, wenn die Quecksilbersäule diese erreicht, die Relaiswicklung
kurzgeschlossen und die Heizung ausgeschaltet. Bei Temperaturabnahme wird die
Quecksilbersäule den Kontakt unterbrechen und die Heizung erneut einschalten
usw.

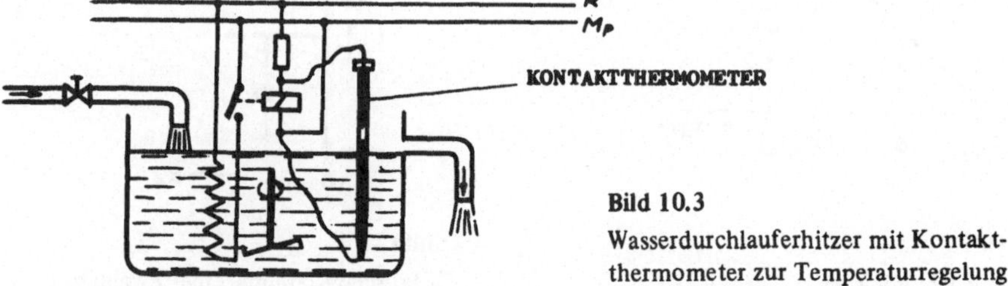


**Bild 10.3**
Wasserdurchlauferhitzer mit Kontaktthermometer zur Temperaturregelung

Es soll nun das zeitliche Verhalten eines Zweipunktreglers an vorliegender Strecke
behandelt werden. Diese ist mindestens von 2. Ordnung. Schaltet man die Heizspirale ein, so wird die Temperatur im Behälter nach einer e-Funktion ansteigen.
Eine weitere Verzögerung 1. Ordnung bildet der Glasmantel des Thermometers.
Taucht man dieses plötzlich in eine Flüssigkeit mit einer anderen Temperatur, so
steigt die Quecksilbersäule ebenfalls nach einer e-Funktion. Vereinfachend soll
diese Strecke 2. Ordnung mit Verzugs- und Ausgleichszeit durch eine reine Totzeit $T_t$ und ein Verzögerungsglied 1. Ordnung mit der Zeitkonstanten T angenähert
werden. Ferner soll der Schaltpunkt des Zweipunktreglers in beiden Richtungen
exakt gleich sein. Diese Forderung wird von dem Kontaktthermometer ziemlich
genau erfüllt. Das entsprechende Blockschaltbild des Regelkreises zeigt Bild 10.4.

Betrachtet man die Strecke zunächst ohne Regler, so wird nach Einschalten der
Heizwicklung die Wassertemperatur nach Verlauf der Totzeit $T_t$ nach einer e-Funktion mit der Zeitkonstanten T ansteigen, bis zum Endwert $x_E$. Schaltet man danach
die Heizwicklung ab, so fällt die Wassertemperatur nach Verlauf der Totzeit ebenfalls
nach einer e-Funktion ab. Vereinfachend wird angenommen, daß die Zeitkonstanten
der Erwärmungs- und Abkühlungskurven gleich sind, was in praxi nicht immer der Fall
ist.

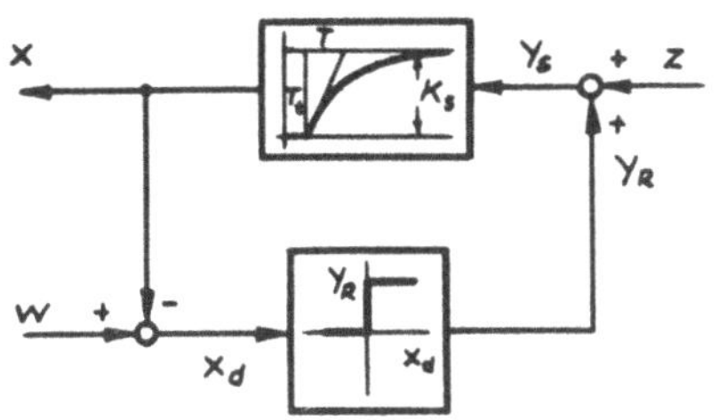

**Bild 10.4**

Blockschaltbild eines Regelkreises mit Zweipunktregler

Die Regelstrecke wird nun mit dem Zweipunktregler in Betrieb genommen, wobei der Sollwert so eingestellt ist, daß er zwischen der Anfangstemperatur $x_A$ und der Endtemperatur $x_E$ liegt. Zunächst ist die Temperatur $x = x_A$ und die Regeldifferenz $x_d = w - x_A$ positiv, so daß der Zweipunktregler einschaltet und die Wassertemperatur in der zuvor beschriebenen Weise ansteigt. Beim Erreichen des Sollwertes schaltet der Regler ab, die Temperatur steigt infolge der Totzeit bis zum Wert $x_1$ weiter an, um dann entsprechend der Temperaturabkühlungskurve abzufallen. Wird der Sollwert unterschritten, so schaltet wie in Bild 10.5 gezeigt die Heizung erneut ein. Nach Verlauf der Totzeit, in der die Temperatur bis auf den Wert $x_2$ abfällt, beginnt die Temperatur wieder anzusteigen. Dieser Vorgang wiederholt sich periodisch mit einer Temperaturschwankung zwischen $x_1$ und $x_2$ mit der Amplitude $x_0$ um den Wert $x_3$.

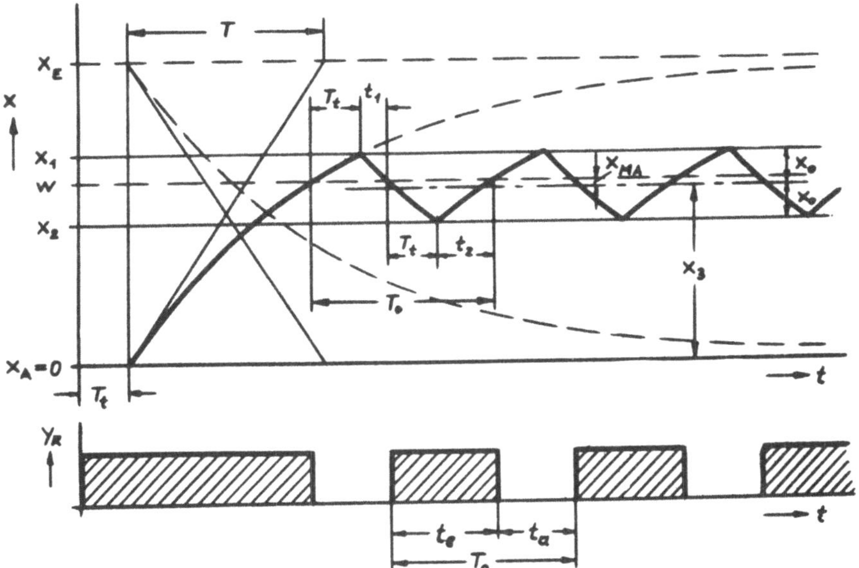

**Bild 10.5.** Verlauf der Regel- und Stellgröße eines Regelkreises, bestehend aus einer P-Strecke 1. Ordnung mit Totzeit und einem Zweipunktregler

**Ermittlung der Schwankungsbreite $2x_0$ und der Mittelwertabweichung $x_{MA}$**

Für den oberen Grenzwert der Dauerschwingung erhält man:

$$x_1 = w + (x_E - w) \cdot \left(1 - e^{-\frac{T_t}{T}}\right). \tag{10.1}$$

Entsprechend folgt für den unteren Grenzwert $x_2$:

$$x_2 = w \cdot e^{-\frac{T_t}{T}}. \tag{10.2}$$

Subtrahiert man Gl. (10.2) von Gl. (10.1), so erhält man die Schwankungsbreite

$$2 \cdot x_0 = x_1 - x_2 = x_E \left(1 - e^{-\frac{T_t}{T}}\right).$$

Die Schwankungsbreite $2 \cdot x_0$ wird umso größer, je größer die Totzeit $T_t$ und je kleiner die Zeitkonstante $T$ ist. Für $\frac{T_t}{T} \to \infty$ wird $2 \cdot x_0 = x_E$, bzw. die Schwingamplitude $x_0 = \frac{x_E}{2}$. Bemerkenswert ist, daß $x_0$ unabhängig vom Sollwert ist.

Wie Bild 10.5 zeigt, weicht der Mittelwert der Regelschwingung $x_3$ vom Sollwert ab. Die Differenz $x_{MA}$ wird als Mittelwertabweichung bezeichnet.

Es gilt:

$$x_3 = \frac{x_1 + x_2}{2} = \frac{1}{2}\left[x_E \left(1 - e^{-\frac{T_t}{T}}\right) + 2\,w \cdot e^{-\frac{T_t}{T}}\right],$$

$$x_{MA} = w - x_3,$$

$$x_{MA} = \left(w - \frac{x_E}{2}\right)\left(1 - e^{-\frac{T_t}{T}}\right). \tag{10.3}$$

Legt man den Sollwert in die Mitte des Regelbereiches $w = \frac{x_E}{2}$, so wird $x_{MA} = 0$, d. h. $x_3$ fällt mit dem Sollwert zusammen.

Die Kurvenform der Regelschwingung ist vom Sollwert abhängig (Bild 10.6). Für kleine w-Werte hat die Erwärmungskurve einen steilen Verlauf und die Abkühlungskurve verläuft flach. Im oberen Bereich für große w-Werte ist es umgekehrt.

**Schaltfrequenz und Schwingdauer**

Gemäß Bild 10.5 ist die Schwingdauer

$$T_0 = 2\,T_t + t_1 + t_2. \tag{10.4}$$

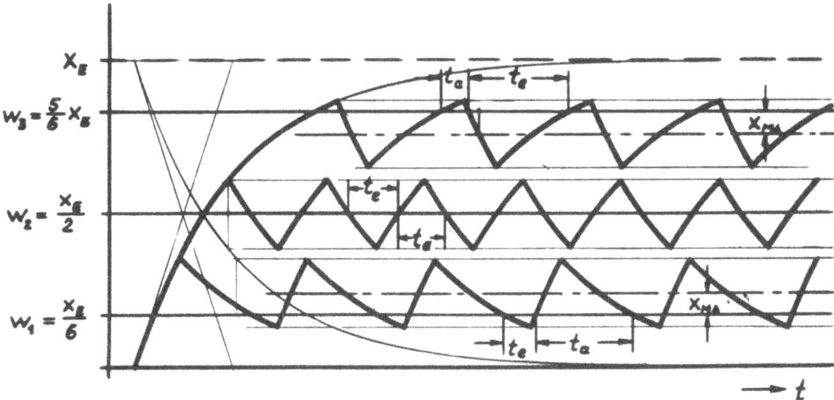

**Bild 10.6.** Zeitlicher Verlauf der Arbeitsbewegung in Abhängigkeit vom Sollwert bei Zweipunktregelung einer P-Strecke 1. Ordnung mit Totzeit

Ferner ist:

$$w = x_1 \cdot e^{-\frac{t_1}{T}},$$

$$t_1 = T \cdot \ln \frac{x_1}{w}. \tag{10.5}$$

Durch Einsetzen von Gl. (10.1) in Gl. (10.5) ergibt sich:

$$t_1 = T \cdot \ln\left[\frac{x_E}{w} + \left(1 - \frac{x_E}{w}\right) \cdot e^{-\frac{T_t}{T}}\right]. \tag{10.6}$$

Für $t_2$ folgt:

$$w - x_2 = (x_E - x_2) \cdot \left(1 - e^{-\frac{t_2}{T}}\right),$$

$$e^{-\frac{t_2}{T}} = 1 - \frac{w - x_2}{x_E - x_2} = \frac{x_E - w}{x_E - x_2},$$

$$t_2 = T \cdot \ln \frac{x_E - x_2}{x_E - w}. \tag{10.7}$$

Mit Gl. (10.2) in Gl. (10.7) erhält man:

$$t_2 = T \cdot \ln \frac{x_E - w\, e^{-\frac{T_t}{T}}}{x_E - w}. \tag{10.8}$$

Setzt man die Gln. (10.6) und (10.8) in Gl. (10.4) ein, so erhält man für die Schwingdauer folgenden Ausdruck:

$$T_0 = 2 \cdot T_t + T_i \cdot \ln\left[\frac{x_E}{w} + \left(1 - \frac{x_E}{w}\right) e^{-\frac{T_t}{T}}\right] + T \cdot \ln \frac{\frac{x_E}{w} - e^{-\frac{T_t}{T}}}{\frac{x_E}{w} - 1} . \tag{10.9}$$

Gl. (10.9) ist in Bild 10.7 durch die Funktion $\frac{T_0}{T} = f\left(\frac{w}{x_E}\right)$ für $\frac{T_t}{T} = 0{,}25$ dargestellt.
Sie zeigt für $w = 0{,}5 \cdot x_E$ ein Minimum der Schwingdauer bzw. ein Maximum der
Schwingfrequenz. Für ein anderes Verhältnis von $\frac{T_t}{T}$ ergeben sich zwar andere Werte,
jedoch liegt das Minimum stets bei $w = 0{,}5 \cdot x_E$. Bild 10.8 zeigt ebenfalls für $\frac{T_t}{T} = 0{,}25$
das Verhältnis von Ein- zu Ausschaltzeit $\frac{t_e}{t_a}$, das für $w = 0{,}5 \cdot x_E$ gleich eins wird.

Der Regelbereich liegt ungefähr zwischen $w = 0{,}2 \cdot x_E$ und $w = 0{,}8 \cdot x_E$. Für größere
bzw. kleinere Werte von w nimmt die Schwingdauer stark zu. Ferner verharrt der
Regler dann für längere Zeit in der ein- bzw. ausgeschalteten Lage. Im Hinblick auf
die Schwankungsbreite wird eine möglichst kleine Totzeit angestrebt, da für $T_t = 0$
die Schwankungsbreite $2 \cdot x_0$ gleich Null wird. Allerdings wird für $T_t = 0$ die
Schwingdauer Null und die Schaltfrequenz unendlich. Mit zunehmender Schaltfrequenz steigt jedoch die Kontaktbeanspruchung, so daß ein Kompromiß zwischen
minimaler Schwankungsbreite und maximal zulässiger Schaltfrequenz getroffen
werden muß.

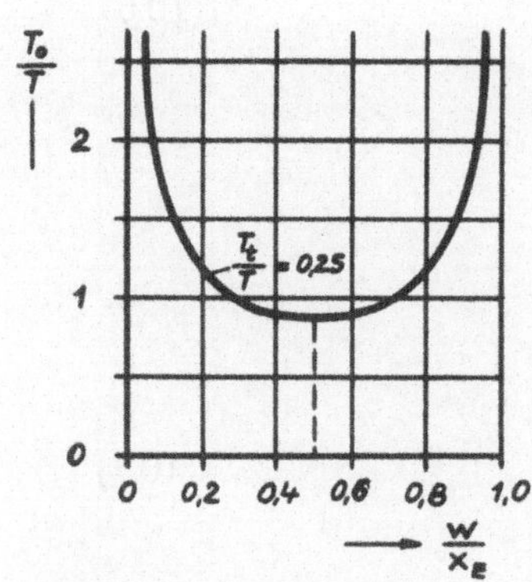

Bild 10.7

Abhängigkeit der Schwingdauer $T_0$

vom Sollwert w für $\frac{T_t}{T} = 0{,}25$

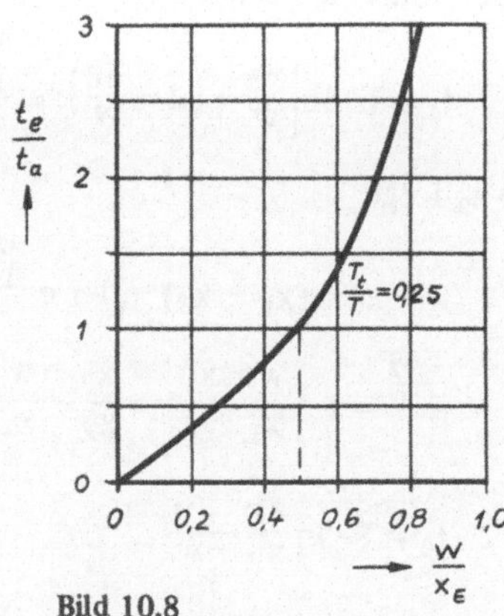

Bild 10.8

Verhältnis von Ein- zu Ausschaltzeit als Funktion von $\frac{w}{x_E}$

für $\frac{T_t}{T} = 0{,}25$

## 10.2. Zweipunktregler mit Hysterese an einer P-Strecke 1. Ordnung

Reale Zweipunktregler sind stets mit Hysterese behaftet. D. h., daß infolge von Reibung, magnetischer Einflüsse usw. das Einschalten bei einem höheren Wert der Eingangsgröße liegt als das Ausschalten. Bild 10.9 zeigt das Blockschaltbild einer P-Strecke 1. Ordnung, die von einem Zweipunktregler mit Hysterese geregelt wird.

Ohne Regler würde die Regelgröße nach dem Einschalten verzögert nach einer e-Funktion mit der Zeitkonstanten T auf den Endwert $x_E$ ansteigen. Vereinfachend wird angenommen, daß die Zeitkonstanten des Ein- und Ausschaltvorganges gleich sind (Bild 10.10).

**Befindet** sich der Regler an der Strecke, wobei der Sollwert auf $0 \leqslant w \leqslant x_E$ eingestellt sei, so ist nach Inbetriebnahme zunächst $x = 0$ und $x_d = w - x = w$. Folglich schaltet der Zweipunktregler ein und die Regelgröße steigt gemäß der Einschaltkurve an. Infolge der Hysterese schaltet der Zweipunktregler beim Erreichen des Sollwertes noch nicht ab, sondern erst bei $x = w + x_L$. Bei abgeschaltetem Regler fällt die Regelgröße entsprechend der Abschaltkurve bis auf den Wert $x = w - x_L$ ab, um dann erneut einzuschalten. Dieser Vorgang wiederholt sich periodisch mit der konstanten Schwankungsbreite $2 \cdot x_L$.

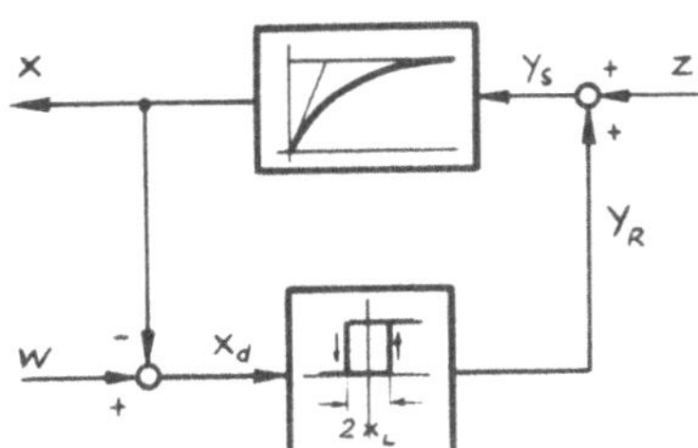


**Bild 10.9**
Regelkreis gebildet aus einer P-Strecke
1. Ordnung und einem Zweipunktregler
mit Hysterese

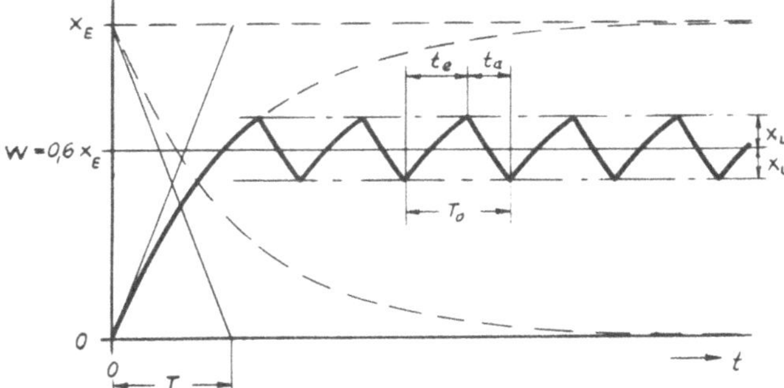


**Bild 10.10.** Verlauf der Regelgröße einer Strecke 1. Ordnung, die von einem Zweipunktregler mit Hysterese geregelt wird

17 Reuter

Es soll nun die Abhängigkeit der Einschalt- und Ausschaltdauer $t_e$ und $t_a$, sowie die Schwingdauer $T_0$ bzw. die Schaltfrequenz $f_0 = \frac{1}{T_0}$ ermittelt werden. Aus Bild 10.10 erhält man für die Einschaltzeit folgende Beziehung:

$$2 \cdot x_L = (x_E - w + x_L) \cdot \left(1 - e^{-\frac{t_e}{T}}\right),$$

$$e^{-\frac{t_e}{T}} = 1 - \frac{2 \cdot x_L}{x_E - w + x_L} = \frac{x_E - w - x_L}{x_E - w + x_L},$$

$$t_e = T \cdot \ln \frac{x_E - w + x_L}{x_E - w - x_L}. \qquad (10.10)$$

Entsprechend folgt für die Ausschaltzeit:

$$w - x_L = (w + x_L)\, e^{-\frac{t_a}{T}},$$

$$e^{\frac{t_a}{T}} = \frac{w + x_L}{w - x_L},$$

$$t_a = T \cdot \ln \frac{w + x_L}{w - x_L}. \qquad (10.11)$$

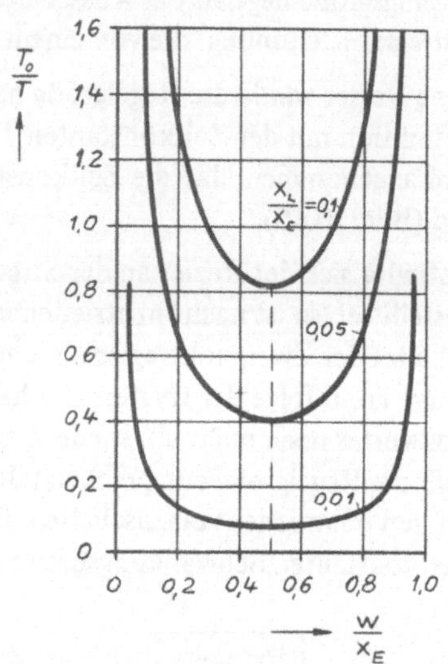


**Bild 10.11**
Abhängigkeit der Schwingdauer $T_0$ vom Sollwert w, mit $\frac{x_L}{x_E}$ als Parameter

Sowohl $t_e$ als auch $t_a$ sind direkt proportional der Zeitkonstanten T der Strecke. Mit zunehmender Hysteresebreite $x_L$ wird die Ein- und Ausschaltzeit größer. Ferner wird für $w = 0,5 \cdot x_E$ die Ein- gleich der Ausschaltzeit $t_e = t_a$. Durch Addition der Gln. (10.10) und (10.11) erhält man die Schwingdauer $T_0$.

$$T_0 = T \cdot \left[\ln \frac{x_E - w + x_L}{x_E - w - x_L} + \ln \frac{w + x_L}{w - x_L}\right]. \qquad (10.12)$$

In Bild 10.11 ist die Gl. (10.12) durch die Funktion $\frac{T_0}{T} = f\left(\frac{w}{x_E}\right)$ mit $\frac{x_L}{x_E}$ als Parameter graphisch dargestellt. Für $w = 0,5 \cdot x_E$ hat die Funktion jeweils ein Minimum, um dann für $w < 0,2 \cdot x_E$ und $w > 0,8\, x_E$ stark anzusteigen.

Zur Erzielung einer möglichst kleinen Schwankungsbreite ist man bestrebt, die Hysterese $x_L$ so klein wie möglich zu machen. Dem steht entgegen, daß mit abnehmendem $x_L$ $T_0$ abnimmt und die Schaltfrequenz unzulässig ansteigt. Die maximale Schaltfrequenz liegt vor für $w = 0{,}5 \cdot x_E$. Für diesen Wert erhält man aus Gl. (10.12):

$$T_{0\ min} = T \cdot 2 \cdot \ln \frac{0{,}5 \cdot x_E + x_L}{0{,}5 \cdot x_E - x_L} \, ,$$

$$T_{0\ min} = 2 \cdot T \cdot \ln \frac{1 + 2 \dfrac{x_L}{x_E}}{1 - 2 \dfrac{x_L}{x_E}} \, .$$

Einen guten Näherungswert erhält man für $2 \dfrac{x_L}{x_E} \ll 1$ durch Reihenentwicklung.

$$T_{0\ min} \approx 2 \cdot T \cdot 2 \cdot 2 \frac{x_L}{x_E} = 8 \cdot T \cdot \frac{x_L}{x_E} \, .$$

Daraus folgt die maximale Schaltfrequenz:

$$f_{0\ max} \approx \frac{x_E}{8 \cdot T \cdot x_L} \, . \tag{10.13}$$

## 10.3. Zweipunktregler mit Rückführung

Die Abschnitte 10.1 und 10.2 haben gezeigt, daß bei einer Regelung mittels Zweipunktregler der Regelverlauf maßgebend von den Eigenschaften der Strecke beeinflußt wird. So ist z. B. bei einer Strecke mit Totzeit und Verzögerung sowohl die Schwingdauer als auch die Schwingamplitude vom Verhältnis $\dfrac{T_t}{T}$ abhängig. Durch Anwendung einer Rückführung können diese ständigen Pendelungen der Regelgröße um den Sollwert nahezu beseitigt werden. Ferner ist es möglich, durch geeignete Rückführglieder dem Zweipunktregler ein Zeitverhalten aufzuzwingen, ähnlich dem der stetigen Regler. Man spricht dann von einer *stetigähnlichen Regelung*.

Das Blockschaltbild eines solchen Regelkreises zeigt Bild 10.12.

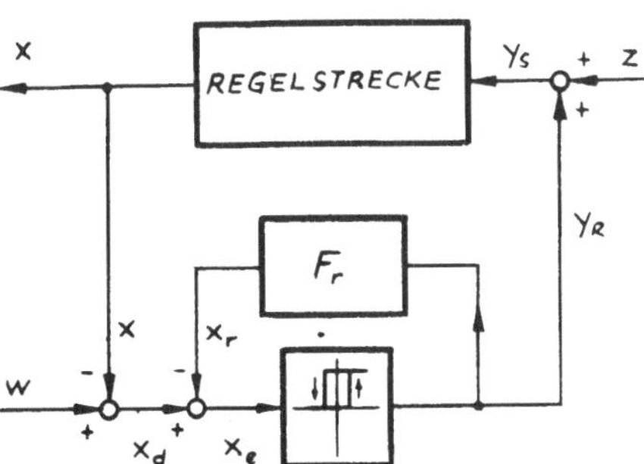


**Bild 10.12**

Blockschaltbild eines Regelkreises, dessen Strecke von einem Zweipunktregler mit Rückführung $F_r$ geregelt wird

### 10.3.1. Zweipunktregler mit verzögerter Rückführung

Schaltet man in den Rückführzweig eines idealen, stetigen Verstärkers mit dem
Verstärkungsgrad $\infty$ ein Glied mit dem Frequenzgang $F_r$, so ist der Frequenzgang
des rückgekoppelten Verstärkers

$$F_R = \frac{1}{F_r} \; .$$

Besteht das Rückführglied aus einer Verzögerung 1. Ordnung,

$$F_r = \frac{K_r}{1 + T_r \cdot p} \; ,$$

so erhält man für den rückgekoppelten Verstärker den Frequenzgang

$$F_R = \frac{1}{K_r} \cdot (1 + T_r \cdot p) \, , \quad \text{d. h. ein PD-Verhalten.}$$

Ein ähnliches Ergebnis erhält man, wenn der Zweipunktregler eine Verzögerung
1. Ordnung als Rückführung erhält. Bild 10.13 zeigt den so rückgekoppelten Zweipunktregler.

Ändert man die Eingangsgröße des rückgekoppelten Zweipunktreglers sprunghaft
($x_d = x_{d0}$ = konstant), so ist zum Zeitpunkt $t = 0$ $x_e = x_{d0}$, da $x_r$ zunächst Null
ist. Bei positivem $x_e$ schaltet der Zweipunktregler ein. Am Ausgang des Reglers
und somit am Eingang des Rückführgliedes $F_r$ liegt $y_R = y_{R0}$. D. h. im Moment des
Eingangssprunges liegt am Eingang des Rückführgliedes die Sprungfunktion $y_{R0}$.
Die Ausgangsgröße des Rückführgliedes antwortet mit einem verzögerten Anstieg
nach einer e-Funktion mit der Zeitkonstanten $T_r$, wie in Bild 10.14 gezeigt. Infolge
des Anstiegs der Rückführgröße verringert sich $x_e = x_d - x_r$. Erreicht $x_e$ den Wert
$- x_L$ bzw.

$$x_r = x_d + x_L,$$

so schaltet der Zweipunktregler ab. Die Rückführgröße fällt dann entsprechend der
Abfallkurve ab bzw. $x_e$ steigt nach der gleichen Funktion an, bis bei $x_e = x_L$ der
Zweipunktregler erneut einschaltet. Betrachtet man anstelle der Impulsfunktion
von $y_R$ den Mittelwert $\overline{y}_R$, so ist ersichtlich, daß $\overline{y}_R$ gegenüber dem Beharrungszustand zunächst größer ist (PD-Verhalten). Bei genügend hoher Schaltfrequenz kann
man dieses Verhalten einem stetigen gleichsetzen. Dieses Verhalten ist ganz analog
dem des in Abschnitt 10.2 behandelten Regelkreises. Die maximale Schaltfrequenz
ergibt sich für $x_d = \frac{1}{2} y_{R0} \cdot K_r$ mit Gl. (10.13) zu:

$$f_{0\,max} \approx \frac{y_{R0} \cdot K_r}{8 \cdot T_r \cdot x_L} \; .$$

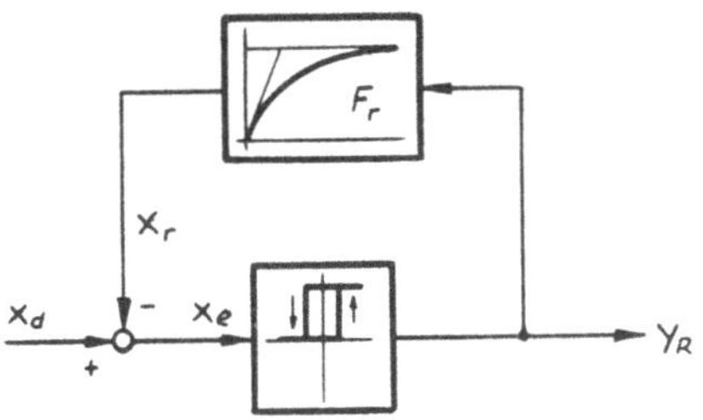

**Bild 10.13**

Blockschaltbild eines Zweipunktreglers mit
verzögerter Rückführung

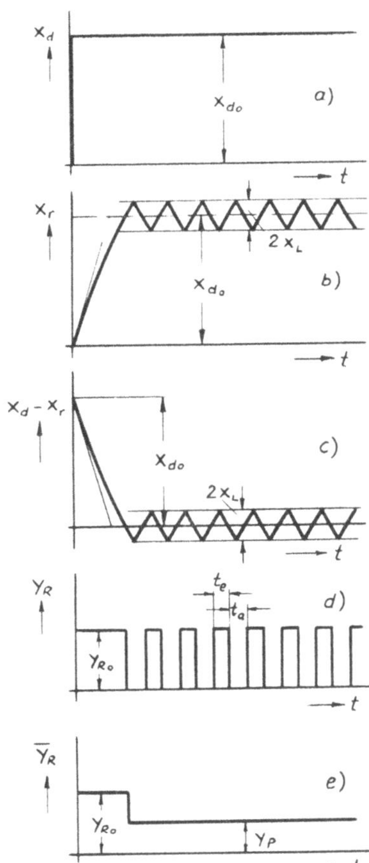

**Bild 10.14**

Zweipunktregler mit verzögerter Rückführung

a) Sprung der Regeldifferenz
b) Rückführgröße
c) $x_e = x_d - x_r$
d) Stellgröße des Reglers
e) Mittelwert der Stellgröße $\overline{y}_R$

Diese kann durch Verändern von $T_r$ variiert werden. Ändert man $K_r$, so ändert
sich auch das Verhältnis von Ein- zu Ausschaltdauer. Setzt man in Gl. (10.10)
anstelle von $x_E$ den Wert $y_{R0} \cdot K_r$ und für w die Regeldifferenz $x_d$, so erhält man:

$$t_e = T_r \cdot \ln \frac{y_{R0} \cdot K_r - x_d + x_L}{y_{R0} \cdot K_r - x_d - x_L} = T_r \cdot \ln \frac{1 + \dfrac{x_L}{y_{R0} \cdot K_r - x_d}}{1 - \dfrac{x_L}{y_{R0} \cdot K_r - x_d}} \tag{10.14}$$

Aus Gl. (10.14) ist zu ersehen, daß $t_e$ mit zunehmendem $K_r$ abnimmt. Im Gegensatz
hierzu ist die Ausschaltzeit gemäß Gl. (10.11) unabhängig von $K_r$.

$$t_a = T_r \cdot \ln \frac{x_d + x_L}{x_d - x_L} \ . \tag{10.15}$$

Bildet man aus den Gln. (10.14) und (10.15) das Verhältnis $\dfrac{t_e}{t_a}$, so ist dieses unabhängig von $T_r$ und wird mit zunehmendem $K_r$ kleiner.

$$\frac{t_e}{t_a} = \frac{\ln \dfrac{y_{RO} \cdot K_r - x_d + x_L}{y_{RO} \cdot K_r - x_d - x_L}}{\ln \dfrac{x_d + x_L}{x_d - x_L}} \quad .$$

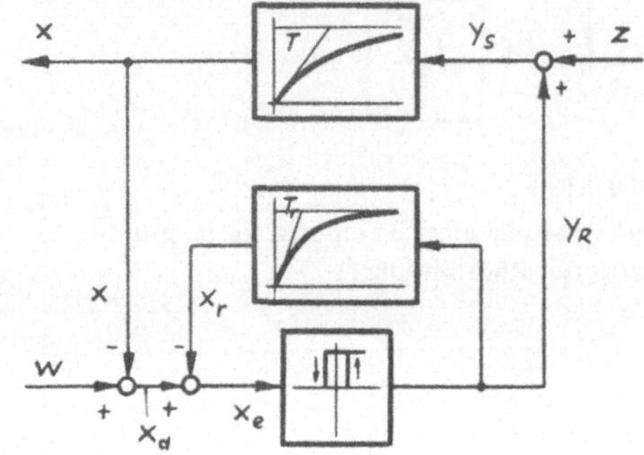



**Bild 10.15**
Blockschaltbild eines Zweipunktreglers
mit verzögerter Rückführung an einer
Strecke 1. Ordnung

Aus Bild 10.14 d) und e) folgt, daß im Beharrungszustand

$$y_R = y_P = y_{RO} \cdot \frac{t_e}{t_e + t_a} = y_{RO} \cdot \frac{1}{1 + \dfrac{t_a}{t_e}} \quad \text{ist.}$$

D. h. mit zunehmendem $K_r$ wird $\dfrac{t_a}{t_e}$ größer und demnach $y_P$, bzw. der Proportional-

beiwert $K_P = \dfrac{y_P}{x_d}$ , kleiner. Durch $T_r$ kann also die Schaltfrequenz und durch $K_r$

sowohl die Schaltfrequenz als auch der P-Anteil verändert werden.

Es soll nun noch der Zweipunktregler mit verzögerter Rückführung an einer Strecke
1. Ordnung nach Bild 10.15 betrachtet werden mit dem Frequenzgang

$$F_S = \frac{K_S}{1 + T \cdot p} \quad , \text{wobei } T = 2 \cdot T_r \text{ und } K_r = K_S \text{ gewählt wurde.}$$

Nimmt man den Regelkreis in Betrieb, so sind zunächst x und $x_r$ gleich Null und
$x_e = x_d = w$, d. h. der Zweipunktregler schaltet ein. Damit liegt am Ausgang des
Reglers und an den Eingängen von Strecke und Rückführung der Sprung $y_{RO}$. Die
Ausgangsgrößen der Strecke und des Rückführgliedes steigen verzögert an mit den
Zeitkonstanten T bzw. $T_r$. Infolge $T_r < T$ steigt $x_r$ schneller an als x. Für
$x_e = -x_L = w - x - x_r$ schaltet der Zweipunktregler ab und $x_r$ sowie x fallen gemäß
ihrer jeweiligen Abfallkurve, bis bei $x_e = +x_L = w - x - x_r$ der Zweipunktregler
erneut einschaltet. Dieser Vorgang wiederholt sich in der in Bild 10.16 dargestellten
Weise. Wählt man die Zeitkonstante $T_r$ des Rückführgliedes klein gegenüber T der
Strecke, so wird die Schaltfrequenz fast ausschließlich durch $T_r$ bestimmt.

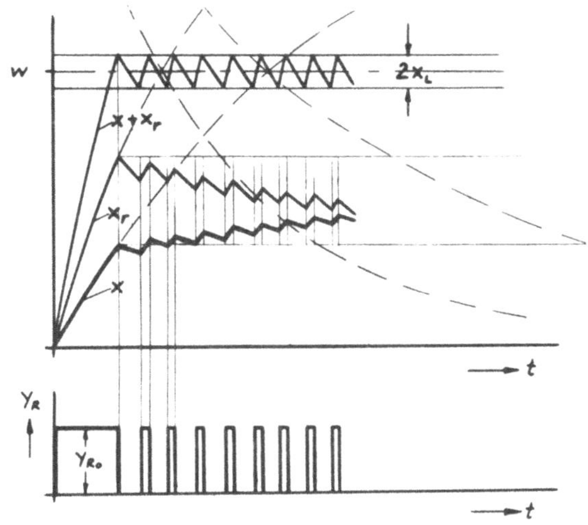

**Bild 10.16**

Verlauf der Regelgröße x und
der Stellgröße $y_R$, des in
Bild 10.15 gezeichneten Regelkreises, bei einem Sollwertsprung

Wie aus Bild 10.16 ersichtlich, ist die Schwingamplitude von x nun nicht mehr gleich
$x_L$ sondern kleiner. Ferner tritt, wie bei einem linearen PD-Regler eine bleibende
Regelabweichung auf. Diese wird umso kleiner, je kleiner man $K_r$ wählt. Für die
Konstruktion des in Bild 10.16 gezeigten Regelverlaufs wurden $T_r$ und $K_r$ so gewählt, daß die charakteristischen Schwingungen noch sichtbar sind. Bei günstiger
Wahl von $T_r$ und $K_r$ können die Schwingamplitude und die bleibende Regelabweichung noch wesentlich verkleinert werden. Der zeitliche Verlauf der Regelgröße x
sowie der Rückführgröße $x_r$ entsprechen dem bei einem Sollwertsprung $w_0$.

Bild 10.17 zeigt den gerätetechnischen Aufbau eines Zweipunktreglers mit verzögerter
Rückführung. Die Regeldifferenz wird der Meßwicklung der Drehspule zugeführt.
Außer der Meßwicklung befindet sich auf dem Spulenrahmen eine zweite Wicklung,
die zur Rückführung dient. An dem Meßwerk ist ein Zeiger sowie eine Al-Fahne
befestigt, die beim Erreichen des Sollwertes zwischen die beiden Spulen $S_{p1}$ und
$S_{p2}$ eintaucht. Diese sind Bestandteil eines Meißner-Oszillators, der durch den
Transistor $T_1$ mit dem Schwingkreis $S_{p1}$, $C_1$ im Kollektorkreis und der Rück-
kopplungsspule $S_{p2}$ im Basiskreis gebildet wird. Schwingt der Oszillator, so wird
die erzeugte Spannung über $C_2$ zur Basis des Transistors $T_2$ geleitet. Der Transistor
$T_2$ wird in Kollektorschaltung betrieben und richtet die Spannung gleich. Anschließend gelangt die durch $C_3$ gesiebte Gleichspannung an die Basis von $T_3$, steuert
diesen durch und erregt das Relais. Bei erregtem Relais wird ein Signal zum Stellglied gegeben und außerdem die Rückführspannung über das Potentiometer P und
das $R_r C_r$-Glied an die Rückführspule gelegt. Mit dem Sollwert werden die Spulen
$S_{p1}$ und $S_{p2}$ un die Drehachse verstellt. Beim Erreichen des Sollwertes taucht die
Al-Fahne zwischen die beiden Spulen $S_{p1}$ und $S_{p2}$, und schwächt infolge Wirbel-

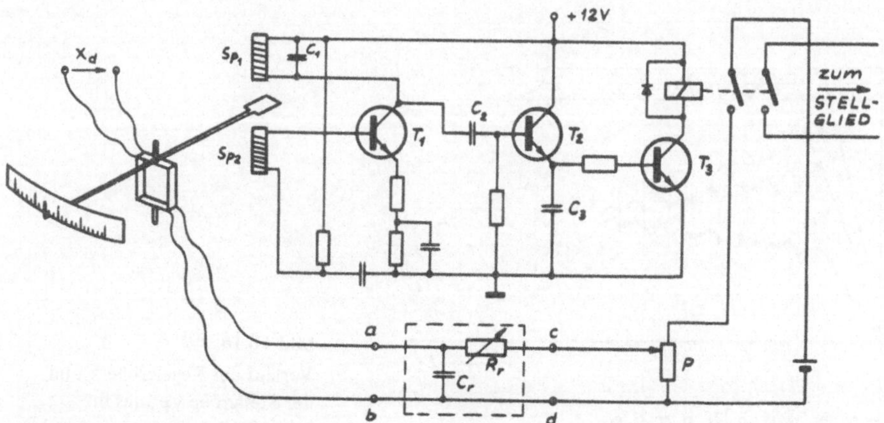

**Bild 10.17.** Prinzip eines Zweipunktreglers mit induktivem Grenzwertgeber und verzögerter
Rückführung

stromdämpfung die Kopplung der beiden Spulen, so daß die Schwingungen des
Oszillators abreißen. Das Relais fällt ab und das nun von der Spannungsquelle
getrennte Rückführglied entlädt sich. Wird der Sollwert unterschritten, so gibt die
Al-Fahne die magnetische Kopplung des Oszillators frei und das Relais zieht an.
Die Hysteresebreite liegt meist zwischen 0,3 ... 0,5 % des Sollwertes.

## 10.3.2. Zweipunktregler mit verzögert-nachgebender Rückführung

Schaltet man in den Rückführzweig eines Zweipunktreglers eine verzögert-
nachgebende Rückführung (Bild 10.18), so zeigt der Regler ein PID-ähnliches Verhalten.

Für einen linearen Verstärker wurde der Fall der verzögert-nachgebenden Rückführung in Abschnitt 5.2.4 bereits behandelt. Die Sprungantwort des Rückführgliedes
in Bild 5.47 setzt sich aus zwei e-Funktionen zusammen, so daß eine verzögert-
nachgebende Rückführung auch durch zwei Verzögerungen 1. Ordnung mit unterschiedlichen Zeitkonstanten gebildet werden kann. Für die Ermittlung der Sprungantwort des rückgekoppelten Zweipunktreglers soll das Rückführglied die in Bild
10.19 gezeigte Anordnung haben.

Gibt man auf den rückgekoppelten Zweipunktregler nach Bild 10.19 eine Sprungfunktion $x_d = x_{d0}$ = konstant, so ist zunächst $x_r$ gleich Null und der Zweipunktregler schaltet ein. Am Ausgang des Reglers sowie an den Eingängen von $F_1$ und $F_2$
liegt der Sprung $y_{R0}$. $x_1$ und $x_2$ steigen nach e-Funktionen mit den Zeitkonstanten
$T_1$ und $T_2$ an. Für $x_e = -x_L = x_d - x_2 + x_1$, bzw. $x_2 - x_1 = x_d + x_L$ fällt der Zweipunktregler ab. Bei abgeschaltetem Regler entladen sich $x_1$ und $x_2$, bis bei $x_e = +x_L =$
$= x_d - x_2 + x_1$, bzw. $x_2 - x_1 = x_d - x_L$ der Zweipunktregler wieder einschaltet. Es

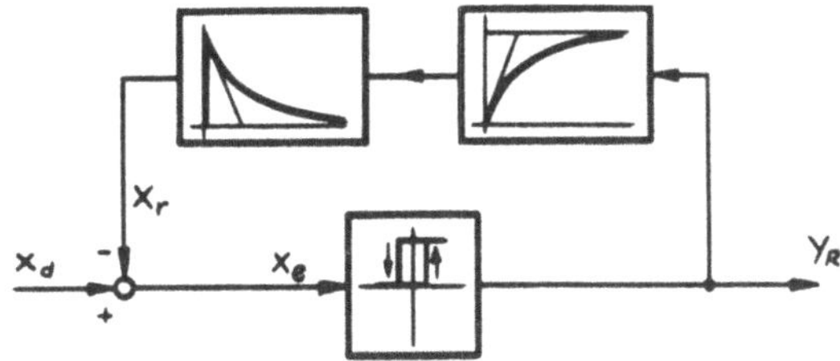

**Bild 10.18**
Blockschaltbild eines Zweipunkt-
reglers mit verzögert-nachgebender
Rückführung.

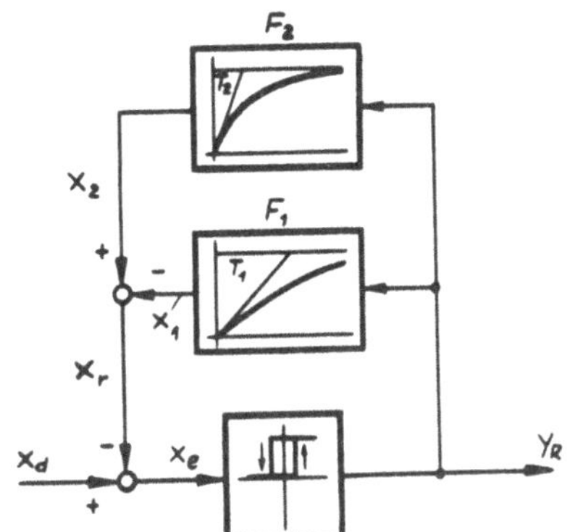

**Bild 10.19**
Zweipunktregler mit verzögert-nachgebender Rück-
führung, erzeugt durch Parallelschaltung von zwei
Verzögerungen 1. Ordnung

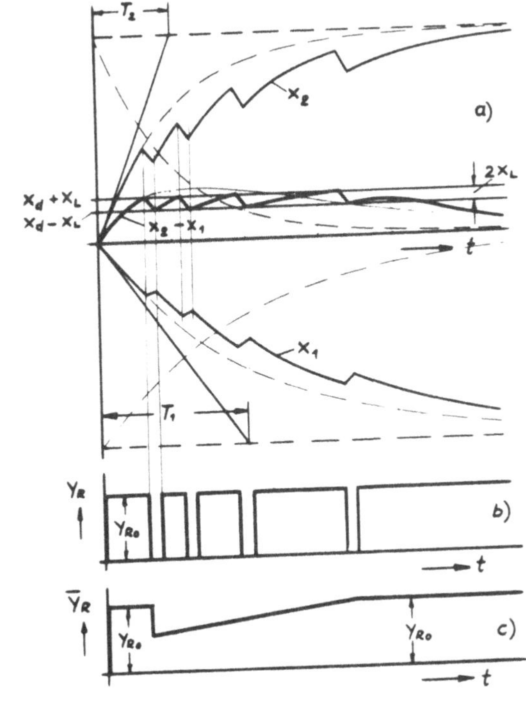

**Bild 10.20**

Zweipunktregler mit verzögert-
nachgebender Rückführung

a) Rückführgrößen $x_1$, $x_2$
b) Stellgröße des Reglers
c) Mittelwert der Stellgröße
   des Reglers ($T_1 = 2\,T_2$)

ergibt sich der in Bild 10.20 gezeigte Verlauf von $y_R$. Nach der 1. Einschaltung ist
die Pulsbreite zunächst klein und nimmt dann zu, bis zum ständigen Einschalten.
Bildet man den Mittelwert $y_R$, so sieht man den PID-ähnlichen Verlauf.

Schaltet man in den Rückführzweig des in Bild 10.17 dargestellten Zweipunktreglers mit induktivem Grenzwertgeber das in Bild 10.21 gezeigte nachgebend-
verzögerte Rückführglied, so erhält der Regler ein PID-ähnliches Verhalten.

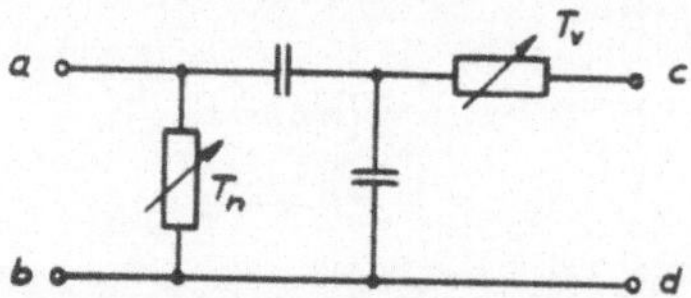

**Bild 10.21**
Verzögert-nachgebendes Rückführglied

## 10.4. Dreipunktregler

Für Stellglieder mit Motorantrieb sind Zweipunktregler ungeeignet, weil sie es
nicht gestatten, die Drehrichtung zu ändern. Diesen Mangel beseitigt der *Dreipunktregler*. Ein weiterer Vorteil des Dreipunktreglers mit nachgeschaltetem Stell-
motor besteht darin, daß ein Beharrungszustand, ohne die beim Zweipunktregler
stets vorhandenen Dauerschwingungen, erreicht werden kann. Bild 10.22 zeigt die
Kennlinie eines Dreipunktreglers mit Hysterese.

Im Gegensatz zum Zweipunktregler besitzt der Dreipunktregler einen oberen und
unteren Grenzwert. Wird die Regelgröße z. B. über ein Motorventil beeinflußt, wie
bei der Temperaturregelung des Durchlauferhitzers in Bild 10.23, so liegt der Sollwert in der Mitte zwischen dem oberen und unteren Grenzwert.

Die Temperatur im Durchlauferhitzer wird mit einem Widerstandsthermometer
$R_T$ gemessen. Ist die Regelgröße gleich dem Sollwert, so ist die Brücke abgeglichen,

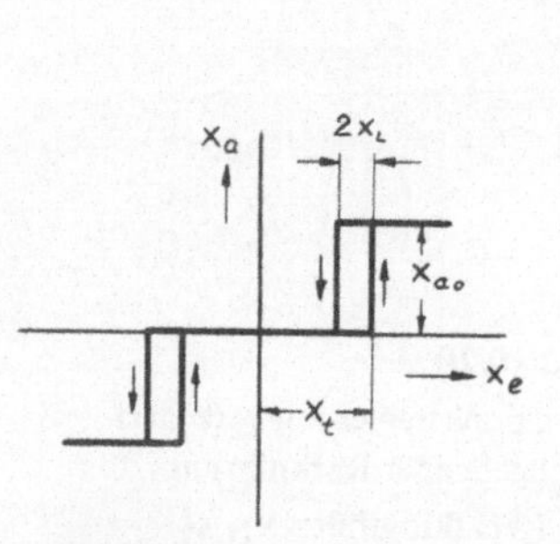

**Bild 10.22**

Kennlinie eines Dreipunktreglers mit
Hysterese

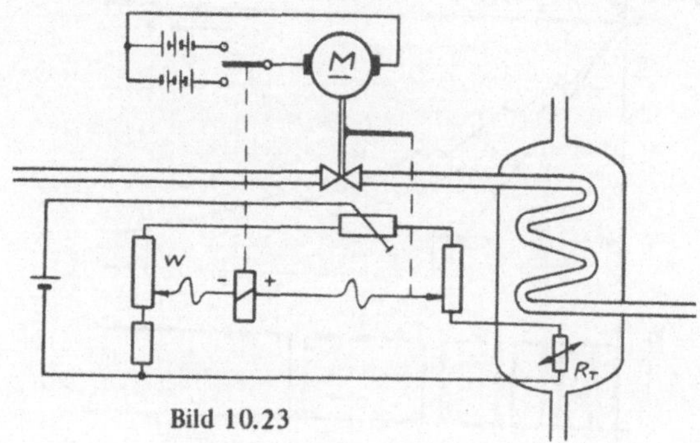

**Bild 10.23**

Temperaturregelung eines
Durchlauferhitzers mittels Dreipunktregler

das gepolte Relais stromlos und der Motor steht. Steigt die Temperatur über den
Sollwert, so nimmt der Wert von $R_T$ zu und die Brücke hat die eingezeichnete
Polarität. Das im Brückenzweig liegende Relais wird so erregt, daß der Motor das
Ventil schließt. Sinkt die Temperatur unter den Sollwert, so wird $R_T$ kleiner und
die Brückenspannung hat die entgegengesetzte Polarität. Infolgedessen wird das
Relais entgegengesetzt magnetisiert, und der Motor öffnet das Ventil.

Vielfach wird anstelle eines Zweipunktreglers, zur Verminderung der Schwankungsbreite, ein Dreipunktregler verwendet. So zeigt Bild 10.24 einen elektrisch beheizten
Glühofen, dessen Heizleistung über zwei Heizwicklungen zugeführt wird. Beim
Anfahren sind beide Heizwicklungen $W_1$ und $W_2$ eingeschaltet, wobei $W_1$ z. B.
90 % und $W_2$ 20 % der erforderlichen Heizleistung liefern. Wird der untere Grenzwert, der mit dem Sollwert identisch ist, überschritten, so schaltet $W_2$ ab, während
$W_1$ eingeschaltet bleibt. Beim Erreichen des oberen Grenzwertes wird auch noch
$W_1$ agbeschaltet. Normalerweise arbeitet dann der Dreipunktregler wie ein Zweipunktregler und schaltet nur $W_2$ zu und ab. Dadurch wird die Schwankungsbreite
innerhalb von maximal 20 % des Sollwertes liegen. Bild 10.25 zeigt die zugehörige
Kennlinie.

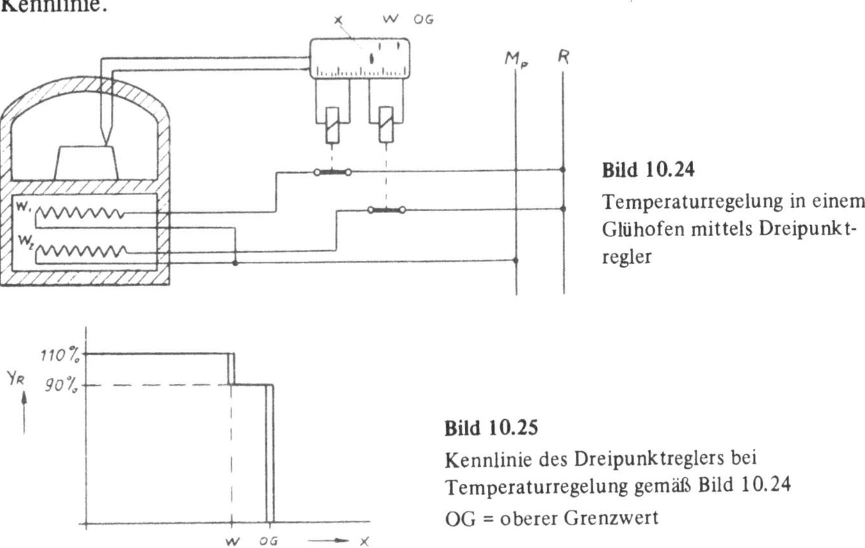


**Bild 10.24**
Temperaturregelung in einem
Glühofen mittels Dreipunkt-
regler

**Bild 10.25**
Kennlinie des Dreipunktreglers bei
Temperaturregelung gemäß Bild 10.24
OG = oberer Grenzwert

## 10.4.1. Dreipunktregler mit Rückführung

Durch eine Rückführung kann auch dem Dreipunktregler ein bestimmtes Zeitverhalten gegeben werden. Bild 10.26 zeigt das Blockschaltbild eines Dreipunktreglers
mit verzögerter Rückführung und nachgeschaltetem I-Glied. Durch diese Anordnung
erhält die Regeleinrichtung ein PI-Verhalten.

Gibt man auf den Eingang der Regeleinrichtung einen Sprung $x_d = x_{d0}$ = konstant, so wird der Dreipunktregler eingeschaltet, weil die Rückführgröße $x_r$ zunächst Null ist. Dies hat zur Folge, daß am Eingang des I-Gliedes und am Eingang des Rückführgliedes der Sprung $x_{a0}$ liegt. Infolgedessen steigt $y_R$ linear mit der Zeit an und $x_r$ nach einer e-Funktion mit der Zeitkonstanten $T_r$. Für $x_e = x_t - 2\,x_L = x_d - x_r$, bzw. $x_r = x_d - x_t + 2\,x_L$ schaltet der Dreipunktregler ab. Betrachtet man als Ausgangsgröße $y_R$ den Winkel, um den eine Motorwelle sich gedreht hat, so behält $y_R$ nach Nullwerden von $x_a$ (Motorspannung), den Wert bei. Die Rückführgröße $x_r$ entlädt sich, bis bei $x_e = x_t = x_d - x_r$, bzw. $x_r = x_d - x_t$ der Dreipunktregler erneut einschaltet, und der Motor weiter läuft. Bild 10.27 zeigt den Verlauf von $x_r$, $x_a$ und $y_R$.

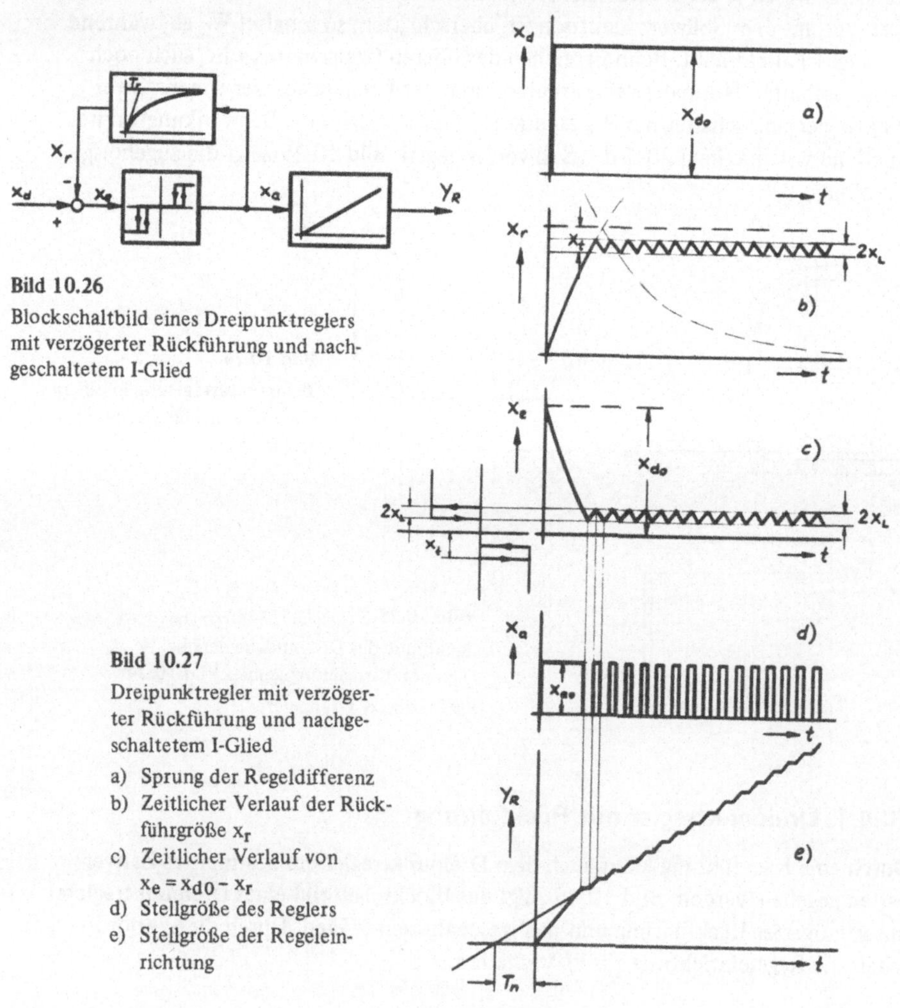

**Bild 10.26**

Blockschaltbild eines Dreipunktreglers mit verzögerter Rückführung und nachgeschaltetem I-Glied

**Bild 10.27**

Dreipunktregler mit verzögerter Rückführung und nachgeschaltetem I-Glied

a)  Sprung der Regeldifferenz
b)  Zeitlicher Verlauf der Rückführgröße $x_r$
c)  Zeitlicher Verlauf von $x_e = x_{d0} - x_r$
d)  Stellgröße des Reglers
e)  Stellgröße der Regeleinrichtung

# 11. Anwendung des Analogrechners in der Regelungstechnik

Das Hauptanwendungsgebiet des Analogrechners ist die Lösung von Differentialgleichungen, wobei die Ordnung der Differentialgleichung i. a. keine Rolle spielt.
Ebenso ist es weitgehend unwichtig, ob die Differentialgleichung linear oder nichtlinear ist. Unter Umständen können mit dem Analogrechner auch partielle Differentialgleichungen gelöst werden.
Hierzu sind folgende Methoden möglich:
1. durch Trennung der Veränderlichen,
2. durch Umformung der partiellen Differentialgleichung mittels Differenzenquotienten
   zu Systemen von gewöhnlichen Differentialgleichungen.

Allerdings ist bei der zweiten Methode die Anzahl der Intervalle begrenzt durch die
Anzahl der vorhandenen Rechenverstärker und die übrigen Rechenkomponenten.
Besser geeignet zur Lösung von partiellen Differentialgleichungen sind Digital- und
Hybridrechner.

Wie die vorangegangenen Kapitel gezeigt haben, können die Glieder und das Verhalten des Regelkreises durch lineare und nichtlineare Differentialgleichungen beschrieben werden, wobei die Behandlung von nichtlinearen Regelvorgängen besonders
kompliziert ist. Für die Probleme der Regelungstechnik, wie z. B. zur Simulation des
dynamischen Verhaltens von Regelkreisen, der Stabilitätsuntersuchung und Optimierung ist der Analogrechner ein wichtiges Hilfsmittel. Außerdem können auch Teile
der Regelanlage mit dem Analogrechner unter Verwendung entsprechender Adapter
zusammengeschaltet werden. So kann z. B. eine Strecke auf dem Analogrechner
simuliert werden, die von einer oder mehreren Regeleinrichtungen geregelt wird. An
dem so geschaffenen Modell können die günstigsten Kennwerte bestimmt und die
kritischen Punkte aufgezeigt werden. Dies ist besonders vorteilhaft bei Anlagen und
Systemen, bei denen eine zu starke Regeldifferenz oder gar ein Instabilwerden
erhebliche Kosten verursacht und unter Umständen eine unzulässige Gefahr bedeutet.
Ein Originalexperiment könnte z. B. bei der Regelung des Neutronenflusses eines
Kernreaktors oder der Kursregelung eines Raumschiffes zur Katastrophe führen.

Im folgenden soll ausschließlich der elektronische Analogrechner behandelt werden.
Daneben gibt es noch mechanische Analogrechner, die gegenüber den elektronischen
schwieriger zu programmieren sind und deren Rechengeschwindigkeit geringer ist
(1 . . . 5 Hz obere Frequenzgrenze). Allerdings ist die Rechengenauigkeit der mechanischen
Analogrechner um rund eine Zehnerpotenz besser als die der normalen elektronischen.
Für die Belange der Regelungstechnik ist die Genauigkeit der elektronischen Geräte
von etwa 1 % ausreichend, so daß mechanische Analogrechner nur für Spezialzwecke
zur Anwendung kommen.

Der elektronische Analogrechner bildet zeitlich veränderliche Vorgänge beliebiger physikalischer Größen in Form von zeitlich veränderlichen elektrischen Spannungen nach, wobei die Zeit die unabhängig Variable und die Spannung die abhängig Variable ist. Der mathematische Zusammenhang zwischen Ein- und Ausgangsgröße des Originalproblems ist gleich dem der analogen Nachbildung. Als Beispiel sei der Rechenschieber genannt, der Zahlen als analoge Längen darstellt, die proportional dem Logarithmus der Zahlen sind.

Der Analogrechner liefert, ebenso wie der Digitalrechner, keine allgemeine Lösung, sondern eine von den jeweiligen Anfangsbedingungen abhängige. Die Lösung des untersuchten Problems ist eine zeitlich veränderliche Spannung, die normalerweise graphisch auf einem Meßwerk- oder Kompensationsschreiber aufgezeichnet wird. Um den Einfluß von Parameteränderungen möglichst schnell zu erfassen, wird das Ergebnis vielfach auf dem Elektronenstrahloszillographen sichtbar gemacht. Damit auf dem Oszillographenschirm ein stehendes Bild entsteht, muß der Rechenvorgang ständig repetiert werden. D. h. nach einer bestimmten Zeit, die so bemessen ist, daß die Ausgangsgröße einen Endzustand erreicht hat, wird der Rechenvorgang unterbrochen, um dann wieder von neuem zu beginnen.

## 11.1. Grundelemente des elektronischen Analogrechners

Die wichtigsten Grundelemente sind:

1. Rechenverstärker, der je nach Beschaltung als Addierer, Integrator oder einfach zur Vorzeichenumkehr dient,
2. Potentiometer zur Einstellung von Parameterwerten,
3. Gleichspannungsquellen zur Erzeugung von Anfangsbedingungen und Eingangsfunktionen,
4. Multipliziereinheiten, die die Multiplikation zweier zeitlich veränderlicher Größen gestatten,
5. Funktionsgeber zur Erzeugung nichtlinearer Funktionen zwischen Ein- und Ausgangsgröße (z. B. $x_a = x_e{}^{3/2}$),
6. Einheiten zur Erzeugung unstetiger Funktionen (z. B. Hysterese, Zweipunktverhalten usw.),
7. Koinzidenzschaltungen (Komparatoren) zum Vergleich zweier Eingangsgrößen und anschließend logischer Entscheidung,
   z. B.

$$x_a = -10\,\mathrm{V} \quad \text{für} \quad x_{e1} < x_{e2},$$

$$x_a = \phantom{-}10\,\mathrm{V} \quad \text{für} \quad x_{e1} > x_{e2},$$

8. Repetiereinheit zur Sichtbarmachung des Ergebnisses auf dem Oszillographenschirm.

Die nachfolgende Tabelle enthält die Symbole aller vorkommenden Rechenelemente,
die zum Programmieren der Rechenschaltung dienen.

| Element | Symbol | Operation |
|---|---|---|
| Potentiometer | $x_e$ —(k)— $x_a$ | $x_a = k \cdot x_e$ |
| Rechenverstärker (offen) | $x_e$ —$(-V)$— $x_a$ | $x_a = -V \cdot x_e$ |
| Summierer | $x_{e1}$ $k_1$ ... $x_{en}$ $k_n$ — $x_a$ | $x_a = -\sum_{i=1}^{n} k_i \cdot x_{ei}$ |
| Summierender Integrator | $x_{e1}$ $k_1$ ... $x_{en}$ $k_a$ — $x_a$ ; $+x_0$ | $x_a = -\int_0^t \sum_{i=1}^{n} k_i \cdot x_{ei} \cdot dt - x_0$ <br> $x_0$ = Anfangsbedingung |
| Multiplikator | $x_{e1}$ $x_{e2}$ —$\pi$— $x_a$ | $x_a = x_{e1} \cdot x_{e2}$ |
| Funktionsgeber | $x_e$ — $x_a = f(x_e)$ — $x_a$ | $x_a = f(x_e)$ |
| Nichtlinearität | $x_e$ — $x_a$ | |
| Koinzidenzschaltung | $x_{e1}$ ; $-10V$ ; $+10V$ ; $x_{e2}$ | z.B. <br> $x_a = -10V$ für $x_{e1} < x_{e2}$ <br> $x_a = +10V$ für $x_{e1} > x_{e2}$ |

## 11.1.1. Der Rechenverstärker

Das wichtigste Element des Analogrechners ist der Rechenverstärker mit einem Ver-

stärkungsgrad $V = -\dfrac{x_a}{x_e} = 10^7 \ldots 10^9$. Das Minuszeichen besagt, daß Ein- und Ausgangsgröße entgegengesetztes Vorzeichen haben. Dies ist notwendig, da der Rechenverstärker i. a. in Gegenkopplung betrieben wird. Es handelt sich hierbei um Gleichspannungsverstärker, die früher ausschließlich röhrenbestückt, heute vorwiegend transistorisiert sind. Daraus erklärt sich die teilweise unterschiedliche maximale Ausgangsspannung, die bei Röhrenverstärkern ungefähr ± 100 V und bei transistorisierten ± 10 V beträgt. Der extrem hohe Verstärkungsgrad zeigt an, daß es sich um mehrstufige Verstärker handelt. Es soll hier nicht auf die Schwierigkeiten bei Gleichspannungsverstärkern eingegangen werden, es sei nur darauf hingewiesen, daß, infolge der galvanischen Kopplung der einzelnen Stufen, die Verstärkung eines Gleichspannungssignals wesentlich schwieriger ist als die einer Wechselspannungsgröße. Besonders unangenehm ist die hierbei auftretende Nullpunktsdrift. Darunter versteht man folgendes: Ist der Eingang des Verstärkers kurzgeschlossen, so ist $x_e = 0$ V und die Verstärkerausgangsspannung muß dann ebenfalls $x_a = 0$ V sein und diesen Zustand beibehalten. Tritt nach einer Zeit von z. B. 1 Stunde eine Abweichung von z. B. 20 mV auf, so beträgt die Drift 20 mV/h. Vielfach wird eine Lang- und eine Kurzzeitdrift angegeben. Bei kurzen Rechenzeiten interessiert nur die Kurzzeitdrift. Die heute zur Anwendung kommenden Gleichspannungsverstärker haben eine gute Nullpunktskonstanz (kleiner als 1 mV/Tag). Solche Rechenverstärker bestehen aus einem Gleichspannungsverstärker (wobei zumindest die Eingangsstufe als Differenzverstärker ausgebildet ist) und einem zusätzlichen Zerhackerverstärker zur Unterdrückung der Nullpunktsdrift.

Bild 11.1 zeigt das Prinzip des beschalteten Rechenverstärkers.

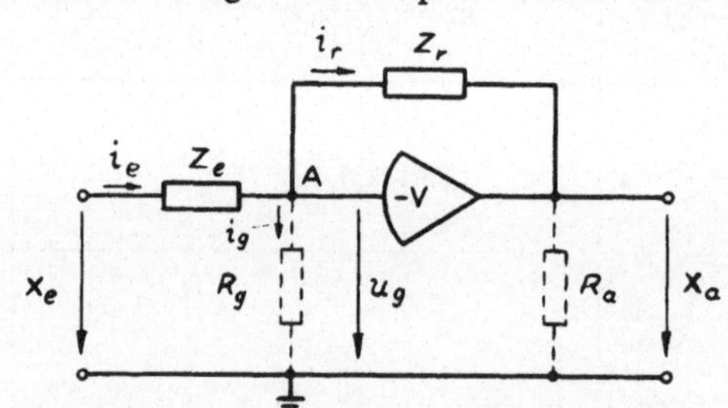


**Bild 11.1**

Beschalteter Rechenverstärker

$Z_e$ = Eingangsimpedanz
$Z_r$ = Rückführimpedanz
$R_g$ = Eingangswiderstand des nicht-
        gegengekoppelten Verst.
$R_a$ = Ausgangswiderstand
$V$  = Verstärkungsfaktor des offenen
        Verstärkers

Aus Bild 11.1 ergeben sich folgende Gleichungen:

$$x_a = - V \cdot u_g, \tag{11.1}$$

$$i_e = i_r + i_g, \tag{11.2}$$

$$i_e = \frac{x_e - u_g}{Z_e}, \tag{11.3}$$

$$i_r = \frac{u_g - x_a}{Z_r}, \tag{11.4}$$

$$i_g = \frac{u_g}{R_g}. \tag{11.5}$$

Setzt man die Gln. (11.3), (11.4) und (11.5) in Gl. (11.2) ein, so folgt:

$$\frac{x_e}{Z_e} - \frac{u_g}{Z_e} = \frac{u_g}{Z_r} - \frac{x_a}{Z_r} + \frac{u_g}{R_g} \, ,$$

$$\frac{x_e}{Z_e} = u_g \left( \frac{1}{Z_r} + \frac{1}{Z_e} + \frac{1}{R_g} \right) - \frac{x_a}{Z_r} \, . \tag{11.6}$$

Aus Gl. (11.1) erhält man:

$$u_g = - \frac{x_a}{V} \, . \tag{11.7}$$

Führt man Gl. (11.7) in Gl. (11.6) ein, so ergibt sich:

$$\frac{x_e}{Z_e} = - \frac{x_a}{V} \left( \frac{1}{Z_r} + \frac{1}{Z_e} + \frac{1}{R_g} \right) - \frac{x_a}{Z_r} \, . \tag{11.8}$$

Der Gleichspannungsverstärker soll neben einem hohen Verstärkungsgrad V einen hohen Eingangswiderstand $R_g$ haben. Für $V = 10^7 \ldots 10^9$ wird der erste Term in Gl. (11.8) vernachlässigbar klein und es folgt die einfache Beziehung:

$$\frac{x_a}{x_e} = - \frac{Z_r}{Z_e} \, . \tag{11.9}$$

Die Gl. (11.9) besagt, daß das Verhältnis von Aus- zu Eingangsgröße ausschließlich durch das Verhältnis der Impedanzen $Z_r$ und $Z_e$ bestimmt wird. Sind die Widerstände rein ohmisch, so ist $x_a = - \frac{R_r}{R_e} \cdot x_e$, wobei $\frac{R_r}{R_e} = k$ ein Faktor ist, der je nach Wahl von $R_r$ und $R_e$ die Werte $0 < k < \infty$ annehmen kann. Bei transistorisierten Rechenverstärkern liegen die Widerstände $R_r$ und $R_e$ in der Größenordnung von $10 \ldots 100 \, \text{k}\Omega$ Wählt man $R_r = R_e$, so wird $x_a = - x_e$. Ein so beschalteter Verstärker dient zur Vorzeichenumkehr.

Infolge der starken Rückkopplung folgt im Idealfall für $V \to \infty$ aus Gl. (11.1) $u_g \to 0$ und damit $i_g \to 0$.

Mit dieser Bedingung ergibt sich die Gl. (11.9) sofort, da der Punkt A in Bild 11.1 dann auf Nullpotential liegt.

## 11.1.2. Der Summator

Die Summation verschiedener Signale bei gleichzeitiger Multiplikation mit einem konstanten Faktor erfolgt gemäß der in Bild 11.2 gezeigten Schaltung.

Im vorherigen Abschnitt wurde gezeigt, daß infolge der hohen Verstärkung und der Gegenkopplung die Spannung $u_g$ nahezu Null und der Strom $i_g$ gegenüber $i_r$ und $i_e$ vernachlässigbar klein ist.

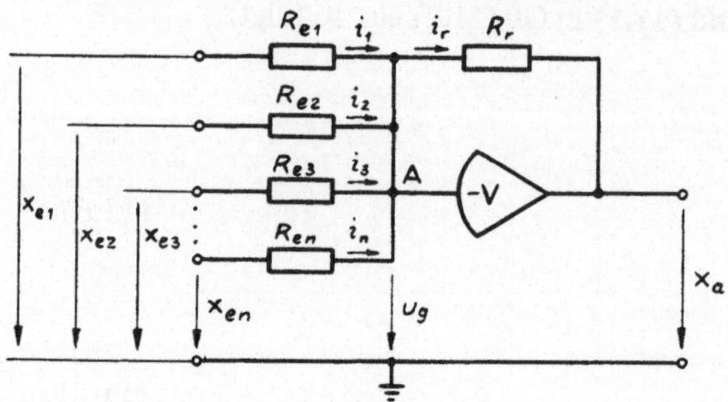


**Bild 11.2**
Schaltung des allgemeinen
Summators

Es gilt also:

$$i_1 + i_2 + \ldots i_n = i_r$$

und da der Punkt A praktisch auf Nullpotential liegt, wird:

$$\frac{x_{e1}}{R_{e1}} + \frac{x_{e2}}{R_{e2}} + \ldots + \frac{x_{en}}{R_{en}} = -\frac{x_a}{R_r} \; .$$

Daraus folgt:

$$x_a = - R_r \sum_{i=1}^{n} \frac{x_{ei}}{R_{ei}} \; ,$$

$$x_a = - \sum_{i=1}^{n} k_i \cdot x_{ei} \; , \; \text{mit} \; k_i = \frac{R_r}{R_{ei}} \; .$$

**Beispiel 11.1**

Es ist folgende Summe zu bilden:

$$x_a = 10 \cdot x_{e1} + x_{e2} + 2 \cdot x_{e3} \; .$$

Der Rückführwiderstand ist mit $R_r = 100 \, \text{k} \Omega$ fest vorgegeben.

$$k_1 = \frac{R_r}{R_{e1}} = 10 \; \rightarrow \; R_{e1} = \frac{R_r}{10} = 10 \;\; \text{k}\Omega,$$

$$k_2 = \frac{R_r}{R_{e2}} = 1 \; \rightarrow \; R_{e2} = R_r = 100 \;\; \text{k}\Omega,$$

$$k_3 = \frac{R_r}{R_{e3}} = 2 \; \rightarrow \; R_{e3} = \frac{R_r}{2} = 50 \;\; \text{k}\Omega \; .$$

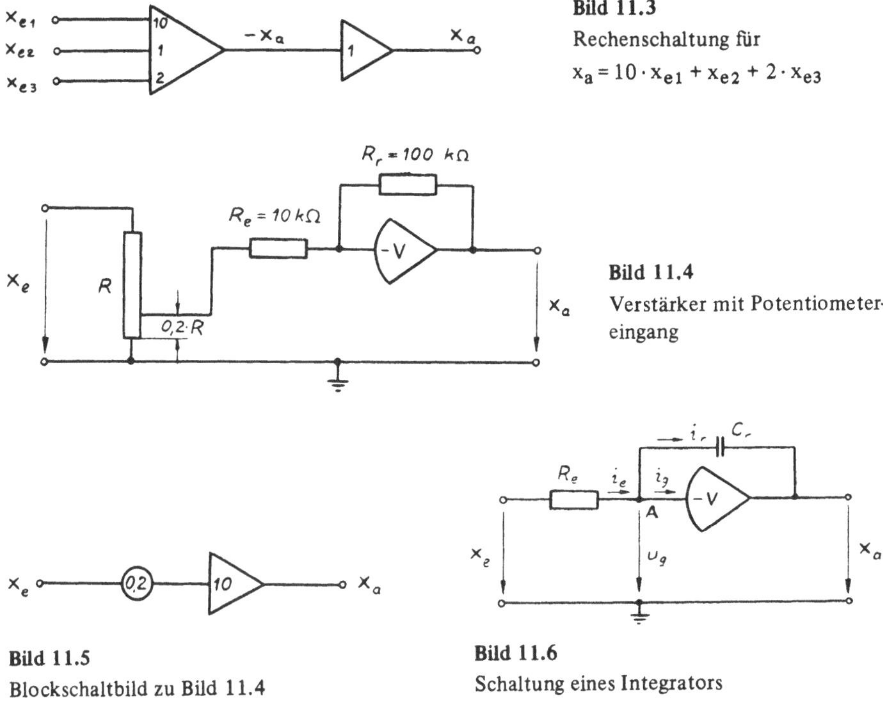



**Bild 11.3**
Rechenschaltung für
$x_a = 10 \cdot x_{e1} + x_{e2} + 2 \cdot x_{e3}$

**Bild 11.4**
Verstärker mit Potentiometer-
eingang

**Bild 11.5**
Blockschaltbild zu Bild 11.4

**Bild 11.6**
Schaltung eines Integrators

Zur Darstellung im Blockschaltbild werden nur die Symbole verwandt (Bild 11.3).
Der zweite Verstärker ist für die Vorzeichenumkehr notwendig.

Vielfach sind die Eingänge der Rechenverstärker mit einigen festen Multiplikations-
faktoren 1 und 10 versehen. Davon abweichende Werte werden durch Spannungsteilung mittels Potentiometer erzeugt. Soll z. B. $x_a = -2 \cdot x_e$ erzeugt werden, dann
wird $x_e$ an ein Potentiometer geführt und der Schleifenabgriff wie in Bild 11.4 gezeigt eingestellt.

Bild 11.5 zeigt die entsprechende Darstellung im Blockschaltbild.

In der in Bild 11.4 gezeigten Schaltung ist das Potentiometer R mit dem Widerstand
$R_e$ belastet. Die Einstellung des Potentiometers wird daher am zweckmäßigsten im
belasteten Zustand vorgenommen.

### 11.1.3. Der Integrator

Schaltet man in den Rückführzweig, des in Bild 11.6 gezeigten Rechenverstärkers,
einen Kondensator $C_r$ und in den Eingang den ohmschen Widerstand $R_e$, so erhält
man einen Integrator.

Der Rückführstrom im Kondensator $C_r$ ergibt sich zu:

$$i_r = C_r \cdot \frac{d(u_g - x_a)}{dt} .$$

Auch hier ist, wie in Abschnitt 11.1.1 gezeigt, $u_g$ nahezu Null und $i_g$ gegenüber $i_r$ und $i_e$ vernachlässigbar, d. h. der Punkt A liegt praktisch auf Nullpotential. Somit gilt:

$$i_e = i_r , \tag{11.10}$$

$$i_e = \frac{x_e}{R_e} , \tag{11.11}$$

$$i_r = - C_r \cdot \frac{dx_a}{dt} \tag{11.12}$$

Setzt man die Gln. (11.11) und (11.12) in Gl. (11.10) ein, so folgt:

$$\frac{x_e}{R_e} = - C_r \cdot \frac{dx_a}{dt} .$$

Durch Integration findet man:

$$x_a = - \frac{1}{R_e \cdot C_r} \int\limits_0^t x_e \cdot dt + x_0 ,$$

$$x_a = - k \cdot \int\limits_0^t x_e \cdot dt + x_0 ,$$

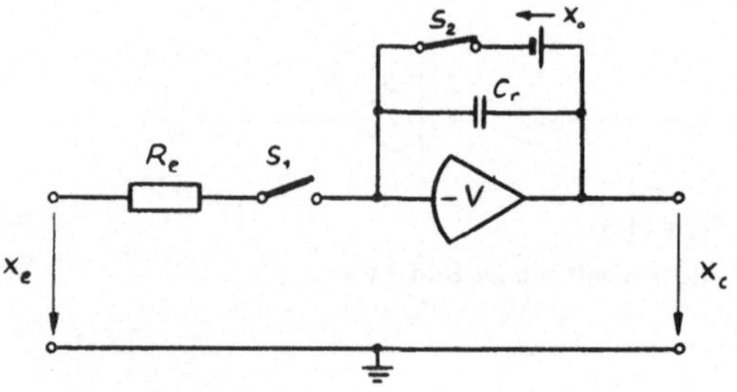

Bild 11.7

Schaltung zur Einführung der Anfangsbedingung

$$\text{mit } k = \frac{1}{R_e \cdot C_r} = \frac{1}{T_I} = \text{Integrierbeiwert und } x_0 = \text{Anfangsbedingung.}$$

Bild 11.7 zeigt die Schaltung zur Einführung der Anfangsbedingung $x_0$.

Vor Beginn der Rechnung wird der Kondensator $C_r$ über den geschlossenen Schalter $S_2$ auf die Spannung $x_0$ aufgeladen. Die Rechnung beginnt zum Zeitpunkt $t = 0$, indem gleichzeitig $S_1$ geschlossen und $S_2$ geöffnet wird. Durch Öffnen von $S_1$ wird der Rechenvorgang unterbrochen. Um den Rechenvorgang zu wiederholen, muß $S_1$ geöffnet und $S_2$ geschlossen werden. Im allgemeinen verfügen die Analogrechner über 20 und mehr Rechenverstärker, die wahlweise als Summatoren oder Integratoren geschaltet werden können. Aus einem Summator wird ein Integrator, indem an die Stelle des Rückführwiderstandes $R_r$ der Kondensator $C_r$ und der Schalter bzw. Relaiskontakt $S_2$ tritt. Ein so geschalteter Integrator hat dann entsprechend dem Summator mehrere Eingänge. Die Ausgangsgröße ist dann gleich dem Integral der Summe der Eingangsspannungen plus der Anfangsbedingung. Das Symbol des summierenden Integrators ist in Bild 11.8 gezeigt.

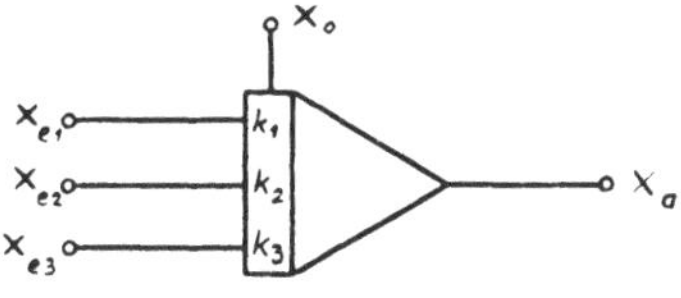

**Bild 11.8**

Symbol des summierenden Integrators

$$x_a = -\int_0^t \left( \sum_{i=1}^{n} k_i \cdot x_{ei} \right) \cdot dt - x_0 \quad \text{mit} \quad k_i = \frac{1}{R_{ei} \cdot C_r}$$

## 11.1.4. Der Funktionsgeber

Zur Erzeugung nichtlinearer Zusammenhänge zwischen Ein- und Ausgangsgröße dient der *Funktionsgeber*. Ist die Kennline $x_a = f(x_e)$ stetig, so wird diese durch einen Polygonzug angenähert. Hierzu können in den Eingangs- und Rückführzweig vorgespannte Dioden geschaltet werden (heute vorwiegend Halbleiterdioden).

Für die nachfolgenden Betrachtungen wird eine ideale Diode angenommen, d. h. der Durchlaßwiderstand ist Null und der Sperrwiderstand ist unendlich. Das Prinzip des Funktionsgebers soll an Hand der in Bild 11.9 gezeigten Schaltung erklärt werden.

Gemäß Bild 11.9 ist:

$$x_e = i \cdot R + U_v,$$

$$i = \frac{x_e - U_v}{R} \ . \tag{11.13}$$

Da die Diode keinen negativen Strom zuläßt, folgt aus Gl. (11.13):

$$i = 0 \qquad \text{für} \quad x_e < U_v,$$

$$i = \frac{x_e - U_v}{R} \qquad \text{für} \quad x_e > U_v \ .$$

Es ergibt sich die in Bild 11.10 gezeigte Kennlinie.

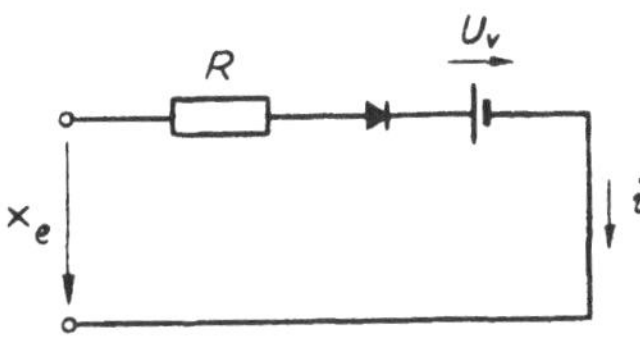

**Bild 11.9**

Stromkreis mit vorgespannter Diode

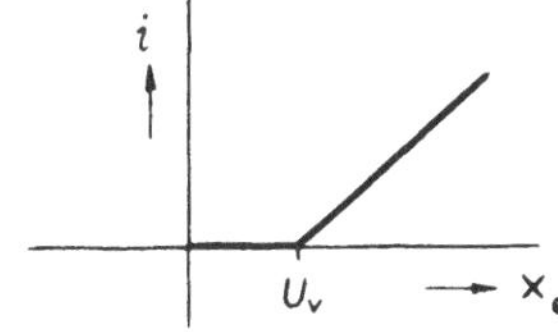

**Bild 11.10**

Kennlinie der Anordnung nach Bild 11.9

Schaltet man mehrere unterschiedlich
vorgespannte Dioden parallel, wie in Bild
11.11, so erhält man:

$$i_1 = \frac{x_e - U_1}{R_1} \quad \text{für} \quad x_e > U_1,$$

$$i_2 = \frac{x_e - U_2}{R_2} \quad \text{für} \quad x_e > U_2,$$

$$i_3 = \frac{x_e - U_3}{R_3} \quad \text{für} \quad x_e > U_3,$$

$$i = i_1 + i_2 + i_3 .$$

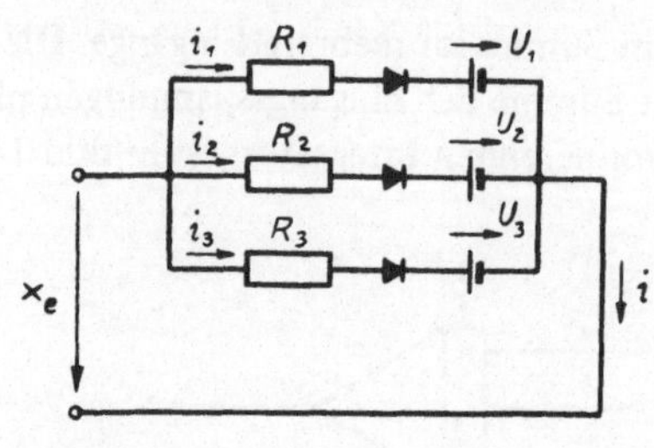

**Bild 11.11**

Netzwerk zur Erzeugung eines Poly-
gonzuges mit drei Knickpunkten

Für $U_1 < U_2 < U_3$ zeigt Bild 11.12 die zugehörige Kennlinie.

Um als Ausgangsgröße eine Spannung zu erhalten, könnte man daran denken, z. B.
in Bild 11.11 in den Stromkreis einen zusätzlichen Widerstand zu legen. Die daran
abfallende Spannung $x_a$ beeinflußt dann zusätzlich die Lage der Knickpunkte, so
daß diese dann abhängig sind von $U_v$ und $x_a$. Dieser Nachteil wird durch Verwendung
entsprechend beschalteter Rechenverstärker vermieden (Bild 11.13).

Unter den früher gemachten Voraussetzungen

$$i_g \approx 0 \quad \text{und} \quad u_g \approx 0 \quad \text{für} \quad V \to \infty \quad \text{gilt:}$$

Im Bereich $U_2 > x_a > - U_1$ sind beide Dioden gesperrt, und es ist:

$$x_a = - \frac{R_3}{R_e} \cdot x_e \qquad (U_2 > x_a > - U_1) .$$

Für $x_a > U_2$ wird die Diode $D_2$ leitend. Der Rückführwiderstand besteht dann aus
der Parallelschaltung von $R_2$ und $R_3$.

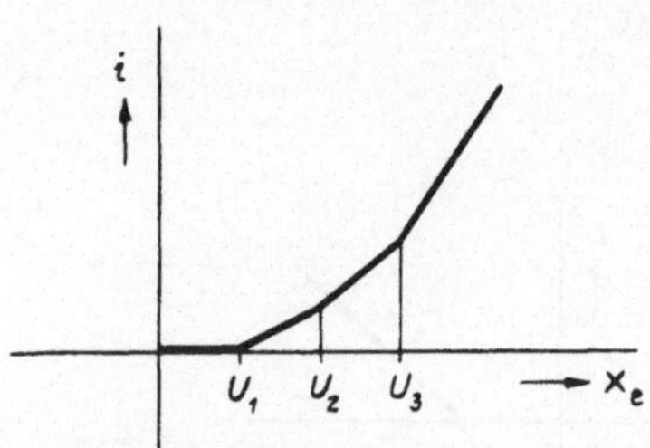

**Bild 11.12**

Kennlinie der Anordnung nach
Bild 11.11

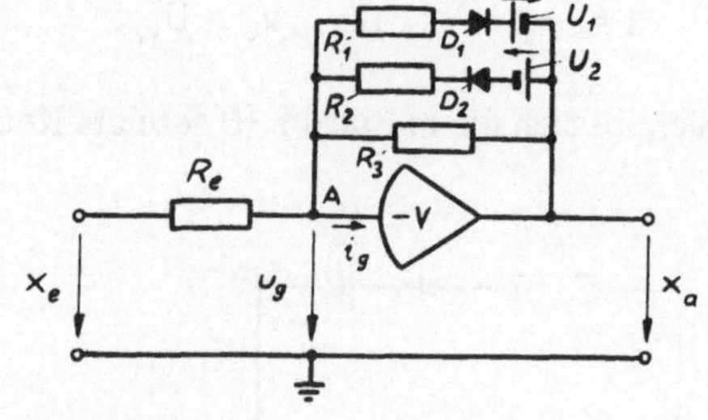

**Bild 11.13**

Beschalteter Rechenverstärker mit vorgespannten Dioden im Rückführzweig

Damit folgt:

$$x_a = - \frac{R_2 \cdot R_3}{(R_2 + R_3)R_e} \cdot x_e \quad \text{für } x_a > U_2 \,.$$

Ändert sich die Polarität von $x_e$, so ändert sich auch die Polarität von $x_a$. Für $- x_a > U_1$ wird die Diode $D_1$ leitend. Die Parallelschaltung von $R_1$ und $R_3$ bildet dann den Rückführwiderstand. Gemäß Gl. (11.9) erhält man:

$$x_a = - \frac{R_1 \cdot R_3}{(R_1 + R_3)R_e} \cdot x_e \quad \text{für } - x_a > U_1 \,.$$

In Bild 11.14 ist die Kennlinie zu Bild 11.13 gezeigt, diese wird symmetrisch für $U_1 = U_2$ und $R_1 = R_2$ .

Schaltet man in den Rückführzweig n vorgespannte Dioden und Widerstände, so hat der Polygonzug n Knickpunkte bzw. n + 1 Geradenstücke. Die Kennlinie kann durch Wahl der Widerstände und Vorspannungen sowohl einen symmetrischen als auch einen unsymmetrischen Verlauf erhalten. Allerdings wird durch weiteres Parallelschalten von Dioden und Widerständen die Steigung nur verringert, da infolge zusätzlicher Parallelschaltung von Widerständen der Gesamtrückführwiderstand kleiner wird.

Eine Vergrößerung der Kennliniensteigung wird durch Parallelschalten von entsprechend vorgeschalteten Dioden und Widerständen in den Eingangskreis erreicht. Bild 11.15 zeigt einen Rechenverstärker mit zwei vorgespannten Dioden.

Gemäß der für großes V gültigen Voraussetzung liegt der Punkt A praktisch auf Erdpotential.

Im Bereich $U_2 > x_e > - U_1$ sind die beiden Dioden $D_1$, $D_2$ gesperrt und es ist:

$$x_a = - \frac{R_r}{R_3} \cdot x_e \quad (U_2 > x_e > - U_1).$$

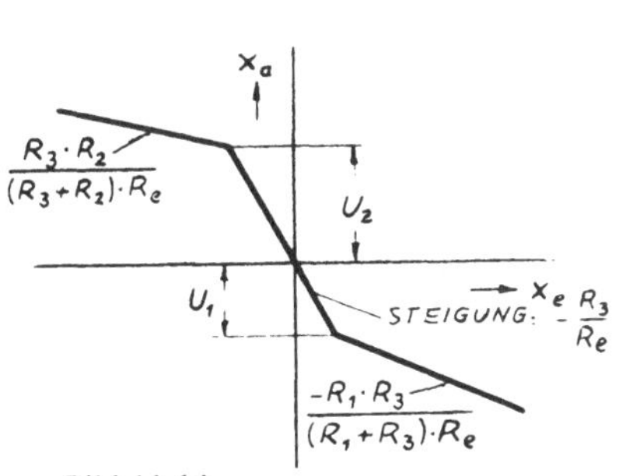


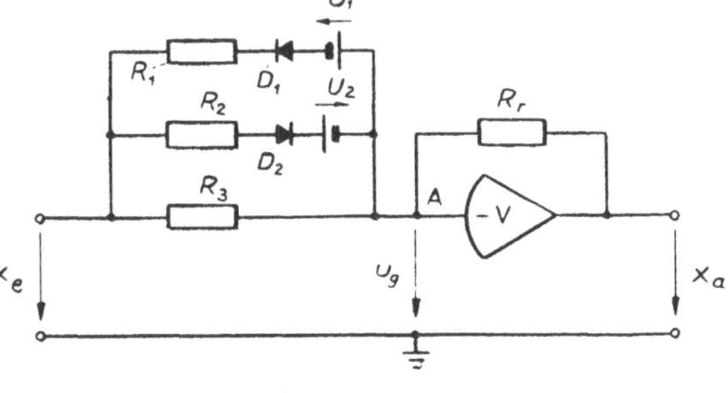


**Bild 11.14**

Kennlinie des in Bild 11.13 beschalteten Rechenverstärkers

**Bild 11.15**

Rechenverstärker mit 2 vorgespannten Dioden im Eingangskreis

Für $x_e > U_2$ ist die Diode $D_2$ leitend und $R_2$ liegt parallel zu $R_3$.

$$x_a = -\frac{R_r \cdot (R_2 + R_3)}{R_2 \cdot R_3} x_e \quad (x_e > U_2).$$

Hat $x_e$ die entgegengesetzte Polarität, so wird für $-x_e > U_1$ die Diode $D_1$ leitend. $R_1$ liegt parallel zu $R_3$ und die Ausgangsspannung ist dann:

$$x_a = -\frac{R_r \cdot (R_1 + R_3)}{R_1 \cdot R_3} \cdot x_e \quad (-x_e > U_1).$$

Wie Bild 11.16 zeigt, wird durch die Parallelschaltung der vorgespannten Diode die Steigung der Kennlinie mit zunehmendem $x_e$ größer.

Durch Kombination von vorgespannten Dioden mit Widerständen im Eingangs- und Rückführzweig lassen sich viele Funktionen, bei entsprechendem Aufwand, sehr gut annähern.

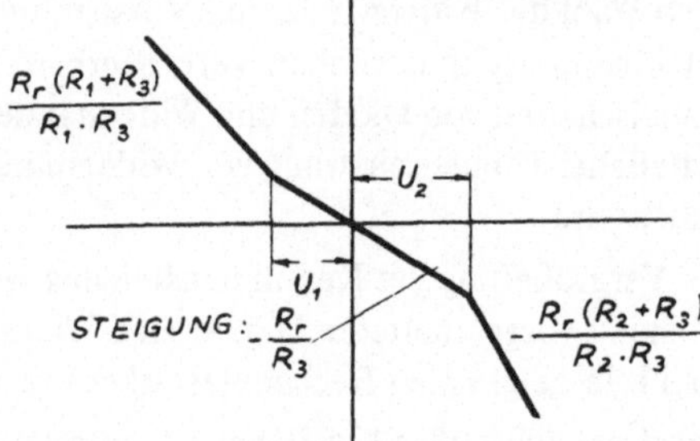


**Bild 11.16**
Kennlinie des nach Bild 11.15 beschalteten
Rechenverstärkers

## 11.1.5. Der Multiplikator

Während das Problem der Integration und Addition in Bezug auf Genauigkeit, Rechenzeit und gerätetechnischem Aufwand durch die Verwendung von Verstärkern mit hohem Verstärkungsgrad als gelöst angesehen werden kann, trifft dies für die Multiplikation nicht zu. Es gibt verschiedene Verfahren zur Multiplikation zweier zeitlich veränderlicher Größen, allen ist gemein, der erhebliche geräte- und schaltungstechnische Aufwand. Mechanische Multiplikatoren (Potentiometer mit Servomotor, ähnlich dem Kompensationsschreiber) sind zwar sehr genau aber in ihrer Rechengeschwindigkeit gegenüber den übrigen Elementen zu langsam. Für den repetierenden Betrieb hat sich unter anderen das *Parabelverfahren* durchgesetzt. Es macht von der folgenden Beziehung Gebrauch:

$$x_{e1} \cdot x_{e2} = \frac{1}{4} \cdot [(x_{e1} + x_{e2})^2 - (x_{e1} - x_{e2})^2],$$

$$x_{e1} \cdot x_{e2} = \frac{1}{4} (x_{e1}^2 + 2x_{e1} \cdot x_{e2} + x_{e2}^2 - x_{e1}^2 + 2x_{e1} \cdot x_{e2} - x_{e2}^2).$$

Die Multiplikation wird also auf eine Addition, Subtraktion und eine anschließende Quadrierung zurückgeführt. Während sich die Addition und Subtraktion mittels Summierer leicht durchführen läßt, erfolgt die Quadrierung an einer quadratischen Kennlinie (Parabel $x_a = x_e^2$). Diese Kennlinie wird durch entsprechend vorgespannte Dioden, gemäß Abschnitt 11.1.4, im Eingangskreis erzeugt. Eine nach diesem Verfahren durchgeführte Multiplikation hat dann folgendes Blockschema (Bild 11.17).

Die Güte dieses Verfahrens ist weitgehend von der Genauigkeit der Parabelapproximation abhängig. Wie Bild 11.17 zeigt, ist der Aufwand mit mindestens 7 Verstärkern erheblich.

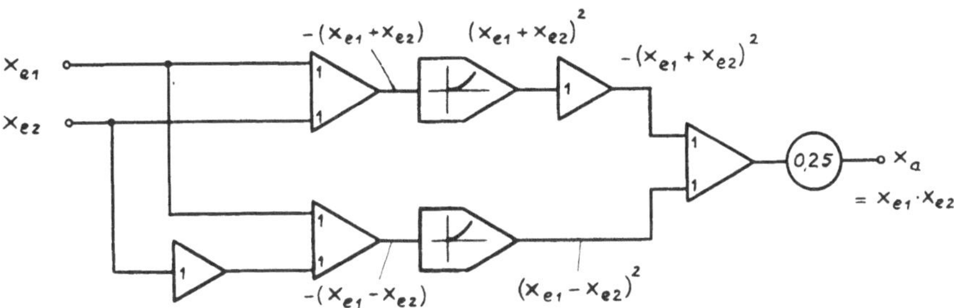


**Bild 11.17.** Blockschaltbild eines Multiplikators nach dem Parabelverfahren

## 11.2. Programmierung

Die Lösung einer Differentialgleichung auf dem Analogrechner könnte grundsätzlich auf zwei verschiedene Arten erfolgen:

1. durch wiederholte Integration,
2. durch wiederholte Differentiation.

Bei der Besprechung der Grundelemente wurde der Integrator behandelt, während der Differentiator unerwähnt blieb. Aus nachfolgenden Gründen wird jedoch heute bei allen elektronischen Analogrechnern die Methode der wiederholten Integration angewandt.

Schaltet man nach Bild 11.18 zwei Integratoren hintereinander und führt an den Eingang dieser Schaltung eine sinusförmige Spannung

$$u_e = \hat{u} \cdot \sin\omega t,$$

so erscheint am Ausgang des 1. Integrators:

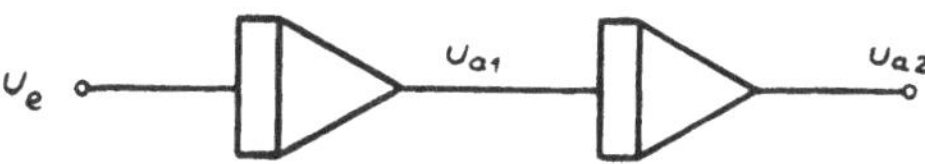


$$u_{a1} = - \int u_e \cdot dt = + \hat{u} \cdot \frac{1}{\omega} \cdot \cos\omega t$$

**Bild 11.18**
Reihenschaltung zweier Integratoren

und am Ausgang des 2. Integrators:

$$u_{a2} = -\int u_{a1} \cdot dt = -\hat{u}\,\frac{1}{\omega^2}\cdot\sin\omega t\,.$$

Betrachtet man die Amplituden von $u_{a1}$ und $u_{a2}$, so ist ersichtlich, daß die am Verstärkereingang immer vorhandenen Rauschspannungen durch die Integration abgeschwächt werden.

Es soll nun die Wirkung einer Rauschspannung beim Durchlaufen eines Differentiators untersucht werden. Bild 11.19 zeigt die Reihenschaltung zweier Differentiatoren, wobei jede Rechenoperation wieder mit einer Vorzeichenumkehr verbunden sein soll.

Gibt man auf den Eingang die gleiche sinusförmige Spannung

$$u_e = \hat{u}\cdot\sin\omega t\,,$$

so wird:

$$u_{a1} = -\frac{du_e}{dt} = -\hat{u}\omega\cdot\cos\omega t$$

und

$$u_{a2} = -\frac{du_{a1}}{dt} = -\hat{u}\omega^2\cdot\sin\omega t\,.$$

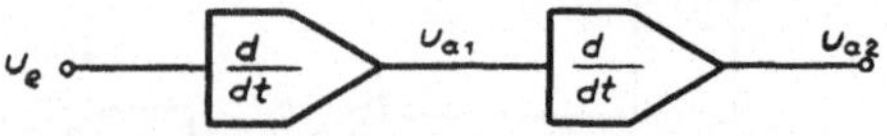

**Bild 11.19**
Reihenschaltung von zwei Differentiatoren

Im Gegensatz zur Integration werden durch die Differentiation die Rauschspannungen in ihrer Wirkung noch verstärkt.

### Aufbau einer Rechenschaltung

Der charakteristische Aufbau einer Rechenschaltung soll an der folgenden einfachen Differentialgleichung 2. Ordnung behandelt werden:

$$K\cdot x_e = x_a + T_1\cdot\frac{dx_a}{dt} + T_2^2\cdot\frac{d^2x_a}{dt^2}\,. \tag{11.14}$$

Beim Verfahren der wiederholten Integration wird die Differentialgleichung grundsätzlich nach der höchsten Ableitung aufgelöst. Aus Gl. (11.14) folgt dann:

$$\ddot{x}_a = \frac{1}{T_2^2}\,(K\cdot x_e - x_a - T_1\cdot\dot{x}_a)\,.$$

Diese Gleichung läßt sich nun auf eine einfache Weise programmieren. Nimmt man zunächst an, die Größen $x_e$, $-x_a$ und $-\dot{x}_a$ sind vorhanden, so gewinnt man $\ddot{x}_a$ durch einfache Addition und entsprechende Multiplikation nach Bild 11.20.

Durch anschließende zweimalige Integration findet man $\dot{x}_a$ und $-x_a$. Führt man $-x_a$ auf den Eingang 2 zurück und $\dot{x}_a$ über einen Umkehrverstärker auf den Ein-

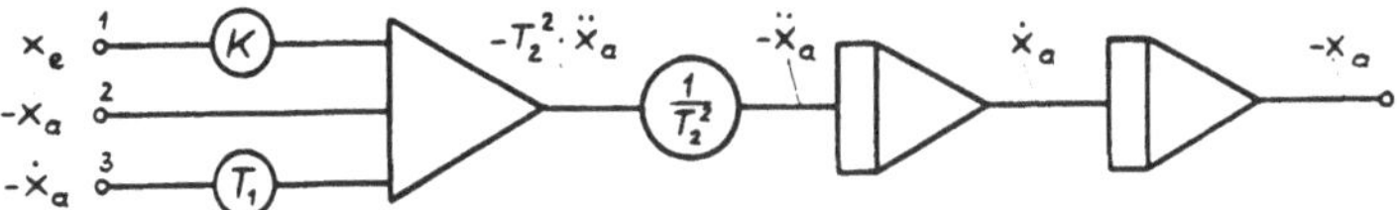

**Bild 11.20.** Gewinnung von $\dot{x}_a$ und $x_a$ aus $\ddot{x}_a$

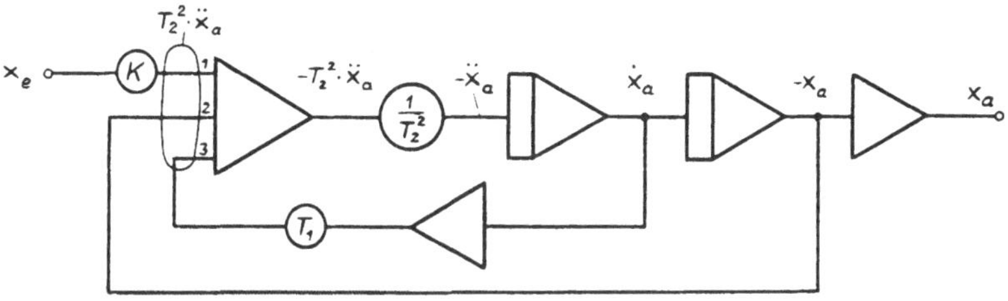

**Bild 11.21.** Schaltbild zu Gleichung (11.14)

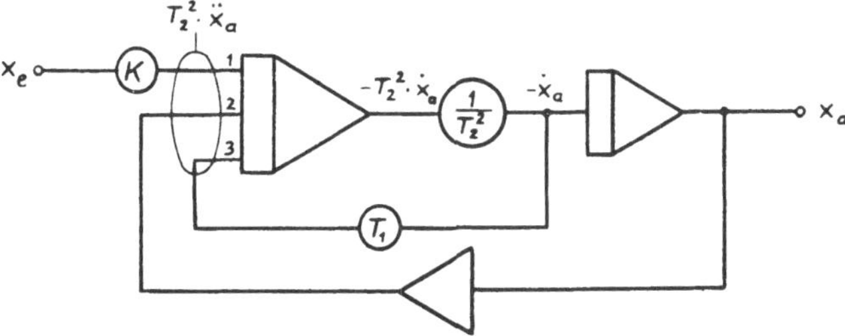

**Bild 11.22.** Vereinfachte Rechenschaltung zu Gleichung (11.14) (Differentialgleichung 2. Ordnung)

gang 3, so ist die Aufgabe gelöst (Bild 11.21). Damit die Ausgangsgröße $x_a$ mit positivem Vorzeichen erscheint, ist noch ein zusätzlicher Umkehrverstärker erforderlich.

Die Schaltung nach Bild 11.21 kann vereinfacht werden, wenn der durch die Schleife zusammengefaßte Ausdruck $T_2^2 \cdot \ddot{x}_a$ sofort einem summierenden Integrator zugeführt wird, wie in Bild 11.22. Dann erscheint am Ausgang des 1. Integrators $- T_2^2 \cdot \dot{x}_a$, am Eingang des 2. Integrators $- \dot{x}_a$ und an dessen Ausgang $x_a$. Die Ausgangsgröße $x_a$ wird über einen Umkehrverstärker auf den Eingang 2 zurückgeführt, während $- \dot{x}_a$ nach Multiplikation mit dem Faktor $T_1$ zum Eingang 3 geführt wird.

Wie Bild 11.22 zeigt, wurden gegenüber Bild 11.21 zwei Verstärker eingespart. Charakteristisch ist, daß die Ausgangsgröße selbst zu ihrer Entstehung beiträgt.

## Beispiel 11.2

Es ist die Rechenschaltung eines PI-Reglers zu entwerfen und mit der in Bild 11.22 programmierten Strecke zusammenzuschalten. Die Differentialgleichung eines PI-Reglers lautet:

$$y_R = K_P\left(x_d + \frac{1}{T_n}\cdot\int x_d\cdot dt\right).$$

Diese Gleichung kann ohne Umformung direkt programmiert werden (Bild 11.23).

Zur Einführung von w und z sind in Bild 11.24 Summierverstärker vorgesehen.

Eine Vereinfachung der Rechenschaltung nach Bild 11.24 ist möglich, wenn von der Gesamtdifferentialgleichung ausgegangen wird. Dieser Weg ist jedoch nicht empfehlenswert, da dadurch die Abhängigkeit der Zwischenvariablen verloren geht.

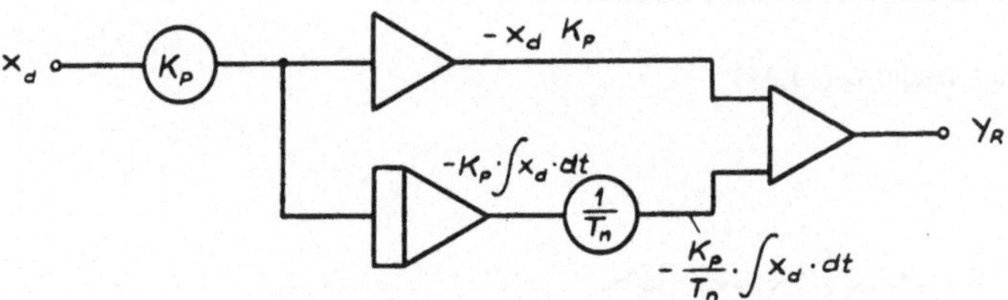


**Bild 11.23.** Rechenschaltung zur Simulierung eines PI-Reglers

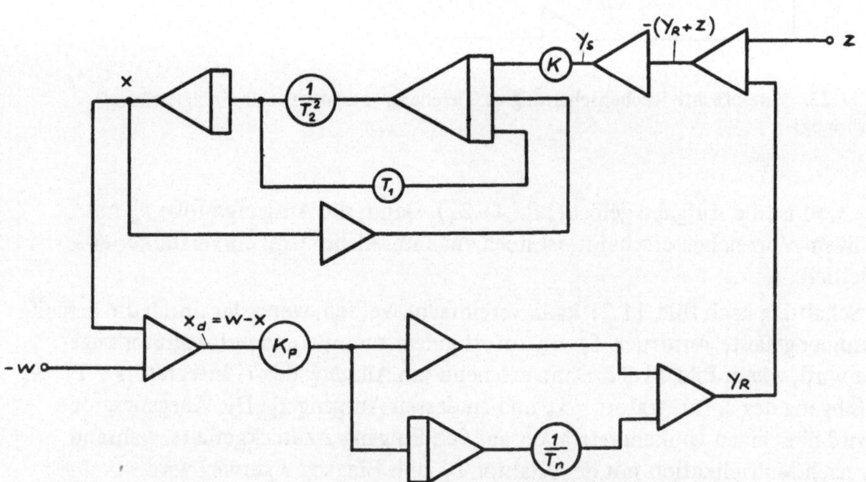


**Bild 11.24.** Rechenschaltung eines Regelkreises, bestehend aus einer P-Strecke 2. Ordnung und einem PI-Regler

## Beispiel 11.3

Erzeugung einer Cosinus- bzw. Sinusfunktion:

$$x = \hat{x} \cdot \cos\omega t .$$

Durch zweimalige Differentiation erhält man:

$$\frac{dx}{dt} = -\omega\hat{x} \cdot \sin\omega t \quad\longrightarrow\quad \frac{1}{\omega}\cdot\frac{dx}{dt} = -\hat{x}\cdot\sin\omega t,$$

$$\frac{d^2x}{dt^2} = -\omega^2\cdot\hat{x}\cos\omega t \quad\longrightarrow\quad \frac{1}{\omega}\cdot\frac{d^2x}{dt^2} = -\omega\hat{x}\cdot\cos\omega t .$$

Daraus folgt die in Bild 11.25 gezeigte Rechenschaltung mit den Anfangsbedingungen:

$$\cos(0) = \hat{x}$$
$$\sin(0) = 0$$

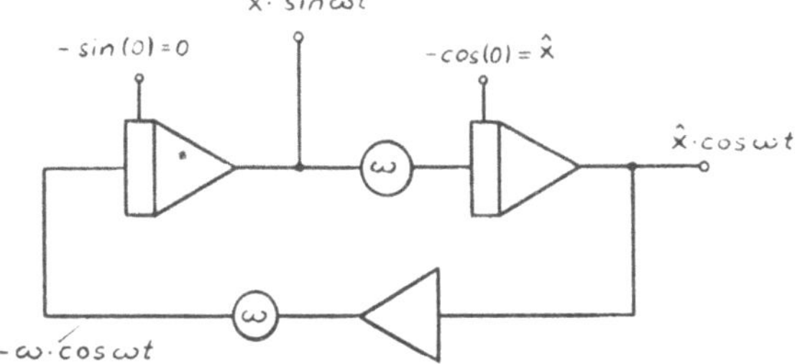


**Bild 11.25**
Rechenschaltung zur Erzeugung einer Cosinus-
bzw. Sinusfunktion

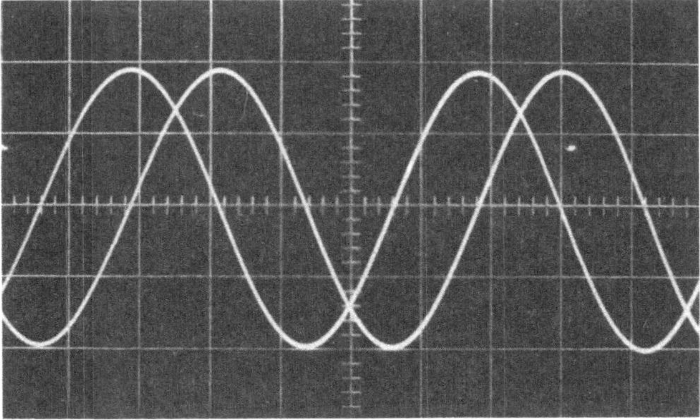

1 cm $\stackrel{\wedge}{=}$ 1 V
1 cm $\stackrel{\wedge}{=}$ 10 ms

**Bild 11.26.** Oszillographenbild einer Cosinus- und Sinusschwingung

## Beispiel 11.4 Berechnung einer Wurfparabel (Bild 11.27)

Eine Kugel wird mit der Anfangsgeschwindigkeit $v_0$ unter dem Winkel $\alpha$ gegen die Horizontale abgestoßen. Die Auftreffebene liegt um h tiefer als die Abwurfstelle.

Die Anfangsgeschwindigkeit $v_0$ wird in eine vertikale und eine horizontale Komponente zerlegt.

$$v_{0y} = v_0 \cdot \sin\alpha,$$

$$v_{0x} = v_0 \cdot \cos\alpha.$$

In vertikaler Richtung wirkt außerdem die Erdbeschleunigung g auf die Kugel.

Somit ist in vertikaler Richtung:

$$v_y = v_{0y} - \int g \cdot dt \,,$$

$$y = \int v_y \cdot dt = \int \left( v_0 \cdot \sin\alpha - \int g \cdot dt \right) dt \qquad (11.15)$$

und in horizontaler Richtung:

$$v_x = v_{0x},$$

$$x = \int v_{0x} \cdot dt = \int v_0 \cdot \cos\alpha \cdot dt \,. \qquad (11.16)$$

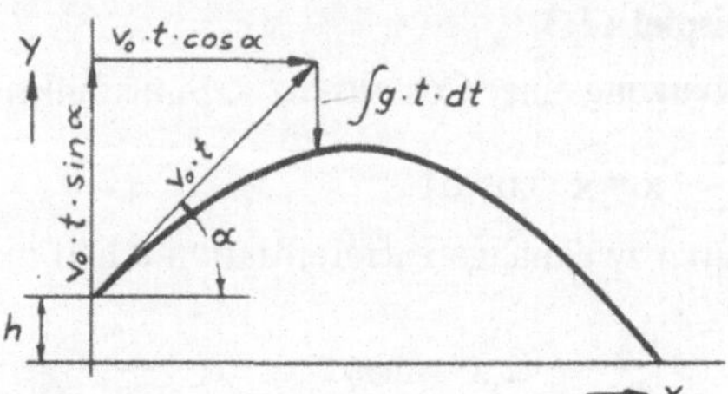


**Bild 11.27**
Wurfparabel
$v_0$ = Anfangsgeschwindigkeit
g  = Erdbeschleunigung

Aus den Gln. (11.15) und (11.16) ergibt sich die in Bild 11.28 gezeigte Rechenschaltung mit den Anfangsbedingungen

$$x(0) = 0$$

$$y(0) = h \,.$$

Gibt man $v_0$, g und h negativ ein, so lassen sich die beiden Umkehrverstärker einsparen.

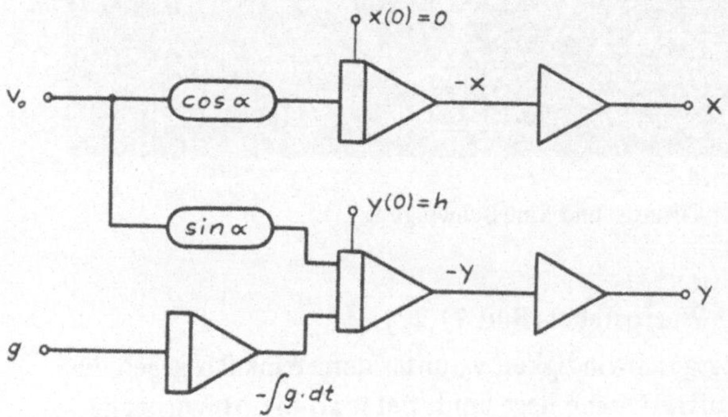


**Bild 11.28**
Rechenschaltung zur Darstellung einer Wurfparabel

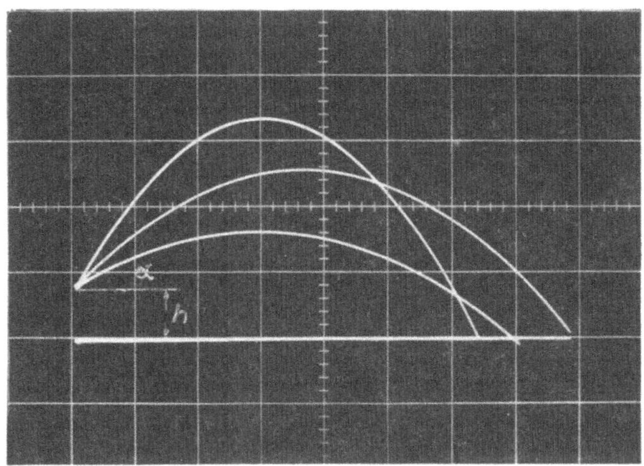

**Bild 11.29.** Oszillographenbild verschiedener Wurfparabeln $\alpha = 30^0$; $45^0$; $60^0$

## 11.2.1. Wahl der Maßstabsfaktoren

Die Darstellung eines physikalischen Problems auf dem Analogrechner bedeutet, daß einer physikalischen Größe und deren Ableitungen elektrische Spannungen zugeordnet werden. Diese Spannungen müssen so bemessen sein, daß die Verstärker nicht übersteuert und zum anderen ein möglichst großer Signal-Störabstand gewahrt bleibt. Angestrebt wird daher eine Aussteuerung, die knapp unter dem zulässigen Maximalwert liegt (z. B. ± 10 V).

### Amplitudenskalierung

Betrachten wir als einfaches Beispiel das Meßwerk eines Galvanometers (Bild 11.30), dessen Einschwingverhalten bei einem Einschaltstrom $i_0$ untersucht werden soll.

$c = 0,5 \cdot 10^{-3}$ p · cm (Rückstellmoment der Feder)

$b = 2 \cdot 10^{-3}$ p · cm · s (Dämpfungskonstante)

$J = 8 \cdot 10^{-3}$ p · cm · s$^2$ (Trägheitsmoment des beweglichen Systems)

$i_0 = 10 \mu$A (Einschaltstrom)

$k = 75 \cdot 10^{-6}$ p · cm/$\mu$A

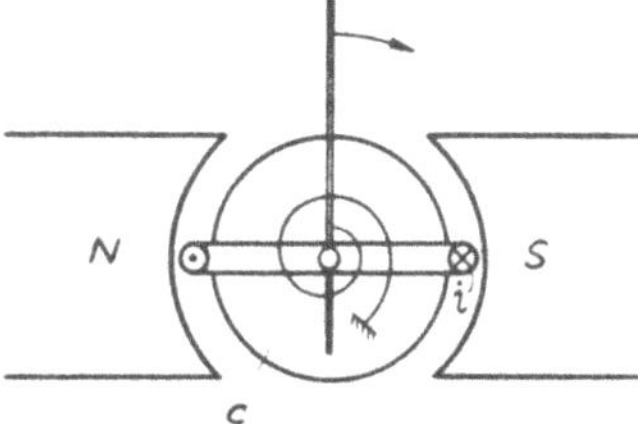

**Bild 11.30**
Drehspulgalvanometer

Der die Spule durchfließende Strom i erzeugt ein proportionales Drehmoment

$$M_{el} = k \cdot i.$$

Dem wirkt das Rückstellmoment der Feder, das proportional dem Auslenkwinkel $\varphi$ ist, entgegen.

$$M_f = c \cdot \varphi.$$

In der Spule und im Spulenrähmchen werden Wirbelströme induziert, die ein der Winkelgeschwindigkeit $\dfrac{d\varphi}{dt}$ proportionales Bremsmoment erzeugen.

$$M_b = b \cdot \frac{d\varphi}{dt}.$$

Außerdem muß die bewegliche Masse mit dem Trägheitsmoment J beschleunigt werden. Das hierzu erforderliche Moment ist:

$$M_J = J \cdot \frac{d^2\varphi}{dt^2}.$$

Somit ergibt sich folgende Differentialgleichung:

$$M_{el} = M_f + M_b + M_J,$$

$$k \cdot i = c \cdot \varphi + b \cdot \frac{d\varphi}{dt} + J \cdot \frac{d^2\varphi}{dt^2},$$

$$\frac{k}{c} \cdot i = \varphi + \frac{b}{c} \cdot \frac{d\varphi}{dt} + \frac{J}{c} \cdot \frac{d^2\varphi}{dt^2},$$

$$K \cdot i = \varphi + T_1 \cdot \frac{d\varphi}{dt} + T_2^2 \cdot \frac{d^2\varphi}{dt^2}. \qquad (11.17)$$

Mit

$$K = \frac{k}{c} = \frac{75 \cdot 10^{-6} \ p \cdot cm/\mu A}{0{,}5 \cdot 10^{-3} \ p \cdot cm} = 150 \cdot 10^{-3}/\mu A,$$

$$T_1 = \frac{b}{c} = \frac{2 \cdot 10^{-3} \ p \cdot cm \cdot s}{0{,}5 \cdot 10^{-3} \ p \cdot cm} = 4\,s,$$

$$T_2^2 = \frac{J}{c} = \frac{8 \cdot 10^{-3} \ p \cdot cm \cdot s^2}{0{,}5 \cdot 10^{-3} \ p \cdot cm} = 16\,s^2,$$

$$T_2 = 4\,s.$$

Zunächst wird Gl. (11.17) programmiert, indem nach der höchsten Ableitung aufgelöst wird.

$$T_2^2 \cdot \frac{d^2\varphi}{dt^2} = K \cdot i - \varphi - T_1 \cdot \frac{d\varphi}{dt} \; . \tag{11.18}$$

Dies führt zu der in Bild 11.31 gezeigten Rechenschaltung.

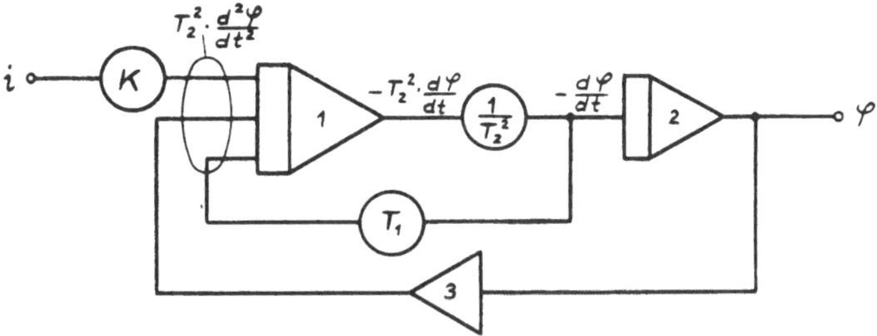

**Bild 11.31.** Rechenschaltung zur Untersuchung des Einschwingverhaltens eines Galvanometers

Diese Anordnung hat den Vorteil, daß die Parameterwerte K, $T_1$ und $T_2$ an je einem Potentiometer eingestellt werden können. Hätte man die Gl. (11.18) nach $\frac{d^2\varphi}{dt^2}$ aufgelöst, so müßten alle drei Eingänge mit $\frac{1}{T_2^2}$ multipliziert werden.

Zur Gewährleistung einer möglichst guten Aussteuerung der Verstärker bzw. Integratoren, muß an Hand von Bild 11.31 abgeschätzt werden, welche Ausgangswerte maximal auftreten können. Hierbei genügt die Untersuchung der Integratorausgänge 1 und 2, da der Ausgang des Verstärkers 3 − $\varphi$ ist.

Das untersuchte System ist zu gedämpften Schwingungen fähig, dessen Amplituden umso größer werden, je kleiner die Dämpfung wird. Zur Abschätzung nehmen wir als ungünstigsten Fall an, daß die Dämpfung Null ist. Es wird dann:

$$K \cdot i = \varphi + T_2^2 \cdot \frac{d^2\varphi}{dt^2} \; . \tag{11.19}$$

Die Laplace-Transformierte von Gl. (11.19) lautet:

$$K \cdot L\,[i] = L\,[\varphi] \cdot (1 + T_2^2 \cdot p^2) \; . \tag{11.20}$$

Ferner ist die Laplace-Transformierte der Konstanten $i_0$

$$L\,[i_0] = \frac{i_0}{p} \; .$$

In Gl. (11.20) eingesetzt führt zu:

$$L\,[\varphi] = \frac{K \cdot i_0}{p(1 + T_2^2 \cdot p^2)} = \frac{K \cdot i_0}{T_2^2} \cdot \frac{1}{p\left(\dfrac{1}{T_2^2} + p^2\right)} \qquad (11.21)$$

Aus der Beziehung 11 der Korrespondenztabelle folgt für $\alpha = 0$:

mit
$$f(p) = \frac{1}{p(p^2 + \beta^2)} \quad \rightarrow \quad F(t) = \frac{1}{\beta^2}\,(1 - \cos\omega t)\,.$$

$$\omega = \beta = \frac{1}{T_2}\,.$$

Auf Gl. (11.21) angewandt ergibt:

$$\varphi(t) = \frac{K \cdot i_0}{T_2^2} \cdot \frac{1}{\beta^2} \cdot (1 - \cos\omega t) = K \cdot i_0 \cdot \left(1 - \cos\frac{t}{T_2}\right)$$

$$\frac{d\varphi}{dt} = \frac{K \cdot i_0}{T_2} \cdot \sin\frac{t}{T_2}$$

$$\frac{d^2\varphi}{dt^2} = \frac{K \cdot i_0}{T_2^2} \cdot \cos\frac{t}{T_2}\,,$$

mit den Maximalwerten

$$\varphi_{max} = 2 \cdot K \cdot i_0 = 2 \cdot 0{,}15/\mu A \cdot 10\mu A$$

$$\varphi_{max} = 3$$

$$\left(\frac{d\varphi}{dt}\right)_{max} = \frac{K \cdot i_0}{T_2} = \frac{3}{8}\,s^{-1}$$

$$\left(\frac{d^2\varphi}{dt^2}\right)_{max} = \frac{K \cdot i_0}{T_2^2} = \frac{3}{32}\,s^{-2}\,.$$

Gemäß Bild 11.31 ist die Ausgangsgröße des Integrators 1 somit:

$$T_2^2 \cdot \left(\frac{d\varphi}{dt}\right)_{max} = T_2^2 \cdot \frac{K \cdot i_0}{T_2} = 6\,s$$

und die Ausgangsgröße des Integrators 2:

$$\varphi_{max} = 3\,.$$

Die Ausgangsgrößen der Integratoren und Verstärker werden nun mit einem Skalierungsfaktor $\alpha$ multipliziert, der so bemessen ist, daß das Produkt die maximal zulässige Spannung nicht übersteigt.

Allgemein ist:

$$\alpha \leq \frac{\text{max. zul. Spannung}}{\text{max. Verstärkerausgangsgröße}}$$

Damit eine gute Auswertung der Ergebnisse möglich ist, werden für $\alpha$ möglichst runde Werte gewählt, z. B.

$$\alpha_2 = \frac{10\,\text{V}}{\varphi_{\max}} = \frac{10\,\text{V}}{3} \approx 3\,\text{V} .$$

Das Produkt aus Skalierungsfaktor und Ausgangsgröße bezeichnet man als skalierte Größe, die in eckige Klammern gesetzt wird. In die nach der höchsten Ableitung aufgelösten Differentialgleichung (11.18) werden dann die skalierten Größen anstelle der unskalierten eingesetzt. Damit die Gleichung nicht geändert wird, muß jede skalierte Größe durch den Skalierungsfaktor dividiert werden.

Für die Verstärker 1 und 2 ergibt sich folgende Tabelle:

| Verstär-kerausg. | Ausgangs-größe | Max. Wert d. Variablen | Max. Zul. Spannung | Skalierungs-faktor | Skalierte größe |
|---|---|---|---|---|---|
| 1 | $T_2^2 \cdot \dfrac{\mathrm{d}\varphi}{\mathrm{d}t}$ | 6 s | 10 V | 1,5 Vs$^{-1}$ | $\left[\alpha_1 \cdot T_2^2 \cdot \dfrac{\mathrm{d}\varphi}{\mathrm{d}t}\right]$ |
| 2 | $\varphi$ | 3 | 10 V | 3 V | $[\alpha_2 \cdot \varphi]$ |

Setzt man die skalierten Größen in Gl. (11.18) ein, so folgt:

$$T_2^2 \cdot \frac{\mathrm{d}^2\varphi}{\mathrm{d}t^2} = K \cdot i_0 - \frac{1}{\alpha_2} \cdot [\alpha_2 \cdot \varphi] - \frac{T_1}{\alpha_1 \cdot T_2^2} \cdot \left[\alpha_1 \cdot T_2^2 \cdot \frac{\mathrm{d}\varphi}{\mathrm{d}t}\right] ,$$

$$\alpha_1 \cdot T_2^2 \cdot \frac{\mathrm{d}^2\varphi}{\mathrm{d}t^2} = \alpha_1 \cdot K \cdot i_0 - \frac{\alpha_1}{\alpha_2} [\alpha_2 \cdot \varphi] - \frac{T_1}{T_2^2} \left[\alpha_1 \cdot T_2^2 \cdot \frac{\mathrm{d}\varphi}{\mathrm{d}t}\right] .$$

Das Rechenschaltbild ist nun so zu entwerfen, daß an den Verstärkerausgängen die in eckige Klammern gesetzten Ausdrücke stehen (Bild 11.32).

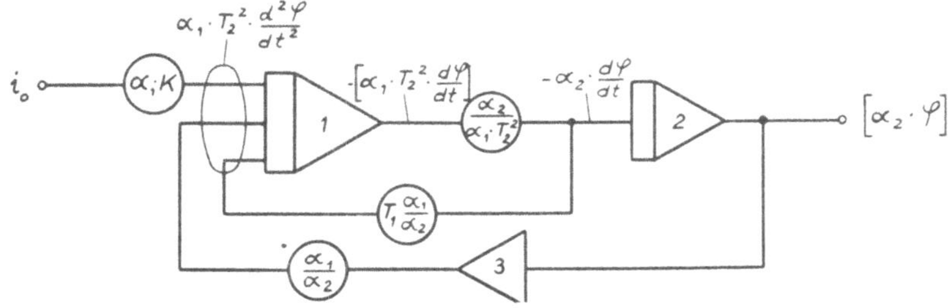

**Bild 11.32.** Rechenschaltung zu Gleichung (11.17) mit skalierten Ausgangsgrößen

Am Eingang des 1. Integrators liegt dann ein maximaler Wert von

$$\alpha_1 \cdot T_2^2 \cdot \left(\frac{d^2 \varphi}{dt^2}\right)_{max} = 1{,}5\,\mathrm{V\,s^{-1}} \cdot 16\,\mathrm{s^2} \cdot \frac{3}{32}\,\mathrm{s^{-2}} = 2{,}25\,\mathrm{V\,s^{-1}}\,.$$

Diesem ist eine Spannung von 2,25 V zugeordnet.

Würde man lediglich die Eingangsgröße des Systems mit dem Faktor $\alpha_2$ multiplizieren, so ergebe das zwar am Ausgang die gewünschte Größe $[\alpha_2 \cdot \varphi]$. Allerdings wird dann, wie man leicht zeigen kann, der 1. Integrator übersteuert. Denn es ist:

$$\alpha_2 \cdot T_2^2 \cdot \left(\frac{d\varphi}{dt}\right)_{max} = 3\,\mathrm{V} \cdot 16\,\mathrm{s^2} \cdot \frac{3}{8}\,\mathrm{s^{-1}} = 18\,\mathrm{V\,s}$$

und entspricht einer Zuordnung von $18\,\mathrm{V} > 10\,\mathrm{V}$.

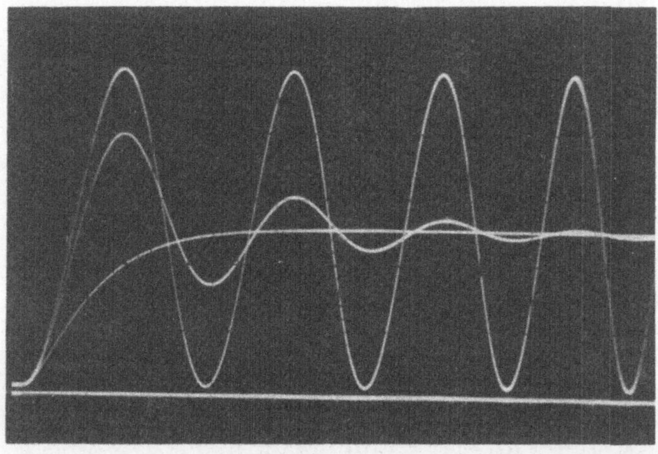

**Bild 11.33.** Oszillographenbild der Sprungantwort eines Systems 2. Ordnung, mit D = 1; 0,18; ca. 0

## Zeitskalierung

Nicht immer ist ein physikalischer Vorgang in Originalzeit auf dem Analogrechner darstellbar. Sind die physikalischen Vorgänge sehr langsam, erstrecken sie sich über Stunden oder noch längere Zeiträume, so erfolgt die Darstellung im Zeitrafferverfahren. Ist der zeitliche Ablauf dagegen schneller als die maximale Rechengeschwindigkeit, so muß der Vorgang zeitlich gedehnt werden, d. h. es wird in beiden Fällen eine Zeittransformation vorgenommen.

$$t = \beta \cdot \tau\,.$$

Hierin bedeutet:

$t$ = Echtzeit,
$\tau$ = Maschinenzeit,
$\beta$ = Zeitskalierungsfaktor.

Für $\beta > 1$ liegt eine Zeitraffung vor und für $0 < \beta < 1$ eine Zeitdehnung.

Setzt man $\beta \cdot \tau$ anstelle von $t$ in die Differentialgleichung ein, so ist zu beachten, daß $t = f(\tau)$

$$\frac{d}{dt} = \frac{d}{d\tau} \cdot \frac{d\tau}{dt} = \frac{d}{d\tau} \cdot \frac{1}{\beta},$$

$$\frac{d}{dt} = \frac{1}{\beta} \cdot \frac{d}{d\tau}$$

und

$$\frac{d^2}{dt^2} = \frac{d}{dt}\left(\frac{d}{dt}\right) = \frac{d}{dt}\left(\frac{1}{\beta} \cdot \frac{d}{d\tau}\right) = \frac{1}{\beta} \frac{d}{dt}\left(\frac{d}{d\tau}\right),$$

$$\frac{d^2}{dt^2} = \frac{1}{\beta} \cdot \frac{d^2}{d\tau^2} \cdot \frac{d\tau}{dt},$$

$$\frac{d^2}{dt^2} = \frac{1}{\beta^2} \cdot \frac{d^2}{d\tau^2}.$$

Allgemein gilt

$$\frac{d^n}{dt^n} = \frac{1}{\beta^n} \cdot \frac{d^n}{d\tau^n}.$$

Führt man in Gl. (11.17) eine Zeitskalierung durch, so erhält man

$$K \cdot i = \varphi + \frac{T_1}{\beta} \cdot \frac{d\varphi}{d\tau} + \frac{T_2^2}{\beta^2} \cdot \frac{d^2\varphi}{d\tau^2}$$

bzw.

$$\frac{T_2^2}{\beta} \cdot \frac{d^2\varphi}{d\tau^2} = K \cdot \beta \cdot i - \varphi \cdot \beta - T_1 \cdot \frac{d\varphi}{d\tau}.$$

Hieraus folgt die in Bild 11.34 gezeigte Rechenschaltung. Wie diese zeigt, erreicht man eine Zeittransformation durch Multiplikation sämtlicher Integratoreingänge mit dem Faktor $\beta$. Allerdings kann das für $0 < \beta < 1$ zur Übersteuerung des 1. Integratorausgangs führen, so daß erst nach erfolgter Zeitskalierung die Amplitudenskalierung vorzunehmen ist. Bei komplizierten Rechenschaltungen empfiehlt es sich, alle gefährdeten Verstärkerausgänge auf dem Oszillographenschirm zu überwachen, um eine Übersteuerung oder zu geringe Aussteuerung zu vermeiden.

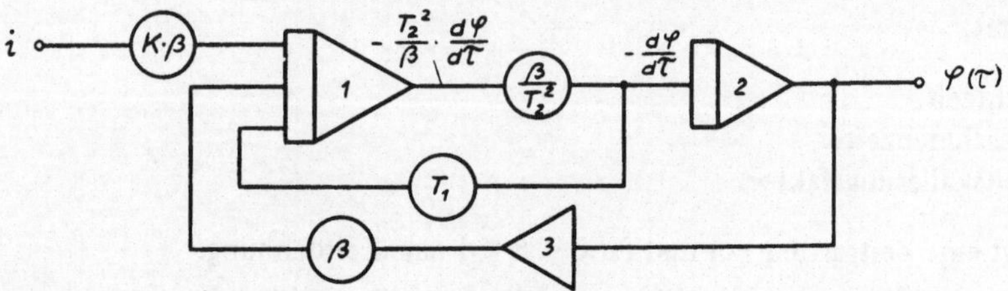

**Bild 11.34.** Rechenschaltung eines zeitskalierten Systems (Differentialgleichung 2. Ordnung)
$t = \beta \cdot \tau$

# 12. Anhang

## 12.1. Laplace- und Carson-Transformation

Die Laplace-Transformation ist besonders geeignet zur Ermittlung des zeitlichen
Verlaufs von Einschaltvorgängen, bzw. in der Regelungstechnik zur Berechnung der
Sprungantwort. Zur Lösung einer Differentialgleichung mit Hilfe der Laplace-
Transformation, wird diese vom Zeit- in den p-Bereich transformiert. Man erhält
so eine algebraische Gleichung, die dann leicht gelöst werden kann. Die Lösung der
algebraischen Gleichung im p-Bereich ergibt in den Zeitbereich rücktransformiert
die Lösung der Differentialgleichung. Dieser Umweg über den p-Bereich ist (abgesehen
von Differentialgleichungen 1. Ordnung) mit einem geringeren Aufwand verbunden
als die Lösung nach der klassischen Methode. Bei Systemen von mehreren Differentialgleichungen mit mehreren Unbekannten führt die klassische Methode zu so
umfangreichen Rechnungen, daß sie praktisch nicht mehr durchführbar ist. Demgegenüber braucht bei der Laplace-Transformation lediglich ein algebraisches lineares
Gleichungssystem gelöst zu werden. Der Vorteil der Laplace-Transformation ist
vergleichbar mit der Spannungstransformation bei der Übertragung von elektrischer
Energie. Am Erzeugungsort wird die elektrische Energie in einem Bereich höherer
Spannung transformiert und mittels Kabel übertragen. Am Verbraucherort wird
sie dann aus dem Bereich hoher Spannung in den Bereich niederer Spannung rücktransformiert. Ohne Transformation wären die elektrischen Verluste nicht tragbar,
bzw. die Leitungsquerschnitte indiskutabel.

Wie im folgenden gezeigt wird, liegt die Hauptschwierigkeit bei der Anwendung der
Laplace-Transformation in der Rücktransformation aus dem p-Bereich in den Zeitbereich. Hierfür stehen jedoch umfangreiche Tabellen zur Verfügung, mit deren
Hilfe die Rücktransformation ebenso einfach wird wie das Aufsuchen eines Integrals
aus einer Tafel der Normintegrale.

**Fourierreihen**

Eine periodische Funktion beliebiger Kurvenform läßt sich in der Regel nach *Fourier*
durch eine unendliche Folge von harmonischen Schwingungen und einem konstanten
Glied darstellen.

$$F(t) = a_0 + a_1 \cdot \cos \omega_1 t + a_2 \cdot \cos 2\omega_1 t + a_3 \cdot \cos 3\omega_1 t + \ldots$$
$$+ b_1 \cdot \sin \omega_1 t + b_2 \cdot \sin 2\omega_1 t + b_3 \cdot \sin 3\omega_1 t + \ldots$$

bzw.

$$F(t) = a_0 + \sum_{n=1}^{\infty} (a_n \cdot \cos n\omega_1 t + b_n \cdot \sin n\omega_1 t) \tag{12.1}$$

mit

$$a_0 = \frac{1}{T} \cdot \int\limits_{-T/2}^{T/2} F(t) \cdot dt \qquad (12.2)$$

$$a_n = \frac{2}{T} \cdot \int\limits_{-T/2}^{T/2} F(t) \cdot \cos n\omega_1 t \cdot dt , \qquad (12.3)$$

$$b_n = \frac{2}{T} \cdot \int\limits_{-T/2}^{T/2} F(t) \cdot \sin n\omega_1 t \cdot dt . \qquad (12.4)$$

Es bedeuten:

$a_0$ = konstanter Mittelwert

$a_n$ = Amplitude der n-ten Cosinus-Schwingung

$b_n$ = Amplitude der n-ten Sinus-Schwingung

$\omega_1$ = Grundkreisfrequenz, gleich der Kreisfrequenz der periodischen Funktion

T = Periodendauer der periodischen Funktion, mit

$$T = \frac{2\pi}{\omega_1} .$$

Die Gl. (12.1) wird besonders einfach, wenn man die komplexe Schreibweise anwendet. Für den Klammerausdruck unter dem Summenzeichen kann man schreiben:

$$a_n \cdot \cos n\omega_1 t + b_n \cdot \sin n\omega_1 t = \frac{1}{2} (a_n - jb_n) \cdot e^{jn\omega_1 t} +$$

$$+ \frac{1}{2} (a_n + jb_n) \cdot e^{-jn\omega_1 t} . \qquad (12.5)$$

Setzt man

$$\frac{1}{2} (a_n - jb_n) = c_n$$

und

$$\frac{1}{2} (a_n + jb_n) = \bar{c}_n$$

in Gl. (12.5) ein, so erhält man:

$$a_n \cdot \cos n\omega_1 t + b_n \cdot \sin n\omega_1 t = c_n \cdot e^{jn\omega_1 t} + \bar{c}_n \cdot e^{-jn\omega_1 t} . \qquad (12.6)$$

Aus den Gln. (12.3) und (12.4) ergibt sich dann

$$c_n = \frac{1}{2}(a_n - jb_n) = \frac{1}{T} \cdot \int_{-\frac{T}{2}}^{\frac{T}{2}} F(t) \cdot (\cos n\omega_1 t - j \sin n\omega_1 t) \cdot dt ,$$

$$\bar{c}_n = \frac{1}{2}(a_n + jb_n) = \frac{1}{T} \int_{-\frac{T}{2}}^{\frac{T}{2}} F(t) \cdot (\cos n\omega_1 t + j \sin n\omega_1 t) \cdot dt$$

bzw.

$$c_n = \frac{1}{T} \cdot \int_{-\frac{T}{2}}^{\frac{T}{2}} F(t) \cdot e^{-jn\omega_1 t} \cdot dt , \tag{12.7}$$

$$\bar{c}_n = \frac{1}{T} \cdot \int_{-\frac{T}{2}}^{\frac{T}{2}} F(t) \cdot e^{jn\omega_1 t} \cdot dt . \tag{12.8}$$

Ferner wird mit Gl. (12.6) und Gl. (12.1)

$$F(t) = a_0 + \sum_{n=1}^{\infty} (c_n \cdot e^{jn\omega_1 t} + \bar{c}_n \cdot e^{-jn\omega_1 t}) \qquad \text{bzw.}$$

$$F(t) = a_0 + \sum_{n=1}^{\infty} c_n \cdot e^{jn\omega_1 t} + \sum_{n=1}^{\infty} \bar{c}_n \cdot e^{-jn\omega_1 t} .$$

Nun ist aber

$$\sum_{n=1}^{\infty} \bar{c}_n \cdot e^{-jn\omega_1 t} = \sum_{n=-\infty}^{-1} c_n \cdot e^{jn\omega_1 t} .$$

Somit wird

$$F(t) = a_0 + \sum_{n=1}^{\infty} c_n \cdot e^{jn\omega_1 t} + \sum_{n=-\infty}^{-1} c_n \cdot e^{jn\omega_1 t} .$$

Diese drei Terme lassen sich zusammenfassen zu

$$F(t) = \sum_{n=-\infty}^{\infty} c_n \cdot e^{jn\omega_1 t} \qquad (12.9)$$

mit

$$c_n = \frac{1}{T} \cdot \int_{-\frac{T}{2}}^{\frac{T}{2}} F(t) \cdot e^{-jn\omega_1 t} \cdot dt \,, \qquad (12.10)$$

wobei für $n = 0$

$$c_0 = \frac{1}{T} \cdot \int_{-\frac{T}{2}}^{\frac{T}{2}} F(t) \cdot dt = a_0 \qquad \text{ist.}$$

Gl. (12.10) in Gl. (12.9) eingesetzt ergibt

$$F(t) = \frac{1}{T} \cdot \sum_{n=-\infty}^{\infty} \left[ \int_{-\frac{T}{2}}^{\frac{T}{2}} F(t) \cdot e^{-jn\omega_1 t} \cdot dt \right] \cdot e^{jn\omega_1 t} \,. \qquad (12.11)$$

Mit

$$f(j\omega) = \int_{-\frac{T}{2}}^{\frac{T}{2}} F(t) \cdot e^{-jn\omega_1 t} \cdot dt \qquad (12.12)$$

wird

$$F(t) = \frac{1}{T} \sum_{n=-\infty}^{\infty} f(j\omega) \cdot e^{jn\omega_1 t} \,. \qquad (12.13)$$

**Fourier-Transformation**

Aus der Fourierschen Reihe wird das Fouriersche Integral, wenn die Periodendauer T gegen unendlich geht. Da die Grundkreisfrequenz $\omega_1 = \frac{2\pi}{T}$ ist, wird für $T \to \infty$

$\omega_1 \to d\omega$. Ferner wird aus dem diskreten Frequenzspektrum ein kontinuierliches $(n\omega_1 \to \omega)$. Diese Beziehungen in die Gln. (12.12) und (12.13) eingesetzt, ergibt für $t \to \infty$, bzw. $\omega_1 \to 0$

$$f(j\omega) = \int_{-\infty}^{\infty} F(t) \cdot e^{-j\omega t} \cdot dt \,, \tag{12.14}$$

$$F(t) = \lim_{\omega_1 \to 0} \frac{\omega_1}{2\pi} \cdot \sum_{n=-\infty}^{\infty} f(j\omega) \cdot e^{j\omega t} = \frac{1}{2\pi} \cdot \int_{-\infty}^{\infty} f(j\omega) \cdot e^{j\omega t} \cdot d\omega \tag{12.15}$$

Gl. (12.14) wird als *Fourier-Transformation* und Gl. (12.15) als *inverse Fourier-Transformation* bezeichnet.

### Laplace-Transformation

Das die Spektralfunktion darstellende Integral (12.14) hat den Nachteil, daß es für die meisten Funktionen $F(t)$ nicht existiert (so z. B. für $F(t) = K$; $F(t) = e^{j\omega t}$). Die Laplace-Transformation beseitigt diesen Nachteil, indem sie

1. nur **Zeitfunktionen** betrachtet, für die $F(t)$ für $t < 0$ gleich Null ist;
2. $j\omega$ durch $p = \alpha + j\omega$ ersetzt, wobei $\alpha$ ein positiver Realteil ist. Ferner ist $j \cdot d\omega = dp$ zu setzen.

Durch den positiven Realteil $\alpha$ wird erreicht, daß das Integral für alle in der Praxis vorkommende $F(t)$ konvergiert.

Somit wird aus Gl. (12.14) und Gl. (12.15)

$$f(p) = \int_{0}^{\infty} F(t) \cdot e^{-pt} \cdot dt, \tag{12.16}$$

$$F(t) = \frac{1}{2\pi j} \int_{p=\alpha-j\infty}^{p=\alpha+j\infty} f(p) \cdot e^{pt} \cdot dp \,. \tag{12.17}$$

Die Beziehung (12.16) wird als *Laplace-Transformation* bezeichnet, während (12.17) die *Inversion der Laplace-Transformation* darstellt.

Vielfach schreibt man auch

$$f(p) = L\,[F(t)]$$

und

$$F(t) = L^{-1}\,[f(p)]\,,$$

wobei man $F(t)$ als Ober- oder Orginalfunktion und $L[F(t)]$ als Unter- oder Bildfunktion bezeichnet.

**Einige Regeln der Laplace-Transformation**

*a) Überlagerungsgesetz*

Sind $F_1(t)$ und $F_2(t)$ Oberfunktionen mit den Unterfunktionen $L[F_1(t)]$ $L[F_2(t)]$, so ist

$$L[F_1(t) + F_2(t)] = L[F_1(t)] + L[F_2(t)] \; .$$

Dies folgt aus dem Integral (12.16), das sich in zwei Teilintegrale zerlegen läßt.

*b) Differentiation im Oberbereich*

Zu $F(t)$ gehöre die Unterfunktion $f(p)$. Welche Unterfunktion $f_1(p)$ gehört zu $\dfrac{dF(t)}{dt}$ ?

Durch Einsetzen von $\dfrac{dF(t)}{dt}$ in Gl. (12.16) ergibt sich

$$f_1(p) = \int\limits_0^\infty \frac{dF(t)}{dt} \cdot e^{-pt} \cdot dt \; .$$

Durch partielle Integration findet man mit $u = e^{-pt}$ und

$$dv = \frac{dF(t)}{dt} \cdot dt :$$

$$f_1(p) = e^{-pt} \cdot F(t) \Big|_0^\infty + p \cdot \int\limits_0^\infty F(t) \cdot e^{-pt} \cdot dt,$$

$$f_1(p) = - F(0) + p \cdot f(p) \qquad \text{oder}$$

$$L\left[\frac{dF(t)}{dt}\right] = p \cdot L[F(t)] - F(0) \; .$$

Besonders einfach wird diese Regel, wenn die Anfangsbedingungen Null sind, d. h. für $t = 0$ ist $F(t) = 0$

$$\frac{dF(t)}{dt} = 0 \; ,$$

$$\frac{d^2 F(t)}{dt^2} = 0 \text{ usw.}$$

$$L\left[\frac{dF(t)}{dt}\right] = p \cdot L[F(t)] \; .$$

Durch wiederholte partielle Integration findet man für die n-te Ableitung

$$L\left[\frac{d^n F(t)}{dt^n}\right] = p^n \cdot L\,[F(t)]\,.$$

*c) Integration im Oberbereich*

Zu $F(t)$ gehöre die Unterfunktion $f(p)$. Welche Unterfunktion $f_1(p)$ gehört zu

$$F_1(t) = \int\limits_0^t F(t) \cdot dt\,?$$

Durch Einsetzen von $F_1(t)$ in (12.16) findet man

$$f_1(p) = \int\limits_0^\infty \left[\int\limits_0^t F(t) \cdot dt\right] \cdot e^{-pt} \cdot dt\,. \tag{12.18}$$

Integriert man partiell mit

$$u = \int\limits_0^t F(t) \cdot dt \quad \text{und}$$

$$dv = e^{-pt} \cdot dt$$

so folgt aus Gl. (12.18)

$$f_1(p) = -\frac{1}{p} \cdot e^{-pt} \cdot \int\limits_0^t F(t) \cdot dt\ \Bigg|_0^\infty + \int\limits_0^\infty \frac{1}{p} \cdot e^{-pt} \cdot F(t) \cdot dt$$

Unter der Voraussetzung, daß $F(0) = 0$ und damit

$$\int F(t) \cdot dt\ \Bigg|_{t=0} = 0$$

wird

$$f_1(p) = \frac{1}{p} \cdot \int\limits_0^\infty F(t) \cdot e^{-pt} \cdot dt\,,$$

$$f_1(p) = \frac{1}{p} \cdot f(p) \qquad \text{bzw.}$$

$$L\left[\int\limits_0^t F(t) \cdot dt\right] = \frac{1}{p} \cdot L\left[F(t)\right].$$

Für eine n-malige Integration gilt allgemein

$$L\left[\underbrace{\int\int\int}_{\text{n-mal}} F(t) \cdot dt^n\right] = \frac{1}{p^n} \cdot L\left[F(t)\right].$$

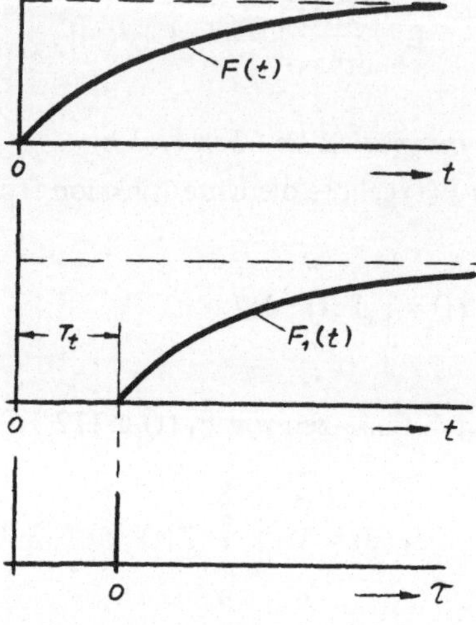


**Bild 12.1**

*d) Verschiebungssatz*

F(t) habe den in Bild (12.1) gezeigten Verlauf, während $F_1(t)$ durch Verschiebung von F(t) um die Totzeit $T_t$ entstanden ist.

Es soll nun die Laplace-Transformierte von $F_1(t)$ ermittelt werden.

$$F_1(t) = \begin{cases} 0 & \text{für } 0 \leqslant t \leqslant T_t \\ F(t - T_t) & \text{für } t \geqslant T_t. \end{cases}$$

$F_1(t)$ in Gl. (12.16) eingesetzt führt zu

$$L\left[F_1(t)\right] = \int\limits_{T_t}^{\infty} F(t - T_t) \cdot e^{-pt} \cdot dt. \qquad (12.19)$$

Setzt man

$$t - T_t = \tau,$$
$$t = \tau + T_t,$$
$$dt = d\tau.$$

in Gl. (12.19) ein, so wird

$$L\left[F_1(t)\right] = \int\limits_0^{\infty} F(\tau) \cdot e^{-p(\tau + T_t)} \cdot d\tau,$$

$$L\left[F_1\left(t\right)\right] = e^{-pT_t} \cdot \int_0^\infty F(\tau)\,e^{-p\tau} \cdot d\tau\;.$$

Durch die Substitution von $\tau = t\text{-}T_t$ wird ein neuer Zeitmaßstab $\tau$ eingeführt, dessen Nullpunkt mit dem Beginn des Anstiegs von $F_1\left(t\right)$ zusammenfällt, so daß

$$\int_0^\infty F(\tau)\cdot e^{-p\tau}\cdot d\tau = \int_0^\infty F(t)\cdot e^{-pt}\cdot dt \quad \text{ist}$$

Daraus folgt

$$L\left[F\left(t-T_t\right)\right] = e^{-pT_t}\cdot L\left[F\left(t\right)\right] \qquad \text{bzw.}$$
$$L\left[F\left(t-T_t\right)\right] = e^{-pT_t}\cdot f(p)\;.$$

*e) Faltungssatz*

Zu der Oberfunktion $F_1\left(t\right)$ gehöre die Unterfunktion $f_1\left(p\right)$ und zu $F_2\left(t\right)$ entsprechend $f_2\left(p\right)$.

Dem Produkt der beiden Unterfunktionen

$$f_1\left(p\right)\cdot f_2\left(p\right)$$

entspricht im Oberbereich die Faltung von $F_1\left(t\right)$ und $F_2\left(t\right)$ und errechnet sich zu

$$\int_0^t F_1\left(\tau\right)\cdot F_2\left(t-\tau\right)\cdot d\tau = \int_0^t F_1\left(t-\tau\right)\cdot F_2\left(\tau\right)\cdot d\tau$$

Den Beweis findet man in der entsprechenden Fachliteratur.

**Beispiele**

1. *Sprungfunktion*

$$f(t) = 0 \qquad \text{für} \quad t < 0$$
$$f(t) = K \qquad \text{für} \quad t > 0,$$

$$L\left[f\left(t\right)\right] = L\left[K\right] = \int_0^\infty K\cdot e^{-pt}\cdot dt = -\frac{K}{p}\cdot e^{-pt}\;\Bigg|_0^\infty\;,$$

$$L\left[K\right] = \frac{K}{p}\;.$$

**Rechenregeln der Laplace-Transformation**

| | | $F(t)$ | $f(p)$ | |
|---|---|---|---|---|
| 1 | Addition im Oberbereich | $F_1(t) + F_2(t) + \ldots$ | $f_1(p) + f_2(p) + \ldots$ | |
| 2 | Multiplikation der Oberfunktion mit einer ·Konstanten | $K \cdot F(t)$ | $K \cdot f(p)$ | |
| 3 | Differentiation im Oberbereich | $\dfrac{d^n F(t)}{dt^n}$ | $p^n \cdot f(p)$ | für $\left.\begin{matrix} F(0) \\ \vdots \\ F^{n-1}(0) \end{matrix}\right\} = 0$ |
| 4 | Integration im Oberbereich | $\displaystyle\int_0^t F(t) \cdot dt$ | $\dfrac{1}{p} \cdot f(p)$ | für $F(0) = 0$ |
| 5 | Verschiebung im Oberbereich | $F(t - T_t)$ | $e^{-pT_t} \cdot f(p)$ | |
| 6 | Faltungssatz Multiplikation im Unterbereich | $\displaystyle\int_0^t F_1(\tau) \cdot F_2(t - \tau) \cdot d\tau$ | $f_1(p) \cdot f_2(p)$ | |
| 7 | Grenzwertsatz | $\lim\limits_{t \to 0} F(t)$ | $\lim\limits_{p \to \infty} p \cdot f(p)$ | |
| 8 | Grenzwertsatz | $\lim\limits_{t \to \infty} F(t)$ | $\lim\limits_{p \to 0} p \cdot f(p)$ | |

## 2. *Exponentialstoß*

$$f(t) = 0 \qquad \text{für} \qquad t < 0$$

$$f(t) = K \cdot e^{-\frac{t}{T}} \qquad \text{für} \qquad t > 0,$$

$$L\left[f(t)\right] = K \cdot \int_0^\infty e^{-\frac{t}{T}} \cdot e^{-pt} \cdot dt = K \cdot \int_0^\infty e^{-\left(\frac{1}{T} + p\right)t} \cdot dt,$$

$$L\left[f(t)\right] = -\frac{K}{\frac{1}{T} + p} \cdot e^{-\left(\frac{1}{T} + p\right)t} \Bigg|_0^\infty,$$

$$L\left[K\, e^{-\frac{t}{T}}\right] = \frac{K}{\frac{1}{T} + p} = \frac{K \cdot T}{1 + p \cdot T}.$$

### 3. e-Funktion (Verzögerung 1. Ordnung)

$$f(t) = 0 \qquad\qquad \text{für} \quad t < 0,$$

$$f(t) = K\left(1 - e^{-\frac{t}{T}}\right) \quad \text{für} \quad t > 0.$$

Nach dem Überlagerungsgesetz ist

$$L\,[f(t)] = L\,[K] - L\left[K\,e^{-\frac{t}{T}}\right],$$

$$L\,[f(t)] = K\left(L\,[1] - L\left[e^{-\frac{t}{T}}\right]\right),$$

$$L\,[f(t)] = K\left(\frac{1}{p} - \frac{T}{1 + p\,T}\right) = K\,\frac{1}{p(1 + T\,p)}\ .$$

### Rücktransformation

Zur Rücktransformation vom Unter- in den Oberbereich kann man entweder die inverse Laplace-Transformation (12.17) benutzen oder anhand von Tabellen zu einer gegebenen Unterfunktion die entsprechende Oberfunktion bestimmen. Die Berechnung der Oberfunktion aus dem Integral (12.17) ist bei komplizierten Funktionen f(p) schwierig und zeitraubend. Es ist daher stets der Weg mit Hilfe der Korrespondenztabelle vorzuziehen. Ist die gegebene Funktion f(p) in der Tabelle nicht enthalten, so muß versucht werden durch Anwendung der Rechenregeln f(p) in eine in der Tabelle enthaltene Form zu bringen.

### Carson-Transformation

Zwischen Laplace- und Carson-Transformation besteht folgender Zusammenhang

$$p \cdot L\,[F(t)] = C\,[F(t)]$$

bzw. die Carson-Transformierte ist

$$C\,[F(t)] = p \int\limits_{0}^{\infty} F(t) \cdot e^{-pt} \cdot dt\ .$$

Die Carson-Transformation hat gegenüber der Laplace-Transformation den Vorteil, daß die Carson-Transformierte identisch ist mit dem Frequenzgang F(p).

$$C\,[F(t)] = F(p)\ .$$

Ein weiterer Vorteil besteht darin, daß die Transformation einer Konstanten wiederum eine Konstante ergibt

$$C [K] = K ,$$

im Gegensatz zur Laplace-Transformation, wo

$$L [K] = \frac{K}{p} \quad \text{ist.}$$

Um die Korrespondenztabelle benutzen zu können, muß man den Frequenzgang $F(p)$ durch p dividieren und erhält somit die Laplace-Transformierte

$$L [F(t)] = \frac{F(p)}{p} .$$

Eine weitere Möglichkeit besteht darin, daß man die in der Spalte $f(p)$ der Korrespondenztabelle enthaltenen Werte mit p multipliziert und so $F(p)$ bzw. $C [F(t)]$ erhält.

**Korrespondenztabelle**

| | $f(p)$ | $F(t)$ |
|---|---|---|
| 1 | $\dfrac{1}{p}$ | $1$ |
| 2 | $\dfrac{1}{p^n}$ | $\dfrac{t^{n-1}}{(n-1)!}$ |
| 3 | $\dfrac{1}{p \pm \alpha}$ | $e^{\mp \alpha t}$ |
| 4 | $\dfrac{1}{p(p+\alpha)}$ | $\dfrac{1}{\alpha}(1 - e^{-\alpha t})$ |
| 5 | $\dfrac{p}{\alpha^2 + p^2}$ | $\cos \alpha t$ |
| 6 | $\dfrac{\alpha}{\alpha^2 + p^2}$ | $\sin \alpha t$ |
| 7 | $\dfrac{1}{(p \pm \alpha)\cdot(p \pm \beta)}$ | $\pm \dfrac{e^{\mp \beta t} - e^{\mp \alpha t}}{\alpha - \beta}$ |
| 8 | $\dfrac{1}{(p-\alpha)^n}; n > 0$ | $\dfrac{t^{n-1}}{(n-1)!} \cdot e^{\alpha t}$ |
| 9 | $\dfrac{1}{p^2 + 2\alpha p + \beta^2}$ | $\dfrac{1}{2W}\left(e^{p_1 t} - e^{p_2 t}\right) = \dfrac{1}{\omega}\, e^{-\alpha t} \cdot \sin \omega t$ |
| 10 | $\dfrac{p}{p^2 + 2\alpha p + \beta^2}$ | $\dfrac{1}{2W} \cdot \left(p_1 \cdot e^{p_1 t} - p_2 \cdot e^{p_2 t}\right)$ $= \left(\cos \omega t - \dfrac{\alpha}{\omega}\sin \omega t\right)e^{-\alpha t}$ |
| 11 | $\dfrac{1}{p(p^2 + 2\alpha p + \beta^2)}$ | $\dfrac{1}{\beta^2}\left[1 + \dfrac{p_2}{2W}\cdot e^{p_1 t} - \dfrac{p_1}{2W}\cdot e^{p_2 t}\right]$ $= \dfrac{1}{\beta^2}\left[1 - \left(\cos \omega t + \dfrac{\alpha}{\omega}\sin \omega t\right)\cdot e^{-\alpha t}\right]$ |

For rows 9–11:

$$W = \sqrt{\alpha^2 - \beta^2} = j\omega$$
$$\omega = \sqrt{\beta^2 - \alpha^2}$$
$$p_{1,2} = -\alpha \pm W = -\alpha \pm j\omega$$

## Tabelle der wichtigsten Regelkreisglieder

| | Regel-kreis-glied | Differential-gleichung | Frequenz-gang | Sprung-antwort |
|---|---|---|---|---|
| 1 | $P$ | $x_a = K_P \cdot x_e$ | $F = \dfrac{x_a}{x_e} = K_P$ | 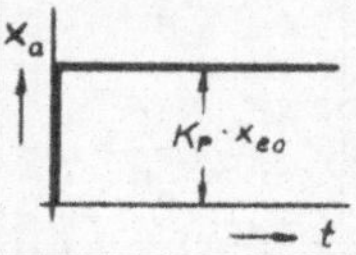 |
| 2 | $P_{T1}$ | $T_1 \cdot \dfrac{dx_a}{dt} + x_a = K_P \cdot x_e$ | $\dfrac{K_P}{1 + T_1 \, p}$ | 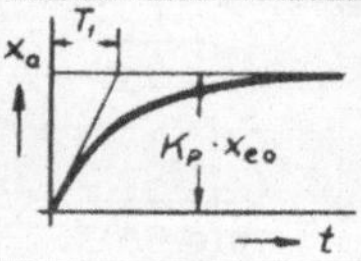 |
| 3 | $P_{T2}$ | $T_2^2 \cdot \dfrac{d^2 x_a}{dt^2} + T_1 \dfrac{dx_a}{dt} + x_a = K_P x_e$ | $\dfrac{K_P}{1 + T_1 p + T_2^2 p^2}$ | 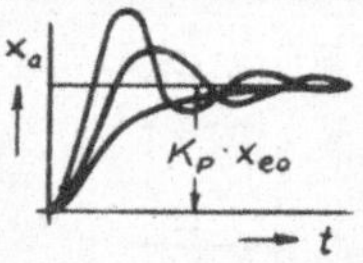 |
| 4 | $I$ | $x_a = K_I \cdot \int x_e \cdot dt$ | $\dfrac{K_I}{p}$ | 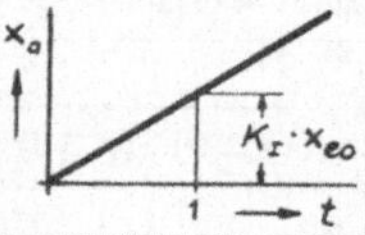 |
| 5 | $I_{T1}$ | $T \cdot \dfrac{dx_a}{dt} + x_a = K_I \cdot \int x_e \cdot dt$ | $\dfrac{K_I}{p \, (1 + T \cdot p)}$ | 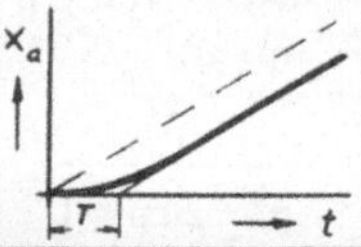 |
| 6 | $D$ | $x_a = K_D \cdot \dfrac{dx_e}{dt}$ | $K_D \cdot p$ | 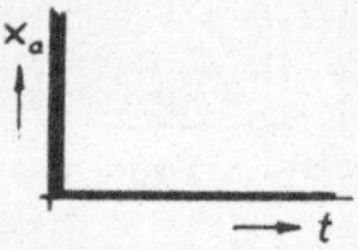 |
| 7 | $D_{T1}$ | $T \cdot \dfrac{dx_a}{dt} + x_a = K_D \cdot \dfrac{dx_e}{dt}$ | $\dfrac{K_D \cdot p}{1 + T \cdot p}$ | 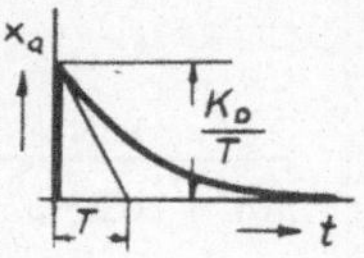 |

| Ortskurve | Negativ-inverse Ortskurve | Bode-diagramm | Techn. Beispiele |
|---|---|---|---|
| | | | |
| | | | |
| | | | |
| | | | |
| | | | |
| | | | |
| | | | |

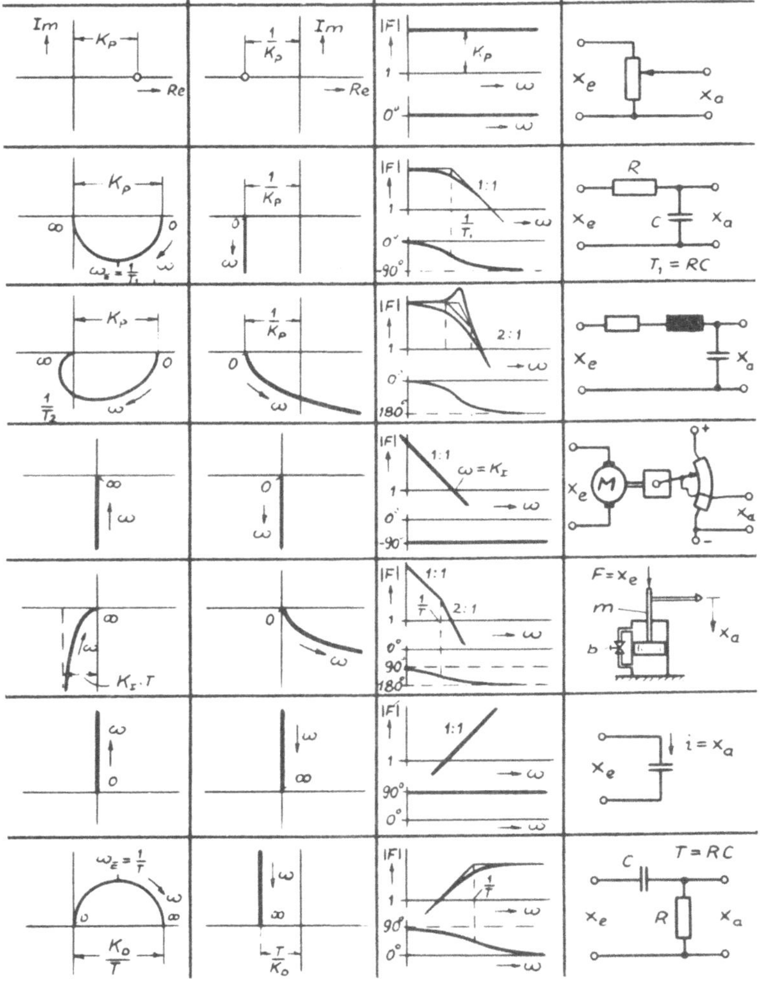

| | Regelkreisglied | Differentialgleichung | Frequenzgang | Sprungantwort |
|---|---|---|---|---|
| 8 | PI | $x_a = K_P \cdot x_e + K_I \cdot \int x_e \cdot dt$ <br> $x_a = K_P \left[ x_e + \frac{1}{T_n} \int x_e \, dt \right]$ | $K_P \left( 1 + \frac{1}{T_n \cdot p} \right)$ | 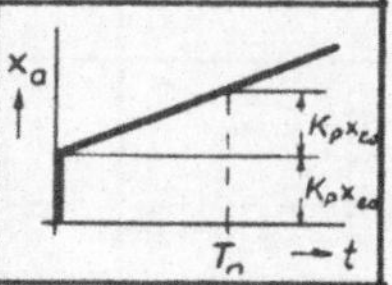 |
| 9 | $PI_{T_1}$ | $T \cdot \frac{dx_a}{dt} + x_a = K_P x_e + K_I \int x_e \cdot dt$ <br> $T \cdot \frac{dx_a}{dt} + x_a = K_P \left[ x_e + \frac{1}{T_n} \int x_e \, dt \right]$ | $\dfrac{K_P \left( 1 + \frac{1}{T_n \cdot p} \right)}{1 + T \cdot p}$ | 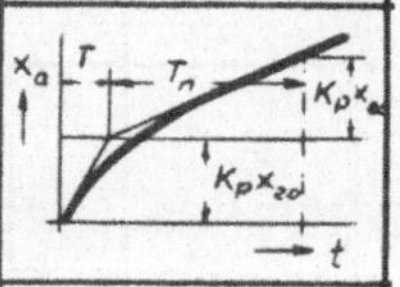 |
| 10 | PD | $x_a = K_P \cdot x_e + K_D \cdot \frac{dx_e}{dt}$ <br> $x_a = K_P \left[ x_e + T_v \cdot \frac{dx_e}{dt} \right]$ | $K_P ( 1 + T_v \cdot p )$ | 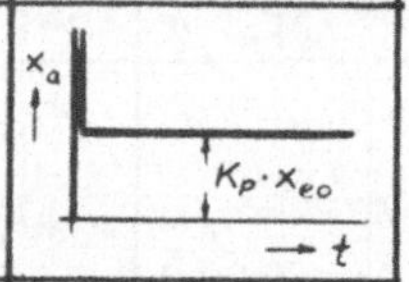 |
| 11 | $PD_{T_1}$ | $T \cdot \frac{dx_a}{dt} + x_a = K_P \cdot x_e + K_D \cdot \frac{dx_e}{dt}$ <br> $T \cdot \frac{dx_a}{dt} + x_a = K_P \left[ x_e + T_v \cdot \frac{dx_e}{dt} \right]$ | $\dfrac{K_P ( 1 + T_v \cdot p )}{1 + T \cdot p}$ | 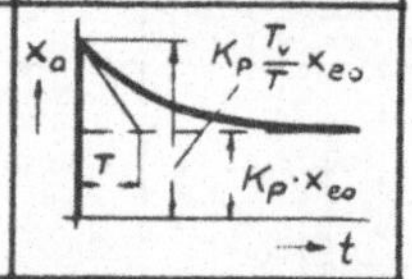 |
| 12 | PID | $x_a = K_P \cdot x_e + K_I \int x_e \, dt + K_D \frac{dx_e}{dt}$ <br> $x_a = K_P \left[ x_e + \frac{1}{T_n} \int x_e \, dt + T_v \frac{dx_e}{dt} \right]$ | $K_P \left( 1 + \frac{1}{T_n p} + T_v p \right)$ | 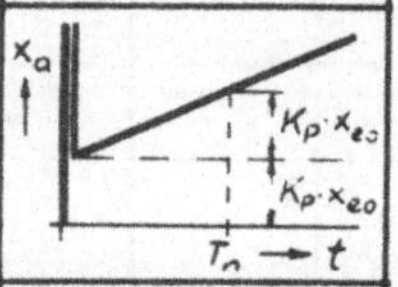 |
| 13 | $PID_{T_1}$ | $T \cdot \frac{dx_a}{dt} + x_a$ <br> $= K_P \left[ x_e + \frac{1}{T_n} \int x_e \, dt + T_v \frac{dx_e}{dt} \right]$ | $\dfrac{K_P \left( 1 + \frac{1}{T_n p} + T_v p \right)}{1 + T \cdot p}$ | 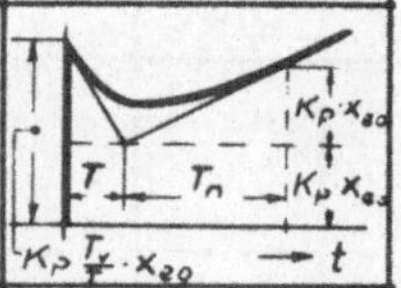 |
| 14 | $T_t$ | $x_a(t) = x_e(t - T_t)$ | $e^{-p T_t}$ | 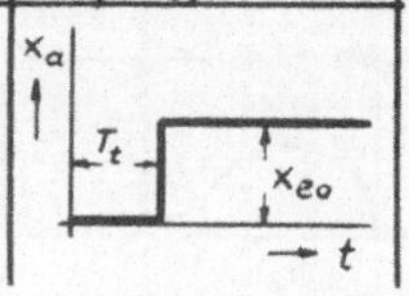 |

| Ortskurve | Negativ-inverse Ortskurve | Bode-diagramm | Techn. Beispiel |
|---|---|---|---|
| | | | |
| | | | |
| | | | |
| | | | |
| | | | |
| | | | |
| | | | |

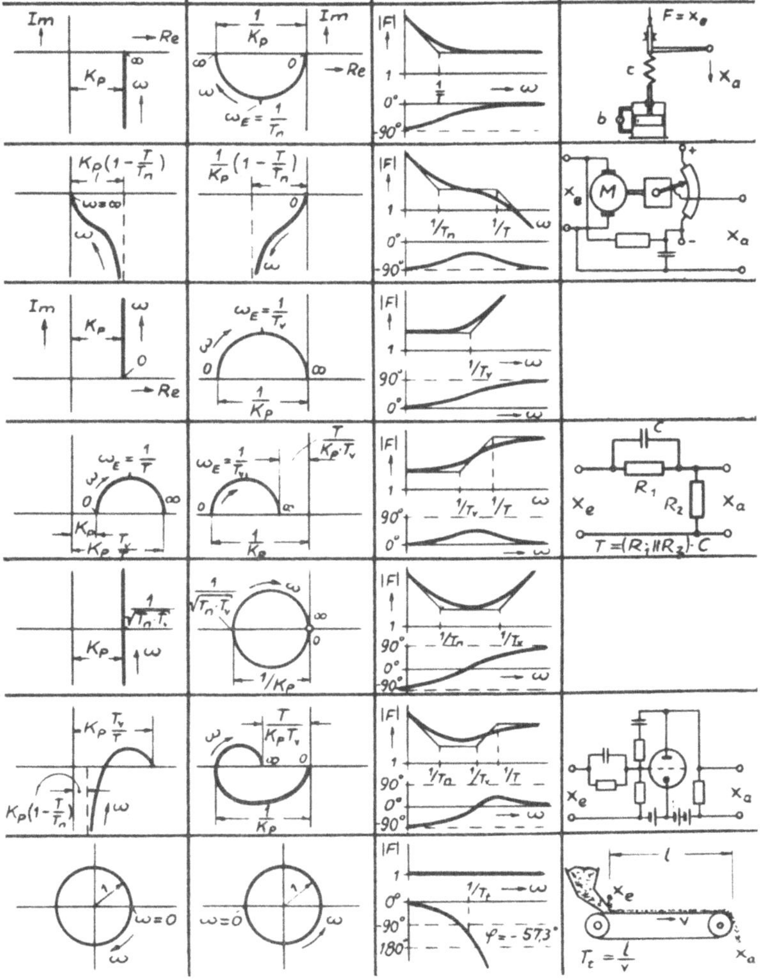

## Rechenschaltungen linearer Regelkreisglieder

| | $F = \dfrac{x_a}{x_e}$ | Sprung-antwort | Rechenschaltung |
|---|---|---|---|
| 1 | $-K_P$ | 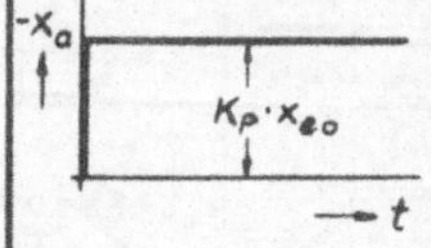 | 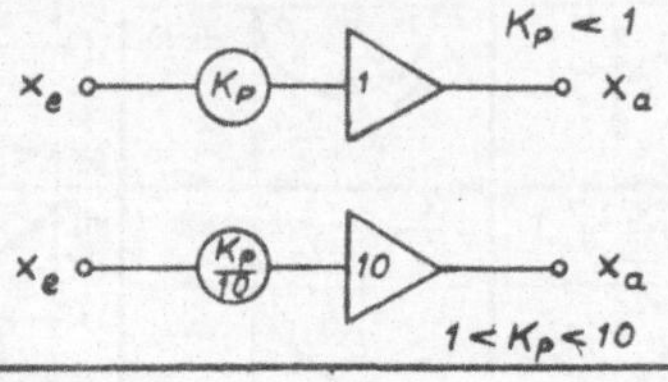 |
| 2 | $-\dfrac{K_P}{1 + T_1 \cdot p}$ | 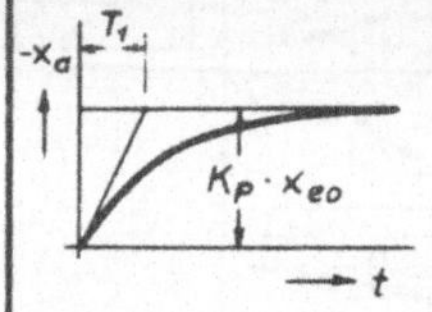 | 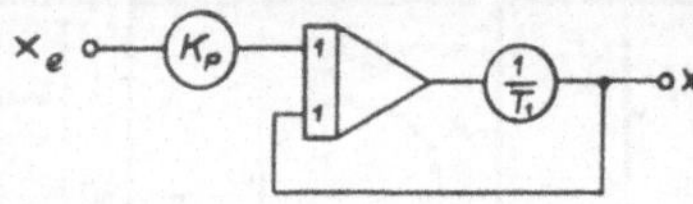 |
| 3 | $\dfrac{K_P}{1 + T_1 \cdot p + T_2^2 \cdot p^2}$ | 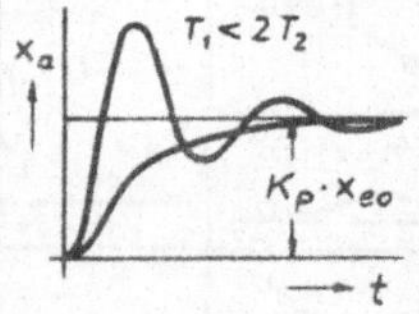 | 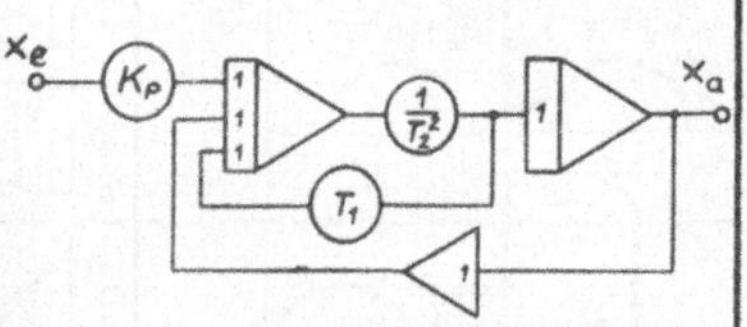 |
| 4 | $-\dfrac{K_I}{p}$ | 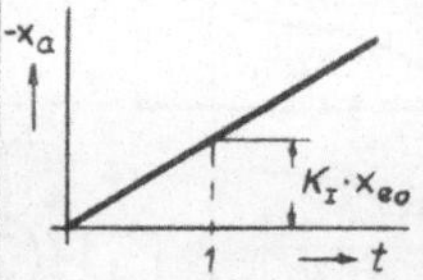 | 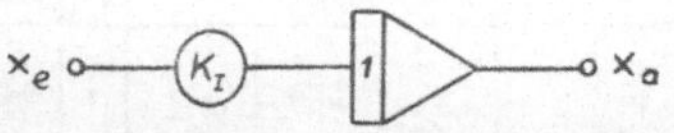 |
| 5 | $\dfrac{K_I}{p\,(1 + T \cdot p)}$ | 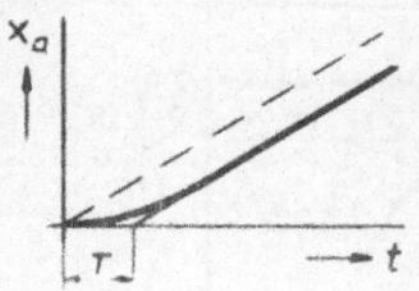 | 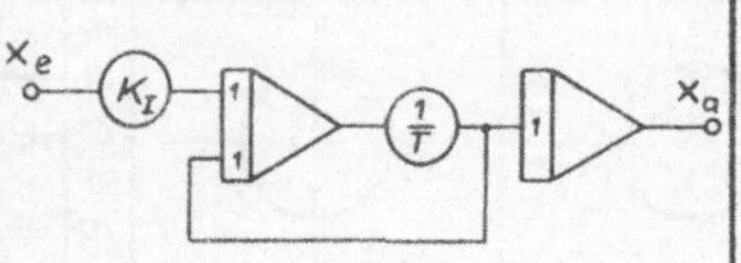 |

| | $F = \dfrac{x_a}{x_e}$ | Sprungantwort | Rechenschaltung |
|---|---|---|---|
| 6 | $\dfrac{K_D \cdot p}{1 + T \cdot p}$ | 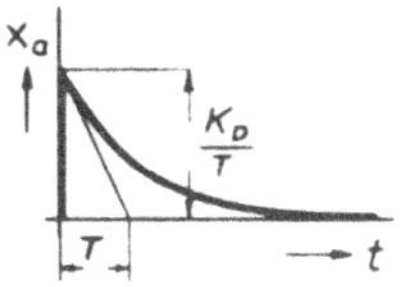 | 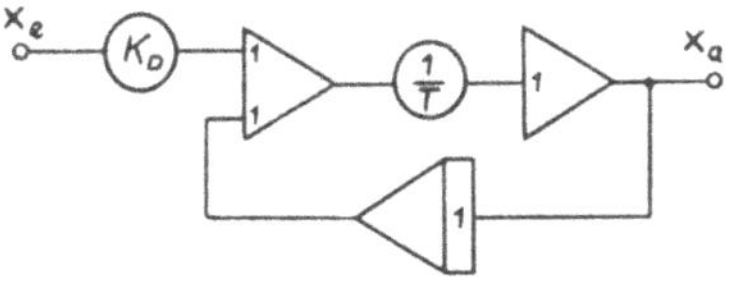 |
| 7 | $\dfrac{K_P\left(1 + \dfrac{1}{T_n \cdot p}\right)}{1 + T \cdot p}$ | 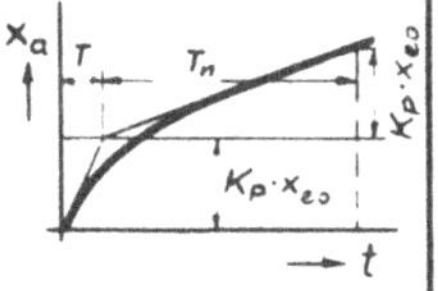 | 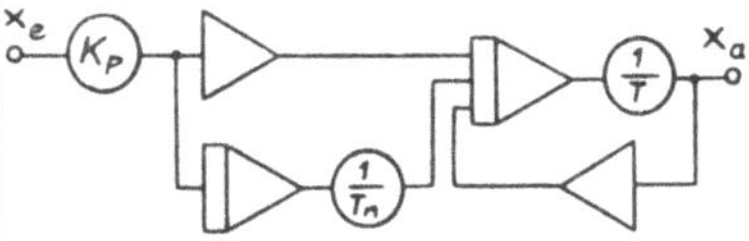 |
| 8 | $K_P\left(1 + \dfrac{1}{T_n \cdot p}\right)$ | 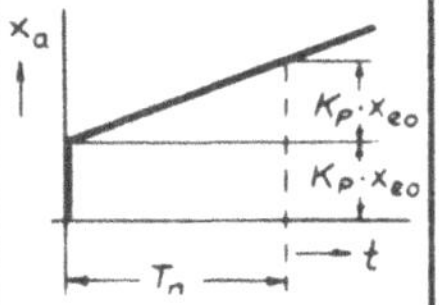 | 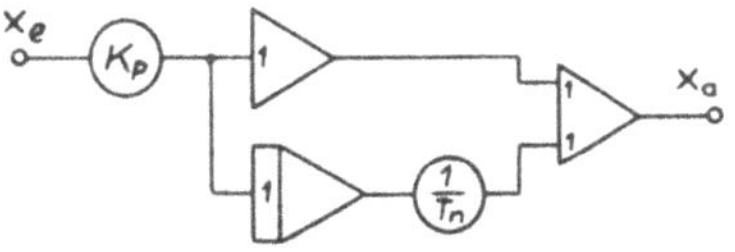 |
| 9 | $\dfrac{K_P \cdot (1 + T_v \cdot p)}{1 + T \cdot p}$ | 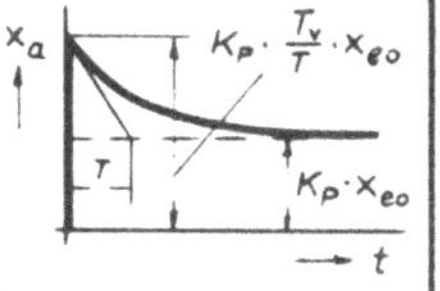 | 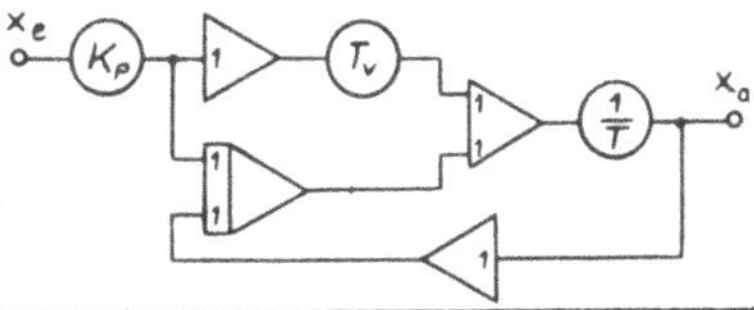 |
| 10 | $\dfrac{K_P\left(1 + \dfrac{1}{T_n p} + T_v p\right)}{1 + T \cdot p}$ | 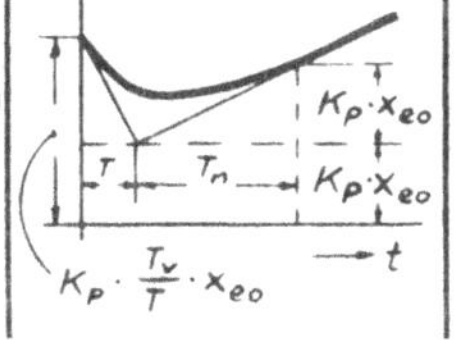 | 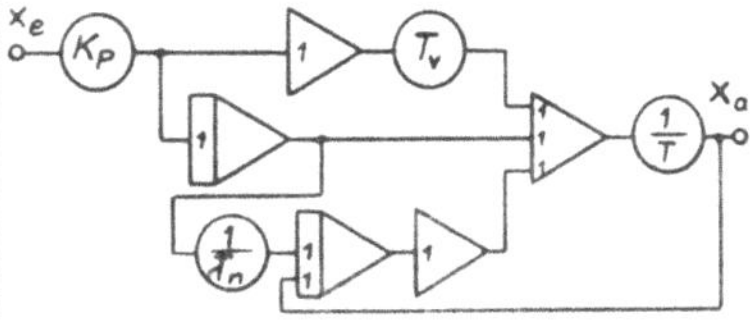 |

## Rechenschaltungen nichtlinearer Regelkreisglieder

| Operation | Kennlinie | Rechenschaltung |
|---|---|---|
| Betrag | 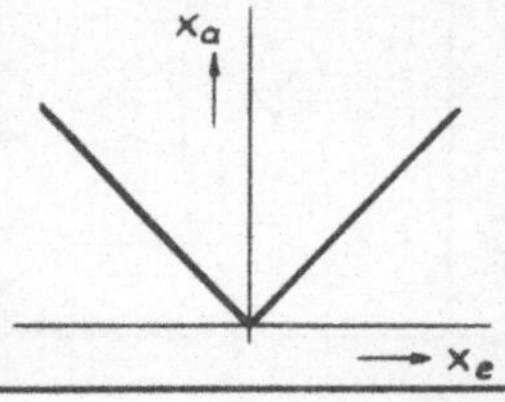 | 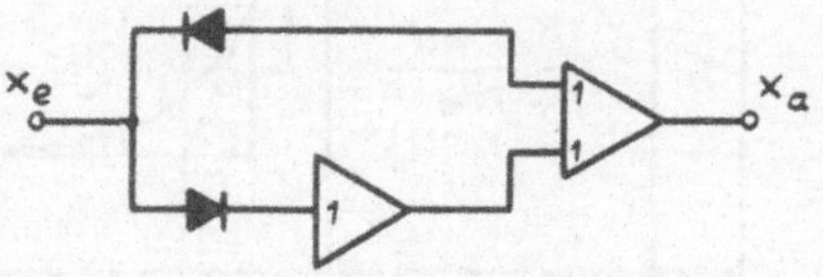 |
| Betrag der linearen Regelfläche | $$x_a = \int\limits_0^t |x_e| \cdot dt$$ | 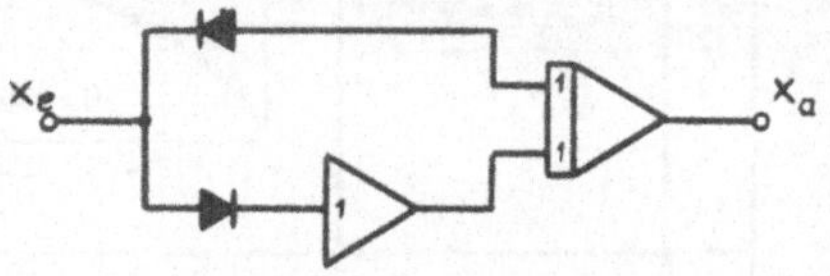 |
| Ansprechempfindlichkeit, tote Zone | 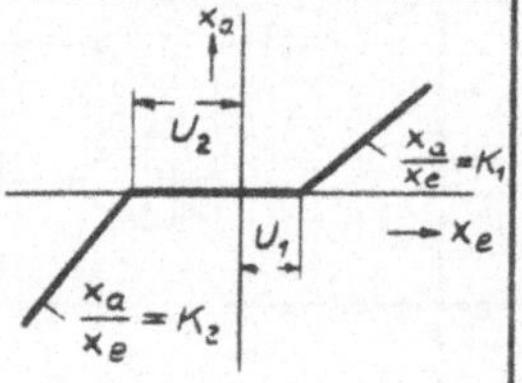 | 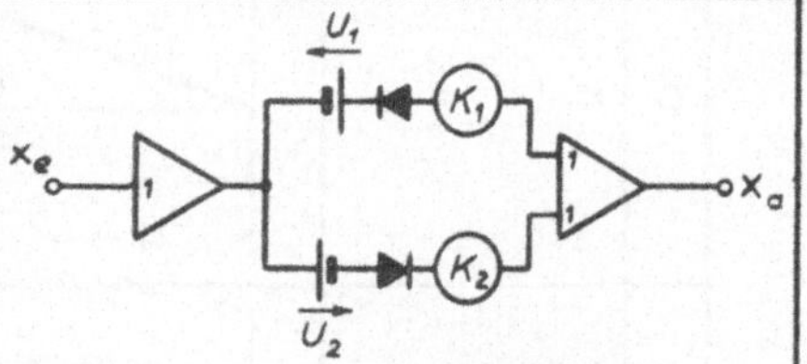 |
| Begrenzung Sättigung | 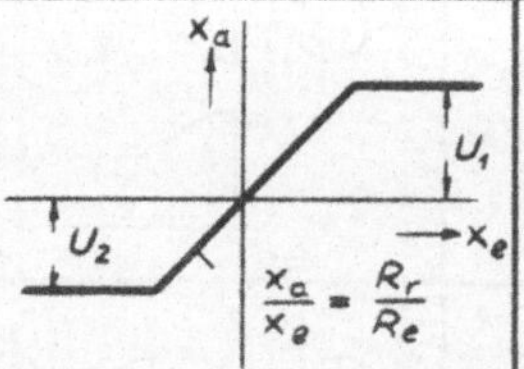 | 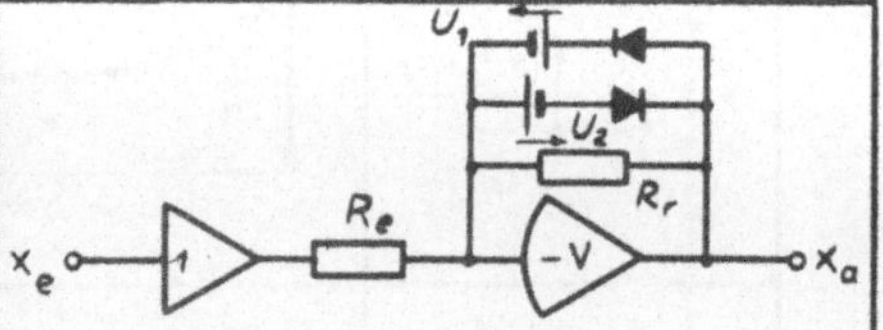 |
| Hysterese | 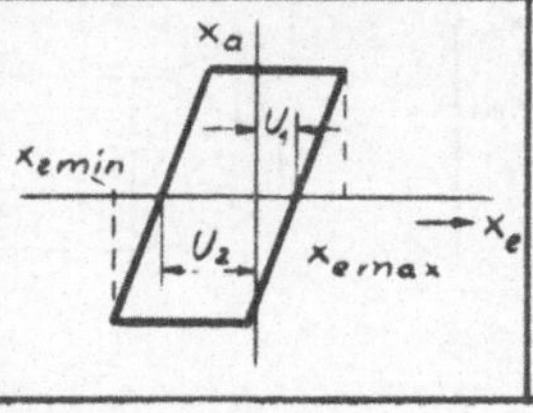 | 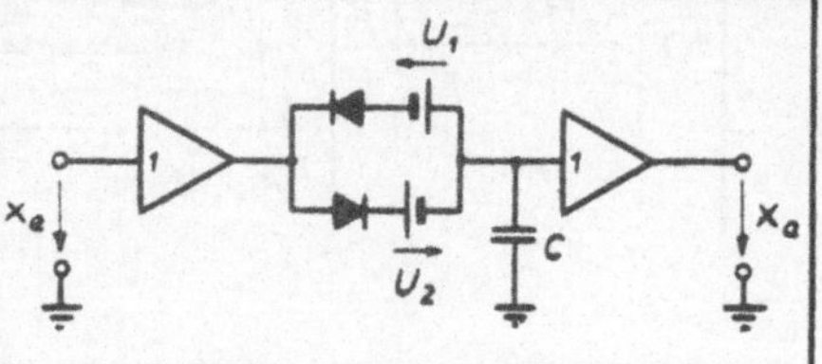 |

| | | |
|---|---|---|
| Zweipunkt-verhalten | 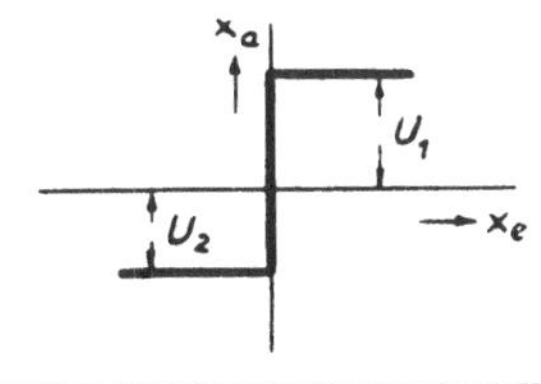 $x_a$, $U_1$, $U_2$, $x_e$ | 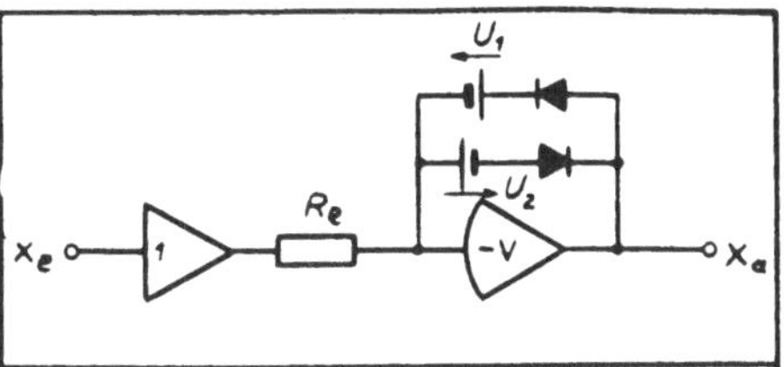 $x_e$, 1, $R_e$, $U_1$, $U_2$, $-V$, $x_a$ |
| Dreipunkt-verhalten | 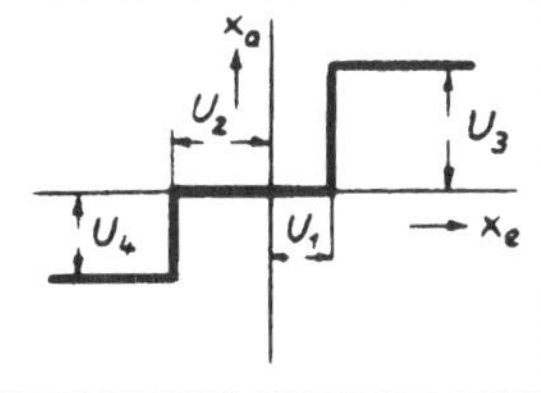 $x_a$, $U_2$, $U_3$, $U_4$, $U_1$, $x_e$ | 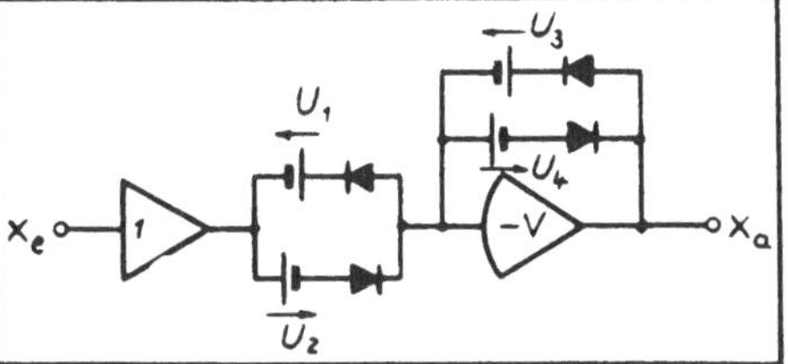 $x_e$, 1, $U_1$, $U_2$, $U_3$, $U_4$, $-V$, $x_a$ |

## Amplituden- und Phasenlineal

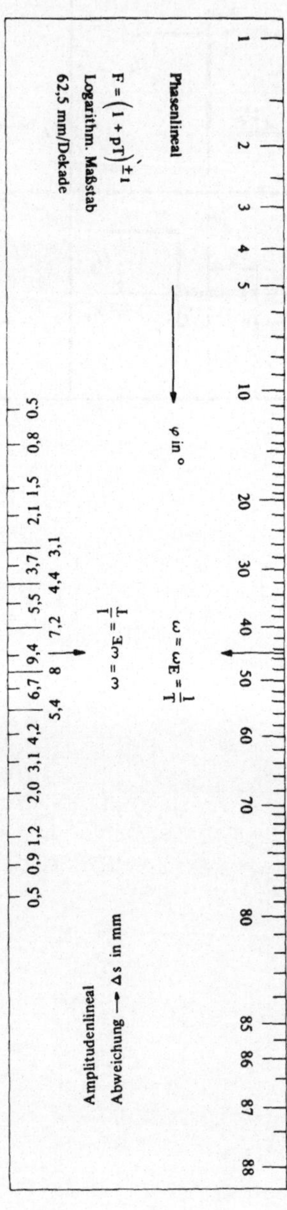

# Literaturnachweis

[1] *Ameling, W.:* Aufbau und Wirkungsweise elektronischer Analogrechner, Verlag Vieweg + Sohn, Braunschweig 1963

[2] *Engel, W., Jaschek, H.:* Übungsaufgaben zum Grundkurs der Regelungstechnik, Verlag R. Oldenbourg, München 1968

[3] *Fraunberger, F.:* Regelungstechnik, Verlag Teubner, Stuttgart 1967

[4] *Gille, J. C., Pelegrin, M., Decaulne, P.:* Lehrgang der Regelungstechnik, Bd. 1 Theorie der Regelungen 1960, Bd. 2 Bauelemente der Regelkreise 1963, Bd. 3 Entwurf von Regelkreisen 1963, Verlag R. Oldenbourg, München

[5] *Herschel, R.:* Die Laplace-Transformation und ihre Anwendung in der Regelungstechnik. Vorträge des Fachausschusses Regelungstechnik der GAMM, Verlag R. Oldenbourg, München 1955

[6] *Kindler, H., Buchta, H., Wilfert, H.-H.:* Aufgabensammlung zur Regelungstechnik, Verlag R. Oldenbourg, München 1964

[7] *Kindler, H., Pohl, G.:* Kleines regelungstechnisches Praktikum, VEB Verlag Technik, Berlin 1967

[8] *Kollmann, E., Dirr, B.:* Lösungen regelungstechnischer Aufgaben Bd. 1a, Verlag Vieweg + Sohn, Braunschweig 1963

[9] *Küpfmüller, K.:* Einführung in die theoretische Elektrotechnik, Verlag Springer, Berlin-Heidelberg-New York 1965

[10] *Mann, H., Schiffelgen, H.:* Einführung in die Regelungstechnik, Verlag Hanser, München 1968

[11] *Megede, W.* zur: Einführung in die Technik selbsttätiger Regelungen, W. de Gruyter Verlag, Berlin 1968 (Sammlung Göschen Bd. 714/714a/714b)

[12] *Merz, L.:* Grundkurs der Regelungstechnik, Verlag R. Oldenbourg, München 1967

[13] *Oldenbourg, R. C., Satorius, H.:* A Uniform Approach to the Optimum Adjustment of Control Loops, Transaction of the ASME Nr. 8, S. 1265, New York 1954

[14] *Oppelt, W.:* Kleines Handbuch technischer Regelvorgänge, Verlag Chemie, Weinheim 1960

[15] *Pestel, E., Kollman, E.:* Grundlagen der Regelungstechnik Bd. 1, Verlag Vieweg + Sohn, Braunschweig 1961

[16] *Preßler, G.:* Regelungstechnik Bd. 1, Bibliographisches Institut, Mainz 1967

[17] *Röver, W.:* Einführung in die selbsttätige Regelung, Verlag W. Giradet, Essen 1966

[18] *Rohrbach, Chr.:* Handbuch für elektrisches Messen mechanischer Größen, VDI-Verlag, Düsseldorf 1967

[19] *Samal, E.:* Grundriß der praktischen Regelungstechnik, Verlag R. Oldenbourg, München 1967

[20] *Schäfer, O.:* Grundlagen der selbsttätigen Regelung, Verlag Resch, Gräfeling 1965

[21] *Schneider, K.:* Regelungstechnik in Beispielen, Verlag R. Oldenbourg, München 1967

[22] *Solodownikow, W. W.:* Grundlagen der selbsttätigen Regelung, Bd. 1 Allgemeine Grundlagen der Theorie linearisierter selbsttätiger Regelungssysteme, Bd. 2 Einige Probleme aus der Theorie der nichtlinearen Regelungssysteme, Verlag R. Oldenbourg, München 1959

[23] Lexikon der Kybernetik, Herausgeber A. Müller, Verlag Schnelle, Quickborn – Hamburg 1964

[24] Wörterbuch der Kybernetik, Herausgeber Klaus, G., Verlag Dietz, Berlin 1967

318

## Zeitschriften


[25] ATM-Archiv für technisches Messen und industrielle Meßtechnik, Verlag R. Oldenbourg, München

[26] Regelungstechnik. Zeitschrift für Steuern, Regeln, Automatisieren, Verlag R. Oldenbourg, München

[27] Regelungstechnische Praxis. Steuern, Regeln und Automatisieren im Betrieb, Verlag R. Oldenbourg, München

[28] Automatik. Zeitschrift für automatische Technik, Verlag Hüthig, Heidelberg

# Sachwortverzeichnis

» **Grundzüge der Kybernetik**

Von A. Ja. Lerner. Mit 183 Abbildungen. — Braunschweig: Vieweg
1971. 344 Seiten. DIN C 5. Gebunden
ISBN 3 528 03803 9

*Inhalt: Einleitung — Bewegung — Modell — Dynamisches System —
Signal — Steuerung — Automatische Steuerung — Optimale Steuerung
— Automat — Rechenmaschine — Selbstanpassung — Spiel — Beleh-
rung und Lernen — Großes System — Steuerung von Operationen —
Gehirn — Organisiertes System — Mensch und Automat — Ausblicke
— Literaturverzeichnis — Sachwörterverzeichnis.*

Die Kybernetik, eine noch sehr junge Wissenschaft, durchdringt und
fördert heute bereits fast alle Bereiche unseres Lebens, besonders
Wissenschaft, Technik und Management. Sie besitzt bereits eine ähn-
liche allgemeine Bedeutung wie die Mathematik. Die grundlegenden
Ideen, Begriffe und Verfahren der Kybernetik müssen zu einem Bestandteil der Allgemeinbildung werden. Daher sollte sich jeder Student
so früh wie möglich den notwendigen Überblick verschaffen. Das vorliegende Buch ist dabei eine wertvolle Hilfe. Aber auch Praktiker, die
sich erstmalig mit der Kybernetik befassen, werden sich gerne für
dieses Buch entscheiden.

» **vieweg**